计算机科学丛书

计算机离散数学基础

[加] 汤姆·詹金斯（Tom Jenkyns）
本·斯蒂芬森（Ben Stephenson） 著
董笑菊 常曦 薛建新 译

Fundamentals of Discrete Math for Computer Science
A Problem-Solving Primer

机械工业出版社
China Machine Press

图书在版编目（CIP）数据

计算机离散数学基础 /（加）汤姆·詹金斯（Tom Jenkyns），（加）本·斯蒂芬森（Ben Stephenson）著；董笑菊，常曦，薛建新译．—北京：机械工业出版社，2020.5
（计算机科学丛书）
书名原文：Fundamentals of Discrete Math for Computer Science: A Problem-Solving Primer

ISBN 978-7-111-65226-7

I. 计… II. ①汤… ②本… ③董… ④常… ⑤薛… III. ①电子计算机–教材 ②离散数学–教材 IV. ① TP3 ② O158

中国版本图书馆 CIP 数据核字（2020）第 052982 号

本书版权登记号：图字 01-2013-1395

本书主要讲述计算机科学专业的学生需要掌握的离散数学基础知识和核心理论，书中以读者容易接受的形式，围绕提高编程能力的目标，鼓励学生展开思考，从而有效地解决问题。

本书选材适当，结构清晰，叙述简明，推理严谨，可作为高等院校计算机科学及相关专业学生的教材。

出版发行：机械工业出版社（北京市西城区百万庄大街 22 号 邮政编码：100037）
责任编辑：柯敬贤　　责任校对：殷 虹
印　　刷：三河市宏图印务有限公司　　版　　次：2020 年 5 月第 1 版第 1 次印刷
开　　本：185mm×260mm 1/16　　印　　张：19.75
书　　号：ISBN 978-7-111-65226-7　　定　　价：79.00 元

客服电话：（010）88361066 88379833 68326294　　投稿热线：（010）88379604
华章网站：www.hzbook.com　　读者信箱：hzjsj@hzbook.com

文艺复兴以来，源远流长的科学精神和逐步形成的学术规范，使西方国家在自然科学的各个领域取得了垄断性的优势；也正是这样的优势，使美国在信息技术发展的六十多年间名家辈出、独领风骚。在商业化的进程中，美国的产业界与教育界越来越紧密地结合，计算机学科中的许多泰山北斗同时身处科研和教学的最前线，由此而产生的经典科学著作，不仅擘划了研究的范畴，还揭示了学术的源变，既遵循学术规范，又自有学者个性，其价值并不会因年月的流逝而减退。

近年，在全球信息化大潮的推动下，我国的计算机产业发展迅猛，对专业人才的需求日益迫切。这对计算机教育界和出版界都既是机遇，也是挑战；而专业教材的建设在教育战略上显得举足轻重。在我国信息技术发展时间较短的现状下，美国等发达国家在其计算机科学发展的几十年间积淀和发展的经典教材仍有许多值得借鉴之处。因此，引进一批国外优秀计算机教材将对我国计算机教育事业的发展起到积极的推动作用，也是与世界接轨、建设真正的世界一流大学的必由之路。

机械工业出版社华章公司较早意识到“出版要为教育服务”。自 1998 年开始，我们就将工作重点放在了遴选、移译国外优秀教材上。经过多年的不懈努力，我们与 Pearson、McGraw-Hill、Elsevier、MIT、John Wiley & Sons、Cengage 等世界著名出版公司建立了良好的合作关系，从它们现有的数百种教材中甄选出 Andrew S. Tanenbaum、Bjarne Stroustrup、Brian W. Kernighan、Dennis Ritchie、Jim Gray、Afred V. Aho、John E. Hopcroft、Jeffrey D. Ullman、Abraham Silberschatz、William Stallings、Donald E. Knuth、John L. Hennessy、Larry L. Peterson 等大师名家的一批经典作品，以“计算机科学丛书”为总称出版，供读者学习、研究及珍藏。大理石纹理的封面，也正体现了这套丛书的品位和格调。

“计算机科学丛书”的出版工作得到了国内外学者的鼎力相助，国内的专家不仅提供了中肯的选题指导，还不辞劳苦地担任了翻译和审校的工作；而原书的作者也相当关注其作品在中国的传播，有的还专门为其书的中译本作序。迄今，“计算机科学丛书”已经出版了近 500 个品种，这些书籍在读者中树立了良好的口碑，并被许多高校采用为正式教材和参考书籍。其影印版“经典原版书库”作为姊妹篇也被越来越多实施双语教学的学校所采用。

权威的作者、经典的教材、一流的译者、严格的审校、精细的编辑，这些因素使我们的图书有了质量的保证。随着计算机科学与技术专业学科建设的不断完善和教材改革的逐渐深化，教育界对国外计算机教材的需求和应用都将步入一个新的阶段，我们的目标是尽善尽美，而反馈的意见正是我们达到这一终极目标的重要帮助。华章公司欢迎老师和读者对我们的工作提出建议或给予指正，我们的联系方法如下：

华章网站：www.hzbook.com
电子邮件：hzjsj@hzbook.com
联系电话：(010)88379604
联系地址：北京市西城区百万庄南街 1 号
邮政编码：100037

HZ BOOKS
华章教育

华章科技图书出版中心

译者序

离散数学是现代数学的一个重要分支，更是计算机科学相关专业的一门重要专业基础课。通过该课程的学习，可以提高学生的抽象思维能力和逻辑推理能力。

本书聚焦于计算机科学相关专业，对离散数学的教学内容进行筛选，并采用问题求解的方式，自然引出算法设计和分析的内容，将计算机学科中基础的问题抽象能力、问题求解能力(算法设计能力)和算法分析能力的培养融汇于一门课程。

本书的翻译工作是在上海交通大学计算机科学与工程系副教授、图书馆副馆长董笑菊博士的主持下进行的，董笑菊博士负责翻译第1、9、10章，上海第二工业大学软件工程系副教授常曦博士负责翻译第2～6章，上海第二工业大学计算机应用工程系副教授薛建新博士负责翻译第7～8章和索引部分。感谢机械工业出版社朱劼编辑的支持。

鉴于译者的水平，译文难免存在不足之处，恳请读者批评指正。欢迎大家将相关意见、建议以及发现的错误发送到邮箱：basics@sjtu.edu.cn。

本书面向计算机科学相关专业学生，以学生可接受的形式和提高编程竞争力的方式介绍离散数学基础，内容主要聚焦在与计算机科学直接相关的主题上。

大多数章节都通过例子逐步说明要介绍的内容。第 1 章介绍整本书的内容框架：如何设计标准计算问题的求解算法？对每一个合适的输入，如何知道算法是否工作正确？算法需要多长时间生成输出？

从我们的观点来看，教学本身远比内容展示要多得多，我们已经将本书作为“目标导向的学生实践能力设计”教程。人类习惯于给信息添加标签，表示从实践中获取的重要性。书中用这些实践作为正面引导。

本书旨在促使学生努力思考，培养他们的问题求解能力，并结合理论和应用，认识抽象的重要性。书中通过一些难忘的具有激励作用的例子来吸引学生，这些例子中的新想法、新方法和思考深度会给学生带来挑战。希望本书比其他离散数学教材更吸引学生。

书中介绍了很多计算机科学文化以及计算机科学家分享的常识(不包括程序设计)。许多是计算机科学家都知道的基础问题的基本求解方法：如何查找特定目标列表；如何按自然数序列对列表排序以方便查找；如何生成所有对象、子集或以某种次序排列的序列；如何遍历图的所有顶点；特别是，如何比较算法的效率并验证算法的正确性。但介绍的数学知识与计算机科学相关。

本书最突出的特点是非形式化描述和交互特性。算法的详细遍历过程贯穿始终。为了将材料介绍得生动一些，会插入一些挑战性的问题和评论。我们试图像在课堂上一样与读者交流，这与其他传统的数学教材有所区别。书中用符号“//”表示注释，也表示旁白(特别是数学讨论的扩展和解释)，用以标识将要介绍的内容和希望读者能够自然而然想到的问题。从这点出发，本书尽可能保持(单词、句子和段落)简洁。

但这是一本数学书。我们试图用正确的数学语言和思想扩展学生的直觉。尽管到第 3 章才开始给出详细的证明，但已经解释和保持了数学证明的基本特性，重复应用即可证明算法的正确性。本书的一个目标是提供一个计算机科学中标准问题有效求解算法的工具箱，另一个目标是介绍一些计算机科学中不可或缺的概念。

致谢

感谢朋友和家人在本书的长期策划过程中给予的支持和鼓励，特别感谢 Eleanor、Glenys、Janice 和 Flora。感谢 Brock 大学数学系和计算机科学系 20 多年来一直坚持本项目形式和内容方面的“课堂测试”实践。最后感谢 Eric R. Muler 率先在 Brock 大学开设了相关的原型课程。

目 录

Fundamentals of Discrete Math for Computer Science：A Problem-Solving Primer

第1章

算法、数和机器

我们先用两个例子说明本书目标。第一个例子是俄罗斯农夫乘法（Russian Peasant Multiplication，RPM），学校一般不教该算法。

Russian Peasant Multiplication

计算整数 M 和 N 的积，其中 M、N 都大于 1。

Step 1：标记两列 A 和 B，并将 M 和 N 的值分别写在 A 和 B 下方。

Step 2：**Repeat**

(a) 将 A 的值乘以 2 得到新的值

(b) 将 B 的值除以 2，并舍弃小数部分，得到新的值

Until B 的值为 1

Step 3：将 A 列中对应的 B 列的值为偶数的数划掉。

Step 4：对 A 列中剩余的数求和并返回。

这里通过遍历该算法的执行实例来了解其工作原理。假设输入值为 $M=73$ 和 $N=41$。

A	**B**	
73	41	
~~146~~	20	（20½舍弃小数部分，缩小成 20）
~~292~~	10	
584	5	
~~1168~~	2	（2½舍弃小数部分，缩小成 2）
2336	1	
2993		

1

算法返回 2993，并终止。2993 等于 73×41 吗？如果 A 和 B 的初始值都是 100，结果会怎么样？

A	**B**
~~100~~	100
~~200~~	50
400	25
~~800~~	12
~~1600~~	6
3200	3
6400	1
10000	

现在来试试下面这些例子。

A	**B**
6	6
..	..
..	..
..	

A	**B**
41	73
···	···
···	···
···	···
···	···
···	···
···	···
···	

A	**B**
1000	1000
······	······
······	······
······	······
······	······
······	······
······	······
······	······
······	······
······	······
······	

能确保该算法是**正确的**(correct)吗？(也就是说，当输入合适的 M 和 N(M、N 都大于 1)时，该算法是否都能返回正确的结果？)

Step 2 中的循环能**终止**(terminate)吗？(也就是说，B 最终必然会等于 1 吗？)

算法的**复杂度**(complexity)如何？(应用该算法前，能否预测 B 的折半次数？B 的折半次数决定了表的行数，以及 Step 4 中相加项的项数上界。)

下文会多次提到该算法(并回答上述三个问题)。通常用其首字母缩写 RPM 来表示。

第二个例子是切蛋糕难题(Cake-Cutting Conundrum)。

切蛋糕难题

按如下方式用大刀切蛋糕。蛋糕外周有 N 个点，要用刀割线来连接所有的点对。会
2 把蛋糕切成多少块——记为 $P(N)$？

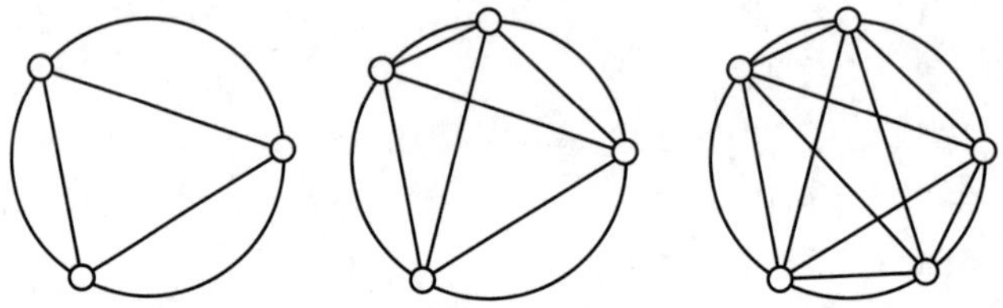

$N=3$　　$N=4$　　$N=5$

列出点数和对应的块数，如下所示：

N	**P(N)**
1	1
2	2
3	4
4	8
5	16
6	??

当点数为 6 时，块数是多少？在下图中数一下：

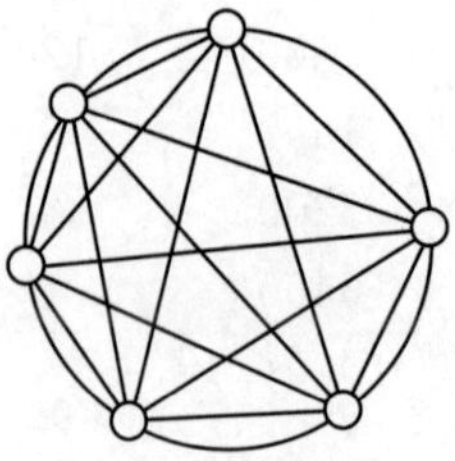

$N=6$

当 N 从 1 增加到 5 时，$P(N)$的值每次都翻倍。这种模式显示 $P(6)$的值应该为 32。实际上，$P(6)$的值不是 32。翻倍的模式只是想象而已。人们习惯于编程找出一致的模式，但在这个问题上他们错了。当学生问“$P(6)$的值为什么不是 32”时，我反问他们：“你愿意相信自己数出来的结果还是自己想象出来的模式?”

至此，你相信 RPM 能一直正确工作吗？在前述例子中能正确工作吗？或者说，会不会像切蛋糕难题中的模式一样，仅有时可以正确工作呢？

下文将会再度解析 RPM 算法，并证明它是正确的(即所有情况都会返回 M 和 N 的积)，它是可终止的，我们还可以确定其复杂度。同时，也会发现，当 N 为大于 1 的整数时，M 不必大于 1，M 也不必是整数，可能是负数！

下文会继续解析切蛋糕难题，并证明公式 $P(N)=2^{N-1}$ 仅适用于 $N=1$，2，3，4，5。 3

本书的两大目标是介绍一系列算法以及设计和分析算法的数学思想。这些算法可用于解决标准问题。(RPM 通常不用于计算乘积，而我们举这个例子是为了引入算法的概念，并在文中多次使用。就本书的目的而言，RPM 是很有效的例子。)我们用切蛋糕难题来介绍归纳法。该方法可以从实例中推导出通用规则，但并不能保证结论的完全正确性。我们需要更好的推理方法，即能提供数学必然性的推理方法。

1.1　什么是算法

算法(algorithm)一词是 19 世纪波斯数学家 Al-Khowarizimi 名字的变形。Al-Khowarizimi 设计(至少是写下)了算术运算的许多方法。这些方法在 Al-Khowarizimi 的书出版之前很久就广为人知了。读者早期的数学教育中，大部分都是学习和应用加法、乘法、除法、二次方程求解等算法。人们可能不会问：“这个过程为什么这样工作?”或“还有其他更方便有效的解决方法吗?”但使用计算机时，必须明确指定机器执行什么步骤以及步骤的执行次序。这些问题很重要，也很有趣。

算法是指**分步执行的方法**(就像把一个计算划分成多个子计算)。通常算法都有预期目标，而能否实现预期目标是另一个问题。当算法能够完成预期的任务或计算时，它是**正确的**。从实践价值的角度而言，算法必须**可终止**。也就是说，在执行有限步骤之后，算法必须完成操作。

这种描述很模糊。什么是**步骤**(step)？什么是**方法**(method)？什么是**任务**(task)？我们将通过一些例子来说明这些术语的含义(尽管之前已经提到了归纳法，但它是我们学习第一门语言时所使用的过程)。通常，步骤是某种相对简单的子任务。计算机编程实际上是用某种形式化语言将过程描述成语句序列，这里，步骤对应于程序语句。在可执行程序中，步骤对应于机器指令的执行。

本书在描述算法时尽量使用我们认为读者能理解的术语，而不局限于某一门特定的计算机语言。但在算法中会用“//”添加注释。这些注释不是算法的步骤，而只是协助理解算法。实际上，书中也用“//”来表示对书中内容的评述，或模仿与读者对话时的提问。 4
符号“//X”表示习题中会出现的问题。

例 1.1.1　幂运算

//如果 n 是大于 1 的整数，那么 x^n 表示 n 个 x 的积；$x^0=1$；如果 $x\neq 0$，那么 x^{-n}表示 $1/x^n$。

//对所有整数 m 和 n，都有$(x^m)\times(x^n)=x^{m+n}$和$(x^n)^m=x^{mn}$。

计算 x^{100} 看上去需要 99 次乘法，但实际上不需要，过程如下：

x 乘 x	得到 x^2
x^2 乘 x^2	得到 x^4
x^4 乘 x^4	得到 x^8
x^8 乘 x^8	得到 x^{16}
x^{16} 乘 x^{16}	得到 x^{32}
x^{32} 乘 x^{32}	得到 x^{64}

现在，x^{64} 乘 x^{32} 得到 x^{96}，x^{96} 乘 x^4 得到 x^{100}。乘法次数仅为 8 次。

//计算 x^{23}、x^{204} 或 x^{2005} 时需要多少次乘法？

算法的第一阶段先用 6 个平方操作来获取 x^{2j}，其中 $j=1, 2, \cdots, 6$；第二阶段使用下述事实：

$$100 = 64 + 32 + 4 = 2^6 + 2^5 + 2^2$$

所有正整数是否都可以表示成某些 2 的不同幂次方的和？使用 RPM 求解 1×1349，可得

A	***B***
1	1349
~~2~~	674
4	337
~~8~~	168
~~16~~	84
~~32~~	42
64	21
~~128~~	10
256	5
~~512~~	2
1024	1
1349	

当 A 列给定初始值 1(1=2^0)时，A 列上其余值都是连续的 2 的幂次方，RPM 返回 B
5 列的初始值(用 2 的幂次方的和来表示)。

//有些现代加密方法使用很高次幂的数字对象，并灵活使用这里的“平方和乘法”

//算法对数据进行安全编码。◀

例 1.1.2　三种减法算法

按位减法就是被减数中的数字大于减数中的数字时所运用的规则。

86	被减数
−38	减数
??	差

至少有三种方法来做减法运算。

(a) 借位：从 80 借一个 10，问题变成：

$$\begin{array}{r} 70+16 \\ -30-\ 8 \\ \hline 40+\ 8=48 \end{array}$$

(b) 加载：6 上加 10，减数加 10(通过在减数的十位上加 1 得到)，问题变成：

$$\begin{array}{r} 80+16 \\ -40-\ 8 \\ \hline 40+\ 8=48 \end{array}$$

(c) 互补：如果被减数的每位都是 9，则不需要以上规则。

$$\begin{array}{r} 99 \\ -38 \\ \hline 61 \end{array}$$

差 61 称作 38 关于 99 的补。61 加 1 得到 62，称作 38 关于 100 的补。那么

$$\begin{aligned} 86-38 &= 86+\{38\text{ 关于 }100\text{ 的补}-10^2\} \\ &= 86+62 \qquad -100 \\ &= 148-100 \qquad //\text{简单的减法操作} \\ &= 48 \end{aligned}$$

$//-38=100\quad -38\ -100$

$//\qquad =1+(99-38)-100$

$//\qquad =1\quad +61\ -100$

$//\qquad =62\quad -100$

6

◀

你可能已经发现，最好的减法算法就是小学学习的算法。机器使用哪种方法呢？通常，完成同样的任务会有很多算法。**如何确定算法的优劣？**

例 1.1.3　舍九法

对于给定的正整数 n，是否存在一个快捷的方法，不用作除法运算就能判定 3(或 9)能整除 n？

1. $k=n$
2. 当 k 大于一位数时，将 k 中各位的数字相加，得到新的值赋给 k
3. 返回问题“3(或 9)能否整除 k”的解

例如，如果 $n=87\,466$，则有

$k_0=87\,466$　　　　$//=n$，输入

$k_1=31$　　　　$//=8+7+4+6+6$

$k_2=4$

3 不能整除 87 466

//上述结论正确吗？87 466=9(9718)+4=3(29 155)+1 正确吗？ ◀

上述过程就是著名的“舍九法”，因为每个阶段(例如，每次计算的 k)都存在整数 q，使得 $n=9q+k$ 成立。

所以，从 n 变到 k，已经减去(舍弃)很多 9。因为 3 整除 $9\times q$，所以 3 整除 n(等式左

边，简记为 LHS)当且仅当 3 整除 k。

//$n-k$ 都是 9 的倍数吗？

如果 n 是四位数 $d_3d_2d_1d_0$，则对第一个 k 的值，有

$$\begin{array}{rcl} n &=& 1000d_3+100d_2+10d_1+1d_0 \\ k &=& 1d_3+1d_2+1d_1+1d_0 \\ \hline n-k &=& 999d_3+99d_2+9d_1 \end{array}$$

显然，等式右边(RHS)的项都能被 9 整除，因此其和也能被 9 整除。

如果用 $\langle n\rangle$ 表示最后的 k 的值，那么　　//后面将会证明

当 n 能被 9 整除时，$\langle n\rangle=9$；当 n 不能被 9 整除时，$\langle n\rangle$ 表示 n 除以 9 所得的余数

7 以前的会计人员使用“舍九法”验证算术运算。

如果 $A+B=C$，那么 $\langle\langle A\rangle+\langle B\rangle\rangle=\langle C\rangle$；如果 $A\times B=D$，那么 $\langle\langle A\rangle\times\langle B\rangle\rangle=\langle D\rangle$。

所以，如果实习生说 492×61+2983=34 995，会计人员就能很快确定

$$\langle\langle 492\rangle\times\langle 61\rangle+\langle 2983\rangle\rangle=\langle 6\times 7+4\rangle=\langle 46\rangle=1$$

但是

$$\langle 34\,995\rangle=\langle 30\rangle=3$$

总结得出实习生至少有一处计算错误。相比用板书或算盘重做一次算术运算，该验证方法要简单很多，因为它只使用比较小的数。但它并不是百分百正确。例如，这个例子的正确答案是 32 995，但不能验证换位错误(如果答案写成 23 995)。

本节要点

算法就是某一特定目标的分步执行方法。如果算法能完成预期任务或计算，那么它就是正确的。就实践价值而言，算法必须执行有限步之后可终止。介绍算法可终止和正确性的证明方法是本书的预期目标。

1.2　整数算法和复杂度

本节再介绍几个算法实例，如素数测试(判定一个正整数是否为素数)、素数分解(一个正整数可否分解为素数的积)、求解两个给定正整数的最大公约数等。

第一个除法算法叫**短除法**(short division)，包含计算两个数的商和余数。例如，7 除 25 得 3 余 4，也可以表示为

$$25=7(3)+4$$

实际上，

如果 n 为整数、d 为正整数，那么就存在(唯一的)整数 q 和 $0\leqslant r<d$，使得 $n=$

8 $d(q)+r$ 成立。

在高级计算机语言中，整数商 q 和余数 r 的计算是通过内置操作完成的。本书用 DIV 和 MOD 表示这两个操作如下：

$$q = n \text{ DIV } d \quad \text{和} \quad r = n \text{ MOD } d$$

n MOD $d=0$ 时，称为 d **整除**(divide evenly into)n，或 d 是 n 的**因子**或**除数**。用 $d|n$ 表示 d 整除 n。

$d|n$ 的真假取决于 d 和 n 的值。也就是说，"|"是有序整数对上的布尔运算符(Boolean operator)。

$$2|6 \text{ 为真} \quad \text{但} \quad 6|2 \text{ 为假}, 7|25 \text{ 为假}$$

第一个运算数(operand)d 不能是 0，而第二个运算数可以是正数、0 或负数。对任意 $n\neq0$，$1|n$、$n|n$、$n|(-n)$和 $n|(0)$都为真。

当 $d|n$ 为真和 $1<d<n$ 时，称 d 为 n 的**真因子**。**素数**就是比 1 大而且没有真因子的正整数。1 不是素数，最小的素数是 2。

1.2.1 素数测试

使用素数的定义可以构造算法，测试 2 到 $n-1$ 的数是否整除 n，以测试输入的整数 n 是否是素数。如果 2 到 $n-1$ 的数之一能够整除 n，则 n 不是素数；反之，n 没有真因子，就必然是素数。这就是所说的"试除法"。

假设输入的整数大于 2，并使用 t 作为试除数变量。

算法 1.2.1 素数测试算法 1

```
Begin
  t ← 1;

  Repeat
    t ← t + 1
  Until (t|n) or (t = n − 1);

  If (t|n) Then
    Output(t, "is a proper divisor of", n)
  Else
    Output(n, "is prime")
  End;
End.
```

9

//本书将用伪代码表示算法。这是第一个伪代码实例，稍后将介绍其语法(形式)和语义
//(含义)。
//这里有三个步骤；每个步骤都以分号结束，而且所有步骤都位于"Begin"和"End"之间，
//以标记步骤列表的起始位置。
//第一个步骤是赋值：将符号"←"右边表达式的值赋给符号左边的变量(初始化 t 的
//值为 1)。
//第二个步骤是 repeat 循环："Repeat"和"Until"之间的步骤(循环体)会反复执行，
//直到"Until"中的条件出现。
//第三个步骤是条件语句："If"和"Then"之间的条件为真时，执行"Then"和"Else"
//之间的步骤；
//反之，执行"Else"和"End"之间的步骤。

输入 $n=35$ 来遍历(walkthrough)一下算法 1.2.1：

//遍历是构造一个表，以展示算法中变量和表达式的值的变化。
//随着时间的推移再将表向下扩展。通常称该表为算法的操作“迹”(trace)。

t	t|n	t = n − 1	output
1	---	---	---
2	F	F	---
3	F	F	---
4	F	F	---
5	T	F	5 is a proper divisor of 35

输入 $n=11$ 来遍历算法：

t	t|n	t = n − 1	output
1	---	---	---
2	F	F	---
3	F	F	---
4	F	F	---
5	F	F	---
6	F	F	---
7	F	F	---
8	F	F	---
9	F	F	---
10	F	T	11 is prime

10

该算法反映了素数的定义，因此它可以正确判定输入的整数 n 是否为素数。Repeat 循环体可确保最多 $n-2$ 次迭代后终止。当 n 为素数时，**最坏情况**发生；当 n 为偶数时，**最好情况**发生，此时循环体只需执行一次迭代。

假设老师让你用一台每秒能执行 10^9 次循环迭代的机器去测试一个 25 位长的整数 N 是否为素数。该算法要执行多长时间？

如果 N 有 25 位长，则有

$$10^{24}=\underbrace{1000\cdots000}_{24\text{个}0}\leqslant N\leqslant\underbrace{9999\cdots999}_{25\text{个}9}=10^{25}-1$$

如果 N 是素数，迭代的次数为：

$$N-2\geqslant10^{24}-2>10^{24}-10^{23}=(10)10^{23}-10^{23}=(9)10^{23}$$

而我们有：

$$\begin{aligned}(9)10^{23}/10^9\text{ 秒}&=(9)10^{14}\text{ 秒}&&=(900)10^{12}/60\text{ 分}\\&=(15)10^{12}\text{ 分}&&=(1500)10^{10}/60\text{ 小时}\\&=(25)10^{10}\text{ 小时}&&=(25)10^{10}/24\text{ 天}\\&>10^{10}\text{ 天}&&=(1000)10^{7}/365.2\text{ 年}\\&>(2)10^{7}\text{ 年}&&=20\,000\,000\text{ 年}\end{aligned}$$

老师肯定没那个耐心。再来看这个问题，试着构造一个更快的算法。

n 的真因子会有多大？如果 $n=a\times b$ 且 $1<a<n$，那么 $a\geqslant2$，所以 $2\times b\leqslant a\times b=n$，因此 $b\leqslant n/2$。

综上，可以在除以 $t=n/2$ 之后马上停止真因子的求解过程。但是如果 n 是奇数，$n/2$ 不是整数，就要在 t 为比 $n/2$ 小的下一个整数时停止。后面会使用一个有用的标记来表示这类整数(以及比 $n/2$ 大的下一个整数)。稍后再来讨论这类标记。

1.2.2 实数

下述三个符号串都表示同一个数字：

17　XVII　seventeen

第一个使用阿拉伯数字表示，第二个使用罗马数字表示，第三个使用小写英文单词表示。数字本身是独立于表示形式的实体。 11

想象一条直线，它可以向两端无限扩展。它上面标记了两个点，左边一个为 0，右边一个为 1。

如果将 0 和 1 两点之间的距离作为标准的长度单元，则 0 右边的任意点都可以标记为数字 x，这里 x 等于该点到 0 用标准单元表示的距离。0 和 1 之间的点用**分数**来表示。0 左边的点标记为负数。通过这种方式将**实数**实现为长度。直线上的点是实数的几何表示，直线本身也是实数集 **R** 的几何表示。当 a 和 b 都是实数时，$a<b$ 表示直线上 a 在 b 的左边。

每个实数要么是整数，要么位于两个连续的整数之间。对于任意实数 x，其**向下取整**函数$\lfloor x \rfloor$定义为小于等于 x 的最大整数，则有：

$$\lfloor 23.45 \rfloor=23,\quad \lfloor 6 \rfloor=6,\quad \lfloor -9.11 \rfloor=-10$$

同样，x 的向上取整函数$\lceil x \rceil$定义为大于等于 x 的最小整数，则有：

$$\lceil 23.45 \rceil=24,\quad \lceil 6 \rceil=6,\quad \lceil -9.11 \rceil=-9$$

那么有如下结论：要么 x 是整数且$\lfloor x \rfloor=x=\lceil x \rceil$，要么 x 不是整数且$\lceil x \rceil=\lfloor x \rfloor+1$。

//对所有的实数，有 $x-1<\lfloor x \rfloor\leqslant x\leqslant\lceil x \rceil<x+1$，

//小于 x 的最大整数是$\lceil x \rceil-1$，大于 x 的最小整数是$\lfloor x \rfloor+1$。

1.2.3 改进素数测试算法

现在给出改进的效率更高的素数测试方法。

算法 1.2.2 素数测试算法 2

```
Begin
  t ← 1;
  Repeat
    t ← t + 1
  Until (t|n) or (t = ⌊n/2⌋);
  If (t|n) Then
    Output(t,"is a proper divisor of",n)
  Else
    Output( n,"is prime" )
  End;
End.
```

12

最坏情况下，这个算法比第一个算法大约要快两倍，但测试 25 位的整数时仍需要很长时间，要超过 10 000 000 年。老师不会对这样的改进印象深刻，那就再试试。

事实上，算法 1.2.2 会找出 n 的最小约数。那么，n 的最小约数有多大呢？如果 $n=a\times b$，而且 $1<a\leqslant b<n$，那么有 $a\times a\leqslant a\times b=n$。因此有 $a\leqslant\sqrt{n}$。实际上，$a\leqslant\lfloor\sqrt{n}\rfloor$，所以有如下算法：

算法 1.2.3　素数测试算法 3

```
Begin
  t ← 1;

  Repeat
    t ← t + 1
  Until (t|n) or (t = ⌊√n⌋);

  If (t|n) Then
    Output(t,"is a proper divisor of",n)
  Else
    Output(n,"is prime")
  End;
End.
```

输入 $n=107$，算法遍历过程如下：　　//$\sqrt{n}=1$

t	t|n	t = ⌊√n⌋	output
1	---	---	---
2	F	F	---
3	F	F	---
4	F	F	---
5	F	F	---
6	F	F	---
7	F	F	---
8	F	F	---
9	F	F	---
10	F	T	107 is prime

//当 n 为素数时，该算法的效率会高很多，但到底改进了多少？

//测试 25 位的整数时需要的时间会少于 100 万年吗？

如果 N 是 25 位的整数，算法 1.2.3 中循环体的迭代次数会小于 $\sqrt{10^{25}}=\sqrt{10^{24}\times 10}=$

13 $10^{12}\times\sqrt{10}$。

所需要的时间会小于

$$
\begin{aligned}
(10^{12}\times\sqrt{10})/10^{9}\,\mathrm{s} &= 10^{3}\times\sqrt{10}\,\mathrm{s}\\
&= 1000\times(3.162\,277\cdots)\,\mathrm{s}\\
&< 3163\,\mathrm{s}\\
&= 52.7166\cdots\,\mathrm{min}\\
&< 53\,\mathrm{min}
\end{aligned}
$$

老师对这个结果会比较满意！素数测试的第一个寓意是算法的效率很重要——在算法设计时引入一些新的想法后，难解问题实例可能会变得容易求解。

是否可以继续加速素数测试算法呢？我们已经发现算法会搜索 n 的最小约数。该最小约数必然是个素数。

//如果 d 是 n 的约数，但 d 不是素数，那么 d 会有一个约数 f，f 是 n 的约数，而且 f 比 d 小。

如果 2 不能整除 n，那么没有偶数能整除 n。所以没有大于 2 的偶数需要测试。于是，可以通过独立测试 2，然后只需测试不大于$\lfloor\sqrt{n}\rfloor$的奇数，就可以将算法速度提高 2 倍。人工计算时，可以将测试的值限定在 2 到$\lfloor\sqrt{n}\rfloor$之间的素数值上。

素数测试的第二个寓意是好算法需要好的概念(数学)基础。上述算法只是基于素数的概念和真因子的搜索。数论中会介绍素数的许多奇妙性质。2002 年公布了效率极高(但完全不同)的素数测试算法。该算法测试输入的整数 N 所需的步数直接取决于表示 N 所需的位数。

1.2.4 素数分解

算术基本定理(又称为唯一分解定理)表述为，任意大于 1 的整数 n 都可以唯一分解为素数的乘积：

$$n = p_1 \times p_2 \times p_3 \times \cdots \times p_k \quad \text{其中} \quad p_1 \leqslant p_2 \leqslant p_3 \leqslant \cdots \leqslant p_k$$

//如何确定 p_1，p_2，p_3 等？

$26\,040 = 2 \times (13\,020)$ //26 040 的最小素因子是 2

$= 2 \times 2 \times (6510)$ //13 020 的最小素因子是 2

$= 2 \times 2 \times 2 \times (3255)$ //6510 的最小素因子是 2

$= 2 \times 2 \times 2 \times 3 \times (1085)$ //3255 的最小素因子是 3

$= 2 \times 2 \times 2 \times 3 \times 5 \times (217)$ //1085 的最小素因子是 5

$= 2 \times 2 \times 2 \times 3 \times 5 \times 7 \times (31)$ //217 的最小素因子是 7

//完成，因为 31 也是素数 14

素数测试算法会找到 n 的最小约数，该约数是素数(必然为 p_1)或者告知我们 n 本身就是素数。因此，可以采用如下策略：

查找 n 的最小素因子 p //不是 $p=n$，就是 $p \leqslant \lfloor\sqrt{n}\rfloor$。

如果 $p=n$，那么完成 //已经找到 n 的所有素因子。

否则，将 n 除以 p 的商赋给 Q

此时，n 的素分解等于 $p \times$(Q 的素分解)

//Q 的最小素因子至少和 p 一样大，因此，如果 $p > \lfloor\sqrt{Q}\rfloor$，那么 Q 也是素数。

现在可以给出该算法(查找输入大于 1 的整数的素分解)的伪代码。它综合了素数测试算法 1.2.3，并用 Q 存放仍要分解的整数。

算法 1.2.4 素数分解算法

```
Begin
  Q ← n;
  t ← 2;

  While (t <= ⌊√Q⌋) Do
    If (t|Q) Then
      Output(t,"×");
      Q ← Q DIV t
    Else
      t ← t + 1
    End;
  End;

  If (Q = n) Then
    Output(n, "is prime")
  Else
    Output(Q, " = ", n)
  End;
End.
```

//该伪代码包含不同的结构 While 循环：

//只要 While 和 Do 之间的条件为真，就执行 Do 和 End 之间(循环体)的步骤。

//Repeat 循环的循环体通常执行(至少)一次，
//但如果 While 循环的条件第一次检测时不满足，则不执行循环体。
15 //输入的值为 2 或 3 时，会发生这种情况。

输入 $n=74\,382$ 时，算法的遍历过程如下：

Q	$\lfloor\sqrt{Q}\rfloor$	t	t <= $\lfloor\sqrt{Q}\rfloor$	t | Q	Q = n	output-so-far
74382	272	2	T	T	-	2×
37191	192	"	T	F	-	2×
"	"	3	T	T	-	2×3×
12397	111	"	T	F	-	2×3×
"	"	4	T	F	-	2×3×
"	"	5	T	F	-	2×3×
"	"	6	T	F	-	2×3×
"	"	7	T	T	-	2×3×7×
1771	42	"	T	T	-	2×3×7×7×
253	15	"	T	F	-	2×3×7×7×
"	"	8	T	F	-	2×3×7×7×
"	"	9	T	F	-	2×3×7×7×
"	"	10	T	F	-	2×3×7×7×
"	"	11	T	T	-	2×3×7×7×11×
23	4	"	F	-	F	2×3×7×7×11×23=74382

//While 循环的每一次迭代，不是 Q 减小，就是 t 增大，但两种情况不会同时发生。
//因此，$t>\lfloor\sqrt{Q}\rfloor$，而且控制 While 循环的条件会变为 false。
//X 对正整数 t 和 Q 而言，$t\leqslant\lfloor\sqrt{Q}\rfloor$ 与 $t\times t\leqslant Q$ 是等价的，
//而且第二种形式更适于计算机程序。

算法 1.2.4 会终止，它是正确的。试除法至多需要执行 $\lfloor\sqrt{n}\rfloor-1$ 次；没有真因子时，会出现最差情况，因为 n 是素数。另一方面，会有多少个素因子呢？换句话说，如果 $n=p_1\times p_2\times\cdots\times p_k$，那么 k 有多大？稍后再来回答这个问题。

1.2.5　对数

我们已经知道如何计算 2 的整数幂：

n	2^n	2^{-n}		
0	1	1/1	=	1
1	2	1/2	=	0.5
2	4	1/4	=	0.25
3	8	1/8	=	0.125
4	16	1/16	=	0.0625
5	32	1/32	=	0.031 25
…	…	…	=	…
10	1024	1/1024	=	0.000 976 562 5

16 所有情况下，2^n 都是正实数。

实数具有如下事实。

当 b 是某个大于 1 的实数时：

1) 对任意实数 x，b^x 为一正实数。

2）对任意实数 x 和 y，如果 $x<y$，则有 $b^x<b^y$。

3）对任意正实数 z，存在一个实数 x，使得 $z=b^x$ 成立。

当 $z=b^x$ 时，称 x 为**以 b 为底 z 的对数**，记作 $\log_b(z)=x$。因此，如果 z 是任意的正实数，有

$$z = b^{\log_b(z)}$$

例如

$$\begin{aligned}\log_2(32) &= 5 \quad 因为 \quad 32=2^5\\ \log_2(1024) &= 10 \quad 因为 \quad 1024=2^{10}\\ \log_{10}(10\,000) &= 4 \quad 因为 \quad 10\,000=10^4\\ \log_{10}(0.001) &= -3 \quad 因为 \quad 0.001=10^{-3}\end{aligned}$$

此外，对任意实数 y，有 $\log_b(b^y)=y$。

创建对数表（和反对数表）可简化算术运算（在 1600 秒内完成）。这些表可用于将乘法问题转换为加法问题，将指数问题转换为乘法问题。如果 x 和 y 都是整数，则有

$$xy = b^{\log_b(x)} \times b^{\log_b(y)} = b^{\log_b(x)+\log_b(y)} \quad 因此 \quad \log_b(xy) = \log_b(x) + \log_b(y)$$

如果 z 是任意实数，则有 $x^z=(b^{\log_b(x)})^z=b^{z\times\log_b(x)}$，所以有 $\log_b(x^z)=z\times\log_b(x)$。

计算器上有一个 **log** 按钮，用于表示以 10 为底的常用对数；有一个 **ln** 按钮，用于表示以e=2.718 281 828 44……（一个很不自然的数，可能是欧拉命名的）为底的自然对数。

本书使用以 2 为底的对数，计算器上没有相关按钮。书中用 **lg**(x)表示 $\log_2(x)$，并给出一个对数（确切地说，是一个公式）来计算 $\lg(x)$的值。假定 x 是给定的正整数：

$$x = 2^{\lg(x)} \quad 所以 \quad \log_b(x) = \log_b(2^{\lg(x)}) = \lg(x) \times \log_b(2)$$

所以

$$\lg(x)=\log_b(x)/\log_b(2) \qquad //对任意底数 b$$

$$\lg(x)=\log(x)/\log(2) \qquad //当 b=10 时$$

$$\lg(x)=\ln(x)/\ln(2) \qquad //当 b=e 时$$

现在回到 1.2.4 节的问题：

如果 $n=p_1\times p_2\times\cdots\cdots\times p_k$，那么 k 有多大？因为每个素因子至少和 2 一样大，所以有 $n\geqslant 2\times 2\times\cdots\cdots\times 2=2^k$。如果 $n\geqslant 2^k$，那么 $\lg(n)\geqslant\lg(2^k)=k$，所以 $k\leqslant\lfloor\lg(n)\rfloor$。 17

对数函数是递增函数，但增长得很慢。

n	$\sqrt{n}$	$\lg(n)$
4	2	2
16	4	4
64	8	6
256	16	8
1024	32	10
4096	64	12
16 384	128	14
65 536	256	16
262 144	512	18
1 048 576	1024	20

如果**算法的复杂度函数**(输入大小为 n 时完成算法所需要执行的步数)是对数，那么它的效率很高。本章最后部分将说明 RPM 作为二分算法求解方程时，就是这样的算法。下一节介绍求解两个整数的最大公约数的欧几里得算法(大约公元前 300 年提出)。

1.2.6　最大公约数

整数 x 和 y 的公因子是可以整除 x 和 y 的任意整数 d。我大概是在四年级学习分数约分时接触到公因子的概念。因为 4 是 40 和 60 的公约数，所以 40/60＝10/15。但该分数还可以继续约分。40 和 60 的最大公约数是 20，当分子和分母都除以 20 时，即 40/60＝2/3，得到最简分数。

//分数 3568/10 035 约分得到的最简分数是什么？

//是否需要测试不大于某个数的所有除数？

//或者存在其他策略可解决该问题吗？

我们需要一个高效算法 **GCD(*x*，*y*)** 来求解两个整数 x 和 y 的最大公约数。

//GCD(x，y)＝GCD(y，x)吗？

假定 $x \geqslant y \geqslant 1$。因为 $1|x$，$1|y$，y 是整除 y 的最大整数，所以 $1 \leqslant$ GCD(x，y)$\leqslant y$。如果 $y|x$，那么 y 是公约数(因为 $y|y$)，而且是最大的，所以 GCD(x，y)＝y。

18 //这种情况比较简单，而且不需要搜索因子。那其他情况呢？

否则(y 不能整除 x)$x>y$，且 $x=y(q)+r$，其中 $0<r<y$。　　//$q \geqslant 1$ 且 $r=x$ MOD y。

欧几里得证明了 GCD(x，y)＝GCD(y，r)。　　//第 3 章证明该结论。

//这是**递归**的应用实例；

//求解 x 和 y 的 GCD 有时会通过求解其他较小的整数 y 和 r 的 GCD 实现。

该问题的迭代算法可以根据 GCD 的两个参数 A 和 B 进行构造。它们分别初始化为输入的整数 x 和 y，计算得到正余数时再行修正。

算法 1.2.5　GCD(*x*，*y*)的欧几里得算法

```
Begin
  A ← x;
  B ← y;
  R ← A MOD B;
  While ( R > 0 ) Do
    A ← B;
    B ← R;
    R ← A MOD B;
  End;
  Output("GCD(", x, ",", y, ")=", B);          //或者 Return(B)
End.
```

输入 x＝10 035 和 y＝3568 时，算法的执行步骤如下：

A	B	R	R > 0	
10035	3568	2899	T	// 10035 = 3568(2) + 2899
3568	2899	669	T	// 3568 = 2899(1) + 669
2899	669	223	T	// 2899 = 669(4) + 223
669	223	0	F	// 669 = 223(3) + 0

output: GCD(10035,3568) = 223.

//结果正确吗？

19 //10 035＝223×45＝223(3×3×5)，并且 3568＝223×16＝223(2×2×2×2)。

输入 $x=2108$ 和 $y=969$ 时，算法的执行步骤如下：

```
   A      B      R   R > 0        // GCD(2108,969)
2108    969    170     T          // = GCD(969,170)
 969    170    119     T          // = GCD(170,119)
 170    119     51     T          // = GCD(119, 51)
 119     51     17     T          // = GCD(51, 17)
  51     17      0     F          // = 17
output: GCD(2108,969) = 17.
```

//结果正确吗？$2108=17\times124=17(2\times2\times31)$，并且 $969=17\times57=17(3\times19)$。

//该算法能确保终止吗？

该算法会为 A、B 和 R 生成整数的值序列，其中

$A_1=x$，　$B_1=y$　和　$0\leqslant R_1<y=B_1$；

如果 $0<R_1$，　$A_2=B_1$，　$B_2=R_1$　和　$0\leqslant R_2<R_1=B_2$；

如果 $0<R_2$，　$A_3=B_2=R_1$，　$B_3=R_2$　和　$0\leqslant R_3<R_2=B_3$

R 的值会减小但不会为负，所以最终有 $R_k=0$。

//k 的值多大？

第 7 章会介绍，如果需要 k 次迭代，那么

$$y\geqslant\left(\frac{1+\sqrt{5}}{2}\right)^k\text{，由此可得，}k\leqslant\lfloor(3/2)\lg(y)\rfloor$$

//这个结果可信吗？算法的复杂度函数会和这个奇怪的数相关吗？

欧几里得算法是有效且高效的。

//$x<y$ 时算法仍能工作，但要多迭代 1 次。如何工作？为什么？

本节要点

本节介绍了关于正整数的算法实例。小学时学过，如果 n 是任意整数，d 是任意正整数，那么存在唯一的整数 q 和 r，使得 $n=d(q)+r$ 成立，其中 $0\leqslant r<d$。我们用两个操作符来描述整数除法：n DIV d 得到商 q，n MOD d 得到非负余数 r。

n MOD $d=0$ 时，d 是 n 的因子或除数。$d|n$ 表示 d 整除 n（所以 $d|n$ 的值为 True 或 False）。$d|n$ 为 True 且 $1<d<n$ 时，d 是 n 的真因子。素数是比 1 大且没有真因子的整数。1 不是素数，最小的素数是 2。 20

素数测试算法 1 实现素数的定义，并引入本书表示算法用的伪代码。在介绍其他更快的版本之前，先描述实数集 **R** 的几何表示——实线。对任意实数 x，**向下取整**函数 $\lfloor x\rfloor$是小于等于 x 的最大整数，**向上取整**函数$\lceil x\rceil$是大于等于 x 的最小整数。

素数测试算法 2 最坏情况下比素数测试算法 1 要快两倍，但仍然太慢。素数测试算法 3 的运行速度要快很多。

这个故事的第一个寓意是效率很重要。在算法设计时引入一些新的想法后，难解问题实例可能会变得容易求解。第二个寓意是好算法需要好的概念基础。上述算法只是利用了素数的概念和真因子的搜索。2002 年公布了效率极高（但完全不同）的素数测试算法。

算术基本定理(又称为唯一分解定理)表述为任意大于 1 的整数 n 都可以唯一分解为素数的乘积:

$$n = p_1 \times p_2 \times p_3 \times \cdots \times p_k \quad 其中 \quad p_1 \leqslant p_2 \leqslant p_3 \leqslant \cdots \leqslant p_k$$

算法 1.2.4 按照非减序来查找因子。

假定当 b 是某个大于 1 的实数时,有:

1) 对任意实数 x,b^x 为一正实数。

2) 对任意实数 x 和 y,如果 $x<y$,则有 $b^x<b^y$。

3) 对任意正实数 z,存在一个实数 x,使得 $z=b^x$ 成立。

当 $z=b^x$ 时,称 x 为以 b 为底 z 的对数,记作 $\log_b(z)=x$。书中用 $\lg(x)$ 表示 $\log_2(x)$。

如果算法的复杂度函数(输入大小为 n 时完成算法所需要执行的步数)是对数,那么它的效率很高。本章最后部分将说明 RPM 作为二分算法求解方程时,就是这样的算法。求解两个整数的最大公约数的欧几里得算法(大约公元前 300 年提出)也一样。

1.3 数的机器表示

数通常使用阿拉伯数字来表示,以 0,1,2,…,9 等十个数字作为基本符号。

21 //digitus 是 finger 的拉丁文。

符号是足够的,因为标记是**按位**进行的,也就是说,数中数字的位携带数字的含义信息。

$$563.6 \text{ 意思是 } 5\times 10^2 + 6\times 10^1 + 3\times 10^0 + 6\times 10^{-1} = 500+60+3+6/10$$

这就是通常所说的**十进制系统**,因为它的**基数**是 10。　　//decem 是 ten 的拉丁文。

稍后在其他基数中再介绍位标识。每个基数情况中,都使用“.”表示**原点**,而不是小数点。

//只在十进制系统中是小数点。

与基数相乘就是将原点位置右移一位,除以基数就是将原点位置左移一位。如果 k 是正整数,基数的 k 次方就是 1 后面跟着 k 个 0(如 $10^4=10\,000$),基数的 $(-k)$ 次方就是 $k-1$ 个 0 后跟着一个 1(如 $10^{-4}=0.0001$)。

在介绍计算机内部如何表示数之前,先来看看计算器是如何显示数的。我的计算器按如下方式显示整数:

如果是负数,则先显示负号,然后是 10 的整数倍(显示窗口向右对齐),然后是原点。

计算器能显示的最大整数为 9 999 999 999,其平方为 99 999 999 980 000 000 001,由于太长而不能作为整数显示,我的计算机就会近似显示如下:

9.999 999 998 E 19,其中“E 19”意思是“$\times 10^{19}$”

这就是*浮点表示法*。E 的左边是尾数,E 的右边是指数。两边都可以为负。我的计算器使用浮点表示法时,尾数中有一个非零数字位于原点的左边,如果数字小于 10 位,则向右对齐,指数通常有两位。

//当指数位于 −9 到 9 之间时,原点会移动到显示窗口的正确位上。

//3.217 E 6 表示 3 217 000,3.217 E −6 表示 0.000 003 217。

最大的浮点数为 9.999 999 999 E 99。其平方得到的值太大而不能显示,我的计算器会停止计算并显示“error 2”。该类错误称为溢出错误,原因是数的指数次方太大导致不能正常显示。

最小的正浮点数为 1. E－99。该数除以 2 得到 5. E－100，这个数太小，也不能显示。 22
但此时我的计算器不会停止工作，而是会显示 0 作为该数的近似值。

1.3.1 近似误差

用位表示数字时，由于数字太大而引发的不能显示的问题，是任何数字计算机使用物理对象作算术运算时不可避免的。我的计算器显示：

625/26＝24.038 461 54 //显示窗口显示

如果减去 24，乘以 1000，会显示“38.461 538 4”；如果减去 38，乘以 1000，会显示“461.5384”。我的计算器好像认为

625/26＝24.038 461 538 4 //内存中

使用短除法，26 除 625 得商 24 余 1。但是，使用长除法计算时，短除法每次迭代生成余数时，都会找到商的数字。算法会在被除数(625)的原点后面添加一些 0，中间构造的余数如下：

```
        24.038 461 538 461 538 …
      ─────────────────────────────
  26 )625.000 000 000 000 000 …
      52
      105
      104
        1 0 .  .  .  .  .  .  .    R1 =  1
          0
        1 00 . .  .  .  .  .  .    R2 = 10←
          78
          220  .  .  .  .  .  .    R3 = 22
          208
           12 0 .  .  .  .  .  .   R4 = 12
           10 4
            1 60 . .  .  .  .  .   R5 = 16
            1 56
               40  .  .  .  .  .   R6 =  4
               26
               14 0 .  .  .  .     R7 = 14
               13 0
                1 00  .  .  .      R8 = 10←
```
23

这里，R8＝R2，算法会重复出现这 6 个余数，商中会重复计算数字块 384 615，而且会一直延续下去。除以 26 时，只有 26 个可能的余数，所以余数必须重复，商中也必须有重复的数字块。

//每个长除中是否必然会发生这类情况？

//余数等于 0 时会发生什么情况？还会重复出现吗？

使用 bar(上横线)来标记重复的数字块，可以准确表示 625/26 的值。那么

$625/26=24.0\overline{384\,615}$ //$1/3=0.\overline{3}$

有理数是可表示为整数的比值或商的任何数。用位标记表示的有理数必须具有重复的数字块。但是，往往不写重复的 0 块，这种有理数称为可终止的，如

$1/625=0.0016$ 而不是 $0.001\,6\overline{0}$

//X 基数为 10 时，$1/n$ 何时有可终止的位表示？

//总是可终止，还是很少可终止？

//大多数具有无限可循环的十进制表示吗？

物理对象不可能存储无限循环的十进制数，也不能像人一样使用 bar 标记来缩短表示。必须采取其他策略把尾数缩略表示为某些数字。

最简单的方法是删除重要部分后面所有的数字，通常称为**截断**。

//最重要的数字都在左边，它们更多地影响这个数。

如果 $A=625/26$，则 A 有如下几个近似描述：

$A1=24.03$　　将 A 截断并保留 4 位有效数字

$A2=24.0384$　将 A 截断并保留到原点右边 4 位

A 介于 24.03 到 24.04 之间，但离 24.04 更近。

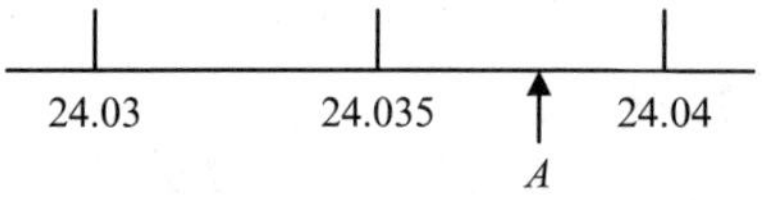

所以，A 的比较好的近似值为

24 $A3=24.04$　舍入，保留 4 位有效数字

基数为 10 时，通常其舍入规则是

如果下一位数大于等于 5，则在截断近似中将最低有效位的值加 1。

//本例中下一位数字为 8。

A 的近似值也可以为

$A4=24.0385$　舍入，保留到原点右边 4 位

//本例中下一位数字为 6。

//我的计算器在内存中将 625/26 截断为 12 位有效数字，

//然后显示其舍入后保留的 10 位有效数字。

如果 B 是 A 的一个近似值，那么如何判断近似值的好坏呢？B 的**误差**定义为 $B-A$ 的差值。通常对该误差的大小感兴趣，B 的**绝对误差**是差值的绝对值 $|B-A|$。这里，对有理数 x，有

$$|x|=\begin{cases} x & \text{如果 } x\geqslant 0 \\ -x & \text{如果 } x<0 \end{cases}$$

但是 5.285 中 ±1 的误差要比 528.5 中 ±1 的误差严重得多。所以，有时只对误差的大小相对于 A 的大小的比值感兴趣；B 的**相对误差**为

$$\frac{|B-A|}{|A|}$$　　//假定 $A\neq 0$

其商通常用百分比来表示。对于 $A=625/26$ 的四个近似值，有

	误差	相对误差
对于 $A1=24.03$	$24.03-A$	$\lvert\text{Error}\rvert\div A$
	$=\dfrac{2403}{100}-\dfrac{625}{26}$	$=\dfrac{22}{2600}\times\dfrac{26}{625}$
	$=\dfrac{62\,478-62\,500}{100\times 26}$	$=0.000\,352$ $=0.0352\%$
	$=\dfrac{-22}{2600}$	
	$=-0.00\overline{8\,461\,53}$	

//同理可得

对于 A2=24.0384 $\frac{-16}{260\,000}=-0.000\,\overline{061\,538\,4}$ 0.000 256%

对于 A3=24.04 $\frac{+4}{2600}=0.00\overline{1\,538\,46}$ 0.0064%

对于 A4=24.0385 $\frac{+10}{260\,000}=0.000\,\overline{038\,461\,5}$ 0.000 16% 25

对于大数字，截断并保留 k 个有效数字，意味着保留了 k 个重要的数字，其他都用 0 替换；舍入并保留 k 个有效数字也类似。所以

截断 345 678 并保留 3 个有效数字为 345 000。

舍入 345 678 并保留 3 个有效数字为 346 000。

保留 k 个有效数字的做法会限制相对误差；保留原点后 k 位的做法会限制绝对误差。**截断更方便，而舍入更好。** //实际上，只有一半的概率舍入好些，另一半概率截断好些。

有时候数表示的是一个纯近似值，并未告知其精确值。例如，Hamilton 使用外部符号表示人数为 306 000。那么遇到该符号时，最自然的理解就是人数大约为 306 000。也就是说，符号中有三位有效位(306)和 3 个 0，这些 0 不传递精确的信息，但表示人数的规模——千。使用浮点数可避免这种不确定性，其尾数可包含所有重要的数字。//甚至是 0!

我的计算器并不是不能表示和显示所有的数。所有可表示的数都是有理数，下节会介绍可表示的数都集中在 0 附近。而且，大多数计算器和计算机中，都使用二进制码采用定长尾数和指数来表示数，而这又不可避免地会引入其他的近似误差。

1.3.2 二进制、八进制和十六进制

想象一下，有人通过重量来购买和销售金粉，他有一个精确的天平和准确的人工制作的标准重量单元——1 个单位和 2 个单位。他在该装置上将两个重量单元都放在一个盘上，称出 3 个单位的金粉。他要卖的下一个标准重量应该是 4 个单位。然后称得 4 个单位的金粉，5=4+1 个单位的金粉，6=4+2 个单位的金粉，7=4+2+1 个单位的金粉。下一个标准重量应该是 8 个单位。然后称得 8 个单位的金粉，9=8+1 个单位的金粉，10=8+2 个单位的金粉，很快就可以称得 15=8+7=8+(4+2+1)个单位的金粉。下一个标准重量应该是 16 个单位。然后称得 16 个单位的金粉，17、18 个单位的金粉，很快可称得 31=16+15 个单位的金粉。如果将标准重量从大到小写成一行，使用了该标准重量，就在其下方写上 1，否则就写上 0，可得下表： 26

16	8	4	2	1	Total
0	0	0	0	0	0
0	0	0	0	1	1
0	0	0	1	0	2
0	0	0	1	1	3
0	0	1	0	0	4
0	0	1	0	1	5
0	0	1	1	0	6
0	0	1	1	1	7
0	1	0	0	0	8
0	1	0	0	1	9
0	1	0	1	0	10
0	1	0	1	1	11
0	1	1	0	0	12

0	1	1	0	1	13
0	1	1	1	0	14
0	1	1	1	1	15
1	0	0	0	0	16
1	0	0	0	1	17
1	0	0	1	0	18
1	0	0	1	1	19
1	0	1	0	0	20

已经知道每个正整数都可以表示为 2 的不同幂次方的和。也就是说，每个正整数都可以描述为称量 n 个单位金粉的 2 的幂次方的 0、1 序列。

二进制使用 0 和 1 表示用位信息表示的数。数字

$$101\,111.011 \text{ 意思是} 1\times 2^5+0\times 2^4+1\times 2^3+1\times 2^2+1\times 2^1+1\times 2^0$$
$$+0\times 2^{-1}+1\times 2^{-2}+1\times 2^{-3}$$

RHS 通常称为 LHS 的文字扩展。LHS 可以解释为十进制数。所以，为了避免混淆，将其基数写在花括弧中，也就是说

$$\begin{aligned}101\,111.011\{2\} &= 1\times 2^5+0\times 2^4+1\times 2^3+1\times 2^2+1\times 2^1+1\times 2^0\\ &\quad +0\times 2^{-1}+1\times 2^{-2}+1\times 2^{-3}\{10\}\\ &= 32+8+4+2+1+1/4+1/8\{10\}\\ &= 47+0.25+0.125\{10\}\\ &= 47.375\{10\}\end{aligned}$$

27 机器中使用二进制系统，因为它只需要两种物理表示 on 或 off，电压高于或低于某个阈值(十进制机器必须将物理现象区分为 10 个不同的状态)。同样，二进制数的加法和乘法表也小(相对于要记住基数为 10 的表要简单得多)。两个操作表如下：

×	**0**	**1**
0	0	0
1	0	1

+	**0**	**1**
0	0	1
1	1	10

二进制中唯一的复杂度是 1+1=10。二进制中，按位加法和乘法的处理方式与十进制相同。

其他相似性为：两种情况中，基数本身都表示为“10”；乘以基数就是将原点向右移 1 位，除以基数就是将原点向左移 1 位。如果 k 是正整数，那么基数的 k 次方幂就是 1 后面加 k 个 0(即 $10^4=10\,000$)，基数的$(-k)$次方幂就是原点后$(k-1)$个 0 后面加 1(即 $10^4=0.0001$)。

再看本章开始介绍的 RPM，将其作为二进制算术的实例。想求 $M\times N$ 的积，其中 $M=73$，$N=41$。

A	**B**
73	41
~~146~~	20
~~292~~	10

584	5
~~1168~~	2
2336	1
2993	

除以 2 将结果减少一半就可以获得新的 B 值。用二进制表示 B 值时，除以基数就是截断整数。结果就是截掉 B 的二进制表示中的最后一位。

$B\{10\}$	$B\{2\}$	
41	101 001	$//41=32+8+1=2^5+2^3+2^0$
20	10 100	$//20=16+4\quad=2^4+2^2$
10	1010	$//10=\ 8+2\quad=2^3+2^1$
5	101	$//\ 5=\ 4+1\quad=2^2+2^0$
2	10	
1	1	

28

//现在，B 的值是否最终必须等于 1？

//表中行数$=N\{2\}$的位数。

//$B\{2\}$的末位为 0 时，B 的值为偶数；$B\{2\}$的末位为 1 时，B 的值为奇数。

//A 的值怎么变化？

乘以 2 就是在 A 的二进制表示后面加一个 0。

$A\{10\}$	$A\{2\}$	
73	100 100 1	$//73=64+8+1=2^6+2^3+2^0$
146	100 100 10	
292	100 100 100	
584	100 100 100 0	
1168	100 100 100 00	
2336	100 100 100 000	

用通常的算法进行乘法运算时，过程如下：

73{10}＝	1001001		
×41{10}＝	×101001		
	1001001	73	//乘以数字 1
	~~1001001×~~	~~146~~	//移位并乘以数字 0
	~~1001001××~~	~~292~~	//移位并乘以数字 0
	1001001×××	584	//移位并乘以数字 1
	~~1001001××××~~	~~1168~~	//移位并乘以数字 0
	1001001×××××	2336	//移位并乘以数字 1
	1 0 1 1 1 0 1 1 0 0 0 1	2993	

$//101\ 110\ 110\ 001\{2\}=2^{11}+2^9+2^8+2^7+2^5+2^4+2^0\{10\}$

$//\qquad=2048+512+256+128+32+16+1\{10\}$

$//\qquad=2993\{10\}$

RPM 是二进制乘法的另一种形式。

二进制的缺点是数字是十进制中相应数字的 3 倍长，而且肉眼难以辨别。例如：

10010110101010＝10010110101010 吗？

如果 b 是大于 1 的整数，b 进制系统（单个的数字符号为 0，1，…，$(b-1)$）中可用位标识来表示数。那么

$$d_p d_{p-1} \cdots d_0 \cdot d_{-1} \cdots d_{-q}\{b\} \text{ 意思是}$$

$$d_p \times b^p + d_{p-1} \times b^{p-1} + \cdots + d_0 \times b^0 + d_{-1} \times b^{-1} + \cdots + d_{-q} \times b^{-q}$$

将 b 转换为基数 10，数字转换为基数 10，并进行文字扩展运算，就可将 b 进制数转换为十进制数。

29 **八进制**系统中，基数为 **8**，数字（单个的符号表示）为 0～7 的整数。那么

$$\begin{aligned}502.71\{8\} &= 5\times 8^2 + 0\times 8^1 + 2\times 8^0 + 7\times 8^{-1} + 1\times 8^{-2}\ \{10\}\\ &= 5\times 64 + 2\times 1 + 7/8 + 1/64\ \{10\}\\ &= 320 + 2 + 0.875 + 0.015\,625\{10\}\\ &= 322.890\,625\{10\}\end{aligned}$$

十六进制系统中，基数是 16，数字为 0～15 的整数。通常，使用 0～9 表示前面 10 个数，A、B、C、D、E、F 分别代表后面 6 个数。

十进制	二进制	八进制	十六进制
0	0	0	0
1	1	1	1
2	10 =b	2	2
3	11	3	3
4	100 =b^2	4	4
5	101	5	5
6	110	6	6
7	111	7	7
8	1000 =b^3	10 =b	8
9	1001	11	9
10 =b	1010	12	A
11	1011	13	B
12	1100	14	C
13	1101	15	D
14	1110	16	E
15	1111	17	F
16	10000 =b^4	20	10 =b
17	10001	21	11
18	10010	22	12
19	10011	23	13
20	10100	24	14

那么

$$A02.D4\{16\} = A\times 16^2 + 0\times 16^1 + 2\times 16^0 + D\times 16^{-1} + 4\times 16^{-2}$$

//使用两个基数

$$\begin{aligned}&= (10)\times 256 + 2 + (13)/16 + 4/256\ \{10\}\\ &= 2560 + 2 + 0.8125 + 0.015\,625\{10\}\\ &= 2562.828\,125\{10\}\end{aligned}$$

因为 8 和 16 都是 2 的整数幂，所以将二进制数转换为八进制数和十六进制数比较容

30 易。一个八进制数字对应三位的二进制数，一个十六进制数字对应四位的二进制数。

以原点为基础，分别向左和向右对位分组。在二进制数的两端添加额外的 0，不会改变其值。

$$\underbrace{101}_{5}\ \underbrace{000}_{0}\ \underbrace{010}_{2}.\ \underbrace{111}_{7}\ \underbrace{001}_{1}\{2\} = 502.71\{8\}$$

$$\underbrace{0001}_{1}\ \underbrace{0100}_{4}\ \underbrace{0010}_{2}.\ \underbrace{1110}_{E}\ \underbrace{0100}_{4}\{2\} = 142.E4\{16\}$$

//它们都等于 322.890 625{10}吗?

将八进制转换为二进制，只需将每位八进制数字扩展成 3 位二进制数字；将十六进制转换为二进制，只需将每位十六进制数字扩展成 4 位二进制数字。

将十进制数转换为 b 进制数比较复杂，需要使用两个不同的算法：一个用于转换整数，一个用于转换分数。

假设 n 为正整数。要确定其文字扩展在 b 进制数中的数字，也就是说，要确定 d_j 的数字，其中

$$n = d_p d_{p-1} \cdots d_1 d_0 \{b\} \quad d_j \in \{0,1,\cdots,(b-1)\}$$

如果

$$\begin{aligned} n &= d_p \times b^p + d_{p-1} \times b^{p-1} + \cdots + d_1 \times b + d_0 \\ &= [d_p \times b^{p-1} + d_{p-1} \times b^{p-2} + \cdots + d_1] \times b + d_0 \end{aligned}$$

那么，用基数 b 划分 n，有 $n=(q)\times b+r$，其中 $0\leqslant r<b$。余数 r 必须等于 d_0，整数商 q 必须等于

$$d_p \times b^{p-1} + d_{p-1} \times b^{p-2} + \cdots + d_2 \times b + d_1 = d_p d_{p-1} \cdots d_1 \{b\}$$

余数是最右边的数字 d_0，整数商包含了 b 进制中文字扩展的其他数字。因此，**将整数 n 转换为 b 进制数**，通过查找整数商和余数，每次按序(从原点向左)生成一个数字，**直到**商为 0。

//最终 q 必须等于 0 吗?

例 1.3.1 将十进制数 322 转换成二进制数、八进制数和十六进制数

$$\begin{aligned}
322 &= 2(161) + 0 \quad \text{所以 } d_0 = 0 \\
161 &= 2(\ 80) + 1 \quad \text{所以 } d_1 = 1 \\
80 &= 2(\ 40) + 0 \quad \text{所以 } d_2 = 0 \\
40 &= 2(\ 20) + 0 \quad \text{所以 } d_3 = 0 \\
20 &= 2(\ 10) + 0 \quad \text{所以 } d_4 = 0 \\
10 &= 2(\ \ 5) + 0 \quad \text{所以 } d_5 = 0 \\
5 &= 2(\ \ 2) + 1 \quad \text{所以 } d_6 = 1 \\
2 &= 2(\ \ 1) + 0 \quad \text{所以 } d_7 = 0 \\
1 &= 2(\ \ 0) + 1 \quad \text{所以 } d_8 = 1
\end{aligned}$$

因此，322{10}=101 000 010{2}。 //$=2^8+2^6+2^1=256+64+2$

$$\begin{aligned}
322 &= 8(40) + 2 \quad \text{所以 } d_0 = 2 \\
40 &= 8(\ 5) + 0 \quad \text{所以 } d_1 = 0 \\
5 &= 8(\ 0) + 5 \quad \text{所以 } d_2 = 5
\end{aligned}$$

因此，322{10}=502{8}。 //$=(5)8^2+(2)8^0=320+2$

$$\begin{aligned}
322 &= 16(20) + 2 \quad \text{所以 } d_0 = 2 \\
20 &= 16(\ 1) + 4 \quad \text{所以 } d_1 = 4 \\
1 &= 16(\ 0) + 1 \quad \text{所以 } d_2 = 1
\end{aligned}$$

因此，322{10}=142{16}。 //$=(1)16^2+(4)16^1+(2)16^0=256+64+2$

//$n\{2\}$的长度是多少? n 的二进制表示有多少位?

//更一般性的问题，n 用 b 进制表示时有多少位?

如果 n 用二进制表示时刚好用了 k 位，那么

$$2^{k-1}=\underbrace{100\cdots0}_{k-1}\{2\}\leqslant n\leqslant\underbrace{111\cdots1}_{k}\{2\}=2^k-1$$

所以有 $2^{k-1}\leqslant n<2^k$ 和 $k-1=\lg(2^{k-1})\leqslant\lg(n)<\lg(2^k)=k$。

因此，$k-1=\lfloor\lg(n)\rfloor$ 和

$$k=\lfloor\lg(n)\rfloor+1 \qquad \text{// 适用于任意基数 } b$$

//RPM 的复杂度如何？

假定 f 是一正分数，即 $0<f<1$。要确定它在 b 进制中扩展的数字，也就是说，要确定 d_{-j}，其中

$$f=.d_{-1}d_{-2}d_{-3}d_{-4}\cdots\{b\}\quad d_{-j}\in\{0,1,\cdots,(b-1)\}$$

基数 b 乘 f，可得 //原点向右移1位

$$f\times b=d_{-1}.d_{-2}d_{-3}d_{-4}\cdots\{b\}\quad \text{其中}\quad 0\leqslant d_{-1}<b \qquad //d_{-1}\leqslant f\times b<1\times b$$
$$=d_{-1}+.d_{-2}d_{-3}d_{-4}\cdots\{b\}$$

$f\times b$ 的整数部分是最左边的数字，新的分数部分包含了 b 进制扩展中的其他数字。因此，要将**分数 f 转换成 b 进制数**，将其乘以 b 获取其整数部分和分数部分，每次按序(从原点向右)生成一个数字即可。新获取的分数为 0 时，算法停止。

32 //分数为 0 的情况会经常发生吗？ ◀

例 1.3.2　将十进制数 0.890 625 转换成二进制数、八进制数和十六进制数

$2(0.890\,625)=1.781\,25$　所以 $d_{-1}=1$

$2(0.781\,25)=1.5625$　所以 $d_{-2}=1$

$2(0.5625)=1.125$　所以 $d_{-3}=1$

$2(0.125)=0.25$　所以 $d_{-4}=0$

$2(0.25)=0.5$　所以 $d_{-5}=0$

$2(0.5)=1$　所以 $d_{-6}=1$

因此，0.890 625{10}=0.111 001{2}。

$8(0.890\,625)=7.125$　所以 $d_{-1}=7$

$8(0.125)=1$　所以 $d_{-2}=1$

因此，0.890 625{10}=0.71{8}。

$16(0.890\,625)=14.25$　所以 $d_{-1}=\mathrm{E}$　　//14{10}=E{16}

$16(0.25)=4$　所以 $d_{-2}=4$

因此，0.890 625{10}=0.E4{16}。 ◀

例 1.3.3　将十进制数 0.7 转换成八进制数、十六进制数和二进制数

八进制数：

$8(0.7)=5.6$　所以 $d_{-1}=5$

→ $8(0.6)=4.8$　所以 $d_{-2}=4$

$8(0.8)=6.4$　所以 $d_{-3}=6$

$8(0.4)=3.2$　所以 $d_{-4}=3$

$8(0.2)=1.6$　所以 $d_{-5}=1$

但此时新的分数 0.6 之前出现过，所以四个数字 4631 将放入重复块中。

因此，$0.7\{10\}=0.5\overline{4631}\{8\}$。

十六进制数：

$$16(0.7)=11.2 \quad 所以\ d_{-1}=\mathrm{B} \qquad //11\{10\}=\mathrm{B}\{16\}$$

$$\rightarrow \quad 16(0.2)=3.2 \quad 所以\ d_{-2}=3$$

但此时新的分数 0.2 之前出现过，因此 3 会循环重复。

因此，$0.7\{10\}=0.\mathrm{B}\overline{3}\{16\}$。 33

二进制数：

$$2(0.7)=1.4 \quad 所以\ d_{-1}=1$$

$$\rightarrow \quad 2(0.4)=0.8 \quad 所以\ d_{-2}=0$$

$$2(0.8)=1.6 \quad 所以\ d_{-3}=1$$

$$2(0.6)=1.2 \quad 所以\ d_{-4}=1$$

$$2(0.2)=0.4 \quad 所以\ d_{-5}=0$$

但此时新的分数 0.4 之前出现过，所以重复块为四位数字 0110。

因此，$0.7\{10\}=0.1\overline{0110}\{2\}$。 ◀

因为这样的转换过程的停止方式不自然(不像前面介绍的其他转换方法)，所以必须有人为的终止条件。在例 1.3.3 中，使用上划线标识表示结果时，算法终止。更多的时候，该过程会在某个固定的长度之后终止。有时候，找到下一个 b 进制的数字，值就可以取整了。计算机内部将分数转换为二进制表示是引入近似误差的另一个原因。

//二进制系统中，$1/n$ 什么时候会有可终止的位表示？

//是否只有当 n 没有除 2 以外的其他素因子时？

//这种情况经常发生还是很少发生？

//几乎所有有理数都有一个无限重复的二进制表示吗？

//之前提问过“10010110101010＝10010110101010 吗?”将它们转换为十六进制，问题就变成“25AA＝25AA 吗?”，回答也方便多了。

本节要点

计算机和计算器都使用位标识将数表示为某一基数的 k 位长的数字序列，其中 k 为一固定整数。但大多数数不能写成这种序列，很多都必须近似估计。本节介绍了截断和舍入的区别，绝对误差和相对误差的区别，舍入到 s 个有效数字和原点后 p 位的区别，整数和实数(浮点表示法)表示的区别。

计算机使用二进制表示数。本节介绍了四个转换算法：将 b 进制整数转换成十进制数，将十进制整数转换成 b 进制数，将 b 进制分数转换成十进制数，将十进制分数转换成 b 进制数。计算机内部将分数转换为二进制表示是引入近似误差的另一个原因。 34

1.4 数值求解

最后重点介绍涉及近似误差的机器运算(尤其是除法)，有时候这些运算是不能绝对准确完成的。**最佳实践就是计算近似值**。本节简要介绍其价值。

1.4.1 牛顿的平方根求解方法

求给定正整数 A 的平方根$\sqrt{A}$的“较好的”近似值：

1. 猜测平方根为 x_0。　　//x_0 为某一正数

2. 修正上一次的猜测值 x_i，获取新的猜测值：

$$x_{i+1} = \frac{x_i + A/x_i}{2}$$　　//直到什么时候停止？

看看 $A=144$ 和 $x_0=10$ 时的求解过程：

$$x_1 = \frac{10+144/10}{2} = \frac{10+14.4}{2} = \frac{24.4}{2}$$

$$= 12.2$$

$$x_2 = \frac{12.2+144/12.2}{2} = \frac{12.2+11.803\,278\,69\cdots}{2} = \frac{24.003\,278\,69\cdots}{2}$$

$$= 12.001\,639\,344\,2\cdots$$　　// 我的计算器截取12位有效数字

$$x_3 = 12.000\,000\,111\,9\cdots$$

$$x_4 = 12$$

那么 x_5 是 12，其他 x_i 也都是 12。牛顿的方法对初始猜测值修正 4 次后找到平方根。

//这一点不神奇吗？难道不值得深入探讨吗？

//你认为只能利用舍入误差获取正确的答案吗？（如果真做算术运算，我们算不出 12。）

假设 E_i 表示$\sqrt{A}$与其近似值 x_i 之间的误差，也就是说

$$E_i = x_i - \sqrt{A} \quad 所以 \quad x_i = \sqrt{A} + E_i$$

那下一个误差就是

$$E_{i+1} = x_{i+1} - \sqrt{A} = \frac{x_i + A/x_i}{2} - \sqrt{A} = \frac{x_i + A/x_i - 2\sqrt{A}}{2}$$

$$= \frac{x_i^2 - (2\sqrt{A})x_i + A}{2x_i} = \frac{(x_i - \sqrt{A})^2}{2x_i} = \frac{E_i^2}{2x_i}$$

35

第一次猜测之后，误差总为正数(>0)。　　//所以 $x_i > \sqrt{A} > 0$。

正误差会变得越来越小，因为 $E_i = x_i - \sqrt{A} < x_i$，

$$0 < \frac{E_i}{x_i} < 1 \quad 和 \quad E_{i+1} = \frac{E_i^2}{2x_i} = \frac{E_i}{x_i} \times \frac{E_i}{2} < \frac{E_i}{2}$$

当 $A=144$，$x_0=10$ 时，误差如下：

$$E_0 = x_0 - \sqrt{A} = 10 - 12 = -2$$　　// 我们知道$\sqrt{A}$的确切值

$$E_1 = \frac{E_0^2}{2x_0} = \frac{(-2)^2}{2(10)} = \frac{4}{20} = 0.2$$

$$E_2 = \frac{E_1^2}{2x_1} = \frac{(0.2)^2}{2(12.2)} = \frac{0.04}{24.4} = 0.001\,639\,344\,262\,29\cdots$$

$$E_3 = 0.000\,000\,111\,961\,771\,811\cdots = 1.119\,617\,718 \times 10^{-7}$$

$$E_4 = 5.223\,099\,263 \times 10^{-16}$$　　// 这说明我的计算器中，

// 0 附近可表示的数比 12 附近要多。

$$E_5 = 1.136\,698\,580 \times 10^{-32}$$
$$E_6 = 5.383\,681\,922 \times 10^{-66}$$
$$E_7 = 0$$

//最后 5 个等号应该是≃，读作约等于，而不是等于。
//当 $A>1$ 时，每次迭代中误差都会呈平方放大，x_i 中要纠正的数字数目也会翻倍。

不知道$\sqrt{A}$的确切值(算法的求解目标)时，什么时候停止生成 x_i？什么时候 x_i 是足够好的近似值？

假设老师希望$\sqrt{A}$的近似值 z 的绝对误差小于 0.000 000 1。这里用 δ 表示该界。我们想生成 x_{i+1}，且满足 $|E_i+1|<\delta=0.000\,000\,1$。由于不知道$\sqrt{A}$的确切值，就不能计算 E_{i+1}的确切值。所以只能计算其近似值，并说明其值$<\delta$ 即可。当 $i>0$ 时

$$0 < E_{i+1} < E_i/2 < E_i \quad 而且 \quad 0 < x_{i+1} - \sqrt{A} < x_i - \sqrt{A}$$

因此

$$\sqrt{A} < x_{i+1} < x_i$$

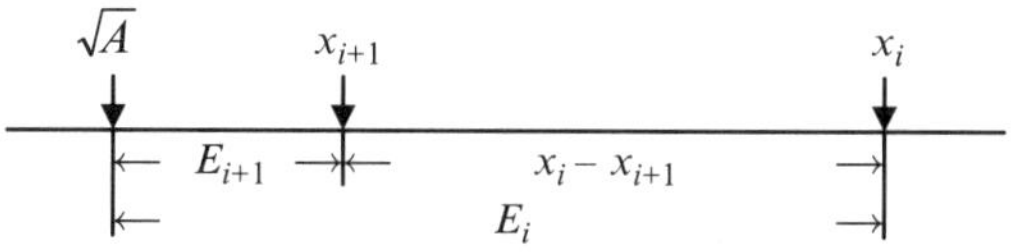

36

那么

$$E_i = x_i - \sqrt{A} = x_i - x_{i+1} + x_{i+1} - \sqrt{A} = (x_i - x_{i+1}) + E_{i+1} < (x_i - x_{i+1}) + E_i/2$$

所以，$E_{i+1} < E_i/2 < (x_i - x_{i+1})$。

更进一步，如果生成新的猜测值 x_{i+1}，直到$(x_i - x_{i+1})<\delta$，也就是说，直到新生成的两个猜测值的变化$<\delta$，才能确保最后的猜测值 $z=x_{i+1}$是$\sqrt{A}$的近似值，且绝对误差小于 $\delta=0.000\,000\,1$。　//无论指定 δ 为何值

牛顿的平方根求解方法可以很快生成很好的近似解。计算$\sqrt{A}$等价于求解 $x^2-A=0$ 的正根。该方法可以推广，以快速查找形如方程式 $f(x)=0$ 的近似解，但要用到 f 的微积分和导数。

另一方面，接下来将介绍一个简单、直观、有效地查找方程近似解的算法。

1.4.2　二分法

如果有公式可以求解方程(如 $x^3+2^x=200$)就好了。

但可能不存在这样的公式。然而，可以设计简单有效的算法来搜索精确解 x^* 的近似解 z，而且可以保证 z 的绝对误差小于任意指定的界 δ。

策略是查找(必须)包含 x^* 的区间。每次迭代都要确定 x^* 是位于下半区间还是上半区间。原始区间不断被二分(减半)直到剩余的区间长度$<2\delta$。此时算法返回最后区间的中点。

令 $f(x)$表示函数 x^3+2^x，T 表示目标值 200。
如果 $x=5$，那么

$$x^3 + 2^x = 5^3 + 2^5 = 125 + 32 = 157 < 200$$

如果 $x=10$，那么

$$x^3+2^x=10^3+2^{10}=1000+1024=2024>200$$

$x=5$ 时，函数值太小；$x=10$ 时，函数值太大。因此，x 只有在 5 和 10 之间取值时，函数值才是正确的。

//Goldilock 定理？

我们来试试半个区间。

如果 $x=7.5$，那么

$$x^3+2^x=7.5^3+2^{7.5}$$

37 $$=421.875+181.019\,336\cdots>200$$

所以，x^* 介于 5 和 7.5 之间。再试试半个区间。

如果 $x=6.25$，那么

$$x^3+2^x=6.25^3+2^{6.25}$$
$$=244.140\,625+76.109\,255\cdots>200$$

所以，x^* 介于 5 和 6.25 之间。如果在这些值之间猜测下一个值，

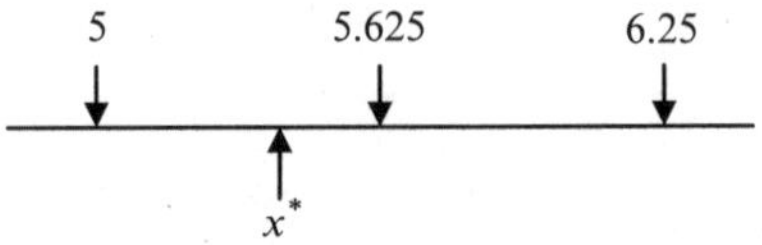

那么 $|5.625-x^*|<|5.625-5|=0.625$。

通常，如果在 A 处函数值太小，在 B 处函数值太大，那么对于介于 A 和 B 之间的某个 x^*，函数值会刚好正确。如果假设 z 的值是 A 和 B 之间的中点，那么 z 会二分从 A 到 B 的区间。如果 $f(z)$ 太小，x^* 就会介于 z 和 B 之间，下一次迭代时会用 z 替代 A。如果 $f(z)$ 太大，x^* 就会介于 A 和 z 之间，下一次迭代时会用 z 替代 B。同样，如果直到 x^* 位于 A 和 B 之间的某处，z 是 A 和 B 的中值，那么

$$|z-x^*|<|z-A|=|B-A|/2$$

下一次迭代时，误差界会减半，所以只要迭代足够多次，误差界就可以小于任何指定的阈值。

算法 1.4.1　$f(x)=T$ 的二分求解法

```
Begin
  z ← (A + B)/2;
  While (|z − A| >= δ) Do
    If (f(z)<= T) Then
      A ← z
    End;
    If (f(z)>= T) Then
      B ← z
    End;
    z ← (A + B)/2
  End;
  Return(z)
End.
```

//上述伪代码包含两个条件语句，且都没有 Else 部分。

//“If”和“Then”之间的条件为真时，会执行“Then”和“End”之间的步骤；

//为假时，不执行任何步骤。

//如果在某点 z，$f(z)=T$，会发生什么情况？ 38

输入 $f(x)=x^3+2^x$，$T=200$，$A=5$，$B=10$，$\delta=0.005$，算法执行步骤如下：

//表中每行都对应 A 和 B（及两者的中值 z）的值。

A	z	B	|z − A|	f(z)
5	7.5	10	2.5	602.894...
"	6.25	7.5	1.25	320.249...
"	5.625	6.25	.625	227.329...
"	5.3125	5.625	.3125	189.672...
5.3125	5.46875	"	.15625	207.840...
"	5.390625	5.46875	.078125	198.596...
5.390625	5.4296875	"	.0390625	203.177...
"	5.41015625	5.4296875	.01953125	200.876...
"	5.400390625	5.41015625	.009765625	199.733...
5.400390625	5.4052734375	"	.0048828125	(200.304...)

算法返回 $z=5.405\,273\,437\,5$ 作为方程解 x^* 的近似解，其绝对误差 $<\delta=0.005$。

//如果继续执行，会发现 $5.402\,668\,655<x^*<5.402\,668\,656$，但不可能知道 x^* 的确切值。

该算法要正确执行，需要满足几个前提条件：

1. $f(x)$ 必须是连续的可计算函数。
2. 必须指定函数 $f(x)$ 的目标值 T。
3. 必须指定 A 的值，使得 $f(A)<T$ 成立。 //猜测
4. 必须指定 B 的值，使得 $f(B)>T$ 成立。 //猜测
5. 必须指定近似值的绝对误差的界 δ。

//连续性是微积分的一个概念；它确保 f 的值不会突变，从而可以应用中值定理。

//函数 f 必须以除舍入误差外能够准确评估的形式出现。

//在实际应用中，通常都要满足该前提条件。

//函数的目标值通常都设为 0。

//前提条件 3 和 4 蕴含 $A\neq B$，而且精确解 x^* 介于 A 和 B 之间。

//因此，$A<x^*<B$ 或 $B<x^*<A$，两者总有一个成立。

//δ 提供了“质量控制”；它指定求得的近似解的优劣，并给出了算法的终止标准。

//但是要执行多少次迭代？

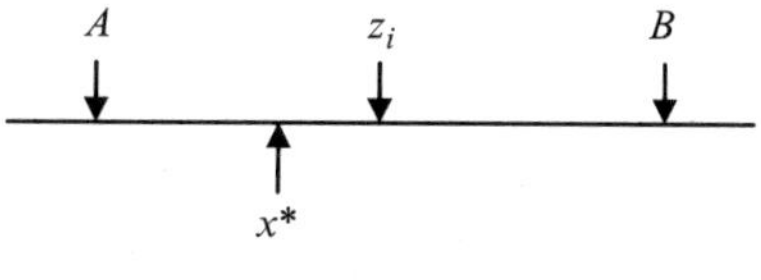

39

令 A_1 和 B_1 分别表示 A 和 B 的输入值，z_i 表示计算得到的第 i 个中值。那么

$$|z_1-x^*|<|B_1-A_1|/2=|z_1-A|$$
$$|z_2-x^*|<|B_1-A_1|/4=|z_2-A|$$
$$|z_3-x^*|<|B_1-A_1|/8=|z_3-A|$$

通常有

$$|z_k-x^*|<|B_1-A_1|/2^k=|z_k-A|$$

$|z_k-A|<\delta$ 时算法终止。

$$|B_1-A_1|/2^k<\delta \quad 或 \quad |B_1-A_1|<\delta\times 2^k \quad 或 \quad |B_1-A_1|/\delta<2^k$$

时，该条件肯定会成立。

使用以 2 为底的对数，可得 $\lg(|B_1-A_1|/\delta)<\lg(2^k)=k$。因此，算法计算的中值个数最多为

$$\lfloor \lg(|B_1-A_1|/\delta)\rfloor+1 \quad // \text{最小的整数} > \lg(|B_1-A_1|/\delta)$$

而且也保证

如果前提条件都满足，而且算法运行并终止，那么下述后置条件成立：

返回 z，且 $|z-x^*|<\delta$，其中 x^* 是方程 $f(x)=T$ 的精确解

//该算法找到精确解 x^* 的一个好的近似值；

//返回的 z 的绝对误差可以小于任意指定的界 δ。

当 $A_1=5$，$B_1=10$，$\delta=0.005$ 时，有

$$\begin{aligned}\lfloor \lg(|B_1-A_1|/\delta)\rfloor+1 &= \lfloor \lg(|10-5|/0.005)\rfloor+1\\ &= \lfloor \lg(1000)\rfloor+1\\ &= 10\end{aligned}$$

二分法是简短、简单、有效、高效的算法，也可能是本书中最实用的算法。

本节要点

前面章节已经指出机器上的算术运算(尤其是除法)会不可避免地引入截断和舍入误差。最佳实践就是计算近似解。本节围绕计算近似解展开。

40 牛顿的平方根求解方法可以很快求得很好的近似解。(计算 $\sqrt{A}$ 等价于求解 $x^2-A=0$ 的正根。该方法可以推广，以快速查找形如 $f(x)=0$ 的方程式的近似解，但要用到 f 的微积分和导数。)

接下来，介绍用简单的二分法来求解 $f(x)=T$，说明 While 循环最多迭代 $\lfloor \lg(|B_1-A_1|/\delta)\rfloor$ 次后算法会终止，给出求解绝对误差 $<\delta$ 的近似解的过程。

习题

1. 将 2015 写成 2 的幂次方的和。
2. 83 是素数吗?
3. 找出大于 800 的最小素数。
4. 证明：对于正整数 t 和 Q，$t\leqslant\lfloor\sqrt{Q}\rfloor$ 和 $t\times t\leqslant Q$ 等价。

   提示：如果 $t\leqslant\lfloor\sqrt{Q}\rfloor$，那么 $t\times t\leqslant Q$；如果 t 是整数，而且 $t\times t\leqslant Q$，那么 $t\leqslant\lfloor\sqrt{Q}\rfloor$。
5. n 为非负整数时，n^2+n+17 总是素数吗?
6. 证明：如果 n 为正整数，d 是 n 的最小真因子，那么 d 是素数。也就是说，解释该命题为什么为真。

   提示：如果 d 是 n 的真因子但不是素数，那么 d 本身就有一个因子 f。因此，f 必然是 n 的真因子，而且比 d 小。
7. 假设 K 是你的出生年。用算法 1.2.4 将 K、$K+1$ 和 $K+2$ 分解成素数。
8. (a) 计算 lg(128)、lg(8192)、lg(1 048 576)的值。

   (b) 计算 $\lfloor\lg(1000)\rfloor$、$\lfloor\lg(10\,000)\rfloor$ 和 $\lfloor\lg(10\,000\,000)\rfloor$ 的值。

   (c) 计算 lg(100)的值，并保留 4 位有效数字。

(d) 计算 lg(1 000 000)，并保留 4 位小数。

9. 如果使用你的计算器计算 4 678 352 除以 1974 显示 2369.985 816：
  (a) 4 678 352 DIV 1974 等于 2369 吗？
  (b) 4 678 352 MOD 1974 等于 1974×0.985 816 吗？
  (c) 1974×0.985 816 应该等于 4 678 352 MOD 1974 吗？
  (d) 为什么 1974×0.985 816 事实上不等于 4 678 352 MOD 1974？
10. 假设 K 是你的出生年，N 是你的 7 位电话号码。使用欧几里得算法求 GCD(N，K)、GCD(N，$K+1$)、GCD(N，$K+2$)。
11. 使用欧几里得算法求 $GCD(N+1，N)$，其中 N 为任意正整数。是否说明 N 和 $N+1$ 不可能有公共的素因子？
12. 使用长除法计算 $\frac{1}{81}=0.\overline{012\,345\,679}$。　//忽略了 8
13. 将二进制数 111001101.1011 转换成十进制数。 41
14. RPM 的复杂度是多少？(B 要被 2 除多少次？)
15. 将十进制数 1203.201 转换成二进制数，并进行如下舍入操作：
  (a) 保留 6 位有效数字和保留 12 位有效数字。
  (b) 保留到原点后 3 位。
  (c) 二进制的舍入规则是什么？
16. (a) 使用算术基本定理解释：b 进制中，为什么只有 n 的每个素因子也是 b 的因子时，$1/n$ 才会有可终止的位表示？
  (b) 二进制中，$1/n$ 什么时候会有可终止的位表示？
  (c) 十进制中，$1/n$ 什么时候会有可终止的位表示？
  (d) 所有有理数都有无限重复的二进制表示吗？
  (e) 所有有理数都有无限重复的十进制表示吗？
17. 使用二分法求方程 $x^{5.3}+(3.5)^x=N$ 的近似解 z，其中 N 是你的 7 位电话号码，而且
  (a) z 要精确到保留 2 位有效数字。
  (b) z 要精确到保留 2 位小数。
18. 假设 X^* 表示将 X 精确到原点后 2 位得到的近似值。如果 $X^*=45.67$，则有 $45.665\leqslant X<45.675$。通常，$X^*-0.005\leqslant X<X^*+0.005$。如果 $A^*=B^*=z$，则有 $|B-A|<0.010$。

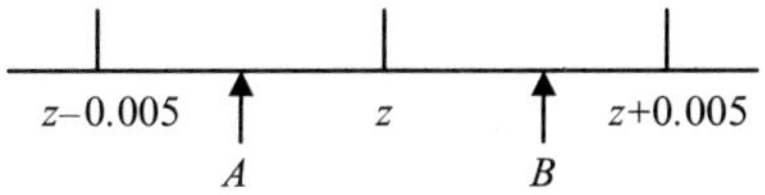

如果 $|B-A|\leqslant 0.010$，那么 $A^*=B^*$ 成立吗？

或者说，是否会有 $|B-A|\leqslant 0.000\,000\,1$ 但 $A^*\neq B^*$ 的情况发生？

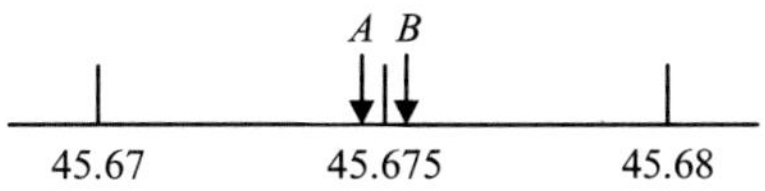

42

集合、序列和计数

集合和序列是离散数学研究的基本对象，其构造和枚举是组合数学的基本内容。本章的目标是介绍描述和计数用的基本词汇和公式，以用于分析算法复杂度。

2.1 朴素集合论

数学家有时对描述数学基础的语言的准确性非常敏感，但这里只是简单介绍集合论术语的常用含义。一个争论就是，集合作为一个原生概念，它不能定义本身，但可用于定义其他衍生概念。我们认为：

集合是定义明确的一组对象，这些对象称为集合的**元素**。

//“定义明确”是指任意可能的对象都在集合内，有方法可判断对象是否在集合内。

//这里认为“一组”和“对象”为原生术语(不需要定义)，希望读者能理解。

当 S 为集合，x 为对象时，

$x \in S$ 意思是 x 是 S 的元素

$x \notin S$ 意思是 x 不是 S 的元素

集合由其元素完全确定。集合只有少许元素时，可枚举其元素。显式枚举集合元素时，要将它们放置在配对的花括弧内，如：

$B=\{0,1\}$ 或 $H=\{0,1,2,3,4,5,6,7,8,9,\mathrm{A},\mathrm{B},\mathrm{C},\mathrm{D},\mathrm{E},\mathrm{F}\}$ 或 $A=\{\mathrm{a},\mathrm{b},\mathrm{c},\cdots,\mathrm{z}\}$

列表中的三个点组成了一个省略号，表示列表一直到 z 为止，集合 A 是由 a 到 z 的小写字母构成。使用省略号，可以定义数的三个重要集合

正整数 $\mathbf{P}=\{1,2,3,\cdots\}$ // 所有的数都大于 0

非负整数 $\mathbf{N}=\{0,1,2,3,\cdots\}$ //0 不是负数

所有整数 $\mathbf{Z}=\{\cdots,-3,-2,-1,0,1,2,3,\cdots\}$

//**Z** 取自德语单词 Zahl(“数”)的首字母，通常表示整数。

如果即使使用省略号也不方便或不可能枚举所有元素，就可能需要指定属性列表，以确定对象是否在集合内，例如，

$$W=\{x:x\in\mathbf{Z},0<x\leqslant 99 \text{ 且 } 3\mid x\}$$

意思是：W 是所有对象 x 的集合，使得 x 是整数，$0<x\leqslant 99$，而且 x 能被 3 整除。

//冒号读作“such that(使得)”，逗号读作“and(和)”。

因此，W 是 3 的小于等于 99 的整倍数集合。

有理数是可以表示成比值或整数商的任意实数。有理数集合如下所示：

$$\mathbf{Q}=\{x:x\in\mathbf{R},x=p/q \quad \text{其中} \quad p,q\in\mathbf{Z},\text{且 } q\neq 0\}$$

//回顾一下 $2/3=6/9=400/600=-8/(-12)=\cdots$。单个(实)数表示成整数商的方式有很多种。

我们可以定义一个集合，

$$D=\{x:x \text{ 是计算器能显示的数}\}$$

那么，D 包含 $\mathbf{Q}$ 的部分元素，但 $\mathbf{Q}$ 包含 D 的所有元素。

两个集合包含相同的元素时，称两个集合**相等**(集合等价描述)。

$\{0, 1, 4, 9, 4, 1, 0, 0, 9, 1\}=\{0, 1, 4, 9\}$

//列表中的重复元素不会改变集合元素；

//重复元素是多余的，可删除。 44

$\{4, 0, 9, 1\}=\{0, 1, 4, 9\}$ //改变列表中元素的次序不会改变集合元素；

//元素次序没关系，所以列表中元素次序可任意排列。

通常也记为：$\{0, 1, 4, 9\}=\{x^2: x\in\mathbf{N}, x<4\}$ 和 $\mathbf{W}=\{3k: k=1, 2, \cdots, 33\}$。

如果 A 和 B 都是集合，

A 是 B 的**子集**，写作 $A\subseteq B$，意思是 A 的所有元素都是 B 的元素。

所以有 $D\subseteq\mathbf{Q}$ 和 $\mathbf{P}\subseteq\mathbf{N}\subseteq\mathbf{Z}\subseteq\mathbf{Q}\subseteq\mathbf{R}$。如果 A 的元素都是 B 的元素，B 的元素也都是 A 的元素，那么 A 和 B 具有相同的元素；也就是说，

$$\text{如果 } A\subseteq B \text{ 且 } B\subseteq A\text{，那么 } A=B$$

所有集合都是它本身的子集。另一方面，

A 是 B 的**真子集**，写作 $A\subset B$，意思是 A 是 B 的子集但 $A\neq B$

所以有 $D\subset\mathbf{Q}$ 和 $\mathbf{P}\subset\mathbf{N}\subset\mathbf{Z}\subset\mathbf{Q}\subset\mathbf{R}$。

将没有元素的集合称为**空集**，写作 $\varnothing$。如果 B 是任意指定的集合，那么 $\varnothing$ 是 B 的子集吗？$\varnothing$ 的所有元素都是 B 的元素吗？如果该命题不为真，那就说明 $\varnothing$ 的有些元素不在 B 集合中，但是这不可能发生，因为 $\varnothing$ 不包含任何元素。因此，

$$\text{对任意集合 } B\text{，都有 } \varnothing\subseteq B$$

//亚里士多德(公元前 384 年—公元前 322 年)似乎认为讨论不存在的事物(如空集的元素)

//和研究它们的特性(如集合 B 的成员关系)是没有意义的。

//但是空集的现代应用很有意义，而且很有用；亚里士多德的这一观点已被取代。

如果 A 是任意集合，则其**幂集**为

$\mathscr{P}(A)=\{S: S\subseteq A\}$ //A 的所有子集组成的集合

例如，如果 $A=\{a, b, c\}$，那么

$$\mathscr{P}(A)=\{\varnothing, \{a\}, \{b\}, \{c\}, \{a,b\}, \{a,c\}, \{b,c\}, \{a,b,c\}\}$$ 45

也就是说，A 包含 8 个子集：大小为 0 的子集有 1 个，大小为 1 的子集有 3 个，大小为 2 的子集有 3 个，大小为 3 的子集有 1 个。所以，集合也可以作为对象，并成为其他集合的元素。

//集合是它本身的元素吗？

需要明确的是，集合不是它本身的元素。例如，

$\varnothing\notin\varnothing$ //因为 $\varnothing$ 没有元素

$\mathbf{Z}\notin\mathbf{Z}$ //因为 $\mathbf{Z}$ 的元素是有限的，但 $\mathbf{Z}$ 本身是无限集合。

伯特兰·罗素(1872—1970)是学生时，他在读 Gottlob Frege(1848—1925)作为数学入门基础的集合论描述时，对集合 $K=\{x: x\notin x\}$(即所有不是它本身的子集构成的集合)很感兴趣。该集合是个矛盾体，因为

如果 $K\in K$，那么(K 必须满足 K 中的成员关系条件，所以)$K\notin K$；

但是 如果 $K\notin K$，那么(K 满足 K 中的成员关系条件，所以)$K\in K$。

通过给对象、类和集合指定类型将对象限制在固定的论域(参见 Zermelo-Fraenkel 的

复杂集合论)，可避免罗素悖论。但是不用担心罗素悖论，它不会引发问题。

2.1.1 可恶的图书管理员

假设图书馆藏有大量但分组固定的书。每本书的封面上都有书名，每本书都有正文。通常“书名”都会在“正文”里出现。有时要翻好多页才能找到书名，如“Silence of the Lambs”或“Catcher in the Rye”。

管理员有一本特殊的书“The Special Catalogue”，但它的正文是空的。管理员支付额外报酬，希望你来写这本书的正文。他想知道，分组中哪些书的书名没有记录在正文中。他希望你在“The Special Catalogue”中列出图书馆藏书中正文不包含书名的图书名称，但必须只包括这些正文不包含书名的图书名称。

你在图书馆努力工作了一个夏天，在朋友们的帮助下，终于完成任务。你打算向管理
46 员提交完成了的“The Special Catalogue”，并领取报酬。

支付报酬之前，管理员会问关于“The Special Catalogue”本身的问题。“The Special Catalogue”是图书馆的一本藏书，它有书名和正文，它的书名是否写在正文中了？如果回答“不是”，他就会说你没有完成工作并拒绝支付报酬；如果回答“是”，他就会说你没有正确完成工作并拒绝支付报酬。

2.1.2 集合运算和基数

如果 A 和 B 是集合，可通过它们构造其他集合：

A 和 B 的**交** $A \cap B = \{x: x \in A \text{ 且 } x \in B\}$

//$B \cap A = A \cap B$

A 和 B 的**并** $A \cup B = \{x: x \in A \text{ 或 } x \in B\}$

//$B \cup A = A \cup B$

A 和 B 的**差** $A \setminus B = \{x: x \in A \text{ 且 } x \notin B\}$

//$B \setminus A$ 等于 $A \setminus B$ 吗?

//集合 $A \setminus B$ 通常称作 B 在 A 中的相对补集。

当 $A \cap B = \varnothing$ 时，称 A 和 B **不相交**。

//A 和 B 没有公共元素。

集合 S 中的元素个数称作集合 S 的**基数**，记作 $|S|$。如果基数有限，则 $|S| \in \mathbf{N}$；如果 $|S| = n$，称 S 为 n **元集**(*n*-set)。对任意两个集合，有

$$|A \cup B| = |A| + |B| - |A \cap B|$$

而且，如果 A 和 B 不相交，则有

$$|A \cup B| = |A| + |B| \qquad // \text{因为 } A \cap B = \varnothing$$

进一步有

$$|A \cup B| = |A \setminus B| + |B \setminus A| + |A \cap B|$$

例 2.1.1 运算、大小和子集

假设 A 是由不大于 10 的奇数构成的集合，B 是由不大于 10 的素数构成的集合。那么

$$\begin{aligned}
A &= \{1,3,5,7,9\} \quad &\text{和 } B &= \{2,3,5,7\} \\
A \cap B &= \{3,5,7\} \quad &\text{和 } A \cup B &= \{1,2,3,5,7,9\} \\
A \setminus B &= \{1,9\} \quad &\text{和 } B \setminus A &= \{2\} \\
6 = |A \cup B| &= |A| + |B| - |A \cap B| = 5+4-3 \\
&= |A \setminus B| + |B \setminus A| + |A \cap B| = 2+1+3
\end{aligned}$$

◀ 47

$A \cup B$ 的每个元素都属于集合 $A \setminus B$、$B \setminus A$ 和 $A \cap B$ 中的一个。更一般的结论如下：

T 的子集 S_1，S_2，S_3，…，S_k 组成了 T 的**划分**，意思是 T 的每个元素都只属于子集 S_j 中的一个。

//集合 $S_1=A \setminus B$，$S_2=B \setminus A$，$S_3=A \cap B$ 组成了 $T=A \cup B$ 的一个划分。

//通常，$S_1 \cup S_2 \cup S_3 \cup \cdots \cup S_k \subseteq T$，因为每个 S_j 都是 T 的子集。

//$T \subseteq S_1 \cup S_2 \cup S_3 \cup \cdots \cup S_k$，因为 T 的每个元素都位于某个子集 S_j 中。

//因此，$T=S_1 \cup S_2 \cup S_3 \cup \cdots \cup S_k$。

划分中的子集是两两不相交的；也就是说，任意两个子集都是不相交的集合。

//如果 $p \neq q$，那么 $S_p \cap S_q = \varnothing$，因为 T 中没有元素会包含在两个以上的子集 S_j 中。

如果 S_1，S_2，S_3，…，S_k 构成 T 的一个划分，那么

$$|T| = |S_1| + |S_2| + |S_3| + \cdots + |S_k|$$

集合 A 和 B 的**笛卡儿积**(由 René Descartes(1596—1650)命名)定义如下：

$$A \times B = \{(a,b): a \in A \text{ 且 } b \in B\}$$

其中，(a, b)表示对象的有序对；有序对中存在第一个实体和第二个实体。圆括号表示这种序关系。 //花括号表示没有序关系

//$\{0, 1\}=\{1, 0\}$，但$(0, 1) \neq (1, 0)$——集合中元素无序关系，有序对中有序关系。

//$\{1, 1\}=\{1\}$，但$(1, 1) \neq (1)$——集合中重复元素没有问题，但有序对中就有问题。

例 2.1.2 两个笛卡儿积

如果 $A=\{1, 3, 5, 7\}$，$B=\{2, 3, 5\}$，那么

$$A \times B = \{(1,2),(1,3),(1,5),(3,2),(3,3),(3,5),(5,2),(5,3),(5,5),(7,2),(7,3),(7,5)\}$$

$$B \times A = \{(2,1),(2,3),(2,5),(2,7),(3,1),(3,3),(3,5),(3,7),(5,1),(5,3),(5,5),(5,7)\}$$

//$(A \times B) \cap (B \times A) = \{(3, 3), (3, 5), (5, 3), (5, 5)\}$，所以 $A \times B \neq B \times A$。 ◀

本例中，$|A \times B|$ 和 $|B \times A|$ 都等于 12。对任意对象 z，有

$$\{z\} \times B = \{(z,2),(z,3),(z,5)\} \quad \text{所以有} \quad |\{z\} \times B| = |B|$$

48

因为 $S_1=\{1\} \times B$，$S_2=\{3\} \times B$，$S_3=\{5\} \times B$，$S_4=\{7\} \times B$ 组成了 $A \times B$ 的一个划分，所以

$$\begin{aligned}
|A \times B| &= |\{1\} \times B| + |\{3\} \times B| + |\{5\} \times B| + |\{7\} \times B| = |B| + |B| + |B| + |B| \\
&= |A| \times |B|
\end{aligned}$$

通常这个公式可应用于所有集合 A 和 B //$A=B$ 时也适用吗？

$$|A \times B| = |A| \times |B|$$

// 与 $|B| \times |A| = |B \times A|$ 等价吗？

计数的乘法规则(通常不会考虑集合的笛卡儿积)如下：

如果第一件事情可有 p 种方法完成，第二件事情可有 q 种方法完成，那么一起完成这两件事情可有 $p \times q$ 种不同的方法。

2.1.3 鸽巢原理

假设 27 只鸽子要飞回到 5 个鸽巢里。那么每个鸽巢最多可飞进 M 只鸽子。显然 $M\leqslant 27$。但 M 是否存在下界呢？如果把鸽巢从 1 到 5 编号，X_i 表示飞入鸽巢 i 的鸽子数，那么

$$27 = X_1 + X_2 + X_3 + X_4 + X_5 \leqslant M + M + M + M + M = 5M$$

因此，$M\geqslant 27/5=5.4$。　//这是每个鸽巢飞进鸽子的平均数

实际上，$M\geqslant\lceil 27/5\rceil=6$。　//因为 M 是整数

鸽巢原理断言：

如果 P 只鸽子飞入 H 个鸽巢，那么至少有一个鸽巢里至少有$\lceil P/H\rceil$只鸽子。

例 2.1.3 需要多少只袜子？

假设你在洗澡时让你的色盲室友打开你的抽屉(里面有 10 只红色袜子，12 只蓝色袜子和 9 只黑色袜子)拿出一些袜子以便你找到相匹配的。需要拿多少只袜子才能保证有匹配的袜子？所有 31 只都拿吗？那么至少需要拿多少只袜子，仍能保证有相匹配的袜子呢？

49 //把颜色比作鸽巢，会发现最小的 P，且有$\lceil P/3\rceil\geqslant 2$。◀

事实上，鸽巢原理是关于划分的定理。

//鸽巢把鸽子分成互不相交的子集。

如果 S_1，S_2，S_3，…，S_k 组成了 n-元集 T 的**划分**，那么

$$n = |T| = |S_1| + |S_2| + |S_3| + \cdots + |S_k|$$

因此，子集 S_j 的平均大小是 n/k；　//不一定是整数

子集 S_j 的最大大小至少是$\lceil n/k\rceil$　//最多是 n

子集 S_j 的最小大小至多是$\lfloor n/k\rfloor$　//最少是 0

//并不是所有的子集大小都要比平均值小，也并不是所有的子集大小都要比平均值大。

//实际上，要么所有子集都有相同的大小；

//要么最大的子集大小要比平均值大，而最小的子集大小比平均值小。

本节要点

集合是定义明确的一组元素。数的几个重要集合为：$\mathbf{P}=\{1, 2, 3, \cdots\}$，$\mathbf{N}=\{0, 1, 2, 3, \cdots\}$，$\mathbf{Z}=\{\cdots, -3, -2, -1, 0, 1, 2, 3, \cdots\}$，实数 $\mathbf{R}$ 和有理数 $\mathbf{Q}=\{x: x\in\mathbf{R}, x=p/q$ 其中 $p, q\in\mathbf{Z}$，但 $q\neq 0\}$。

当 A 的所有元素都是 B 的元素时，A 是 B 的子集，写作 $A\subseteq B$。对任意集合 B，都有 $\varnothing\subseteq B$。B 的幂集 $\mathscr{P}(B)=\{S: S\subseteq B\}$。

在集合描述中，罗素悖论可以看作其固有属性，它可能产生一些不可能的任务，如“可恶的图书管理员”问题。

如果 A 和 B 都是集合，可通过它们构造其他集合：交集 $A\cap B=\{x: x\in A$ 且 $x\in B\}$，并集 $A\cup B=\{x: x\in A$ 或 $x\in B\}$，差集 $A\setminus B=\{x: x\in A$ 且 $x\notin B\}$。当 $A\cap B=\varnothing$ 时，集合 A 和 B 是不相交的。如果 T 的每个元素都包含在一个 S_j 中，集合 S_1，S_2，S_3，…，S_k 构成了集合 T 的一个划分。同一个划分的集合互不相交。

集合 S 中的元素个数称为 S 的基数，记作 $|S|$。当 S_1，S_2，S_3，…，S_k 构成集合 T 的一个划分时，有

$$|T| = |S_1| + |S_2| + |S_3| + \cdots + |S_k|$$

集合 A 和 B 的笛卡儿积 $A \times B = \{(a, b): a \in A \text{ 且 } b \in B\}$，其中 (a, b) 表示对象的有序对。计数的乘法规则是，如果第一件事情可有 p 种方法完成，第二件事情可有 q 种方法完成，那么一起完成这两件事情可有 $p \times q$ 种不同的方法。

鸽巢原理是说，如果 P 只鸽子飞进 H 个鸽巢，那么必然有一个鸽巢至少会飞进 $\lceil P/H \rceil$ 只鸽子。

所有这些定义都有助于我们理解算法，尤其是运算的计数。 50

2.2 序列

序列(sequence)是特殊的函数。函数 f 定义了从非空集合(f 的定义域)中取一个对象生成集合(f 的值域)中的唯一对象 $f(x)$ 的“规则”。更形式化一点，

f 是从非空集合 D **到**集合 C 的**函数**，写作 $f: D \to C$，意思是，$f \subseteq D \times C$，其中 D 中的元素都只出现在一个 f 的有序对中。

$f = \{(x, f(x)): x \in D\}$ 是有序对的集合。

函数 $f: D \to C$ 是**一对一函数**，意思是如果 x 和 y 都是 D 的元素，而且 $x \neq y$，那么 $f(x) \neq f(y)$。 //一对一函数也称为单射函数

函数 $f: D \to C$ 是**映成**函数，意思是对于每个 $z \in C$，至少存在一个 $w \in D$，使得 $f(w) = z$。 //映成函数也称为满射函数

集合 A 和 B 有**相同的基数**(大小)，意思是存在 $f: A \to B$，f 既是一对一函数，也是映成函数。 //这样的函数称为双射函数。

特别地，如果 X 是 n 元集，从 $\{1, 2, \cdots, n\}$ 到 X 存在一个一对一的索引函数，则使用该函数就可以有序列出 X 的元素，如 $\{x_1, x_2, \cdots, x_n\}$。

例 2.2.1 学生数和座位数

为了确定教室里的学生数是否等于座位数，要让学生都坐到位置上。如果没有两个不同的学生同时坐在同一个座位上，就说明每个学生都有自己的座位，那么学生数就不会超过座位数。如果没有座位是空着的，那么学生数就不会少于座位数。 ◀

Georg Cantor(1845—1918)描述了“基数等价”的概念。当我们的直觉与有限集一致的时候，这一概念部分改变了(数学家)关于无限集的想法，因为它意味着层次的无穷性。

//甚至存在无限个无限大的数！

如果 a 和 b 是整数，令

$\{a..\}$ 表示集合 $\{x \in \mathbf{Z}: a \leqslant x\}$

$\{a..b\}$ 表示集合 $\{x \in \mathbf{Z}: a \leqslant x \text{ 且 } x \leqslant b\}$

//所以，如果 $b < a$，则 $\{a..b\} = \varnothing$ 51

Z 的任意子集都可以定义成这两种类型，称为**整数区间**。第一个类型是无限区间，第二个类型是有限区间，其中，

$$|\{a,b\}| = b - a + 1 \quad 当\ a \leqslant b$$

//$\{a..b\}=\{a+0,\ a+1,\ a+2,\ \cdots,\ a+(b-a)\}$和$|\{0,\ 1,\ 2,\ \cdots,\ n\}|=n+1$。

序列是定义域 D(非空整数区间)上的函数 S。如果 D 是$\{a..\}$形式，则称 S 为无限序列；　//通常 a 是 1 或 0

如果 D 是$\{a..b\}$形式(其中 $a\leqslant b$)，则称 S 为有限序列。当$|D|=n$ 时，称 S 为 **n 元序列**(n-sequence)。我们将把 n 元序列的定义域指定为集合$\{1..n\}$。

//但 a 可以是 0，那么 D 就是$\{0..(n-1)\}$。

序列 S 的定义域的自然序给出了集合 S 中的有序对的自然序。如果 f 是 5 元序列，那么

$$S = \{(1,S(1)),(2,S(2)),(3,S(3)),(4,S(4)),(5,S(5))\}$$

这样表示 S 太过臃肿。然而，S 具有第一个有序对，第二个有序对，第三个有序对，等等，可以简单表示如下：

$$S = (S_1,S_2,S_3,S_4,S_5) \quad 其中,S_i\ 意味着\ S(i)$$　//i 处的函数值 $f(i)$

圆括弧仍然表示有序；在序列中，实体的序是基本特征。

例 2.2.2　什么是序列？

假设 $D=\{1..10\}$，定义 D 上的函数 S 如下：

$$S(i) = 整数(1+i)\ 的最小素因子$$

那么 D 就是有限的整数区间，S 序列如下所示：

$$S = (2,3,2,5,2,7,2,3,2,11)$$ ◀

//在序列中，序关系和重复元素都很重要。

如果 $S=(S_1,\ S_2,\ S_3,\ \cdots,\ S_n)$是数上的有限序列，相应的**级数**(series)是 S 中所有实体的和，

52

$$S_1 + S_2 + S_3 + \cdots + S_n$$

级数有一种比较紧凑的表示方法，称为$\sum$表示法，其中 $\sum_{i=1}^{n} S_i$ 表示 i 从 1 变到 n 时 S_i 的和。

//$\sum$是希腊大写字母"sigma"；在拉丁文字母表中，它变成了字母 S，表示总和
//即加法的输出结果。

有时候，通过改变其上极限和下极限可以推广$\sum$的使用场景，

$$\sum_{i=a}^{b} S_i\ 意思是\ S_a + S_{a+1} + S_{a+2} + \cdots + S_b$$　// 当 $a\leqslant b$ 时

//当 $a>b$ 时，和默认为 0；不需要其他术语进行解释。

2.2.1　子集的特征序列

假设 n 元集 U，其元素都已加上索引(以某种顺序列举)，所以有 $U=\{x_1,\ x_2,\ \cdots,\ x_n\}$。如果 A 是 U 的子集，则 A 的**特征序列**是定义域$\{1..n\}$上的函数

$$X_i^A = X^A(i) = \begin{cases} 1 & 如果\ x_i \in A \\ 0 & 如果\ x_i \notin A \end{cases}$$

例 2.2.3　特征序列

如果 U 是由前 10 个正奇数构成的集合，A 是 U 的素数子集，B 是 U 中 3 的倍数的集

合，那么

$$
\begin{aligned}
U &= \{1,3,5,7,9,11,13,15,17,19\} \qquad //x_i = 2i-1 \\
A &= \{\ \ 3,5,7,\ \ 11,13,\ \ 17,19\} \\
B &= \{\ \ 3,\ \ 9,\ \ 15\ \ \} \\
X^A &= \{0,1,1,1,0,1,1,0,1,1\} \\
X^B &= \{0,1,0,0,1,0,0,1,0,0\}
\end{aligned}
$$

特征序列可用作给定索引集 U 的子集的实现模型。集合运算可在这些特征序列上完成：

$$
\begin{aligned}
X^{A\cap B}(i) &= X^A(i)\times X^B(i) \\
X^{A\cup B}(i) &= X^A(i)+X^B(i)-X^A(i)\times X^B(i) \\
X^{A\setminus B}(i) &= X^A(i)-X^A(i)\times X^B(i)
\end{aligned}
$$

如果 $A\subseteq B$，那么对每个索引 i 都有 $X^A(i)\leqslant X^B(i)$，而且 $|A|=\sum_{i=1}^{n}X_i^A$。 ◀ 53

本节要点

f 是非空集合 D 到集合 C 的函数，写作 $f: D\rightarrow C$，意思是，$f\subseteq D\times C$，D 中的元素都只出现在一个 f 的有序对中；函数 f 是一对一的，意思是函数的定义域上的每个元素都会映射到值域上的不同元素；函数 f 是映成函数，意思是值域中的所有元素都是函数生成的。集合 A 和 B 有相同的基数(大小)，当且仅当函数 $f: A\rightarrow B$ 是一对一的映成函数。

如果 a 和 b 是整数，$\{a..\}$表示集合$\{x\in\mathbf{Z}: a\leqslant x\}$，$\{a..b\}$表示集合$\{x\in\mathbf{Z}: a\leqslant x$ 且 $x\leqslant b\}$。$\mathbf{Z}$ 的任意子集都可以定义成这两种类型，称为整数区间。序列是定义域 D(非空整数区间)上的函数 S。如果 D 是$\{a..\}$形式，则称 S 为无限序列；如果 D 是$\{a..b\}$形式(其中 $a\leqslant b$)，则称 S 为有限序列。当$|D|=n$ 时，称 S 为 n 元序列。和集合不同的是，序列中序关系和重复元素都很重要。

如果 $S=(S_1, S_2, S_3, \cdots, S_n)$是数上的有限序列，相应的级数是 S 中所有实体的和，

$$\sum_{i=1}^{n}S_i = S_1+S_2+S_3+\cdots+S_n$$

当 $U=\{x_1, x_2, \cdots, x_n\}$且 A 是 U 的子集时，A 的特征序列是定义域$\{1..n\}$上的函数

$$X_i^A = X^A(i) = \begin{cases}1 & \text{如果 } x_i\in A \\ 0 & \text{如果 } x_i\notin A\end{cases}$$

所有这些定义都有助于理解算法分析，特别是运算的计数。

2.3 计数

电话号码是由 3 位电话地区码+3 位交换码+4 位其他数字构成的序列。但一些系统作了一些限制：通常默认如果拨了 0，就连接到“拨出”；如果拨了 1，就连接到“长途拨号”；以及一些其他限制。

假定电话地区码不能以 0 或 1 开头，但中间位必须为 0 或 1。也就是说，电话地区码是一个三元序列(x, y, z)，其中

$$x\in\{2,3,4,5,6,7,8,9\},\quad y\in\{0,1\},\quad z\in\{0,1,2,3,4,5,6,7,8,9\}$$ 54

x 有 8 种可能的值，y 有 2 种可能的值，所以先选 x 然后选 y 的选择方案有 $8\times2=16$ 种。选定 x 和 y 后，z 有 10 种可能的值，所以先选 x 和 y 然后选 z 的选择方案有 $16\times10=160$ 种。该系统中的电话地区码的数目为 160 个。

假定交换码不能以 0 和 1 开头，中间位不为 0 或 1，以免与电话区号码混淆。也就是说，交换码是一个三元序列(x, y, z)，其中

$$x\in\{2,3,4,5,6,7,8,9\},\quad y\in\{2,3,4,5,6,7,8,9\},\quad z\in\{0,1,2,3,4,5,6,7,8,9\}$$

x 有 8 种可能的值，选定 x 后，y 有 8 种可能的值，所以先选 x 再选 y 的选择方案有 $8\times8=64$ 种。选定 x 和 y 后，z 有 10 种可能的值，所以先选 x 和 y 再选 z 的选择方案有 $64\times10=640$ 种。该系统中交换码的数目为 640 个。

最后四位数字是序列码 $S(w, x, y, z)$，其中

$$w,x,y,\quad z\in\{0,1,2,3,4,5,6,7,8,9\}$$

w 有 10 种可能的值，选定 w 后，x 有 10 种可能的值，选定 w 和 x 后，y 有 10 种可能的值，选定 w、x 和 y 后，z 有 10 种可能的值。所以序列 S 的构造方案有 $10\times10\times10\times10=10\,000$ 种可能。

因此，使用乘法法则，电话号码的数量为：

$$(\text{电话地区码})\times(\text{交换码})\times(10\,000)=(160)(640)(10\,000)=1\,024\,000\,000$$

2.3.1　n 元集合上的 k 元序列数

如果序列 S 的值域为集合 C，则称 **S 是 C 上的序列**。如果 k 和 n 都是正整数，那么 n 元集合上的 k 元序列就是从$\{1..k\}$到某个 n 元集合 $X=\{x_1, x_2, \cdots, x_n\}$上的函数 S，写作

55 $$S=(s_1,s_2,s_3,\cdots,s_k)\quad \text{其中，每个 } s_j\in X$$

可以使用乘法法则，像电话号码那样进行计数。s_1 有 n 种可能的选择。

选定 s_1 后，s_2 有 n 种可能的选择。

选定 s_1 和 s_2 后，s_3 有 n 种可能的选择，以此类推。

因为 S 中 k 个实体都有 n 种可能的选择，

$$n\text{ 元集合上的 }k\text{ 元序列数为 }n\times n\times\cdots\times n=n^k$$

特别地，$\{0, 1\}$上的 k 元序列数为 2^k。

2.3.2　n 元集合的子集数

如果 X 是大小为 n 的集合，其元素均已加上索引，故可表示为 $X=\{x_1, x_2, \cdots, x_n\}$。$X$ 的每个子集都有唯一的特征序列，每个特征序列都对应唯一的子集。特征序列数为 2^n，所以

$$n\text{ 元集合的子集数为 }\mathbf{2^n}\qquad // \text{该公式甚至可用于 } n=0 \text{ 时}$$

2.3.3　n 元集合上的 k 元排列数

排列有很多种定义方式，本书采用下述定义：

排列是没有重复元素的序列。

那么，n 元集合上的 k 元排列是从$\{1..k\}$到 n 元集合 $X=\{x_1, x_2, \cdots, x_n\}$上的**单射**(或称**一对一**)函数 S；也就是说，如果 $i\neq j$，那么 $S(i)\neq S(j)$。函数 S 记为

$$S=(s_1,s_2,s_3,\cdots,s_k),\quad \text{其中，}s_j\text{ 是 }X\text{ 中的不同元素}$$

如果 $k>n$，根据鸽巢原理，n 元集合上的 k 元序列 S 中至少有两个 s_j 是一样的。所以，当 $k>n$ 时，不存在 n 元集合上的 k 元排列。

如果 $1\leqslant k\leqslant n$，可以像序列那样使用乘法法则计数。s_1 有 n 种可能的选择。

选定 s_1 后，s_2 有 $(n-1)$ 种可能的选择。　　//s_2 不能和 s_1 相同　56

选定 s_1 和 s_2 后，s_3 有 $(n-2)$ 种可能的选择。　　//s_3 不能和 s_1、s_2 相同

选定 $s_1..s_j$ 后，s_{j+1} 有 $(n-j)$ 种可能的选择。　　//以上类推，直到下面成立

选定 $s_1..s_{k-1}$ 后，s_k 有 $(n-[k-1])$ 种可能的选择。　　//因为 $(n-[k-1])=n-k+1$

因此，如果 $1\leqslant k\leqslant n$，则

$$n\text{ 元集合上的 }k\text{ 元排列数为 } n\times(n-1)\times(n-2)\times\cdots\times(n-k+1)$$

8 元集合上的 4 元排列数为 $8\times7\times6\times5=1680$，但 4 元集合上的 8 元排列数为 $4\times3\times2\times1\times0\times(-1)\times(-2)\times(-3)=0$。该公式能对 n 元集合上的 k 元排列进行正确计数（k、n 均为正整数）。

2.3.4　n 的阶乘

当 $k=n$ 时，k 元排列对 n 元集合 S 中的每个元素都使用了 1 次，称之为 X 的**全排列**。n 元集合的全排列数为：

$$n\times(n-1)\times(n-2)\times\cdots\times(2)\times(1)$$

删除乘号的缩减标记方式有助于理解。**N** 上的函数 n 的阶乘（写作 $n!$）定义如下：

//因此 $n!$ 是无限序列

$$n!=\begin{cases}n(n-1)\cdots(2)(1) & \text{如果 } n>0\\ 1 & \text{如果 } n=0\end{cases}$$

//定义 $0!=1$ 看似奇怪，实则非常方便使用。（所有定义都是为了帮助交流。）

//也要注意　如果 $n\geqslant1$，那么 $n!=n\times(n-1)!$

//　　如果 $n\geqslant2$，那么 $n!=n\times(n-1)(n-2)!$

//　　如果 $n\geqslant3$，那么 $n!=n\times(n-1)(n-2)(n-3)!$

通常，如果 $n\geqslant k>0$，那么 $n!=n\times(n-1)\times(n-2)\times\cdots\times(n-k+1)(n-k)!$。因此，$n$ 元集合上的 k 元排列数也可以表示为

$$\frac{n!}{(n-k)!}$$　//甚至当 $n=k$ 时，还可以除以 0！　57

函数 $n!$ 增长非常快：

n	**n!**
0	1
1	1
2	2
3	6
4	24
5	120
6	720
7	5040

8	40 320
9	362 880
10	3 628 800
11	39 916 800
12	479 001 600

//我的计算器能显示的最大阶乘值是 69!≈1.711 224 524 E98。

//该值乘以 70 得到 1.197 857 167 E99，即 70!，它会引起溢出错误。

n 元集合上的完全排列数为 $n!$，每个完全排列都是从 $\{1..n\}$ 到 X 的索引函数。也就是说，集合 X 的元素以 $n!$ 种不同的序列出。

2.3.5　n 元集合上的 k 元子集数

符号 $\binom{n}{k}$ 表示 n 元集合上的 k 元子集数，其中 $0\leqslant k\leqslant n$。假设 X 是任意 n 元集合，空集是唯一一个大小为 0 的子集，X 的所有元素是唯一一个大小为 n 的子集，所以

$$\binom{n}{0}=1 \quad 和 \quad \binom{n}{n}=1 \qquad // 甚至\ n=0$$

有 n 个大小为 1 的子集，所以

$$\binom{n}{1}=n \qquad // 大小为\ k\ 的子集有多少个呢？$$

假定 $1<k\leqslant n$。如果列出 X 上的 k 元排列，每个 k 元子集会在列表中出现多次。每次 k 个
58 元素重新排列后，相同的 k 元子集就会出现一次。所以，每个子集在 X 上的 k 元排列中会出现 $k!$ 次。X 上的每个 k 元排列都是 X 上 k 个不同元素的排序，因此

X 上 k 元排列的总数
$=X$ 上 k 元子集的排序总数
$=(X$ 上 k 元子集数$)\times(k$ 元子集的全排列数$)$

在代数中，$\frac{n!}{(n-k)!}=\binom{n}{k}\times k!$。因此，当 $0\leqslant k\leqslant n$ 时，

$$\binom{n}{k}=\frac{n!}{k!\times(n-k)!}$$

//上述讨论过程不适用于 $k=0$ 或 1 时，但根据公式可得到正确的值。

例 2.3.1　Virgina 的男朋友

假定 Virgina 有 5 位男朋友：Tom、Dick、Harry、George 和 Alvah。她想选两个人下周末带回家见她妈妈。她有多少种选择？

令 $X=\{A, D, G, H, T\}$。列出 X 的 2 元子集如下：

$\{A,D\}$
$\{A,G\},\{D,G\}$
$\{A,H\},\{D,H\},\{G,H\}$
$\{A,T\},\{D,T\},\{G,T\}$ 和 $\{H,T\}$　　// 有 10 种方式

所以有$\binom{5}{2}$=10 和$\dfrac{5!}{2!\times(5-2)!}=\dfrac{5\times4\times(3)!}{2\times1\times(3)!}=5\times2=10$。

每次选择 2 个男朋友带回家时，就会留下 3 个。所以，5 选 3 的方案数和 5 选 2 的方案数是一样的。

所以有$\binom{5}{3}$=10 和$\dfrac{5!}{3!\times(5-3)!}=\dfrac{5\times4\times3\times(2)!}{3\times2\times1\times(2)!}=5\times2=10$。 ◀

将该方法扩展。对于 n 元集合 X 上的 k 元子集 A，其相对补集 $X\backslash A$ 是$(n-k)$元子集。不同的 k 元子集会生成不同的$(n-k)$元子集。因此$(n-k)$元子集数必须等于 k 元子集数。根据公式，有

$$\binom{n}{n-k}=\frac{n!}{(n-k)!\times[n-(n-k)]!}=\frac{n!}{(n-k)!\times[k]!}=\frac{n!}{k!\times(n-k)!}=\binom{n}{k}$$ 59

例 2.3.2 用集合大小对子集计数

已知$\binom{5}{0}=1$ //根据公式计算可得$\dfrac{5!}{0!\times(5-0)!}=\dfrac{5!}{1\times(5)!}=1$。

$\binom{5}{1}=5$ //根据公式计算可得$\dfrac{5!}{1!\times(5-1)!}=\dfrac{5\times(4)!}{1\times(4)!}=5$。

k	$\binom{5}{k}$
0	1
1	5
2	10
3	10
4	5
5	1
	32

//5 元集合的子集数$=2^5=32$ ◀

对任意 $n\in\mathbf{P}$，可以根据子集大小划分出所有子集，从而有

$$\sum_{k=0}^{n}\binom{n}{k}=2^n$$

这是牛顿二项式定理的特殊形式。牛顿二项式定理描述如下：

$$(a+b)^n=\sum_{k=0}^{n}\binom{n}{k}a^k\times b^{n-k}$$ //取值 $a=1$ 和 $b=1$

//据说 Sherlock Holmes 的劲敌 Moriarty 教授写了一本关于牛顿二项式定理的专著。
//第 3 章将证明该定理。

因为牛顿二项式定理，$\binom{n}{k}$通常称为二项式系数。

例 2.3.3 坏香蕉定理 //又名 Pascal 定理

假设要买 6 根香蕉。商店里共有 20 根香蕉：19 根是好的，有 1 根是烂的。任选的 6

根香蕉中，要么没有烂的，要么有烂的。所以，选择的总数等于都是好香蕉的选择总数加上一根坏香蕉和 5 根好香蕉的选择总数。也就是说，

$$\binom{20}{6}=\binom{19}{6}+\binom{19}{5}=\frac{19!}{6!\times 13!}+\frac{19!}{5!\times 14!}$$

$$=\frac{19\times 18\times 17\times 16\times 15\times 14}{6\times 5\times 4\times 3\times 2\times 1}+\frac{19\times 18\times 17\times 16\times 15}{5\times 4\times 3\times 2\times 1}$$

$$=19\times 17\times 2\times 3\times 14+19\times 18\times 17\times 2$$

60 $$=27\,132+11\,628=38\,760$$ ◀

该结论可推广应用，如果 $0<k<n$，那么

$$\binom{n-1}{k}+\binom{n-1}{k-1}=\frac{(n-1)!}{k!\times[(n-1)-k]!}+\frac{(n-1)!}{(k-1)!\times[(n-1)-(k-1)]!}$$

$$=\frac{(n-1)!}{k!\times[n-k-1]!}+\frac{(n-1)!}{(k-1)!\times[n-k]!}$$ //引入公分母

$$=\frac{(n-1)!}{k!\times(n-k-1)!}\times\frac{(n-k)}{(n-k)}+\frac{k}{k}\times\frac{(n-1)!}{(k-1)!\times(n-k)!}$$

//$N!=N\times(N-1)!$，所以

$$=\frac{[(n-k)+k]\times(n-1)!}{k!\times(n-k)!}=\frac{n\times(n-1)!}{k!\times(n-k)!}$$

$$=\frac{n!}{k!\times(n-k)!}=\binom{n}{k}$$

2.3.6 Pascal 三角形

二项式系数可以用三角形阵列的方式来显示。对 $n\in\mathbf{N}$ 和 $0\leqslant k\leqslant n$，令 $B[n,k]=\binom{n}{k}$。行数从 0 开始一直编码到 n；每一列都对应一个 k 值，包含 $n+1$ 个记录。B 的前 7 行为如下：

n \ k	**0**	**1**	**2**	**3**	**4**	**5**	**6**
0	1						
1	1	1					
2	1	2	1				
3	1	3	3	1			
4	1	4	6	4	1		
5	1	5	10	10	5	1	
6	1	6	15	20	15	6	1

每行都以 1 开始，以 1 结束。　//$B[n,0]=1=B[n,n]$

有了坏香蕉定理，就可以逐行填写此表，因为

$$\text{对于 } 0<k<n,\quad B[n,k]=B[n-1,k-1]+B[n-1,k]$$

//$B[n,k]$是所在行上面两个记录的总和。

//$B[n-1,k]$是正上方的记录，$B[n-1,k-1]$是左上方的记录。

例 2.3.4　帆船队

要在 30 个人中选出 1 个船长、5 个船员组成帆船队。有多少种不同的组队方式？

61 //船长不同，队伍也就不同——船长是老板

至少有三种方法来组队：

- 独裁方法：想办法先选出船长，由船长来选船员；
- 民主方法：想办法先组队，由队员来推选船长；
- 完全随机方法：随机选取船员和船长。

这个例子中，可能的组队数是： //使用乘法法则

方法一：$\binom{30}{1}\times\binom{29}{5}=$______$\times$______$=$______

方法二：$\binom{30}{6}\times\binom{6}{1}=$______$\times$______$=$______

方法三：$\binom{30}{5}\times\binom{25}{1}=$______$\times$______$=$______

//它们都会得到相同的数吗？是 3 562 650 吗？

//这个例子可否推广到 n 个人和 k 个船员（假设 $k<n$）的情况？ ◀

方法一：

$$\binom{n}{1}\times\binom{n-1}{k}=n\times\binom{n-1}{k}=n\times\frac{(n-1)!}{k!\times([n-1]-k)!}=\frac{n!}{k!\times(n-k-1)!}$$

方法二：

$$\binom{n}{k+1}\times\binom{k+1}{1}=\binom{n}{k+1}(k+1)=(k+1)\times\frac{n!}{(k+1)!\times(n-[k+1])!}$$

$$=\frac{n!}{k!\times(n-k-1)!}$$

方法三：

$$\binom{n}{k}\times\binom{n-k}{1}=\binom{n}{k}\times(n-k)=\frac{n!}{k!\times(n-k)!}\times(n-k)=\frac{n!}{k!\times(n-k-1)!}$$

帆船队的计数结果蕴含着下述包含二项式系数的方程（假定 $k<n$）：

从方法一和方法三可知，$n\times B[n-1, k]=(n-k)\times B[n, k]$，所以

$$\binom{n}{k}=\frac{n}{n-k}\times\binom{n-1}{k}$$ // 在第 k 列，值增大（除非 $k=0$）

从方法一和方法二可知，$n\times B[n-1, k]=(k+1)\times B[n, k+1]$，用 j 替换 $k+1$ 可得 $n\times B[n-1, j-1]=(j)\times B[n, j]$，所以

$$\binom{n}{j}=\frac{n}{j}\times\binom{n-1}{j-1}$$ // 往下值会变大（除非 $k=n-1$ 和 $j=n$） 62

从方法二和方法三可知，$(k+1)\times B[n, k+1]=(n-k)\times B[n, k]$，所以

$$\binom{n}{k+1}=\frac{(n-k)}{(k+1)}\times\binom{n}{k}$$

//横跨第 n 行时，其值是增大、减小还是保持不变？

//X 对于哪些 k，其值会增大、减小或保持不变？

//X 当 $k=\lfloor n/2\rfloor$ 时，$B[n, k]$ 的值最大吗？

例 2.3.5 勘探队

船上有 11 个人，5 个女人和 6 个男人，其中 4 位要坐小艇去勘探岛屿。至少包含两个女人的组队方式有几种？

简单粗暴的方案是：先从 5 个女人中选取 2 个，然后在剩下的 9 个人中选取 2 个人。(这样选出的勘探队至少包含 2 个女人。)使用乘法法则，可得

$$\binom{5}{2}\times\binom{9}{2}=10\times36=360$$ // 答案正确吗？

//每种方式都会生成唯一的勘探队吗？

这个数字是不对的，因为可能的勘探队总数为

$$\binom{11}{4}=\frac{11!}{4!\times7!}=\frac{11\times10\times9\times8\times7!}{4\times3\times2\times1\times7!}=11\times10\times3=330$$

包含 w(w=0，..，4)个女人的组队数，可以先确定从 5 个女人中选取 2 个，再在男人中选择剩余的名额；也就是说，(4－w)个男人选自 6 个男人。

w	$4-w$	$\binom{5}{w}$	×	$\binom{6}{4-w}$					
0	4	1	×	15	=	15			
1	3	5	×	20	=	100			
2	2	10	×	15	=	150	//×1	=	150
3	1	10	×	6	=	60	//×3	=	180
4	0	5	×	1	=	5	//×6	=	30
						330			360

63

正确的答案是 150＋60＋5＝215，而不是 360。

//第一种方案错在哪里？

//如果女人集合为{A，B，C，D，E}，第一种方案将子集{A，B，D，E}计算了几次？

//为什么是 6 次？ ◀

2.3.7　非公式的计数策略

本节介绍用树对序列进行计数的策略。当 s_j 的可能值依赖于 S 中已取的值时，适用该方法。先看两个例子。

例 2.3.6　P 上和为 5 的序列

和为 5 的正整数序列有多少种？

//(1，4)与(1，1，2，1)的和都为 5，所以要处理不同长度的序列。

//但因为每个元素至少是 1，所以最多有 5 个元素。

现在通过生成树来生成所有这样的序列。假设 S＝(s_1，s_2，…，s_k)是这样的序列。s_1 的可能值为 1～5。下图很好地说明了这一点。

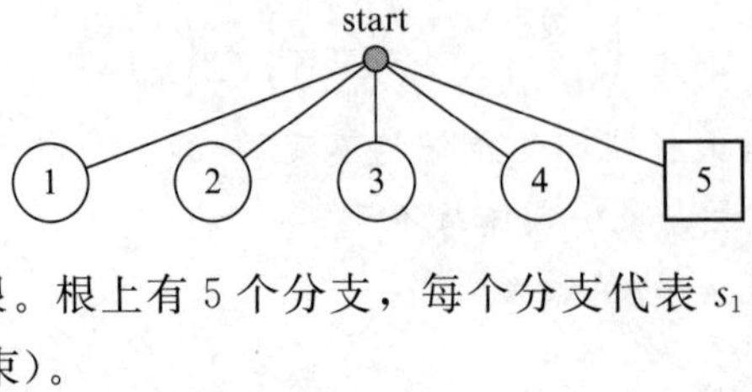

顶点 start 称作树的根。根上有 5 个分支，每个分支代表 s_1 取不同的值。顶点(圆圈)内写上 s_1 的取值(到 5 结束)。 //这棵树是倒悬树。

如果 s_1＝1，那么 s_2 可能的取值为 1～4，就可以在顶点 1 的下方向下延伸出 4 个分支。如果 s_1＝2，那么 s_2 可能的取值为 1～3，就可以在顶点 2 的下方向下延伸出 3 个分

支。但如果 $s_1=5$，当前序列就不能扩展；不能在顶点 5 下方添加分支。这些悬挂点称为“叶子”，图中用方框表示。

从表示 s_2 的取值中的不为叶子的每个顶点出发，都可以对应 s_3 的值延伸出新的分支。直到 **P** 上所有序列的总和为 5 为止。 64

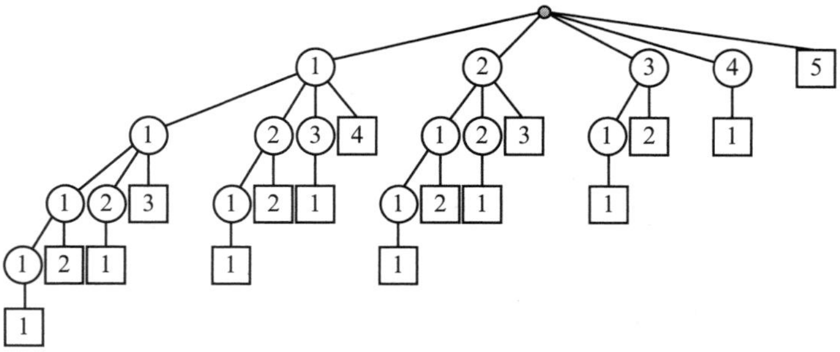

现在，通过数叶子数就可以确定 **P** 上和为 5 的序列数为 16。

为了一致性，顶点上的值从左到右都是由小到大排序。根据叶子从左到右出现的顺序，可以写下对应的序列，如下：

1.(1，1，1，1，1)　　// aaaaa
2.(1，1，1，2)　　// aaab
3.(1，1，2，1)　　// aaba
4.(1，1，3)　　// aac
5.(1，2，1，1)　　// abaa
6.(1，2，2)　　// abb
7.(1，3，1)　　// aca
8.(1，4)　　// ad
9.(2，1，1，1)　　// baaa
10.(2，1，2)　　// bab
11.(2，2，1)　　// bba
12.(2，3)　　// bc
13.(3，1，1)　　// caa
14.(3，2)　　// cb
15.(4，1)　　// da
16.(5)　　// e

//关于序列出现的次序有一点很特殊。
//如果头 5 个数字用头 5 个字母来代替，数字序列会按照字母序或词典序生成单词。 ◀

例 2.3.7 P 上和为 10 的子集

和等于 10 的正整数集合有多少种？

同样使用树的生长可能性。每个正整数集合都可以唯一地写成自然序，作为其序列（元素逐渐增大）。要生成 **P** 上的所有序列 $S=(s_1, s_2, \cdots, s_k)$，其中

$$10=s_1+s_2+\cdots+s_k,\quad (1\leqslant s_1<s_2<\cdots<s_k\leqslant 10)$$ 65

//s_1 可能的取值有哪些？1，2，3，…，10？

//根有10个分支吗？

要么是 $k=1$ 和 $s_1=10$，要么是 $k>1$ 和

$$10=s_1+s_2+\cdots+s_k \geqslant s_1+s_2>s_1+s_1=2\times s_1 \qquad // 所以\ s_1<5$$

因此，s_1 的可能值为1，2，3，4和10。而且如果 $s_1<10$，那么

不是 $k=2$ 和 $s_2=10-s_1$，就是 $k>2$ 和

$$10-s_1=s_2+s_3+\cdots+s_k \geqslant s_2+s_3>s_2+s_2=2\times s_2 \quad // 所以\ s_2<(10-s_1)/2$$

可以剪掉无用分支，获得**P**上所有和为10的子集。

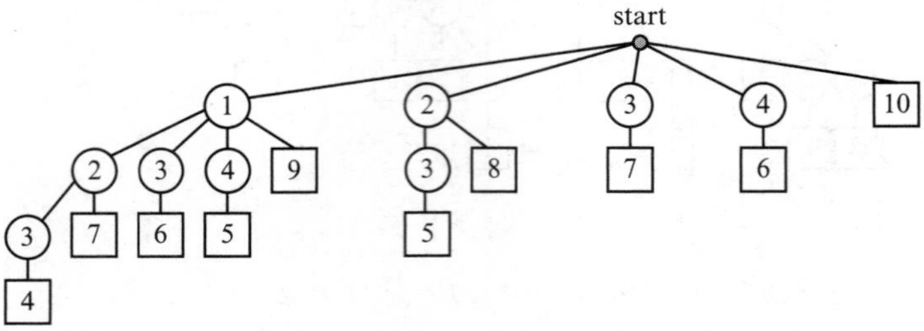

根据图中叶子从左到右出现的次序，写下对应的集合，可以得到10个**P**上和为10的子集。

//子集写在花括弧里。

1. {1，2，3，4}
2. {1，2，7}
3. {1，3，6}
4. {1，4，5}
5. {1，9}
6. {2，3，5}
7. {2，8}
8. {3，7}
9. {4，6}
10. {10}

//将集合的元素按降序排列，可将集合转换成序列，然后生成树，但这棵树很不一样。
//这种每次在同一个层次生成树的方式，通常称为广度优先生成。从根到叶子读取序列的
66 //方式称为深度优先搜索。◀

本节要点

排列是没有重复元素的序列。

N上的 n 的阶乘函数写作 $n!$，定义如下

$$n!=\begin{cases} n(n-1)\cdots(2)(1) & 如果\ n>0 \\ 1 & 如果\ n=0 \end{cases}$$

本节推导出以下基本的计数公式：

1. n 元集合上的 k 元序列数为 $n\times n\times\cdots\times n=n^k$。
2. n 元集合上的子集数为 2^n。

3. n 元集合上的 k 元排列数为 $n\times(n-1)\times(n-2)\times\cdots\times(n-k+1)=\frac{n!}{(n-k)!}$。

4. n 元集合上的 k 元子集数为 $\binom{n}{k}=\frac{n!}{k!\times(n-k)!}$。

二项式系数的基本性质如下：

$$\binom{n}{0}=1=\binom{n}{n} \quad 当\ n\geqslant 0$$

$$\binom{n}{n-k}=\binom{n}{k} \quad 当\ 0\leqslant k\leqslant n$$

坏香蕉定理：如果 $0<k<n$，那么

$$\binom{n}{k}=\binom{n-1}{k}+\binom{n-1}{k-1}$$

标准方法不可用时，通常利用生成树，即按所有的可能性生成树，并进行计数。

下一节介绍无限序列，尤其是算法的复杂度函数。

2.4 无限序列和复杂度函数

无限序列是定义在无限整数区间上的函数。假设 S 是序列，其定义域为 $\{a..\}$，值域为 **R**。关注无限序列主要是为了研究算法的复杂度函数 $f(n)$，其中 $f(n)$ 是算法求解大小为 n 的问题实例时(最差情况下)所需的步骤数目(或者说步数)。 67

但也有其他无限序列值得研究。例如，第 1 章二分法实例的运算遍历过程中，生成了 5 个序列来计算 x^* 的近似值，其中 $f(x^*)=(x^*)^3+2^{(x^*)}=200$。

//x^*，保留 8 位小数的值为 5.402 668 66。

A	**z**	**B**	**e = |z − A|**	**f(z)**
5	7.5	10	2.5	602.894...
"	6.25	7.5	1.25	320.249...
"	5.625	6.25	.625	227.329...
"	5.3125	5.625	.3125	189.672...
5.3125	5.46875	"	.15625	207.840...
"	5.390625	5.468 75	.078125	198.596...
5.390625	5.4296875	"	.0390625	203.177...
"	5.41015625	5.4296875	.01953125	200.876...
"	5.400390625	5.41015625	.009765625	199.733...
5.400390625	5.4052734375	"	.0048828125	(200.304...)

假设上表的第 1 行对应 $i=1$，第 2 行对应 $i=2$，等等，过程可以按此无限执行，但是希望：中点(z_i)的序列“收敛到”x^*。

函数值($f(z_i)$)的序列“收敛到”200。 //$=f(x^*)$

误差界(e_i，每次迭代减半)的序列“收敛到”0。

下界(A_i，永远不会减小，且介于 $A_1=5$ 和 x^* 之间)的序列也“收敛到”x^*。

上界(B_i，永远不会变大，且介于 x^* 和 $10=B_1$ 之间)的序列也“收敛到”x^*。

//稍后会给出序列收敛的形式化定义。

//算法本身确定了任意行的值 **P** 上的 5 个函数，并在下一行计算出相关值。

//误差界可通过公式计算，但其他序列没有公式可计算。

当 S 是从定义域 $\{a..\}$ 到值域 $\mathbf{R}$ 的序列时，

如果存在数 r，对于所有的 $n \geqslant a$，都有 $S_{n+1}=r \times S_n$，则称 S 为**几何序列**。

//除第一项外，其他项都是前一项乘常数 r 所得。

//等式"$S_{n+1}=r \times S_n$"是递推等式的一个实例。

如果 $a=0$，S_0 等于初始值 I，那么

$$S_1 = r \times I$$
$$S_2 = r \times (r \times I) = r^2 \times I$$
$$S_3 = r \times (r^2 \times I) = r^3 \times I$$
68 $$S_4 = r \times (r^3 \times I) = r^4 \times I$$

一般形式为：　//第 3 章证明。

$$S_n = r \times (r^{n-1} \times I) = r^n \times I \qquad // \text{或者 } S_n = r^{n-1} \times r \times I = r^{n-1} \times S_1$$

例子中的误差界为 $r=1/2$ 的几何序列。这里，$a=1$ 且 $e_1=2.5=5/2$。(将其变换成以 $e_0=5$ 开头的序列)使用公式可得

$$e_n = r^n \times I = (1/2)^n \times 5 = 5/(2^n) \qquad // \text{或使用 } S_n = r^{n-1} \times S_1$$

如果 S 为几何序列，$I>0$，那么如果 $r>1$，S 中的项会变大，如果 $0<r<1$，S 中的项会变小。

//X 如果 r 或 I(或两者都)是负数，会发生什么情况?

S 是**递增**的，意思是 $S_a<S_{a+1}<S_{a+2}<S_{a+3}<\cdots$

S 是**递减**的，意思是 $S_a>S_{a+1}>S_{a+2}>S_{a+3}>\cdots$

//e_n 是递减的。

连续的项之间通常不需要严格不等。

S 是**非递减**的，意思是 $S_a \leqslant S_{a+1} \leqslant S_{a+2} \leqslant S_{a+3} \leqslant \cdots$

S 是**非递增**的，意思是 $S_a \geqslant S_{a+1} \geqslant S_{a+2} \geqslant S_{a+3} \geqslant \cdots$

//A_n 是非递减的，B_n 是非递增的。

S 是**单调**的，意思是 S 非递增或非递减

//中点 z_i 不是单调序列。

显然，误差界 e_i 会越来越接近 0。但中点 z_i 的值会在 x^* 上下波动：有时大些，有时小些，有时很接近，有时很远。但就总体趋势而言，z_i 是接近 x^* 的；通常，索引值 i 越大，z_i 离 x^* 越近。形式化描述如下：

称序列 S **收敛**到 L，写作 $S_n \to L$。意思是，如果对于任意 $\delta>0$，存在整数 M，使得

如果 $n>M$，则有 $|S_n-L|<\delta$

//不管 δ 有多小，从某点开始，总有 S_n 与 L 的绝对误差小于 δ。

69 //δ 是第 1 章指定的近似值绝对误差的标准。

为了介绍中点 $\lfloor z_n \rfloor$ 的序列按上述定义收敛到 x^* 的过程，假定 δ 是给定的正值。设 $M=\lceil \lg(|B_1-A_1|/\delta) \rceil$。如第 1 章所述，

$$\text{如果}(n > M)\text{，那么 } |z_n - x^*| < |B_1 - A_1|/2^n < \delta$$

因为 $e_n=|B_1-A_1|/2^n=5/2^n$，所以有

$$\text{如果}(n > M)\text{，那么 } |e_n - 0| = e_n = |B_1 - A_1|/2^n < \delta$$

因此，误差界的序列 e_n 收敛到 0。

//$|A_n - x^*| < |A_n - B_n| = 2e_n \to 0$，所以 $A_n \to x^*$ 并且

//$|B_n - x^*| < |B_n - A_n| = 2e_n \to 0$，所以 $B_n \to x^*$.

序列 S 是**有界**的，如果存在数 A 和 B，使得 $n \geqslant a$ 时，有 $A \leqslant S_n \leqslant B$。

//e_i 被束缚在 0 和 2.5 之间(或－100 和＋100)，

//z_i 被束缚在 5 和 10 之间(或－100 和＋100)。

//如果序列收敛，则必有界。

//如果序列是单调有界的，则必收敛。

复杂度函数是其项为非负整数的无限序列，其下界为 0，且通常是递增的。很少有上界，而且差的复杂度函数会快速增大。

2.4.1 汉诺塔

18 世纪晚期，市场上出售一种玩具，叫汉诺塔。这个玩具由一个基座、三根柱子和一组圆盘构成。每个圆盘的直径都不同，而且中心都有一个孔。这样盘子就可以穿在柱子上了。

70

该玩具的宣传广告内容为：“在汉诺的梵天寺内，有一个黄铜平台，平台上有三根金刚柱和 64 个大小都不同的金盘。开始时，所有的盘子都自下而上由大到小穿在第一根柱子上。寺庙规定，每次都只能将一个盘子从一根柱子移动到另一根柱子上，而且保证大盘子不会压在小盘子上面。将所有 64 个盘子都从第一根柱子移动到第三根柱子时，时间和世界都将终止。”

//有可能完成这个预言任务吗？世界会终止吗？

//有算法可以实现吗？世界什么时候终止？

令柱子为 a，b，c。一开始盘子在柱 a 上，且令盘子数为 1 到 $n=64$。

//n 是问题空间大小

如果只有一个盘子，只需一步就可以移动到另一根柱子上；也就是说，一个盘子只需移动一步。令 $T(n)$ 为将 n 个盘子从柱子 a 移动到另一根柱子所需的单个盘子移动(步数)的(最小)数量。那么，$T(1)=1$。

如果有 2 个盘子，

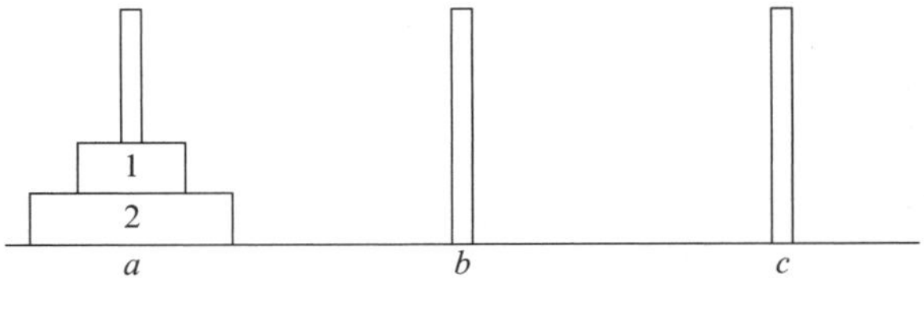

第一步必须将盘子 1 从柱子 a 移动到柱子 b，然后将盘子 2 从柱子 a 移动到柱子 c，最后将盘子 1 从柱子 b 移动到柱子 c。所以，$T(2)=3$。

//$T(2)\geqslant 2$，因为必须移动两个盘子，只用 2 步是完成不了的。

假设柱子 a 上有 k 个盘子。移动盘子 k 时，必须先把盘子 k 上面的 $(k-1)$ 个盘子从柱子 a 移动到另一个柱子(该柱子上没有小盘子)。因此，将 k 个盘子从柱子 a 移出，必须

1. 将上面 $(k-1)$ 个盘子从柱子 a 移动到柱子 b(或柱子 c)
2. 将盘子 k 从柱子 a 移动到柱子 c(或柱子 b)
3. 将 $(k-1)$ 个盘子从柱子 b(或柱子 c)移动到柱子 c(或柱子 b)

如果移动足够高效，三个步骤必须高效完成。因此，

71

$$T(n)=T(n-1)+1+T(n-1)=2T(n-1)+1$$

当 $n\geqslant 2$ 且初始值 $T(1)=1$ 时，使用该递推式可得

$$T(1)=1$$
$$T(2)=2T(1)+1=2\times 1+1=3$$
$$T(3)=2T(2)+1=2\times 3+1=7$$
$$T(4)=2T(3)+1=2\times 7+1=15$$
$$T(5)=2T(4)+1=2\times 15+1=31$$

所有情况都有：　　　　//将在第 3 章证明

$$T(n)=2^n-1$$

结论的递归描述说明汉诺塔问题是可解的，而且其可解的步数是可计数的，但并没有显式说明最终的步数。

每次移动都包含两个部分：先将一根柱子上最顶端的盘子移开，然后将其放置在另一根柱子(有可能没盘子)的盘子上方。

最小的盘子从来不被覆盖，所以它总是某根柱子最顶端的盘子。最小的盘子可以移动到另外两根柱子上。移动最小的盘子后，下一步就不能再次移动小盘子，也不能将其他盘子移动到最小的盘子上面。

//第一步必须移动盘子 1。有其他移动的可能吗?

//下面将说明不移动最小的盘子时，只有一种移动方法。

如果所有的盘子都在一根柱子上，则是任务开始或结束时。如果在移动过程中，则至少有两根柱子上会有盘子。假设盘子 1 在柱子 x 上，盘子 i 位于柱子 y 的最上端。柱子 z 上可以没有盘子，也可以有盘子且盘子 j 位于柱子顶端。第一种情况只能将盘子 i 从柱子 y 移动到柱子 z 上。第二种情况只能将盘子 i 和盘子 j 中较小的移动到较大的上方。移动了一个非盘子 1 的盘子后，只能逆转移动过程或移动盘子 1。

任意方案的算法(移动次数尽可能少)都必须交错移动盘子 1 和非盘子 1 的盘子。将盘子 1 从柱子 a 移动到柱子 b、从柱子 b 移动到柱子 c、从柱子 c 移动到柱子 a 的过程标准化后，就能给出解决汉诺塔问题的迭代算法。

//移动 64 个盘子的汉诺塔需要多长时间?

需要移动的步数为：

$$2^{64}-1=18\,446\,744\,073\,709\,551\,615\approx 1.844\,674\,407\times 10^{19}$$

72 如果日夜不停地移动盘子，而且平均每秒移动一个盘子，则需要 5845 亿年才能移动完成。

64 个盘子的汉诺塔是理论上存在有效算法解决方案但实际上并不能有效解决的问题之一。移动的步数是有限的，但是数量太大，并不具有操作性。(某些现代密码学就是利用了这一原理；代码是可以被破解的，但必须用运行速度很快的机器花很长时间才能破解。)其难点在于其快速增长的复杂度函数，如差的复杂度函数。

2.4.2 差的复杂度函数

如果每秒能执行 10^9 次运算的机器能在一年内完成问题求解，则称该问题实例是可解的。也就是说，

$$\text{步数} \leqslant 10^9 \times 60 \times 60 \times 24 \times 365 = 3.1536 \times 10^{16}$$

对以下 4 个差的复杂度函数而言，可解实例的问题大小是多少？

n	2^n	$\binom{2n}{n}$	$n!$	n^n
1	2	2	1	1
2	4	6	2	4
3	8	20	6	27
4	16	70	24	256
5	32	252	120	3125
6	64	924	720	46656
7	128	3432	5040	823543
8	256	12870	40320	16777216
9	512	48620	362880	387420489
10	1024	184756	3628800	1000000000
..	..	..	..	..
14	16384	40116600	8.718 E10	1.111 E16
15	32768	155117520	1.308 E12	4.379 E17
..	..	..	..	..
18	262144	9075135300	6.402 E15	..
19	524288	3.535 E10	1.216 E17	..
..	..	..	..	..
29	536870912	3.007 E16	..	..
30	1073741824	1.183 E17	..	..
..	..	..	..	..
54	1.801 E16	..	..	..
55	3.603 E16	..	..	..

//第一个是汉诺塔求解算法或 n 元集合的子集生成算法的复杂度；$n<55$ 时问题实例才可解。

//第二个是 $2n$ 元集合的所有 n 元子集的生成算法；$n<30$ 时问题实例才可解。 73

//第三个是生成 n 元集合的所有全排列；$n<19$ 时问题实例才可解。

//最后一个生成 n 元集合到另一个 n 元集合的所有映射函数；$n\leqslant 14$ 时问题实例才可解。

因此，如果复杂度函数增长很快，则只有问题空间很小的问题实例才能求解(不管机器多快，完成任务的时间多久)。

本节要点

定义了序列 $S:\{a..\}\to\mathbf{R}$ 的相关概念：

如果存在数 r，对于所有的 $n\geqslant a$，都有 $S_{n+1}=r\times S_n$，则称 S 为**几何序列**。

S 是**递增**的，当 $S_a<S_{a+1}<S_{a+2}<S_{a+3}<\cdots$ 时。

S 是**递减**的，当 $S_a>S_{a+1}>S_{a+2}>S_{a+3}>\cdots$ 时。

S 是**非递减**的，当 $S_a\leqslant S_{a+1}\leqslant S_{a+2}\leqslant S_{a+3}\leqslant\cdots$ 时。

S 是**非递增**的，当 $S_a\geqslant S_{a+1}\geqslant S_{a+2}\geqslant S_{a+3}\geqslant\cdots$ 时。

S 是**单调**的，当 S 非递增或非递减时。

称序列 S **收敛**到 L，写作 $S_n \to L$，如果对于任意 $\delta>0$，存在整数 M，使得如果 $n>M$，则有 $|S_n-L|<\delta$。

称序列 S 是**有界**的，如果存在数 A 和 B，使得 $n \geqslant a$ 时，有 $A \leqslant S_n \leqslant B$。

复杂度函数是其项为非负整数的无限序列，其下界为 0，且通常是递增的。很少有上界，而且差的复杂度函数会快速增大。最后介绍了差的复杂度函数的几个例子。

习题

1. 假设 a 和 b 都是整数，$a \leqslant b$，S 和 T 都是 $\mathbf{R}$ 上的序列。
   (a) 解释为什么 $\sum_{i=a}^{b} S_i + \sum_{i=a}^{b} T_i = \sum_{i=a}^{b} (S_i + T_i)$。
   (b) 解释为什么对任意数 c，都有 $\sum_{i=a}^{b} (c \times S_i) = c \times \left(\sum_{i=a}^{b} S_i \right)$。
2. 令 A 是 $\{1..n\}$ 的所有 k 元子集 $(0<k \leqslant n)$，B 是 $\{1..n\}$ 上的所有递增 k 元序列。求证：A 中的 k 元子集数等于 B 中的 k 元序列数。
3. (a) $\{1..9\}$ 上的 4 元序列有多少个？
   (b) $\{1..9\}$ 上的 4 元排列有多少个？
   (c) $\{1..9\}$ 上以 3 为首的 4 元排列有多少个？
   (d) $\{1..9\}$ 上递增的 4 元序列有多少个？
   74 (e) $\{1..9\}$ 上以 3 为首的递增的 4 元序列有多少个？
4. 设 $a=5$，$b=20$。
   (a) $\{a..b\}$ 中有多少个元素？
   (b) $\{a..b\}$ 上有多少个 4 元序列？
   (c) $\{a..b\}$ 上有多少个 4 元排列？
   (d) $\{a..b\}$ 上以 8 为首的 4 元排列有多少个？
   (e) $\{a..b\}$ 上有多少个递增的 4 元序列？
   (f) $\{a..b\}$ 上以 8 为首的递增的 4 元序列有多少个？
5. 设 a，b 为整数，且 $0 \leqslant a = b-4$。
   (a) $\{a..b\}$ 中有多少个元素？
   (b) $\{a..b\}$ 上有多少个 4 元序列？
   (c) $\{a..b\}$ 上有多少个 4 元排列？
   (d) $\{a..b\}$ 上递增的 4 元序列有多少个？
6. (a) $\{0..9\}$ 上的 4 元序列有多少个？
   (b) $\{0..9\}$ 上不以 0 为首的 4 元序列有多少个？
   (c) $\{0..9\}$ 上以 0 为首且以 0 结束的 4 元序列有多少个？
   (d) $\{0..9\}$ 上不以 0 为首且不以 0 结束的 4 元序列有多少个？
   (e) $\{0..9\}$ 上不以 0 为首或不以 0 结束的 4 元序列有多少个？
7. 某系统的密码由大写或小写的 5 位字母组成。
   (a) 可能组成多少个密码？
   (b) 只用小写字母，能组成多少个密码？
   (c) 只用大写字母，能组成多少个密码？

(d) 至少一个小写字母和一个大写字母时，能组成多少个密码？

8. 在 LOTTO 6-49 中，从{1..49}中随机选择 6 个数字组成的子集作为幸运数字。幸运数字有多少种选取方案？

9. 身份识别号(PIN)可设置成任意 4 位数字。

(a) 可能组成多少个 PIN？

(b) 可能组成多少个不存在重复数字的 PIN？

(c) 可能组成多少个存在重复数字的 PIN？

10. 假设某种管辖权限内，牌照号以 4 位字母开头，3 位数字结尾，而且所有的字符序列都有可能。

(a) 证明：含 2 个 T，且以 5 结束的牌照数为 375 000。

(b) 证明：包含 T 和数字 4 的牌照数为 17 981 121。

11. 采用树证明和为 8 的正整数有 22 种非递减序列。 75

第 3 章

Fundamentals of Discrete Math for Computer Science：A Problem-Solving Primer

布尔表达式、逻辑和证明

第 1 章和第 2 章通过一些论断说明了有些算法是正确的，有些计数公式是可以应用的。但并不表示这些论断是通用的，而只是为了得出某种结论。通过这些结论，从某个角度增加结论的可信度。

逻辑是一门推理艺术，它构成了数学的基础。数学是一门纯思想的科学，它可以通过精确的推理(而不是仔细的观察)发现新的真理。数学不是计算，而是推导；数学不是公式，而是证明。

本章旨在介绍数学证明的结构。在此之前，先通过贪心算法和饼干选择问题说明证明的目的。

3.1 贪心算法和饼干选择问题

假设你是个很饿的 5 岁小孩，面前摆着 6×6 的饼干盒子，所有的盒子大小都一样，饼干的大小遵循数字越大、饼干越大的规律。

56	76	69	60	75	51
61	77	74	72	80	58
82	97	94	88	99	92
47	68	59	52	65	40
78	81	79	71	85	62
50	67	73	57	70	46

77 我们基于上述数组讨论三个优化问题。

饼干选择问题 1

选择 6 块饼干时最佳选择方案是什么？

最佳选择是选取的饼干的**数字之和最大**。这个问题的方案很显然，只需选择最大的 6 块就可以。

56	76	69	60	75	51
61	77	74	72	80	58
82	97	94	88	99	92
47	68	59	52	65	40
78	81	79	71	85	62
50	67	73	57	70	46

下面解释该方案的算法构造。

3.1.1 贪心算法

始终选择最大的饼干，直到选完为止。

//该方案的选取值为 99+97+94+92+88+85=555。

//6 块饼干的选取方案有 $\binom{36}{6}$=1 947 792 种。

//这些方案的数值之和都不同吗？数值之和会小于 555 吗？

//利用鸽巢原理是否可得出某个数值之和出现的次数大于 3500 次？

//最差的方案其数值之和为 40+46+47+50+51+52=286 吗？

饼干选择问题 2

如果规定每行都只能选一块饼干，那么最佳选择方案是什么？

这个问题的方案也很显然，只需选择每行最大的饼干即可。

56	76	69	60	75	51
61	77	74	72	80	58
82	97	94	88	99	92
47	68	59	52	65	40
78	81	79	71	85	62
50	67	73	57	70	46

//贪心算法会找到数值之和为 99+85+80+76+73+68=481 的选择方案。

//选择 6 块饼干可供选择的方案有 6^6=46 656 种；

//会有不同的数值之和吗？是否有数值之和重复出现的次数大于等于 97 次？ 78

饼干选择问题 3

如果每行每列都最多只能选一块饼干，那么最佳选择方案是什么？

这个问题的方案就没那么显然了。贪心算法能有效解决前面两个问题，仍能有效解决这个问题吗？

最大的饼干是 99。选择 99 后，能选择的最大饼干是 81。

56	76	69	60	75	51
61	77	74	72	80	58
82	97	94	88	99	92
47	68	59	52	65	40
78	81	79	71	85	62
50	67	73	57	70	46

选择 81 后，能选择的最大饼干是 74。

56	76	69	60	75	51
61	77	74	72	80	58
82	97	94	88	99	92
47	68	59	52	65	40
78	81	79	71	85	62
50	67	73	57	70	46

选择 74 后，能选择的最大饼干是 60，然后依次是 50 和 40。

//40 是唯一剩下的饼干。

56	76	69	60	75	51
61	77	74	72	80	58
82	97	94	88	99	92
47	68	59	52	65	40
78	81	79	71	85	62
50	67	73	57	70	46

用贪心算法可求得选择方案，其数值之和为 99＋81＋74＋60＋50＋40＝404。

//这是最佳选择方案吗？

这个选择方案不是最佳方案。我们将给出一个更好的选择来**证明**这一点。如果第一行用 69 代替 60，第二行用 72 代替 74，其他四行保持不变，则选择的数值之和(411)大于贪
79 心解决方案，所以贪心解决方案并不是最佳方案。

//即使贪心解决方案不是最佳方案，它仍可能是比较好的选择方案。

//贪心解决方案有多差？你相信下面的断言吗？

在饼干选择问题 3 中，贪心解决方案是**最差可能**的选择方案。

//为什么所有人都相信这一点？

//有人解释过原因吗？这里试着解释一下。

遍历 $n \times n$ 矩阵 M，是指每行每列都只能选择一个元素的选择方案。遍历的**值**就是所选元素的和。

//我们将说明本例用贪心算法生成的遍历结果，其值是所有可能的遍历值中最小的

//(无须生成所有的 $n!$)。

如果第一行的每个元素都减去 50，那么(因为每个遍历都只访问第一行的一个元素)每个遍历的值都会减去 50，最优遍历仍是最优遍历，最差遍历仍是最差遍历。

更一般地，如果第 i 行的每个元素都减去 R_i，那么(因为每个遍历都只访问第 i 行的一个元素)每个遍历的值都会减去 R_i，最优遍历仍是最优遍历，最差遍历仍是最差遍历。

第 1 行减去 50	56	76	69	60	75	51
第 2 行减去 56	61	77	74	72	80	58
第 3 行减去 75	82	97	94	88	99	92
第 4 行减去 40	47	68	59	52	65	40
第 5 行减去 60	78	81	79	71	85	62
第 6 行减去 45	50	67	73	57	70	46

//$\sum R_i = 326$。

得到新的矩阵

6	26	19	10	25	1
5	21	18	16	24	2
7	22	19	13	24	17
7	28	19	12	25	0
18	21	19	11	25	2
5	22	28	12	25	1

如果第 j 列的每个元素都减去 C_j，那么(因为每个遍历都只访问第 j 列的一个元素)每

个遍历的值都会减去 C_j，最优遍历仍是最优遍历，最差遍历仍是最差遍历。对每个 j，令 80
C_j 是第 j 列的最小元素，然后将该列的值减去 C_j。

从而得到以下矩阵： //$\sum C_j = 78$，而且 $326+78=404$

1	5	1	0	1	1
0	0	0	6	0	2
2	1	1	3	0	17
2	7	1	2	1	0
13	0	1	1	1	2
0	1	10	2	1	1

最后要讨论的就是该矩阵。如果矩阵的每个元素都大于等于 0，那么每个遍历的值都大于等于 0。因此，如果矩阵的每个元素都大于等于 0，而且 T 是所有非零元素的遍历，那么 T 是(最终矩阵和原始矩阵)最差遍历。贪心算法给出了最终非零遍历。可知在饼干选择问题 3 中，贪心算法给出了最差可能的方案。

//什么是最优遍历？

在新数组中，对每个 j，令 D_j 是第 j 列的最大元素，每列的元素都减去 D_j，得到如下矩阵：

−12	−2	−9	−6	0	−16
−13	−7	−10	0	−1	−15
−11	−6	−9	−3	−1	0
−11	0	−9	−4	0	−17
0	−7	−9	−5	0	−15
−13	−6	0	−4	0	−16

如果矩阵的每个元素都小于等于 0，那么每个遍历的值都小于等于 0。因此，如果矩阵的每个元素都小于等于 0，而且 T 是所有零元素的遍历，那么 T 是(最终的矩阵和原始矩阵)最优遍历。所有零遍历都是最优的。因此可得原始矩阵中的最优遍历，其值为 $75+72+92+68+78+73=458$，而且它不包含最大、次大和第三大的饼干。

//$\sum D_j = 54$，而且 $404+54=458$

56	76	69	60	75	51
61	77	74	72	80	58
82	97	94	88	99	92
47	68	59	52	65	40
78	81	79	71	85	62
50	67	73	57	70	46

81

本节要点

饼干选择问题旨在告诉我们：有些貌似真理的陈述看上去合理、可能正确，但经常是不正确的(如“最优选择方案包含最大的饼干”或“贪心算法给出了最优选择方案”)，有些貌似不合情理的陈述看上去不合理、不太可能，但却是正确的(如“贪心算法生成最差可能的方案”)。我们需要更多真理(和直觉)确定哪些陈述是正确的。这就是本章接下来要介绍的主题。

3.2　布尔表达式和真值表

布尔变量 p 是携带**布尔值**的符号，p 的值不是 True 就是 False(不能同时都是，也不能同时都不是)。布尔变量是以形式逻辑的先驱 George Boole(1815—1864)的名字命名的，它们表示来自一般语言的断言。大多数高级计算机语言都包含布尔变量，并支持布尔表达式估值。布尔变量本身就是最简单的布尔表达式；使用布尔算子可构造复杂的布尔表达式。

3.2.1　否算子

布尔表达式 P 的**否**，记作 $\sim P$，读作否 P。当 P 为 False 时其值为 True，当 P 为 True 时其值为 False。　　// "～"取反 P 的真值

否算子的真值表如下：

P	$\sim P$
T	F
F	T

该真值表根据 P 的所有可能的值，给出了布尔表达式 $\sim P$ 的值。

3.2.2　合取算子

82 布尔表达式 P 与第二个布尔表达式 Q 的**合取**，记作 $P \wedge Q$，读作 P 与 Q。当 P 和 Q 都为 True 时其值为 True，否则为 False。合取算子的真值表如下：

P	Q	$P \wedge Q$
T	T	T
T	F	F
F	T	F
F	F	F

该真值表根据 P 和 Q 真值的所有可能的组合，给出了布尔表达式 $P \wedge Q$ 的值。

合取算子表示日常用语中的"且"(或者"但是")；复合语句"今天是周一且今天有雨"为 True 仅当今天是周一而且今天也有雨。　　//所以，大多数时间该语句为 False。

3.2.3　析取算子

布尔表达式 P 与第二个布尔表达式 Q 的**析取**，记作 $P \vee Q$，读作 P 或 Q。当 P 和 Q 都为 False 时，其值为 False，否则为 True。

//当 P 为 True 或 Q 为 True 或两者都为 True 时，$P \vee Q$ 为 True。

//$\vee$ 为相容性的或。

析取算子的真值表如下：

P	Q	$P \vee Q$
T	T	T
T	F	T
F	T	T
F	F	F

该真值表根据 P 和 Q 真值的所有可能的组合，给出了布尔表达式 $P\vee Q$ 的值。

或算子对应一般语言中的“要么……要么……”语义；当他是聪明的或很幸运的或是既聪明又很幸运的时，复合语句“他要么聪明要么很幸运”的值为 True。

另一方面，在一般语言中，“P 或 Q”通常用于表示不是 P 为 True 就是 Q 为 True，但并不表示两者都为 True，如“赋值中不获得 A 就获得 B”“不是巴西就是德国将赢得世界杯”。这种不相容的或(异或)可用如下布尔表达式来表示：

$$(P \vee Q) \wedge \sim (P \wedge Q)$$ 83

下面来构造该表达式的真值表。

这些布尔算子通常和计算机语言一起用于 web 搜索引擎，并遵循表达式估值的约定或规则(类似于算术表达式的计算规则)：

从左到右操作

但是　首先求括号内的子表达式

而且　在与运算之前先作非运算

而且　在或运算之前先做与运算

P	Q	$(P\vee Q)$	$\wedge$	$\sim$	$(P\wedge Q)$
T	T	T	F	F	T
T	F	T	T	T	F
F	T	T	T	T	F
F	F	F	F	T	F
		↑ 1	↑ 4	↑ 3	↑ 2

//上表每行都是矛盾的，所以每次都只有一行有效。

//每行都对应 P 和 Q 的特定值，每行都按如下顺序计算：

//　　先计算$(P\vee Q)$。

//　　先～再∧。

//　　先$(P\wedge Q)$再～，所以第二步计算$(P\wedge Q)$。

//　　第三步计算～。

//　　最后，第四步计算∧，得到整个表达式的值。

真值表中的阴影列根据 P 和 Q 真值的所有可能的组合，给出了布尔表达式$(P\vee Q)\wedge\sim(P\wedge Q)$的值。

称两个布尔表达式 P 和 Q 是**等价**的，记作 $P\Leftrightarrow Q$，当 P 和 Q 具有相同的真值表时。例如，

P	Q	$\sim$	$(P\wedge Q)$	$(\sim P)$	$\vee$	$(\sim Q)$		$\sim$	$(P\vee Q)$	$(\sim P)$	$\wedge$	$(\sim Q)$
T	T	F	T	F	F	F		F	T	F	F	F
T	F	T	F	F	T	T		F	T	F	F	T
F	T	T	F	T	T	F		F	T	T	F	F
F	F	T	F	T	T	T		T	F	T	T	T
		↑	________		↑		和	↑	________		↑	

说明$\sim(P\wedge Q)\Leftrightarrow(\sim P)\vee(\sim Q)$和$\sim(P\vee Q)\Leftrightarrow(\sim P)\wedge(\sim Q)$。

//“并非 P 和 Q 同时”等价于“要么$(\sim P)$要么$(\sim Q)$”。

//“既不是 P 也不是 Q”等价于“$(\sim P)$ 且 $(\sim Q)$”。

//这两个逻辑等价称为德·摩根定律。

//最明显的等价是 $P \Leftrightarrow P$。

84 //另一个明显的等价是 $\sim(\sim P) \Leftrightarrow P$。

3.2.4 条件算子

到目前为止，数学中最重要的布尔算子是条件算子，记作“$\rightarrow$”。布尔表达式“$P \rightarrow Q$”表示一般语言中的条件语句“如果 P 那么 Q”，其意思是“只要 P 为 True，Q 必然也为 True”，或者“P 为 True 和 Q 为 False 的情况不会发生”。因此，“$P \rightarrow Q$”逻辑等价于“$\sim(P \wedge \sim Q)$”。

在正式术语中，**条件算子**$\rightarrow$用下述真值表来定义。

P	Q	$P \rightarrow Q$	$\sim$	$(P$	$\wedge$	$\sim Q)$
T	T	T	T	T	F	F
T	F	F	F	T	T	T
F	T	T	T	F	F	F
F	F	T	T	F	F	T
			↑ 3		↑ 2	↑ 1

//然后(根据德·摩根定律)，$P \rightarrow Q$ 等价于 $(\sim P) \vee Q$。

因为有许多数学语句采用条件表达式的形式，两部分命名如下：算子之前的 P 称为**前项**，算子之后的 Q 称为**后项**。条件表达式还有其他一些变形：

$P \rightarrow Q$ 的**逆**(converse)　　是“$Q \rightarrow P$”

$P \rightarrow Q$ 的**逆否**(contrapositive)　　是“$\sim Q \rightarrow \sim P$”

$P \rightarrow Q$ 的**否**(inverse)　　是“$\sim P \rightarrow \sim Q$”

//这些都等价吗?

P	Q	$(P \rightarrow Q)$	$\sim Q$	$\rightarrow$	$\sim P$		$Q \rightarrow P$	$\sim P$	$\rightarrow$	$\sim Q$
T	T	T	F	T	F		T	F	T	F
T	F	F	T	F	F		T	F	T	T
F	T	T	F	T	T		F	T	F	F
F	F	T	T	T	T		T	T	T	T
		↑		↑		和	↑		↑	

任何条件表达式等价于其逆否。

//因此，逆等价于其逆否的否。

但是，条件表达式与其逆不等价。

85 //它们区别很大吗?

例 3.2.1 条件表达式的变形

假设 p 表示语句“你去年生日时是 90 岁”，q 表示语句“你比 21 岁大”：

$p \rightarrow q$　表示条件语句

“如果你去年生日时是 90 岁，**那么**你比 21 岁大”

为 True，不管你是谁

$\sim q \to \sim p$　表示逆否

"**如果**你不大于 21 岁，**那么**你去年生日时不是 90 岁"

为 True，不管你是谁

$q \to p$　表示逆

"**如果**你大于 21 岁，**那么**你去年生日时是 90 岁"

对大于 21 岁的人来说，为 False

//如果你去年生日时≥21 岁但≠90 岁，则前项为 True，后项为 False。

$\sim p \to \sim q$　表示否　//逆否的逆

"**如果**你去年生日时不是 90 岁，**那么**你不大于 21 岁"

对大于 21 岁的人来说，为 False

//如果你去年生日时≠90 岁但≥21，则前项为 True，后项为 False。◀

称布尔表达式 P **蕴含**布尔表达式 Q，记作 $P \Rightarrow Q$，如果条件表达式 $P \to Q$ 一直为 True；也就是说，只要 P 为 True，则 Q 必为 True。有时也用该符号表示一个语句蕴含另一个语句，如

"你去年生日时是 90 岁"⇒"你大于 21 岁"

这里，蕴含关系是因为语句的含义才出现的。但有时也会由于布尔表达式的形式而出现，例如

$$P \wedge Q \Leftrightarrow P, P \Rightarrow P, P \Rightarrow P \vee Q \text{ 和 } Q \Rightarrow (P \to Q)$$

一般来说，条件表达式 $P \to Q$ 可能为 False，除非 P 和 Q 具有语义相关性或 $P \to Q$ 一直为 True，也就是说 P 蕴含 Q。 86

3.2.5 双向条件算子

双向条件算子↔用下述真值表定义。

P	Q	$P \leftrightarrow Q$
T	T	T
T	F	F
F	T	F
F	F	T

"P **仅当** Q"意思是"如果 P 为 True，则 Q 必为 True(因为 P 只在 Q 出现的时候出现)"。"P 仅当 Q"可用"$P \to Q$"表示。因为"P 当 Q"可表示为"$Q \to P$"，所以"**P 当且仅当 Q**"可表示为

$$(P \to Q) \wedge (Q \to P)$$

算子↔称为双向条件算子，因为它逻辑等价于两个条件表达式$(P \to Q)$和$(Q \to P)$的与运算。

P	Q	$(P \to Q)$	$\wedge$	$(Q \to P)$
T	T	T	T	T
T	F	F	F	T
F	T	T	F	F
F	F	T	T	T
		↑ 1	↑ 3	↑ 2

//因为$(Q \to P) \Leftrightarrow (\sim P \to \sim Q)$，所以也有$(P \leftrightarrow Q) \Leftrightarrow [(P \to Q) \wedge (\sim P \to \sim Q)]$。

$P \leftrightarrow Q$ 读作“P 当且仅当 Q”，P 和 Q 具有相同的真值时，$P \leftrightarrow Q$ 为 True，否则为 False。因此，两个布尔表达式 P 和 Q 是**等价**的，意味着 $P \leftrightarrow Q$ 一直为 True。

本节要点

使用真值表定义了五个标准的布尔算子：非(记作 $\sim P$，读作非 P)、与(记作 $P \wedge Q$，读作 P 与 Q)、或(记作 $P \vee Q$，读作 P 或 Q)、条件(记作 $P \rightarrow Q$，读作如果 P 那么 Q)和双向条件(记作 $P \leftrightarrow Q$，读作 P 当且仅当 Q)。

称 P 蕴含 Q，记作 $P \Rightarrow Q$，意思是 $P \rightarrow Q$ 一直为 True；称 P 和 Q 等价，记作 $P \Leftrightarrow Q$，意思是 $P \leftrightarrow Q$ 一直为 True。

87 因为有许多数学语句采用条件表达式的形式，两部分命名如下：算子之前的 P 称为前项，算子之后的 Q 称为后项。它还有其他一些变形，其逆是“$Q \rightarrow P$”、逆否是“$\sim Q \rightarrow \sim P$”、否是“$\sim P \rightarrow \sim Q$”。

这种形式对后面描述证明结构时很有用。

3.3 谓词和量词

断言(如你去年生日时是 90 岁)的真值取决于“你”是谁，“$x^2 > 25$”的真值取决于 x 的数值。本节介绍这类语句。

谓词是集合 D 到集合 $C = \{\text{True}, \text{False}\}$ 上的函数。例如，假设 D 是正整数集合，可以令

$P(k)$ 表示断言“k 是素数” //所以 $P(13)$ 为 True，$P(33)$ 为 False。

$Q(n)$ 表示断言“n 是奇数” //所以 $Q(23)$ 为 True，$Q(32)$ 为 False。

$P(x)$ 和 $Q(x)$ 的真值取决于 x 在集合 D 上的取值。谓词使用 D 上的特定值，是布尔表达式；可以使用布尔算子连接以生成更大、更复杂的布尔表达式。

使用量词可以创建更有趣的布尔表达式。**全称量词** $\forall$ 读作“对每个”或“对所有”，“$\forall x F(x)$”表示断言：“对谓词 F 的定义域内的每个 x，都有 $F(x)$ 为 True。”

存在量词 $\exists$ 读作“存在”，“$\exists x F(x)$”表示断言：“谓词 F 的定义域内存在 x，使得 $F(x)$ 为 True。”

//$\forall$ 是颠倒的 A，表示“所有”

//$\exists$ 是反写的 E，表示“存在”

例如，假定 D 是正整数集合，P 和 Q 是上述定义的谓词。

“$\forall x P(x)$”表示“每个正整数都是素数”，所以布尔表达式 $\forall x P(x)$ 为 False。

//因为 6 是正整数，但不是素数

“$\exists x P(x) \wedge \sim Q(x)$”表示“存在是素数但不是奇数的正整数”，所以 $\exists x P(x) \wedge \sim Q(x)$ 为 True。

//因为 2 就是这样的正整数

非算子可以一定程度上互换这两个量词。假设 D 是谓词 F 的定义域。

“$\sim[\forall x F(x)]$”表示“不是对 D 上的每个 x，都有 $F(x)$ 为 True”，也就是说，“存在 D 上的某个 x，使得 $F(x)$ 为 False”，可以表示为 $\exists x \sim F(x)$。因此，

$$\sim[\forall x F(x)] \Leftrightarrow \exists x \sim F(x)$$

“$\sim[\exists x F(x)]$” 表示 “D 上不存在 x，使得 $F(x)$ 为 True”，也就是说，“对 D 上的每个 x，都有 $F(x)$ 为 False”，可以表示为 $\forall x \sim F(x)$。因此， 88

$$\sim[\exists x F(x)] \Leftrightarrow \forall x \sim F(x)$$

在饼干选择问题 3 中，令 U 表示 6×6 矩阵上的所有遍历集合。数值之和为 404 的贪心解决方案是最优遍历的断言语句为

$$\forall T \in U, \quad T \text{ 的值} \leqslant 404$$

通过构造值不小于等于 404 的遍历 T^*，可知该断言的真值为 False。也就是说，

$$\exists T^* \in U, \quad \text{其中 } T^* \text{ 的值} > 404$$

一个**例子**证明存在断言为 True，其**反例**可证明**全称断言**(universal assertion)为 False。

//如何证明全称断言为 True?

> **本节要点**
>
> 谓词是其真值取决于一个或多个参数的布尔表达式。全称量词(记作 ∀，读作“对每个”或“对所有”)和存在量词(记作 ∃，读作“存在”或“某个”)用于表示出现每个某类输入或特定的输入时的断言语句。描述程序正确性必须用到这些语句。

3.4 有效推理

推理由**前提**(语句序列)和**结论**(语句)构成。推理旨在确保结论正确，其形式为

$$\begin{array}{l} P_1 \\ P_2 \\ P_3 \\ \cdots \\ \underline{P_k} \\ \therefore C \end{array}$$

//∴ 读作“所以”，标识结论

其中，前 k 条语句为前提，最后的语句 C 为结论。 89

推理是**有效**的，意思是如果所有前提都为 True，那么结论必为 True。某些推理的有效性由其形式而不是内容保证。构建条件语句，前项是所有前提的合取，后项是结论，可测试语句的有效性。

$$[P_1 \wedge P_2 \wedge P_3 \wedge \cdots \wedge P_k] \rightarrow C$$

推理形式是有效的，当且仅当条件语句一直为 True(前提的合取蕴含结论)。

例 3.4.1 肯定前件假言推理

肯定前件假言推理的标准推理形式为

$P \rightarrow Q$	如果下雨，那么街道是湿的。
$\underline{P}$	下雨
$\therefore Q$	∴ 街道是湿的

下述真值表说明了肯定前件假言推理的有效性(不依赖于 P 和 Q 的含义)。

P	Q	$[(P \to Q)$	$\wedge\ P]$	$\to$	Q
T	T	T	T	T	T
T	F	F	F	T	F
F	T	T	F	T	T
F	F	T	F	T	F
		↑ 1	↑ 2	↑ 3	

关于天气，第一个前提为 True；如果(某时某地)第二个前提也为 True，那么(该时该地)结论肯定为 True。◀

例 3.4.2　否定后件假言推理

否定后件假言推理的标准推理形式为

$P \to Q$	如果下雨，那么街道是湿的
$\sim Q$	街道不是湿的
$\therefore \sim P$	∴ 不下雨

90 下述真值表说明了否定后件假言推理的有效性(不依赖于 P 和 Q 的含义)。

P	Q	$[(P \to Q)$	$\wedge$	$\sim Q]$	$\to$	$\sim P$
T	T	T	F	F	T	F
T	F	F	F	T	T	F
F	T	T	F	F	T	T
F	F	T	T	T	T	T
		↑ 1	↑ 3	↑ 2	↑ 5	↑ 4

关于天气，第一个前提为 True；如果(某时某地)第二个前提也为 True，那么(该时该地)结论肯定为 True。◀

例 3.4.3　条件推论

条件推论的标准推理形式为

$P \to Q$	如果下雨，那么街道是湿的
$Q \to R$	如果街道是湿的，那么她们会穿雨靴
$\therefore P \to R$	如果下雨，那么她们会穿雨靴

下述真值表说明了条件推理的有效性(不依赖于 P、Q 和 R 的含义)。

//这里有 3 个布尔表达式和 $8=2^3$ 行

P	Q	R	$[(P \to Q)$	$\wedge$	$(Q \to R)]$	$\to$	$(P \to R)$
T	T	T	T	T	T	T	T
T	T	F	T	F	F	T	F
T	F	T	F	F	T	T	T
T	F	F	F	F	T	T	F
F	T	T	T	T	T	T	T
F	T	F	T	F	F	T	T
F	F	T	T	T	T	T	T
F	F	F	T	T	T	T	T
			↑ 1	↑ 3	↑ 2	↑ 5	↑ 4

关于天气，第一个前提为 True；如果(对某位女士)第二个前提也为 True，那么(对该女士而言)结论肯定为 True。◀

这些有效推理的例子可能比较显然，下面再来看一个例子。

例 3.4.4 科学方法

中学老师认为“科学方法”是通过试验和观察发现知识的一种形式，是构建和测试假设的一种过程。其推理过程如下：

如果我的理论是正确的，那么我的试验结果会是这样的
我的试验结果是这样的
∴ 我的理论是正确的

91

这种推理形式如下：

$$\begin{array}{l} P \rightarrow Q \\ \underline{Q \qquad} \\ \therefore P \end{array}$$

// 这种推理形式有效吗？

下述真值表说明这种推理形式是无效的。

P	Q	$[(P\rightarrow Q)$	$\wedge$	$Q]$	$\rightarrow$	P
T	T	T	T	T	T	T
T	F	F	F	F	T	T
F	T	T	T	T	F	F
F	F	T	F	F	T	F
		↑ 1	↑ 2		↑ 3	

第三行说明即使两个前提都是 True，结论也有可能是 False。这种无效的推理形式称为“肯定结果的谬论”。

关于天气，推理形式如下：

如果下雨，那么街道是湿的
街道是湿的
∴ 下雨

第一个前提为 True。但是否可能某时某地的街道是湿的，并没有下雨呢？

//雷暴天气刚结束

//雪融化了

//河水淹没了城镇

//洒水车经过后

//…

只有 P 出现，Q 才会出现的情况下，结论才是正确的。

//也就是说，$Q\rightarrow P$ ◀

用实验和观察检测假设的方法很重要，一般很有效。这种方法是许多科学方法的基石。但当实验得到了理论预测的结果时，科学家并不能确信他或她的理论是正确的。唯一能确信的是，实验结果并未违背提出的理论。

//用否定后件假言推理

计算机程序员很多使用下述推理：

如果算法正确，那么输出会是这样的
看！看！输出是这样的
92 ∴算法正确

结论有可能为 True，但这样单个的推理并不能保证其为 True。（第一个前提必须加强，以确保这样的结果只能通过正确的算法得到。）另一方面，我们不会忽视这种逻辑进行冒险；我们会用有效的方式证明算法的正确性。

本节要点

有效推理由一系列前提和一个结论构成，所有前提都为 True 时，结论必然为 True。这里介绍了几个经典的有效推理模式及其例子。重点是正确的推理有正确的形式（内容上和含义上也一样）。下一节将会应用和推广本节的内容。

3.5 证明实例

前面已经介绍了证明形式的重要性。现在在推理中添加内容。我们特别关注证明关于数学对象（尤其是算法）的普遍性命题。

所有前提都为 True 时，证明是有效的推理。

//因此结论必然为 True。

接下来看几个例子。记住，证明是从某个角度增强命题的可信性。证明为 True 的命题通常称为**定理**。

定理 3.5.1　对所有整数 n，都有 $\lfloor n/2 \rfloor + \lceil n/2 \rceil = n$。

证明　n 只有奇数和偶数两种可能；也就是说 $n=2q$ 或 $n=2q+1$，其中 $q \in \mathbf{Z}$。

如果 $n=2q(q \in \mathbf{Z})$，那么 $n/2=q$，所以 $\lfloor n/2 \rfloor = q = \lceil n/2 \rceil$，因此，

$$\lfloor n/2 \rfloor + \lceil n/2 \rceil = q + q = n$$

如果 $n=2q+1(q \in \mathbf{Z})$，那么 $n/2=q+1/2$，所以 $\lfloor n/2 \rfloor = q$ 和 $\lceil n/2 \rceil = q+1$，因此

$$\lfloor n/2 \rfloor + \lceil n/2 \rceil = q + (q+1) = n$$

综上，对所有整数 n，都有　$\lfloor n/2 \rfloor + \lceil n/2 \rceil = n$　■

//推理的普遍性取决于代数性质，
93 //变量 n 代表整数，但未指定其值——所以 n 可表示任意整数，
//因此一次性把所有整数都表示出来了。
//符号■表示证明结束。

上述推理的底层形式如下：

例 3.5.1　析取三段论

$P \vee Q$	n 要么为偶数，要么为奇数	
$P \to R$	如果 n 为偶数，那么	$\lfloor n/2 \rfloor + \lceil n/2 \rceil = n$
$Q \to R$	如果 n 为奇数，那么	$\lfloor n/2 \rfloor + \lceil n/2 \rceil = n$
$\therefore R$	$\therefore \lfloor n/2 \rfloor + \lceil n/2 \rceil = n$	

根据如下真值表可知，析取三段论的推理形式是有效的（不依赖于 P、Q 和 R 的含义）：

P	Q	R	$[(P\vee Q)$	$\wedge$	$(P\to R)$	$\wedge$	$(Q\to R)]$	$\to$	R
T	T	T	T	T	T	T	T	T	T
T	T	F	T	F	F	F	F	T	F
T	F	T	T	T	T	T	T	T	T
T	F	F	T	F	F	F	T	T	F
F	T	T	T	T	T	T	T	T	T
F	T	F	T	T	T	F	F	T	F
F	F	T	F	F	T	F	T	T	T
F	F	F	F	F	T	F	T	T	F
			↑ 1	↑ 3	↑ 2	↑ 5	↑ 4	↑ 6	

//X 定理 3.5.1 可推广为更一般的结论：

//如果 f 是任意实数，$g=(1-f)$，那么对所有整数 n，都有 $\lfloor f\times n\rfloor+\lceil g\times n\rceil=n$。

//定理 3.5.1 中，$f=1/2$(和 $g=1/2$)。

//(一般性结论的证明可能会很不同。) ◀

析取三段论本身可推广为"分情况证明"，如下所示。

定理 3.5.2 任意三个连续的整数中，有一个是 3 的倍数。

证明 如果 n 表示三个连续的整数中最小的数，那么三个整数为 n，$n+1$，$n+2$。则必须证明对所有整数 n，n，$n+1$ 和 $n+2$ 中(至少)有一个是 3 的倍数。

n 有三种情况：$n=3q$，$n=3q+1$ 和 $n=3q+2$，其中 $q\in\mathbf{Z}$。 //n MOD $3\in\{0, 1, 2\}$

情况 1：如果 $n=3q$，其中 $q\in\mathbf{Z}$，那么 n 就是 3 的倍数。

情况 2：如果 $n=3q+1$，其中 $q\in\mathbf{Z}$，那么 $n+2=3q+3=3(q+1)$，所以 $n+2$ 是 3 的倍数。 94

情况 3：如果 $n=3q+2$，其中 $q\in\mathbf{Z}$，那么 $n+1=3q+3=3(q+1)$，所以 $n+1$ 是 3 的倍数。

综上，任意三个连续的整数中有一个数是 3 的倍数。 ■

//X 定理 3.5.2 可推广为更一般性的结论：K 个连续的整数中有一个数是 K 的倍数。

//(一般性结论的证明可能会很不同，而且要用到更多代数性质。)

//也可以证明：任意 K 个连续的整数中，只有一个是 K 的倍数；

//或者任意 K 个连续的整数中，有一个数是 $k=2, 3, \cdots, K$ 的倍数。

//任意 K 个连续整数的积是 $K!$ 的倍数。

定理 3.5.2 证明中的前两句是引入代数标注，然后用代数的形式来重申命题。上述证明的底层推理形式如下：

例 3.5.2 分情况证明

$P_1 \vee P_2 \vee P_3 \vee \cdots \vee P_k$ // 列举所有情况

$P_1 \to R$ // 情况 1

$P_2 \to R$ // 情况 2

$P_3 \to R$ // 情况 3

…

$P_k \to R$ // 最后一种情况

$\therefore R$

证明"分情况证明"对所有(有限)的正整数都是有效的推理形式时，不能只是构造真值表。还必须证明所有的前提都为 True 时，结论 R 必为 True。

证明　（“分情况证明”是有效的推理形式）

如果所有前提都为 True，那么 $P_1 \vee P_2 \vee P_3 \vee \cdots \vee P_k$ 为 True；因为这是析取，至少有一个前提为 True，所以存在 $j(1 \leqslant j \leqslant k)$，$P_j$ 为 True。

如果所有前提都为 True，那么前提 $P_j \to R$ 为 True，因为前项 P_j 为 True，后项 R 必为 True。

因此，如果所有前提都为 True，结论 R 必为 True；也就是说，“分情况证明”是有效的推理形式。◀

上述证明是通过扩展有效推理的含义构造的，它详细解释了所有前提都为 True 时必然有的结果，直到得出推理的结论必然为 True 为止。这种证明形式比较常见，通常称为
95 “直接证明”。

3.5.1　直接证明

定理 3.5.3　*如果 n 是奇数，则 n^2 也是奇数。*

证明　如果 n 是奇数，那么 $n=2q+1$，其中 $q \in \mathbf{Z}$。

如果 $n=2q+1$，其中 $q \in \mathbf{Z}$，那么

$$\begin{aligned} n^2 &= (2q+1)^2 = (2q)^2 + 2(2q) + 1 && //(a+b)^2 = a^2 + 2ab + b^2 \\ &= 4q^2 + 4q + 1 \\ &= 2(2q^2 + 2q) + 1 && \text{其中}(2q^2+2q) \in \mathbf{Z} \end{aligned}$$

如果 $n^2=2(2q^2+2q)+1$，其中 $(2q^2+2q) \in \mathbf{Z}$，那么 n^2 是奇数。

因此，如果 n 是奇数，则 n^2（也）是奇数。■

//任意两个奇数的积也是奇数吗？

//X 直接证明命题：对正整数 a，b，c，如果 $a|b$，$b|c$，那么 $a|c$。

//X 证明大于 1 的整数的最小因子必为素数。

定理 3.5.3 的证明中，最后一句推理的底层形式是如下范式的条件语句序列。

例 3.5.3　**推广的条件推论**

$$\begin{array}{l} P[1] \to P[2] \\ P[2] \to P[3] \\ P[3] \to P[4] \\ \cdots \\ \underline{P[k] \to P[k+1]} \\ \therefore P[1] \to P[k+1] \end{array}$$

要证明推广的条件推论对所有有限的整数 k 是有效的推理形式，必须证明所有前提都为 True 时，结论 $P[1] \to P[k+1]$ 也必须为 True。但其逆否形式比较容易建立：

如果结论“$P[1] \to P[k+1]$”为 False，那么至少有一个前提为 False。

//看似逆向证明，其实 $(P \to Q) \Leftrightarrow (\sim Q \to \sim P)$；

//也就是说，条件命题与其逆否形式是逻辑等价的。

证明　（推广的条件推论是有效的推理形式）

如果结论 $P[1] \to P[k+1]$ 为 False，那么 $P[1]$ 为 True，$P[k+1]$ 为 False。设 j 是 $P[j]$ 为 False 的最小索引，那么 $1 < j \leqslant k+1$。

//必须存在这种最小的索引吗？第一种情况时哪个 $P[j]$ 为 False？ 96

因此，$P[j-1]$不为 False。因为 $1 \leqslant j-1 \leqslant k$，“$P[j-1] \to P[j]$”是一个前提，其中 $P[j-1]$为 True，$P[j]$为 False。因此前提 $P[j-1] \to P[j]$为 False。 ◀

//直接证明略显不够正式、少重复，但更紧凑。

//

//　　如果　$P[1]$　或者　假设 $P[1]$

//　　那么　$P[2]$　或者　因此 $P[2]$

//　　那么　$P[3]$　　"

//　　…　　"

//　　那么　$\underline{P[k+1]}$

//　　$\therefore P[1] \to P[k+1]$

通过证明逆否命题为 True 来证明条件命题，看似奇怪但却是正确的。这种逆向推导的方法在“间接证明”中更明显(更反直觉)。

3.5.2 间接证明

间接证明的形式为

$$\begin{array}{l} \sim P \to Q \\ \underline{\sim P \to \sim Q} \\ \therefore P \end{array}$$

// 这种形式有效吗?

下述真值表说明这种形式是有效的(不依赖于 P 和 Q 的含义)：

P	Q	$[(\sim P \to Q)$	$\wedge$	$(\sim P \to \sim Q)]$	$\to$	P
T	T	T	T	T	T	T
T	F	T	T	T	T	T
F	T	T	F	F	T	F
F	F	F	F	T	T	F
		↑ 1	↑ 3	↑ 2	↑ 4	

//该真值表说明$[(\sim P \to Q) \wedge (\sim P \to \sim Q)] \Leftrightarrow P$。

//否定后件假言推理说明$[(\sim P \to Q) \wedge (\sim Q)] \Rightarrow P$。

间接证明最著名的应用可能是下面的故事。大约在公元前 500 年，毕达哥拉斯(因直角三角形定理而闻名)在意大利的锡拉库萨建了一个学校。实际上，它更像一个修道院， 97
这里研究数学但更推崇数。古代学者研究的数是正整数，他们认为数是任意两条可公度的线段——也就是说，存在某个长度单元可使两条线段都是整数倍的单位长。然而，一个不知名的学生指出了任意正方形的对角线和边不是可公度的。

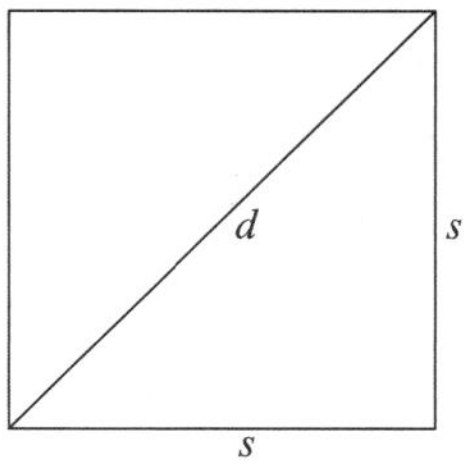

如果对角线是 d 单位长，边是 s 单位长，根据直角三角形定理，

$$d = \sqrt{s^2 + s^2} = \sqrt{2s^2} = \sqrt{2} \times s, \quad \text{所以} \sqrt{2} = d/s$$

因此，如果正方形的对角线和边是可公度的，那么$\sqrt{2}$是有理数。但是这个学生又证明了以下定理。

定理 3.5.4　$\sqrt{2}$是无理数。

证明　假设$\sqrt{2}$是有理数。　　//假设$\sim P$。

那么$\sqrt{2}$可写成两个整数的比的形式；也就是说，

$$\sqrt{2} = A/B, \text{其中 } A, B \text{ 为整数}, B \neq 0$$

因为$\sqrt{2}$是正数，所以 A 和 B 都取正数。那么 A 和 B 除以它们的最大公因子 GCD(A，B)，将分子和分母都写成“最小项”的形式。因此，有

如果$\sqrt{2}$是有理数，那么存在 a，$b \in \mathbf{P}$，使得$\sqrt{2}=a/b$ 和 GCD(a，b)=1 成立。

//证明$\sim P \to Q$

另一方面，如果$\sqrt{2}=a/b$，a，$b \in \mathbf{P}$，那么

$\sqrt{2} \times b = a$　　//两边同时乘以 b

所以　$2 \times b^2 = a^2$　　//两边同时取平方

98 也就是说　$a^2 = 2 \times b^2$

然后，因为 a^2 是偶数，所以 a 必然为偶数。

//定理 3.5.3 的逆否命题

因此，存在某个整数 r，$a=2r$，

$$2 \times b^2 = a^2 = (2r)^2 = 4 \times r^2$$

所以　$b^2 = 2 \times r^2$　　// 偶数

那么，因为 b^2 是偶数，所以 b(也)必然为偶数。　　//根据定理 3.5.3

至此，已经证明

$$\text{如果} \sqrt{2} = a/b, \quad \text{那么 GCD}(a,b) \neq 1$$

这和$\sim\{(\sqrt{2}=a/b)$，(GCD(a，b)=1)$\}$逻辑等价。因此可得

如果$\sqrt{2}$是有理数，那么对所有 a，$b \in \mathbf{P}$，不是$\sqrt{2} \neq a/b$，就是 GCD(a，b)$\neq$1。

//这是$\sim P \to \sim Q$。

因此，$\sqrt{2}$不是有理数。　■

因为这在当时的锡拉库萨是学术异端，这个聪明的学生可以说是被“驱逐”了。

//类似的间接推理(和素数分解定理)可用于证明其他两个定理：

//X 如果 p 是素数，则$\sqrt{p}$是无理数。

//X(更一般的结论是，)如果 n 是正整数，则$\sqrt{n}$不是整数就是无理数。

//几乎所有关于平方根的机器计算都会涉及舍入误差。

接下来还会介绍几个间接证明的例子。用这种推理证明断言 P 的模式为：

1. 假设$\sim P$(或假设 P 为 False)。
2. 使用假设推导出 Q。
3. (如果有必要)再次使用假设推导出$\sim Q$。

4. 得到结论 P。

下面的间接证明例子是关于素数的古老定理，但首先看看判定小于 n 的所有素数的古老算法——**埃拉托斯特尼**(公元前 276—公元前 195 年)**筛选法**：

步骤 1：写下从 2 到 n 的所有整数，并令 $p=2$。　　//最小的素数

步骤 2：While($p^2 \leqslant n$)

——从 p^2 开始删除 p 的所有倍数　　//它们不是素数

——找到第一个比 p 大且未被删除的数，记为 q　　//q 是素数。

——令 $p=q$ 99

现在，所有剩下的整数都是素数。

当 $n=25$ 时，算法的**执行过程**如下：

2 3 4 5 6 7 8 9 10 11 12 13 14 15 16 17 18 19 20 21 22 23 24 25 //$p=2$

2 3 ~~4~~ 5 ~~6~~ 7 ~~8~~ 9 ~~10~~ 11 ~~12~~ 13 ~~14~~ 15 ~~16~~ 17 ~~18~~ 19 ~~20~~ 21 ~~22~~ 23 ~~24~~ 25 //$p=3$

2 **3** ~~4~~ 5 ~~6~~ 7 ~~8~~ 9 ~~10~~ 11 ~~12~~ 13 ~~14~~ 15 ~~16~~ 17 ~~18~~ 19 ~~20~~ ~~21~~ ~~22~~ 23 ~~24~~ 25 //$p=5$

2 **3** 4 **5** ~~6~~ 7 ~~8~~ 9 ~~10~~ 11 ~~12~~ 13 ~~14~~ ~~15~~ ~~16~~ 17 ~~18~~ 19 ~~20~~ ~~21~~ ~~22~~ 23 ~~24~~ ~~25~~ //$p=7$

小于等于 25 的素数是剩下的 9 个数：

2 **3** **5** 7 11 13 17 19 23

想象一下将该过程用于大于等于 2 的所有整数上。每次找到一个新的素数，并删除该素数的无限多个倍数。是否可以相信，找到足够多的素数后，可以删除所有的大数字？而且没有更多的素数？是否存在最大的素数？

定理 3.5.5　素数有无限个。

证明　假设只有有限个素数，令素数总数为 N。那么对素数进行索引可得

$(p_1, p_2, p_3, \cdots, p_N)$ 是所有素数的列表　　// 即 Q

令整数 $K=(p_1 \times p_2 \times p_3 \times \cdots \times p_N)+1$，即所有素数的积加 1。列表中的素数都不能整除 K，因为对于列表中的每个素数 p，都有 K MOD $p=1$。但 K 是大于 1 的正整数，所以要么 K 是素数，要么 K 有最小的真因子 q(q 必须是素数)。因此，存在整除 K 的素数 P^*。因为 P^* 不在该列表中，所以

$(p_1, p_2, p_3, \cdots, p_N)$ 不是所有素数的列表　　// 即 $\sim Q$

因此，素数有无限个。■

3.5.3 Cantor 的对角线方法

接下来的间接证明例子是 Cantor 的对角线方法。回忆一下第 2 章，集合 A 和集合 B 的基数相同当且仅当存在函数 f：$A \rightarrow B$ 是双射。下面证明两个无限集合的基数 100 不同。

每个介于 0 和 1 之间的实数 y 的二进制展开式看似对应数字序列，也就是说，

$$r = 0.d_{-1}d_{-2}d_{-3}\cdots$$

其中，每个 d_{-j} 都取自 $D=\{0, 1, \cdots, 9\}$。序列有时终止，有时不能终止。

令 $\mathfrak{T}$ 表示定义域为 $\mathbf{P}$，值域为 D 的所有可能的无限序列。

定理 3.5.6　不存在 $\mathbf{P}$ 到 $\mathfrak{T}$ 的满射函数。

//$\mathfrak{T}$ 的(无限大的)大小不等于 $\mathbf{P}$ 的(无限大的)大小，前者更大。

证明　假设存在 $\mathbf{P}$ 到 $\mathfrak{S}$ 的满射函数 f。那么 $\mathfrak{S}$ 的所有元素都可以用 f 进行索引，

//对每个 $j\in\mathbf{P}$，令 $S_j=f(j)$。

因此　$\mathfrak{S} = \{S_j : j \in \mathbf{P}\}$　// 即 Q

//下面通过构建序列 T，T 在 $\mathfrak{S}$ 上但不同于已有的 S_j，以说明这种“等价”是不正确的。

如果 j 是任意固定的正整数，S_j 是一个无限的数字序列

$$S_j = (d_{j1}, d_{j2}, d_{j3}, d_{j4}, \cdots, d_{jj}, \cdots)$$

令数字序列 $T=(t_1, t_2, t_3, t_4, \cdots)$，其中每个 $j\in\mathbf{P}$，都有 $t_j=(9-d_{jj})$。那么 $T\in\mathfrak{S}$，因为每个元素 $t_j\in D$。但对每个 $k\in\mathbf{P}$，序列 $T\neq S_k$，因为 T 中的第 k 个元素不等于 S_k 中的第 k 个元素；也就是说，

$$t_k = (9-d_{kk}) \neq d_{kk} \quad \text{// 如果 } 9-x=x\text{，那么 } x=9/2 \notin \{0..9\}$$

所以有　$\mathfrak{S}\neq\{S_j : j\in\mathbf{P}\}$　//即 $\sim Q$

因此不存在 $\mathbf{P}$ 到 $\mathfrak{S}$ 的满射函数。■

可以详细说明从 $\mathbf{P}$ 到 $\{0..9\}$（或到 $\mathbf{P}$，甚至到 $\{0, 1\}$）的函数比计算机程序（任何语言、任何有限长度）要多。因此有（无限多个）函数的值是（计算机程序）不能计算的！

这个定理说明存在不同大小（基数）的无限集合。

//无限有“层级划分”吗？

间接证明的最后一个例子如下。

定理 3.5.7　不存在最小的正有理数。

证明　假设存在最小的正有理数，设为 R_0。那么

101　R_0 是最小的正有理数　// 即 Q

因为 $0<\frac{1}{2}<1$，而且 R_0 是正的，所以有

$$0 = 0\times R_0 < \frac{1}{2}\times R_0 < 1\times R_0 = R_0$$

如果令 $S=\frac{1}{2}\times R_0$，那么 S 是有理数，S 是正的，而且 S 比 R_0 小。所以

R_0 不是最小的正有理数　// 即 $\sim Q$

因此，不存在最小的正有理数。■

//也不存在最小的正实数——只需将上述证明中的“无理数”改成“有理数”即可。

//但任何机器都有最小的可表示的正数。

另一方面，正整数有最小值 1。该命题更强的一种描述形式是整数公理——**良序原则**：

正整数的所有非空子集都有最小元素

本节要点

证明从某个角度增强命题的可信性。证明为 True 的命题通常称为定理。

本节介绍了几种有效的推理范式及其相关实例，这些实例都有内容和含义。析取三段论可推广为分情况证明。条件推论可推广并扩展为直接证明。将通过说明逆否命题为 True 来证明条件命题的思想扩展为间接证明，并给出实例。

本节最后介绍良序原则，这是下一节要介绍的数学归纳法和强归纳法的基础；这两种归纳法是本书最有用的推理形式。

3.6 数学归纳法

数学归纳法用于证明全称断言，该类断言形如

对所有整数 $n \geqslant a, P(n)$

其中，P 是某个谓词，其定义域为(或包含)区间$\{a..\}$。推理形式为 102

$$\frac{\begin{array}{l}P(a)\\P(k) \to P(k+1) \quad 对\ \forall k \in \{a..\}\end{array}}{\therefore \forall n \in \{a..\} \quad P(n)}$$

第一个前提断言

对集合$\{a..\}$中的最小元素 a，谓词为 True

第二个前提断言

如果对任意特定的 $k \in \{a..\}$，P 都为 True，那么对 $k+1$，P 也必为 True

数学归纳法的证明可以清楚地表示为三个步骤，其中条件前提可分成两部分：

步骤 1：证明 $P(a)$为 True。 //基始步骤

步骤 2：假设存在 $k\in\{a..\}$，$P(k)$为 True。 //归纳假设

步骤 3：使用假设证明 $P(k+1)$也为 True。 //归纳步骤

//步骤 1 通过用 a 实例化谓词来完成。

//

//步骤 2 使用存在量词说明要证明的全称命题不是假想的，

//可通过用 k 实例化谓词来完成。 //代数的魅力再现

//

//步骤 3 是最难的部分，通常要用到一些代数性质和推理规则。

下面看一个一般猜想的实例的实例，并用数学归纳法证明。

例 3.6.1 比较 n^2 和 2^n

n	n^2		2^n
0	0		1
1	1		2
2	4	=	4
3	9	>	8
4	16	=	16
5	25		32
6	36		64

//上表中，除了 $n=2$，3，4 三种情况外，都有 $n^2<2^n$

//因为 2^n 的增长速度比 n^2 快很多，所以 n 比较大时，都有 $n^2<2^n$。 ◀ 103

定理 3.6.1 对大于等于 5 的所有整数，都有 $n^2<2^n$。

//这里 $a=5$，$P(n)$是布尔表达式 $n^2<2^n$。

//可能会对所有实数 n 计算 $P(n)$，所以 $P(n)$定义域为$\{a..\}$。

证明 //用数学归纳法。

步骤 1：如果 $n=5$，那么 $n^2=25<32=2^n$。 //$P(5)$为 True

步骤 2：假设存在 $k\in\{5..\}$，$k^2<2^k$。 //$P(k)$为 True

步骤 3：如果 $n=k+1$，那么

$$n^2=(k+1)^2=k^2+2k+1$$

$$
\begin{aligned}
&< k^2 + 2k + k && //k \geqslant 5 \text{ 所以 } k > 1\\
&= k^2 + 3k\\
&< k^2 + k \times k && //k \geqslant 5 \text{ 所以 } k > 3\\
&= k^2 \times 2\\
&< 2^k \times 2 && // \text{根据步骤 } 2\\
&= 2^{k+1} = 2^n
\end{aligned}
$$

//如果 $n=k+1$，那么 $n^2<2^n$；也就是说，$P(k+1)$ 为 True。

因此，对大于等于 5 的所有整数 n，都有 $n^2<2^n$。■

//X 对所有整数 $n \in \mathbf{N}$，都有 $n<2^n$ 吗？

//X 对所有整数 $n \in \mathbf{N}$，都有 $n^2<3^n$ 吗？

作为推理形式，数学归纳法的有效性建立在整数的良序原则基础上。可用于证明“如果所有前提为 True，那么结论必为 True”的逆否命题。

//可以证明，如果结论为 False，那么两个前提中必有一个为 False。

如果“$\forall n \in \{a..\} P(n)$”不为 True，那么 $\exists n \in \{a..\} P(n)$ 为 False。令

$$Y = \{n \in \{a..\} : P(n) \text{ 为 False}\}$$

则 Y 是整数区间 $\{a..\}$ 的非空子集。

//a 的值可能是负的，Y 可能包含一些负数。

令

$$X = \{1 + n - a : n \in Y\}$$

当 $n \geqslant a$ 时，$1+n-a \geqslant 1+0>0$。因此，X 是正整数的非空子集，根据良序原则，X 有最小元素 x。x 必然等于 $1+n^*-a$，其中 n^* 为 Y 上的某个数。

//如果 Y 包含元素 $q<n^*$，那么 X 包含元素 $w=1+q-a<1+n^*-a=x$。

//如果 n^* 不是 Y 的最小元素，那么 x 不是 X 的最小元素；

104 //也就是说，如果 x 是 X 的最小元素，那么 n^* 是 Y 的最小元素。

因为 n^* 是 Y 的**最小元素**，

$$P(n^*) \text{ 为 False，但如果 } a \leqslant n < n^* \text{，那么 } P(n) \text{ 不为 False}$$

//事实上，$P(a) \wedge P(a+1) \wedge \cdots \wedge P(n^*-1)$ 为 True。

不是 $n^*=a$，就是 $n^* \geqslant a+1$。

如果 $n^*=a$，那么第一个前提为 False。　//$P(a)$ 为 False

如果 $n^* \geqslant a+1$，那么

$$n^* - 1 \geqslant a, \quad P(n^*-1) \text{ 为 True，但 } P(n^*) \text{ 为 False}$$

所以条件命题“$P(n^*-1) \rightarrow P(n^*)$”为 False。但第二个前提

$$\text{“}P(k) \rightarrow P(k+1) \quad \forall k \in \{a..\}\text{”}$$

为 False，因为 $\exists k \in \{a..\}$，使得 $P(k) \rightarrow P(k+1)$ 为 False，也就是 $k=n^*-1$。

因此，数学归纳法是任意谓词 P 和任意区间 $\{a..\}$ 上有效的推理形式。■

数学归纳法是全称命题的证明技术，也有助于发现定理。然而从大小为 k 的数学对象构建大小为 $k+1$ 的数学对象时，使用数学归纳法可轻松证明这些对象的许多性质。**数学归纳法在算法分析中特别有用。**

本节后面介绍一些数学归纳法的证明实例。3.7 节回顾第 1、2 章的算法部分，并证明

它们的正确性。以下例子证明级数的公式。

假设要给出 $1\sim n$ 的整数和公式。考虑下面由○和＋构成的数组：

○	＋	＋	＋	＋	＋
○	○	＋	＋	＋	＋
○	○	○	＋	＋	＋
○	○	○	○	＋	＋
○	○	○	○	○	＋

从上往下计数，○的个数为(1＋2＋3＋4＋5)，从下往上计数，＋的个数为(1＋2＋3＋4＋5)。数组共有 5 行，每行包含 6 个符号。因为每行的符号数等于每行的○的个数加上＋的个数，有

$$(1+2+3+4+5)+(1+2+3+4+5)=5(6)$$

所以

$$(1+2+3+4+5)=5(5+1)/2$$

该方式可扩展为：$1+2+3+\cdots+n=n(n+1)/2$。 105

继续讲解之前，先来介绍一些常用的符号约定。

"$1+2+3+\cdots+n$"表示"从 1 开始，加 2，加 3，每次只增加 1 个单位，一直加到 n 为止"

弄清楚 n 大于 3 的情况是有意义的。　//n 小于 3 的情况呢？

$n=3$ 时，"$1+2+3+\cdots+n$"表示"1＋2＋3"；　//从 1 开始，终止于 3

$n=2$ 时，"$1+2+3+\cdots+n$"表示"1＋2"；　//从 1 开始，终止于 2

$n=1$ 时，"$1+2+3+\cdots+n$"表示"1"；　//从 1 开始，终止于 1

$n=0$ 时，"$1+2+3+\cdots+n$"表示"从 1 开始求整数和，每次整数增加 1 个单位，终止于 0"。

这种情况没有求和。$n=0$ 时，"$1+2+3+\cdots+n$"通常称为"空"和，通常将"空"和的"默认值"设为 0。

定理 3.6.2　$\forall n\in \mathbf{P}$，$1+2+3+\cdots+n=n(n+1)/2$。

//$a=1$，$P(n)$是包含 LHS 和 RHS 的等式。

证明　//使用数学归纳法证明。

步骤 1：如果 $n=1$，那么 LHS＝1，RHS＝$1\times(1+1)/2=1$　//$P(1)$为 True

步骤 2：假设 $\exists k\in \mathbf{P}$，$1+2+3+\cdots+k=k(k+1)/2$　//$P(k)$为 True

步骤 3：如果 $n=k+1$，那么

$$
\begin{aligned}
\text{LHS} &= 1+2+3+\cdots+k \quad +(k+1)\\
&= \{1+2+3+\cdots+k\} \quad +(k+1)\\
&= k(k+1)/2 \quad +(k+1) && \text{// 根据步骤 2}\\
&= k(k+1)/2 \quad +(k+1)\times 2/2\\
&= \frac{k(k+1)+2(k+1)}{2} = \frac{(k+1)[k+2]}{2}\\
&= (k+1)[(k+1)+1]/2\\
&= \text{RHS} && \text{// 在谓词 } P \text{ 中}
\end{aligned}
$$

因此，$\forall n\in \mathbf{P}$，$1+2+3+\cdots+n=n(n+1)/2$。 ■ 106

//前 n 个**正偶数**存在求和公式吗？

//　$2+4+\cdots+(2n)=2[1+2+\cdots+n]=2[n(n+1)/2]=n(n+1)$。

//前 n 个**正奇数**存在求和公式吗？

考虑下面 5×5 的正方形格子。每个 L 型区域包含奇数个小正方形。

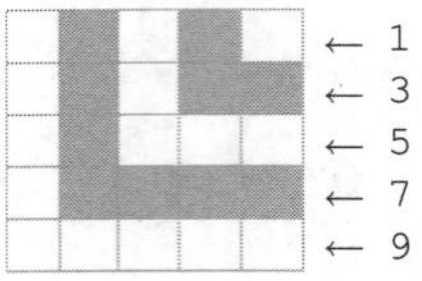

直观上，前 5 个正奇数之和等于 $5^2=25$。

//前 4 个正奇数之和等于 $4^2=16$，前 3 个正奇数之和等于 $3^2=9$。

//前 n 个正奇数之和都会等于 n^2 吗？

第 j 个正奇数为 $(2j-1)$。　　//$j\geqslant 1$

//这个结论很显然，但可以用数学归纳法证明。

定理 3.6.3　$\forall n\in\mathbf{P}$，$1+3+5+\cdots+(2n-1)=n^2$。

//$a=1$，$P(n)$ 是包含 LHS 和 RHS 的等式。

证明　//用数学归纳法。

步骤 1：如果 $n=1$，那么 LHS=1，RHS=$1^2=1$。　　//$P(1)$ 为 True

步骤 2：假设 $\exists k\in\mathbf{P}$，$1+3+5+\cdots+(2k-1)=k^2$。　　//也就是说 $P(k)$ 为 True

步骤 3：如果 $n=k+1$，那么

$$\begin{aligned}
\text{LHS} &= 1+3+5+\cdots+(2k-1) + [2(k+1)-1] \\
&= \{1+3+5+\cdots+(2k-1)\} + [2k+2-1] \\
&= k^2 + [2k+2-1] && \text{// 根据步骤 2} \\
&= k^2 + 2k+1 \\
&= (k+1)^2 \\
&= \text{RHS} && \text{// 在谓词 } P \text{ 中}
\end{aligned}$$

因此，$\forall n\in\mathbf{P}$，$1+3+5+\cdots+(2n-1)=n^2$。　■

当 S 是定义域 $\{a..\}$ 和值域 $\mathbf{R}$ 上的序列时，称 S 是**等差序列**，如果存在 b，使得所有 $n\geqslant a$，都有 $S(n+1)=S(n)+b$。

//$S=(6, 8, 10, 12, \cdots)$ 是 $b=2$ 的等差序列。

107 //第一项之后，每项都是前一项加上常量值 b 得到，b 被称为“公差”。

//等式“$S(n+1)=S(n)+b$”是递归方程(RE)的例子。

如果 $a=0$，S_0 等于初始值 I，那么

$$\begin{aligned}
S_1 &= I+b \\
S_2 &= (I+b)+b = I+2b \\
S_3 &= (I+2b)+b = I+3b \\
S_4 &= (I+3b)+b = I+4b
\end{aligned}$$

通常，等差序列的项由公式 $S_n=I+nb$ 给出。

定理 3.6.4　如果 S 是公差为 b 的等差序列，那么 $\forall n\in\mathbf{N}$，$S_n=I+nb$，其中 $I=S_0$。

//I 是 S 的初始值。

//$a=0$，$P(n)$是等式 $S_n=I+nb$。

证明 //使用数学归纳法，利用递归方程 $S_{q+1}=S_q+b$，$\forall q\in\mathbf{N}$。

步骤 1：如果 $n=0$，那么 $S_n=I$，$\text{RHS}=I+0\times b=I$。 //$P(0)$为 True。

步骤 2：假设存在 $k\in\mathbf{N}$，$S_k=I+kb$。 //$P(k)$为 True。

步骤 3：如果 $n=k+1$，那么

$$\begin{aligned} S_n = S_{k+1} &= S_k + b && \text{// 使用递归方程} \\ &= \{I + kb\} + b && \text{// 根据步骤 2} \\ &= I + (kb + b) \\ &= I + (k+1)b \\ &= \text{RHS} && \text{// 在谓词 } P \text{ 中} \end{aligned}$$

因此，$\forall n\in\mathbf{N}$，$S_n=I+nb=S_0+nb$。 ■

等差序列前$(n+1)$项也存在求和公式。

定理 3.6.5 如果 S 是等差序列，那么 $\forall n\in\mathbf{N}$，$S_0+S_1+S_2+\cdots+S_n=(n+1)[S_0+S_n]/2$。

//$a=0$，$P(n)$表示等式 $S_0+S_1+S_2+\cdots+S_n=(n+1)[S_0+S_n]/2$。

证明 //用数学归纳法证明。

假设 S 是公差为 b 的等差数列。

步骤 1：如果 $n=0$，那么 $\text{LHS}=S_0$，$\text{RHS}=(0+1)[S_0+S_0]/2=S_0$ //$P(0)$为 True

步骤 2：假设 $\exists k\in\mathbf{N}$，$S_0+S_1+S_2+\cdots+S_k=(k+1)[S_0+S_k]/2$。 108

步骤 3：如果 $n=k+1$，那么

$$\begin{aligned} \text{LHS} &= S_0 + S_1 + S_2 + \cdots + S_k + S_{k+1} \\ &= \{S_0 + S_1 + S_2 + \cdots + S_k\} + S_{k+1} \times 2/2 \\ &= \{S_0 + S_1 + S_2 + \cdots + S_k\} + \{S_{k+1} + S_{k+1}\}/2 \\ &= (k+1)[S_0 + S_k]/2 + \{S_{k+1} + S_{k+1}\}/2 && \text{// 根据步骤 2} \\ &= \frac{(k+1)[S_0 + S_k] + \{S_0 + (k+1)b\} + S_{k+1}}{2} && \text{// 由定理 3.6.4} \\ &= \frac{[(k+1)+1]S_0 + (k+1)[S_k + b] + S_{k+1}}{2} \\ &= \frac{[(k+1)+1]S_0 + (k+1)S_{k+1} + S_{k+1}}{2} && \text{// 由递归方程} \\ &= [(k+1)+1][S_0 + S_{k+1}]/2 \\ &= \text{RHS} && \text{// 在谓词 } P \text{ 中} \end{aligned}$$

因此，$\forall n\in\mathbf{N}$，$S_0+S_1+S_2+\cdots+S_n=(n+1)[S_0+S_n]/2$。 ■

//所有项 S_0，S_1，S_2，…，S_n 的平均值是$(S_0+S_n)/2$，即第 1 项和最后一项的平均值。

//$S=(0, 1, 2, 3, \cdots, n)$是等差序列，其初始值 $S_0=I=0$，公差 $b=1$。

//因此 $0+1+2+\cdots+n=(n+1)[0+n]/2=n(n+1)/2$。

//见定理 3.6.2

//$S=(-1, 1, 3, 5, \cdots, [2n-1])$是等差序列，其初始值 $S_0=I=(-1)$，公差 $b=2$。

//所以，

$$-1+1+3+5+\cdots+(2n-1)=(n+1)[(-1)+(2n-1)]/2$$

$$= (n+1)[2n-2]/2$$
$$= (n+1)(n-1)$$
$$= n^2 - 1.$$

//因此，　　$1+3+5+\cdots+(2n-1)=n^2$　　//见定理 3.6.3

定理 3.6.6　$\forall n\in P$，$(1)(2)+(2)(3)+(3)(4)+\cdots+(n)(n+1)=n(n+1)(n+2)/3$。

证明　//用数学归纳法证明。$\{a=1$，$P(n)$是等式$\}$

步骤 1：如果 $n=1$，那么 LHS=$(1)(2)=2$，RHS=$(1)(2)(3)/3=2$。

步骤 2：假设$\exists k\in \mathbf{P}$，

109 $$(1)(2)+(2)(3)+(3)(4)+\cdots+(k)(k+1)=k(k+1)(k+2)/3$$

步骤 3：如果 $n=k+1$，那么

$$\begin{aligned}\text{LHS} &= (1)(2)+(2)(3)+(3)(4)+\cdots+(k)(k+1)+(k+1)(k+2)\\ &= k(k+1)(k+2)/3 \qquad\qquad +(k+1)(k+2) \quad \text{// 根据步骤 2}\\ &= (k+1)(k+2)[k/3+1]\\ &= (k+1)(k+2)[(k+3)/3]\\ &= (k+1)[(k+1)+1][(k+1)+2]/3 \qquad = \text{RHS}\end{aligned}$$

因此，$\forall n\in \mathbf{P}$，$(1)(2)+(2)(3)+(3)(4)+\cdots+(n)(n+1)=n(n+1)(n+2)/3$。■

前 n 个正整数的平方有求和公式吗？

$$\begin{aligned}\sum_{j=1}^{n}(j)(j+1) = \sum_{j=1}^{n}\{j^2+j\} &= 1^2+1\\ &+2^2+2\\ &+3^2+3\\ &+4^2+4\\ &\cdots\\ &+n^2+n\\ &= \sum_{j=1}^{n}j^2+\sum_{j=1}^{n}j\end{aligned}$$

因此　　$n(n+1)(n+2)/3 = \sum_{j=1}^{n}j^2 + n(n+1)/2$，所以，

$$\begin{aligned}\sum_{j=1}^{n}j^2 &= n(n+1)(n+2)/3 - n(n+1)/2 = n(n+1)\left\{(n+2)/3-\frac{1}{2}\right\}\\ &= n(n+1)\left\{(n+2)-\frac{1}{2}\times 3\right\}/3 = n(n+1)\left\{n+\frac{1}{2}\right\}/3\\ &= n\left(n+\frac{1}{2}\right)(n+1)/3 \qquad \text{// 或 } n(n+1)\{2n+1\}/6\end{aligned}$$

回忆一下第 2 章，当 S 是定义域为$\{a..\}$和值域为 $\mathbf{R}$ 的序列时，称 S 是几何序列，是指存在数 r 使得所有的 $n\geqslant a$，$S(n+1)=r\times S(n)$都成立。

//$S=(4, 8, 16, 32, \cdots)$是 $r=2$ 的几何序列。

//第一项之后，每项都是前一项乘上常量值 r 得到，r 被称为“公比”。

//等式“$S(n+1)=r\times S(n)$”是递归方程(RE)的另一个例子。

110 如果 $a=0$，S_0 等于某个初始值 I，那就可以证明

定理 3.6.7 如果 S 是公比为 r 的几何序列，那么对 $\forall n \in \mathbf{N}$，$S_n = r^n \times I$，其中 $I = S_0$。

证明 //使用数学归纳法，利用递归方程 $S_{q+1} = r \times S_q$，$\forall q \in \mathbf{N}$。

//$a=0$，$P(n)$ 为等式 $S_n = r^n \times I$。

步骤 1：如果 $n=0$，那么 $S_n = I$，$\text{RHS} = r^0 \times I = 1 \times I = I$。 //$P(0)$ 为 True

步骤 2：假设 $\exists k \in \mathbf{N}$，$S_k = r^k \times I$。

步骤 3：如果 $n = k+1$，那么

$$\begin{aligned} S_n = S_{k+1} &= r \times S_k && \text{// 使用递归方程} \\ &= r \times \{r^k \times I\} && \text{// 根据步骤 2} \\ &= \{r \times r^k\} \times I \\ &= r^{k+1} \times I \\ &= \text{RHS} \end{aligned}$$

因此，$\forall n \in \mathbf{N}$，$S_n = r^n \times I$。 ■

//X 这可以推广为更一般性的结论，如下：

//如果 $S_a = I$，$\forall q \in \{a..\} S_{q+1} = r \times S_q$，那么对 $\forall n \in \{a..\}$，$S_n = r^n \times K$，其中 $K = I/r^a$。

几何序列中，前 $(n+1)$ 个连续项存在求和公式吗？

定理 3.6.8 如果 $r \neq 1$，那么 $\forall n \in \mathbf{N}$，$I + rI + r^2 I + \cdots + r^n I = \dfrac{r^{n+I} - 1}{r-1} \times I$。

证明 //用数学归纳法，其中 $r - 1 \neq 0$，$a=0$，$P(n)$ 是等式。

步骤 1：如果 $n=0$，那么 $\text{LHS} = I$，$\text{RHS} = \dfrac{r^{0+1}-1}{r-1} \times I = I$。

步骤 2：假设 $\exists k \in \mathbf{N}$，$I + rI + r^2 I + \cdots + r^k I = \dfrac{r^{k+1}-1}{r-1} \times I$。

步骤 3：如果 $n = k+1$，那么

$$\begin{aligned} \text{LHS} &= I + rI + r^2 I + \cdots + r^k I + r^{k+1} I \\ &= \frac{r^{k+1} - 1}{r-1} \times I \quad + r^{k+1} I \times \frac{r-1}{r-1} && \text{// 根据步骤 2} \\ &= \frac{\{r^{k+1} - 1 + r^{k+1} r - r^{k+1}\}}{r-1} \times I \\ &= \frac{r^{[k+1]+1} - 1}{r-1} \times I = \text{RHS} \end{aligned}$$

因此，$\forall n \in \mathbf{N}$，$I + rI + r^2 I + \cdots + r^n I = \dfrac{r^{n+1}-1}{r-1} \times I$。 ■ 111

//如果 $r=1$，那么 $\forall n \in \mathbf{N}$，$I + rI + r^2 I + \cdots + r^n I = ?$ $(n+1)I$?

//如果 $I=1$，$r=2$，那么有 $1 + 2 + 2^2 + 2^3 + \cdots + 2^n = 2^{n+1} - 1$。

//以 2 为底描述该命题时，最后一个等式是什么样的？

//如果 $I=1$，$r=10$，那么有 $1 + 10 + 10^2 + 10^3 + \cdots + 10^n = (10^{n+1} - 1)/9$。

//以 10 为底描述该命题时，最后一个等式是什么样的？

//X 几何序列中任意 $(n+1)$ 个连续的项是否存在求和公式？

类似于汉诺塔问题中移动盘子的数目的由递归方程定义的序列存在求和公式吗？

定理 3.6.9 如果 $S_0 = I$，$\forall q \in \mathbf{N}$，$S_{q+1} = 2 \times S_q + b$，那么对 $\forall n \in \mathbf{N}$，$S_n = 2^n \times [I + b] - b$。

证明 //用数学归纳法证明。这里 $a=0$，$P(n)$ 表示等式 $S_n = 2^n \times [I + b] - b$。

步骤 1：如果 $n=0$，那么 $S_n=I$，$\mathrm{RHS}=2^0\times[I+b]-b=I$。　　//$P(0)$为 True

步骤 2：假设 $\exists k\in\mathbf{N}$，$S_k=2^k\times[I+b]-b$。

步骤 3：如果 $n=k+1$，那么

$$\begin{aligned}
S_n = S_{k+1} &= 2\times S_k + b && \text{// 使用递归方程}\\
&= 2\times\{2^k\times[I+b]-b\}+b && \text{// 根据步骤 2}\\
&= 2\times 2^k\times[I+b]-2b+b\\
&= 2^{k+1}\times[I+b]-b\\
&= \mathrm{RHS}
\end{aligned}$$

因此，对于 $\forall n\in\mathbf{N}$，$S_n=2^n\times[I+b]-b$。 ■

这是汉诺塔问题中必需移动的次数的递归方程，其中 $b=1$。S_1（1 个盘子的汉诺塔移动的次数）等于 1，所以可以计算初值 I，因此可以证明第 2 章给出的猜想：

$$\begin{aligned}
S_n &= 2^n\times[I+b]-b\\
S_1 &= 2^1\times[I+b]-b = 2I+2b-b = 2I+b = 2I+1\\
1 &= 2I+1
\end{aligned}$$

所以有 $I=0$ 和 $S_n=2^n\times[0+1]-1=2^n-1$。

这就是第 2 章中 $T(n)$的公式。

112 //$S_0=T(0)$是从塔上移走 0 个盘子的数目吗？

通过这些例子已经熟悉了数学归纳法的证明模式。接下来介绍数学归纳法的一个（等价的）变体，称作强数学归纳法，或简称强归纳法。

3.6.1 强归纳法

强归纳法用于证明形如“所有大于等于 a 的整数 n，$P(n)$都成立”的断言，其中 P 是定义域为（或包含）区间$\{a..\}$的谓词。推理形式如下：

$$\begin{array}{l}
P(a)\\
\underline{[P(a)\wedge P(a+1)\wedge\cdots\wedge P(k)]\rightarrow P(k+1)\quad \text{对于}\ \forall k\in\{a..\}}\\
\therefore \forall n\in\{a..\}\quad P(n)
\end{array}$$

第一个前提声明

对$\{a..\}$上的最小元素 a，谓词为 True

第二个前提声明

对从 a 到$\{a..\}$上的任意特定值 k 的所有整数，P 都为 True，

那么对下一个值 $k+1$，P 必为 True

强归纳法的证明过程与前面一样，只需修改一下归纳假设。

步骤 2：假设 $\exists k\in\{a..\}$，对 a 到 k 的所有整数，$P(n)$都为 True。

//$n\in\{a..k\}$

//这个假设更强，所以称之为“强”归纳。

稍微改动一下数学归纳法的有效性证明，就可以由整数的良序原则推导出强归纳法的有效性。

//为什么需要这种形式？

113 证明（许多）递归算法的正确性必须用到强归纳法。这里只介绍简单的例子。

定理 3.6.10 大于等于 2 的整数 n，要么是素数，要么是素数的乘积。

证明 //对 n 进行强归纳证明。

//$P(n)$表示断言“n要么是素数，要么是素数的乘积”。

步骤 1：如果 $n=2$，则 n 为素数。//$P(2)$为 True。

步骤 2：假设 $\exists k \in \{2..\}$，使得$\{2..k\}$上的所有整数要么是素数，要么是素数的乘积。

步骤 3：如果 $n=k+1$，那么 $k+1$ 要么是素数，要么不是素数。如果 $k+1$ 为素数，则 $P(k+1)$为 True。

假设 $k+1$ 不是素数。那么 $k+1$ 有真因子 d；也就是说，存在整数 m 和 $1<d<k+1$，使得 $k+1=d\times m$。

因为 $0<d=d\times 1<k+1=d\times m$，所以有 $1<m$。 //除以 d

因为 $1<d$，$k+1=d\times m>1\times m$，所以有 $m<k+1$。

d 和 m 都是$\{2..k\}$上的整数，所以都适用归纳假设；也就是说，

$$d=p_1\times p_2\times\cdots\times p_s \quad \text{其中 } s\geqslant 1 \text{ 且每个 } p_i \text{ 都是素数}$$

和

$$m=q_1\times q_2\times\cdots\times q_t \quad \text{其中 } t\geqslant 1 \text{ 且每个 } q_j \text{ 都是素数}$$

那么

$$k+1=d\times m=(p_1\times p_2\times\cdots\times p_s)(q_1\times q_2\times\cdots\times q_t)$$

是素数的乘积。因此，如果 $k+1$ 不是素数，那么 $P(k+1)$为 True。

//因此，大于等于 2 的整数，要么是素数，要么是素数的乘积。 ■

//d 和 m 都小于等于$(k+1)/2$，而且通常比 k 小得多。

//因为归纳假设要用于这两个整数(不只是 k)，所以证明需要更强的假设；

//上述推理中，证明 $P(k+1)$为 True 时并未用到 $P(k)$为 True。

> **本节要点**
>
> 数学归纳法用于证明形如“对大于等于 a 的所有整数 n，$P(n)$都成立”的全称断言，证明过程很像算法的机械过程。数学归纳法(和强归纳法)的有效性建立在良序原则基础上。因为该方法很重要，所以本节介绍了一些实例。强归纳法经常用于证明递归算法的正确性。如下节所述，数学归纳法本身也经常用于证明算法的正确性。

114

3.7 第 1 章的待证明结论

3.7.1 RPM 的正确性证明

RPM 算法的目标是求得输入值 M 和 N 的乘积，其中 N 为正整数。

//第 1 章的算法假定 $N>1$。

RPM 的伪代码描述如下：

算法 3.7.1 俄罗斯农夫乘法 2

```
Begin
  Total ← 0; A ← M; B ← N;
  While ( B > 1 ) Do
    If (B MOD 2 = 1) Then Total ← Total + A End;
    A ← A × 2; B ← B DIV 2;
  End;
  Return ( Total + A );
End.
```

//这个版本有点不同：不保留 A 和 B 的所有中间值；
//当 B 的值为奇数时，将 A 的当前值添加到变量 Total 上。

当 $M=27$，$N=50$ 时，算法执行过程为

B > 1	B mod 2	Total	A	B
-	-	0	27	50
T	0	"	54	25
T	1	54	108	12
T	0	"	216	6
T	0	"	432	3
T	1	486	864	1
F	(1)			

// 50{10} = 110 010{2}

Return the value 13050　　// 1350 = 486 + 864

已知算法迭代 $k=\lfloor \lg(N) \rfloor$ 次后，B 的值必为 1，While 循环**终止**。

//需要一种形式化机制用迭代的方式描述循环行为，并用于证明包含循环的算法的正确性。

循环不变式是描述循环中变量的语句，每次循环迭代后其为 True。

//因此，循环终止时循环不变式必为 True。循环迭代中，循环不变式的真值不会改变。

115 //进入循环之前，循环不变式可能为 True。

循环不变式为设计和分析带循环的算法提供了有效技术。二分算法搜索方程的近似解时会修正变量 A 和 B 的值，以保证“精确解介于 A 和 B 之间”是循环不变式。本书将介绍更多循环不变式。

对 RPM 中的循环，可以证明等式“$AB+\text{Total}=MN$”为循环不变式。

定理 3.7.1　对任意整数 n，RPM 中的循环迭代 n 次后，$AB+\text{Total}=MN$。

//即 $P(n)$。

证明　//对 n 进行数学归纳，其中 $n\in\{0..\}$。

步骤 1：循环第 0 次迭代后，　　//也就是说，执行循环之前

$$AB+\text{Total}=MN+0=MN \qquad //P(0) \text{ 为 True}$$

//假设在前面的迭代中该等式已经为 True。

步骤 2：假设存在 $k\in\mathbf{N}$，循环执行第 k 次迭代后，$AB+\text{Total}=MN$。

//到这里，如果还会迭代，下一次迭代会怎么样？

步骤 3：假设有下一个迭代，即第 $k+1$ 个。　　//也就是说，$B\geqslant 2$

循环的下一次迭代开始时，B 的值可写作 $2Q+R$，其中 R 等于 0 或 1。令 A^*，B^* 和 Total^* 表示这次迭代后相应变量的值。那么

$$\text{Total}^*=\text{Total}+RA \qquad //R=1\Leftrightarrow B \text{ 为奇数}$$

$$A^*=2A$$

$$B^*=Q \qquad //Q=\lfloor B/2 \rfloor = B \text{ DIV } 2$$

因此，

$$\begin{aligned} A^*B^*+\text{Total}^* &= 2(A)(Q)+(\text{Total}+RA) \\ &= A[2Q+R]+\text{Total} \\ &= AB+\text{Total} \\ &= MN \qquad //\text{根据步骤 2} \end{aligned}$$

因此，对于 $\forall n\in\mathbf{N}$，RPM 中的循环执行 n 次迭代后，仍有 $AB+\text{Total}=MN$。 ■

当 While 循环最后终止时，有 $B=1$ 和

$$MN = AB + \text{Total} \qquad // 如上所述$$
$$= A \times 1 + \text{Total} = \text{Total} + A$$

所以算法返回的值是输入值 M 和 N 的乘积。**RPM 是正确的**。如果 N 是任意正整数，则算法能正确计算 M 和 N 的积。 116

3.7.2 切蛋糕难题的正确性证明

圆形蛋糕的周边标记有 N 个点，沿着所有点对的连线切下去，会将蛋糕($P(N)$)分成多少块？第 1 章列出了部分点数和对应的块数：

N	$P(N)$
1	1
2	2
3	4
4	8
5	16
6	?

6 个顶点时会将蛋糕分成 30 或 31 块；只有当三条“最长的”切线同时经过圆心时才能得到 30。三条最长的切线不同时经过一点时，会得到块数的最大值 $Q(N)$。这里将给出 $Q(N)$的计算公式。

//$N=1$，2，3，4 和 5 时等于 2^{N-1}，大于 5 时不等于 2^{N-1}。

定理 3.7.2 对 $\forall N \in \mathbf{P}$，$\mathbf{Q}(N) = \binom{N}{4} + \binom{N}{2} + \binom{N}{0}$。

证明 //对 N 进行数学归纳，并约定除 $0 \leqslant k \leqslant N$ 外，$\binom{N}{k} = 0$。

//第 2 章引入这种标记表示 N 元集合的 k 元子集。

步骤 1：如果 $N=1$，蛋糕的圆周上只有一个点。不存在顶点对，所以蛋糕不能切分。因此块数 $Q(N)=1$，RHS 为

$$\binom{N}{4} + \binom{N}{2} + \binom{N}{0} = \binom{1}{4} + \binom{1}{2} + \binom{1}{0} = 0 + 0 + 1 = 1 \qquad //P(1) \text{ 为 True}$$

步骤 2：假设存在 $k \in \mathbf{P}$，使得根据蛋糕圆周上所有 k 个点的点对构成的切线(而且没有三条经过蛋糕上同一点)，可将蛋糕分成的块数为

$$Q(k) = \binom{k}{4} + \binom{k}{2} + \binom{k}{0} \qquad //P(k) \text{ 为 True}$$

//此时，在蛋糕圆周上再添加一个点，从该点(第 $k+1$ 个点)到其他 k 个点就会构成 k 条切线，
//蛋糕会分成多少块？ 117

步骤 3：假设 $N=k+1$；也就是说，某个特定的圆形蛋糕上周边有 $k+1$ 个点。沿着蛋糕从 1 到 $k+1$ 对这些点逆时针编号。如果沿着 1 到 k 的点对的切线分割，则 $Q(k)$即生成的蛋糕块数。

至此，就会形成从点 $k+1$ 到其他 k 个点的 k 条切线。　//会分出多少新的块？

假设 $1<j<k$，考虑点 $k+1$ 到点 j 的切线。如果从点 $k+1$ 开始切进去，当切到老的切线时，老的切块就会被分成两块，也就是多分出一块蛋糕。继续切进去，遇到第二条老

的切线时，这块老蛋糕块会被分成两块，又多分出一块蛋糕。如此继续切进去，遇到一条老的切线，就把老的蛋糕块分成两块，也就多分出一块蛋糕。最后，切到最后一块老的蛋糕块时，继续切到点 j，最后一块老的蛋糕块也一分为二，多分出一块蛋糕。

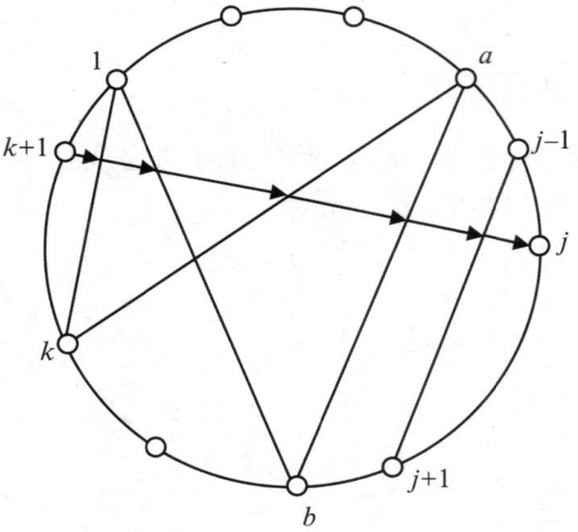

从点 $k+1$ 到其他 k 个点的新切线，会将老的蛋糕块分成两部分，其总数等于新切线切断老切线的数目加老的顶点数。也就是说，

$$\text{块数} = \text{新切线切断老切线的次数} + k$$

//新的切线会切断老的切线多少次？

如果点 $k+1$ 到点 j 的切线切断老切线时，该切线必为 a 到 b 的切线，其中 $1\leqslant a<j<b\leqslant k$。因为 a 和 b 都不等于 j，所以$\{a, j, b\}$是$\{1..k\}$的 3 元子集。而且，如果$\{x, y, z\}$是$\{1..k\}$的任意 3 元子集，其中 $x<y<z$，那么点 $k+1$ 到点 y 的新切线会切断 x 到 z 的老切线。因此

118

$$\text{新切线切断老切线的次数} = \binom{k}{3}$$

因此，

$$\begin{aligned}
Q(k+1) &= Q(k) + \binom{k}{3} + k \\
&= \binom{k}{4} + \binom{k}{2} + \binom{k}{0} + \binom{k}{3} + k && \text{// 根据步骤 2} \\
&= \binom{k}{4} + \binom{k}{2} + \binom{k}{0} + \binom{k}{3} + \binom{k}{1} && \text{//} \binom{n}{1} = n, \forall n \in \mathbf{P} \\
&= \binom{k}{4} + \binom{k}{3} + \binom{k}{2} + \binom{k}{1} + \binom{k}{0} && \text{// } = 2^k \text{ 当且仅当 } 0 \leqslant k \leqslant 4 \\
&= \binom{k+1}{4} + \binom{k+1}{2} + \binom{k}{0} && \text{// 例 2.3.3 的坏香蕉定理} \\
&= \binom{k+1}{4} + \binom{k+1}{2} + \binom{k+1}{0} && \text{//} \binom{n}{0} = 1, \forall n \in \mathbf{P} \\
&= \text{RHS}
\end{aligned}$$

因此，$\forall N\in \mathbf{P}$，$Q(N)=\binom{N}{4}+\binom{N}{2}+\binom{N}{0}$。 ■

//N 个点的位置可调整，以确保没有三条切线经过同一点。
//如果多于 2 条切线经过同一点，那么块数<新切线切断老切线的次数$+k$。

3.7.3　舍九法的正确性证明

任意正整数 K，令 $R(K)$表示 K 中所有数字的和；也就是说，
如果 $K=d_a d_{a-1}\cdots d_1 d_0\{10\}$，其中所有 $d_j\in\{0..9\}$且 $d_a>0$，那么 $R(K)=d_a+d_{a-1}+\cdots+d_1+d_0$。　//$0<d_a\leqslant R(K)\in\mathbf{P}$
//如果 $K<10$，那么 K 只有一位数字，$a=0$，而且 $R(K)=K$。
假设 K 有多位数字；也就是说，假设 $a\geqslant 1$。
//将证明 $\forall a\in\mathbf{P}$，$K-R(K)=9Q$，其中 $Q\in\mathbf{P}$。

对每个 $n\in\mathbf{N}$，令 T_n 表示 $1+10+10^2+10^3+\cdots+10^n$。　//每个 $T_n\in\mathbf{P}$
//$T_n\{10\}$是什么？

那么，

$$T_n=(10^{n+1}-1)/9,\text{所以有}(10^{n+1}-1)=9T_n \qquad // \text{根据定理 3.6.8}$$ 119

因此

$$K-R(K)=\sum_{j=0}^{a}d_j 10^j-\sum_{j=0}^{a}d_j=\sum_{j=0}^{a}d_j(10^j-1) \qquad // \text{但是 } 10^0-1=0$$

$$=\sum_{j=1}^{a}d_j 9T_{j-1}=9\times\sum_{j=1}^{a}d_j T_{j-1}=9Q$$

其中 Q 是正整数，$d_1T_0+d_2T_1+\cdots+d_aT_{a-1}$。　//$d_aT_{a-1}>0$

舍九法(输入 $N\in\mathbf{P}$)用伪代码描述如下：　//讨论而不是实现算法

算法 3.7.2　舍九法 2

```
Begin
  j ← 0; K[j] ← N;
  While ( K[j] >= 10 ) Do
    K[j + 1] ← R(K[j]);            //此处计算R(K)
    j ← j + 1;
  End;
  Return (K[j]);                   //值取自{0..9}
End.
```

$N=586\ 987\ 583$ 时，算法执行过程如下：

```
j          K[j]
0     586987583
1            59
2            14
3             5   Return the value 5.
```

算法生成了 $\mathbf{P}$ 中的 K 值序列，其中 $K[0]=N$，而且对 $j\geqslant 0$，$K[j+1]=R(K[j])$。每次迭代，K 值至少减小 9，因此最终某个 K 值必定<10。While 循环必然会**终止**；令 t 表示循环终止时的值 j。$N<10$ 时 $t=0$。用$\langle N\rangle$表示输出值，则$\langle N\rangle=K[t]$而且 $K[t]$为小于等于 9 的正整数。

//对 While 循环(从 0 开始)的迭代次数进行数学归纳，证明 $9\mid(N-K[j])$是循环不变式。

定理 3.7.3　$\forall N\in\mathbf{P}$，N 被 9 整除时，$\langle N\rangle=9$；其他情况，$\langle N\rangle$是 N 除以 9 所得的余数。

证明

//必须证明：如果$\langle N\rangle=9$，那么$9\mid N$；

//如果$\langle N\rangle\neq 9$，那么$\langle N\rangle=N$ MOD 9且为整数，所以N不能被9整除。

120 //首先证明存在$Q^{*}\in\mathbf{N}$，使得$N=9\times Q^{*}+\langle N\rangle$。

如果$t>0$，那么对于$j=0$，1，2，…，$(t-1)$，令$Q[j]$为正整数，使得

$$\begin{aligned}9\times Q[j]&=K[j]-R(K[j])\\&=K[j]-K(j+1)\end{aligned}$$

那么，
$$\sum_{j=0}^{t-1}\{K[j]-K[j+1]\}=\sum_{j=0}^{t-1}9\times Q[j]=9\times\sum_{j=0}^{t-1}Q[j]$$

但是
$$\begin{aligned}\sum_{j=0}^{t-1}\{K[j]-K[j+1]\}&=\{K[0]-K[1]\}+\{K[1]-K[2]\}+\{K[2]-K[3]\}+\cdots\\&\quad+\{K[t-2]-K[t-1]\}+\{K[t-1]-K[t]\}\\&=K[0]-K[t]\qquad\text{//“删除”所有其他项}\\&=N-\langle N\rangle\end{aligned}$$

//类似这种差的级数有时称为“裂项级数”，因为所有差的和会“塌陷”成一个特殊的差。

令Q^{*}表示正整数$Q[0]+Q[1]+Q[2]+\cdots+Q[t-1]$，则有

$$N-\langle N\rangle=9\times Q^{*},\quad\text{所以有 }N=9\times Q^{*}+\langle N\rangle$$

如果$t=0$，那么$N=\langle N\rangle$；所以令$Q^{*}=0$，可得$N=9\times Q^{*}+\langle N\rangle$

如果$\langle N\rangle=9$，那么

$$N=9\times Q^{*}+9=9\times(Q^{*}+1),\quad\text{所以 }9\mid N\qquad//(Q^{*}+1)\in\mathbf{P}$$

如果$\langle N\rangle\neq 9$，那么

$$N=9\times Q^{*}+\langle N\rangle,\text{其中}\langle N\rangle\text{为小于 9 的正整数}$$

这些情况下，$\langle N\rangle$必然是N除以9所得的余数(因为余数是正的，所以9不能整除N)。■

3.7.4 GCD欧几里得算法的正确性证明

给定正整数x和y，基于最大公因子求解算法(1.2.5)的断言的证明相对容易。下面的证明中，假定所有变量都表示整数。先证明一个引理(相对较小的结果，证明其他重大

121 结果时会用到该引理)。

引理　如果d是p和q的公因子，那么对任意正数对a和b，d可整除$pa+qb$。

证明　如果d是p和q的公因子，那么存在s和t，使$p=d\times s$和$q=d\times t$成立。则有$as+bt$是整数，所以d整除

$$d\times(as+bt)=das+dbt=ds\times a+dt\times b=pa+qb$$
■

//如果d是p和q的公因子，那么d整除p和q的所有整数组合(组合的数都可表示为

//$pa+qb$，其中a，b为整数)。

定理3.7.4(欧几里得)　对任意整数x和y，如果$x=yq+r$，其中$r>0$，那么$\mathrm{GCD}(x,y)=\mathrm{GCD}(y,r)$。

证明　假设$d1=\mathrm{GCD}(y,r)$和$d2=\mathrm{GCD}(x,y)$。

//证明$d1\leqslant d2$和$d2\leqslant d1$，从而得出$d1=d2$。

因为$d1$是y和r的公因子，根据引理，$d1$也可以整除$y(q)+r(1)=x$。所以$d1$是x和y的公因子，因此，$d1$小于等于x和y的最大公因子；也就是说，$d1\leqslant\mathrm{GCD}(x,y)=d2$。

因为 $d2$ 是 x 和 y 的公因子，根据引理，$d2$ 也可以整除 $x(1)+y(-q)=r$。所以，$d2$ 是 y 和 r 的公因子，因此 $d2 \leqslant \text{GCD}(y, r)=d1$。■

//这里已证明 x 和 y 的所有公因子集合与 y 和 r 的所有公因子集合一样。

//注意在这个证明中，r 不一定等于 x MOD y，q 可以是任意整数。

定理 3.7.5　对任意正整数 x 和 y，

(1) $\text{GCD}(x, y)=$ 集合 $X=\mathbf{P} \cap \{ax+by: a, b \in \mathbf{Z}\}$ 的最小元素；

(2) 存在 a_0，$b_0 \in \mathbf{Z}$，使得 $\text{GCD}(x, y)=a_0 \times x+b_0 \times y$；

(3) 如果 f 是 x 和 y 的公因子，那么 f 也能整除 $\text{GCD}(x, y)$。

证明　因为 x 为正的，$x=(1)x+(0)y$，$x \in X$。因此，X 是正整数的非空子集，根据良序原则，X 有最小元素 d。因为 d 可表示为 $ax+by$ 的形式，其中 a，$b \in \mathbf{Z}$，所以存在 a_0，$b_0 \in \mathbf{Z}$，使得 $d=a_0 \times x+b_0 \times y$ 成立。

//最小元素 d 真的等于 $\text{GCD}(x, y)$ 吗？

//下面将证明 $d \leqslant \text{GCD}(x, y)$ 和 $\text{GCD}(x, y) \leqslant d$，从而得到 $d=\text{GCD}(x, y)$。

//首先通过说明 d 是 x 和 y 的公因子来证明 $d \leqslant \text{GCD}(x, y)$。 122

根据 x 除以 d，可得到 $x=dq+r$，其中 $0 \leqslant r<d$。那么

$$r=x-dq=x-(a_0 \times x+b_0 \times y)q=x-qa_0 \times x-qb_0 \times y=(1-qa_0)x+(-qb_0)y$$

如果 r 是正的，就说明 X 中还有元素比 d 小，这是不可能的。

//与 d 是 X 的最小元素冲突

因此 $r=0$，也就是说，$d|x$。

//同理可证得 $d|y$。

根据 y 除以 d，可得到 $y=dq+r$，其中 $0 \leqslant 0<d$。那么

$$r=y-dq=y-(a_0 \times x+b_0 \times y)q=y-qa_0 \times x-qb_0 \times y=(-qa_0)x+(1-qb_0)y$$

如果 r 是正的，就说明 X 中还有元素比 d 小，这是不可能的。因此 $r=0$，也就是说，$d|y$。然后因为 d 是 x 和 y 的公因子，所以 $d \leqslant \text{GCD}(x, y)$。

//现在通过说明 $\text{GCD}(x, y)$ 可整除 d 来证明 $\text{GCD}(x, y) \leqslant d$。

因为 $\text{GCD}(x, y)$ 是 x 和 y 的公因子，根据引理，$\text{GCD}(x, y)$ 可整除 $d=a_0 \times x+b_0 \times y$。那么

$$d=\text{GCD}(x,y) \times t, \text{其中 } t \in \mathbf{Z}$$

因为 d 是正数，$\text{GCD}(x, y) \geqslant 1$，所以 t 必然为正数，因此 $t \geqslant 1$。但是，$d=\text{GCD}(x, y) \times t \geqslant \text{GCD}(x, y) \times 1=\text{GCD}(x, y)$。因此 $d=\text{GCD}(x, y)$，(1)得证。

因为 $d=\text{GCD}(x, y)$，我们就证明了(2)——存在 a_0，$b_0 \in \mathbf{Z}$，使得 $\text{GCD}(x, y)=a_0 \times x+b_0 \times y$。

因为 a_0，$b_0 \in \mathbf{Z}$ 和 $\text{GCD}(x, y)=a_0 \times x+b_0 \times y$，根据引理可得(3)——如果 f 是 x 和 y 的公因子，那么 f 也能整除 $\text{GCD}(x, y)$。■

//该算法也可以用于求整数 a 和 b，使得 $\text{GCD}(x, y)=a \times x+b \times y$ 成立。

本节要点

证明第 1 章所给断言的同时，介绍了一种形式化机制用迭代的方式描述循环行为，并用于证明包含循环的算法的正确性。循环不变式是描述循环中变量的语句，每次循环迭代后其为 True。因此，循环终止时循环不变式必为 True。 123

3.8 第 2 章的待证明结论

第 2 章介绍了二项式定理，这里用数学归纳法证明。　　　//结合许多代数性质

定理 3.8.1(二项式定理)　对任意两个数 a 和 b，非负整数 n，都有

$$(a+b)^n = \sum_{k=0}^{n}\binom{n}{k}a^k \times b^{n-k}$$

证明　//对 n 进行数学归纳。

步骤 1：如果 $n=0$，那么 $\text{LHS}=(a+b)^0=1$ 和

$$\text{RHS} = \sum_{k=0}^{0}\binom{0}{k}a^k \times b^{n-k} = \binom{0}{0}a^0 \times b^{0-0} = (1)1 \times 1 = 1 \qquad //k=0$$

//再来验证一下，尽管这一步并不必要。

//如果 $n=1$，那么有 $\text{LHS}=(a+b)^1=a+b$ 和

$$\begin{aligned}
// \quad \text{RHS} &= \sum_{k=0}^{1}\binom{1}{k}a^k \times b^{n-k} = \binom{1}{0}a^0 \times b^{1-0} + \binom{1}{1}a^1 \times b^{1-1} \\
// \quad &= (1)1\times b \quad + (1)a\times 1 \\
// \quad &= b \quad + a \\
// \quad &= a+b \qquad //k=0 \text{ 和 } 1
\end{aligned}$$

步骤 2：假设 $\exists q\in\mathbf{N}$，其中

$$(a+b)^q = \sum_{k=0}^{q}\binom{q}{k}a^k \times b^{q-k}$$

步骤 3：如果 $n=q+1$，那么

$$\begin{aligned}
\text{LHS} &= (a+b)^{q+1} = (a+b)\times(a+b)^q = a\times(a+b)^q + b\times(a+b)^q \\
&= a\times\sum_{k=0}^{q}\binom{q}{k}a^k \times b^{q-k} + b\times\sum_{k=0}^{q}\binom{q}{k}a^k \times b^{q-k} \qquad // \text{根据步骤 2} \\
&= \sum_{k=0}^{q}\binom{q}{k}a^{k+1} \times b^{q-k} + \sum_{k=0}^{q}\binom{q}{k}a^k \times b^{q-k+1}
\end{aligned}$$

124

按列写出这些加法项

$$\begin{aligned}
\text{LHS} = &\binom{q}{0}a^{0+1}b^{q-0} && +\binom{q}{0}a^0 b^{q-0+1} \\
&+\binom{q}{1}a^{1+1}b^{q-1} && +\binom{q}{1}a^1 b^{q-1+1} \\
&+\binom{q}{2}a^{2+1}b^{q-2} && +\binom{q}{2}a^2 b^{q-2+1} \\
&+\cdots && \\
&+\binom{q}{j}a^{j+1}b^{q-j} && +\cdots \\
&+\cdots && +\binom{q}{j+1}a^{j+1}b^{q-(j+1)+1} \\
&+\cdots && +\cdots \\
&+\binom{q}{q}a^{q+1}b^{q-q} && +\binom{q}{q}a^q b^{q-q+1}
\end{aligned}$$

把 a 和 b 的幂相同的项写在同一行上，有

$$
\begin{array}{lll}
\text{LHS} = & & +\binom{q}{0}a^{0}b^{q-0+1} \\
& +\binom{q}{0}a^{0+1}b^{q-0} & +\binom{q}{1}a^{1}b^{q-1+1} \\
& +\binom{q}{1}a^{1+1}b^{q-1} & +\binom{q}{2}a^{2}b^{q-2+1} \\
& +\binom{q}{2}a^{2+1}b^{q-2} & +\binom{q}{3}a^{3}b^{q-3+1} \\
& +\cdots & +\cdots \\
& +\binom{q}{j}a^{j+1}b^{q-j} & +\binom{q}{j+1}a^{j+1}b^{q-(j+1)+1} \\
& +\cdots & +\cdots \\
& +\binom{q}{q-1}a^{(q-1)+1}b^{q-(q-1)} & +\binom{q}{q}a^{q}b^{q-q+1} \\
& +\binom{q}{q}a^{q+1}b^{q-q} &
\end{array}
$$

根据例 2.3.3 的坏香蕉定理，可得，对 $j=0$，1，…，$q-1$，都有

$$\binom{q}{j}+\binom{q}{j+1}=\binom{q+1}{j+1}$$ 125

因此，

$$
\begin{array}{lll}
\text{LHS} = & & +\binom{q}{0}a^{0}b^{q+1} \\
& +\binom{q+1}{1}a^{1}b^{q} & \\
& +\binom{q+2}{1}a^{2}b^{q-1} & \\
& +\cdots & \\
& +\binom{q+1}{j+1}a^{j+1}b^{q-j} & \\
& +\cdots & \\
& +\binom{q+1}{q}a^{q}b^{1} & \\
+\binom{q}{q}a^{q+1}b^{q-q} & &
\end{array}
$$

因为$\binom{q}{0}=\binom{q+1}{0}=1$和$\binom{q}{q}=\binom{q+1}{q+1}=1$，所以可得

$$\text{LHS}=\sum_{k=0}^{q+1}\binom{q+1}{k}a^{k}\times b^{(q+1)-k}=\text{RHS} \qquad \blacksquare$$

本节要点

证明漂亮的定理有时(必须)用到复杂的代数性质。

习题

1. 证明任意两奇数的乘积也是奇数。
2. 分情况证明：如果 x，$y\in\mathbf{R}$，那么 $|x\times y|=|x|\times|y|$。
3. 构造直接证明过程证明：对任意正整数 a，b，c，如果 $a|b$ 和 $b|c$，那么 $a|c$。
4. 证明大于 1 的整数的最小真因子为素数。
5. 证明定理 3.5.1 的推广结论：

   如果 f 是任意实数，$g=(1-f)$，那么对所有整数 n，都有 $\lfloor f\times n\rfloor+\lceil g\times n\rceil=n$。

126 //定理 3.5.1 中，$f=1/2$(所以 $g=1/2$)

6. 证明以下断言不成立：

   (a) n 为任意正整数，n^2+n+41 都为素数。

   (b) 两个无理数的乘积为无理数。

   (c) 任意有理数和无理数的乘积为无理数。
7. 证明定理 3.5.2 的推广结论：

   (a) 任意 K 个连续的整数中，存在 K 的倍数。

   (b) 任意 K 个连续的整数中，K 的倍数刚好有一个。

   (c) 任意 K 个连续的整数中，存在 k 的倍数，其中 $k=2$，3，…，K。

   (d) 任意 K 个连续的整数的乘积是 $K!$ 的倍数。
8. 使用算术基本定理(任意大于 1 的整数 n 可唯一分解为素数的乘积 $n=p_1\times p_2\times p_3\times\cdots\times p_k$，其中 $p_1\leqslant p_2\leqslant p_3\leqslant\cdots\leqslant p_k$)证明下述定理：

   (a) 如果 p 为素数，那么$\sqrt{p}$为无理数。

   提示：假设$\sqrt{p}$为无理数，然后使用事实“如果 $k>1$，那么 k^2 有偶数个素因子”。

   (b) 如果 n 为正整数，那么$\sqrt{n}$不是整数就是无理数。
9. 使用真值表说明下述表达式是等价的：

   (a) $(P\wedge Q)\rightarrow R$　　(b) $P\rightarrow(Q\rightarrow R)$　　(c) $[P\wedge(\sim R)]\rightarrow(\sim Q)$
10. $(P\wedge Q)\rightarrow R$ 和 $(P\rightarrow R)\vee(Q\rightarrow R)$ 或 $(P\rightarrow R)\wedge(Q\rightarrow R)$ 等价吗？使用真值表验证。
11. 使用真值表确定下述推理形式的有效性：

$$\begin{array}{r} P\vee Q \\ \sim P\vee R \\ \underline{Q\rightarrow R} \\ \therefore Q\wedge R \end{array}$$

12. 使用真值表确定下述推理形式的有效性：

$$\begin{array}{l} \sim P\vee Q \\ \underline{\sim[R\wedge(\sim Q)]} \\ \therefore(P\vee R)\rightarrow Q \end{array}$$

13. 对于所有整数 $n\in\mathbf{N}$，$n<2^n$ 都成立吗？

    如果“不是”，给出反例。

    如果“是”，用数学归纳法证明。
14. 对于所有整数 $n\in\mathbf{N}$，$n^2<3^n$ 都成立吗？

    如果“不是”，给出反例。

    如果“是”，用数学归纳法证明。
15. 使用数学归纳法证明定理 3.6.4 的推广结论：

如果 $S_a = I$ 和对 $\forall q \in \{a..\}, S_{q+1} = S_q + b$,

那么对 $\forall n \in \{a..\}, S_n = K + nb$,其中 $K = I - ab$

16. 令 S 为 $\{a..\}$ 上的等差序列，求证： 127

$$对\ \forall n \in \{a..\}, S_a + S_{a+1} + S_{a+2} + \cdots + S_{a+n} = (n-a+1)[S_a + S_{a+n}]/2$$

17. 使用数学归纳法证明定理 3.6.8 的推广结论：

如果 $S_a = I$ 和对 $\forall q \in \{a..\}, S_{q+1} = r + S_q$,其中 $r \neq 0$,

那么 $\forall n \in \{a..\}, S_n = r^n \times K$,其中 $K = I/r^a$

18. 给出几何序列中任意$(n+1)$个连续项的求和公式。用数学归纳法证明公式的正确性。

19. 使用数学归纳法证明：

如果 q 是任意(固定)的非负整数，那么 $\forall n \in \mathbf{P}$,

$$\sum_{j=1}^{n}(j)(j+1)(j+2)\cdots(j+q) = n(n+1)(n+2)\cdots(n+q)(n+q+1)/(q+2)$$

//如果 $q=0$，那么 $\sum_{j=1}^{n}(j)(j+1)(j+2)\cdots(j+q) = \sum_{j=1}^{n} j = 1+2+\cdots+n$

//RHS$=n(n+1)(n+2)\cdots(n+q+1)/(q+2)=n(n+1)/2$ //见定理 3.6.2

//如果 $q=1$，那么 $\sum_{j=1}^{n}(j)(j+1)(j+2)\cdots(j+q) = \sum_{j=1}^{n}(j)(j+1) = (1)(2)+\cdots+(n)(n+1)$

//RHS$=n(n+1)(n+2)\cdots(n+q+1)/(q+2)=n(n+1)(n+2)/3$ //见定理 3.6.6

20. 给出下述求和公式

$$\frac{1}{(1)(2)} + \frac{1}{(2)(3)} + \cdots + \frac{1}{(n)(n+1)}$$ // 试试 $n = 1,2,3,4$ 和 5

对所有 $n \in \mathbf{P}$，使用数学归纳法证明公式的正确性。

21. 令 $\forall n \in \mathbf{N}$。用数学归纳法证明：

(a) $\sum_{j=0}^{n}(j+1)2^j = n2^{n+1} + 1$。

(b) $\sum_{j=0}^{n}(j+1)3^j = \frac{[2n+1]3^{n+1}+1}{4}$。

(c) $\sum_{i=0}^{n}(j+1)r^j = \frac{[(r-1)n+(r-2)]r^{n+1}+1}{(r-1)^2}$，$r \neq 1$。 128

22. 假设 q 为某个固定的正整数。使用数学归纳法证明所有大于等于 q 的整数 n，

$$\binom{q}{q} + \binom{q+1}{q} + \binom{q+2}{q} + \cdots + \binom{n}{q} = \binom{n+1}{q+1}$$

23. 使用二项式定理证明，对 $\forall n \in \mathbf{N}$，$\sum_{k=0}^{n}\binom{n}{k}^2 = \binom{2n}{n}$ 成立。

24. 非递归的平方与乘积算法求解$(b)^n$。

前置条件：n 为正整数，b 为可作乘法运算的任意类型数据；

后置条件：返回$(b)^n$ 的值。

```
Begin
  product ← 1; square ← b; a ← n;
  While ( a > 1 ) Do
    If (a is odd) Then product ← product*square End;
    square ← square*square;
    a ← a DIV 2 ;
  End;
  Return( product*square );
End.
```

(a) $n=53$ 时，算法遍历过程如下： //$\lg(53)=5.72\cdots$

$a>1$	a is odd	product	square	a	$(\text{square})^a \times \text{product}$
--	--	1	b	53	$(b)^{53}\times 1$
T	T	b	b^2	26	$(b^2)^{26}\times b$
…					

Return(?)

(b) $n=710$ 时，写出算法遍历过程。 //lg(710)=9.47…

(c) 证明算法可终止。

令 a_k 表示 While 循环执行 k 次迭代后 a 的值，$s=\lfloor \lg(n)\rfloor$。

对 k 进行数学归纳证明：

设 k 为任意非负整数。While 循环执行 k 次迭代后，$2^{s-k}\leqslant a_k<2\times 2^{s-k}$ //即 $P(k)$。

//然后对 $k=0$，1，…，$(s-1)$，都有 $a_k>1$ 和 $a_s=1$，所以 While 循环体只执行 s 次，

//乘法操作的次数小于等于 $2s+1$ 次。

(d) 证明算法的正确性。 //使用3.7节介绍的循环不变式

对 k 进行数学归纳证明：

129 设 k 为任意非负整数。While 循环执行 k 次迭代后，$(\text{square})^a\times\text{product}=(b)^n$

25. 递归的平方与乘积算法求解 $(b)^n$。

//根据观测结果：$n=2q+r$ （$q\geqslant r$ 和 $r\in\{0, 1\}$）时，

//$b^n=b^{2q+r}=b^{2q}\times b^r=(b^q)^2\times b^r$

前置条件：n 为正整数，b 为可作乘法运算的任意类型数据

后置条件：返回 $y=(b)^n$ 的值

```
RECURSIVE FUNCTION Exponent(b, n)
                                        //返回b类型的值
Begin
  If (n = 1) Then Return(b) End;
  y ← Exponent(b, n Div 2); y ← y*y;
  If (n is odd) Then y ← y*b End;
  Return(y)
End.
```

当 $n=53$ 时，算法遍历过程如下： //lg(53)=5.72…

#	Recursive calls	(…Returned values…)
--	Exponent(b, 53)	$\rightarrow(b^{26})^2\times b=b^{53}$
1	Exponent(b, 26)	$\rightarrow(b^{13})^2=b^{26}$
2	Exponent(b, 13)	$\rightarrow(b^6)^2\times b=b^{13}$
3	Exponent(b, 6)	$\rightarrow(b^3)^2=b^6$
4	Exponent(b, 3)	$\rightarrow(b)^2\times b=b^3$
5	Exponent(b, 1)	$\rightarrow b$

(a) $n=710$ 时，写出算法遍历过程。 //lg(710)=9.47…

(b) 为什么函数的子调用次数等于 $\lfloor \lg(n)\rfloor$？

(c) 证明算法的正确性：

对参数 p 的值应用强归纳证明：

令 p 为任意正整数，如果调用 Exponent(b, p)，就会返回值 $y=(b)^p$

130 //如果 $p=1$，则返回值 $y=b=(b)^1=(b)^p$。$P(1)$ 为 True。

查找和排序

前面介绍了很多理论，本章回到实践性很强的问题——查找和排序。想象维护银行、杂货店或大学的记录信息。绝大多数情况下，账户文件都要保留并周期性更新。每个账户都通过“关键字”来识别，如银行账号、顾客姓名或学生 ID 等。删除和/或更改记录时，第一步是在记录集查找该记录。本章主要介绍判断某个数是否出现在关键字列表中的情形。

//顺便介绍二叉树。

4.1 查找

查找问题描述如下：

给定数组 $A[1]$，$A[2]$，$A[3]$，…，$A[n]$和目标值 T，查找 $T=A[j]$的索引 j，或者判断不存在这样的索引，因为 T 不在数组 A 中。

4.1.1 查找任意列表

电话簿中的姓名可能是任意次序的，也可能不是学生记录。想象一下，在停车场找汽车，但忘记停车位的情形。如果停车位是司机到达时随机选取的，那么如何找到汽车？

//喝醉的学生通常使用的一个方法是随机游走：

//

//(a) 随机选择一个方向(东、南、西或北)，并在该方向上迈出一步；

//　　如果碰到停车场的墙，后退一步；如果碰到汽车，就试试用钥匙开一下，

//　　如果打开了，就停止找车。　　　　　　　　　　　　　　　　(钥匙是关键)　131

//(b) 返回(a)，重新选一个方向。

//

//(从某种“概率”意义上,)可以证明该算法有效吗?

一个更实用的算法如下：按某种顺序逐一找车，就是说，先从第一行的开头到结尾，再从第二行的开头到结尾，如有必要，可一直查找到最后一行的最后一辆车为止。找到车或试过停车场里所有的车(车没在停车场内，可能因为车被偷了，被银行收回去了，被警察扣押了，被妹妹借走了，或忘记在家里)时，停止查找。这种将目标值与每个位置上的值依次比较的算法，称为顺序查找或**线性查找**。回到数字关键字的场景，算法伪代码描述如下：

算法 4.1.1　线性查找

```
Begin j ← 0;
  Repeat j ← j + 1
  Until ((A[j] = T) Or (j = n));

  If (A[j] = T) Then Output("T is A[", j, "]")
  Else Output("T is not in A")
  End;
End.
```

显然，算法是正确的——如果目标值存在，则肯定能找到；如果目标值不存在，也肯定能停止，并返回正确的报告。

//如果 T 在数组中出现多次，则算法找到的是 T 第一次出现的位置。

查找算法的**开销**是指**探测次数**——取到数组元素并与目标值比较的次数。T 在数组中时，线性查找最多探测 n 次；T 不在数组中时，线性查找刚好探测 n 次。查找不成功时，探测的次数最多(最坏情况)。

假设 A 中的所有元素都不同。如果 $T=A[1]$，探测 1 次后查找过程停止；如果 $T=A[2]$，探测 2 次后查找过程停止。对每个索引 j，查找最大值 $A[j]$刚好需要 j 次探测。依次查找 A 中所有元素时，平均的探测次数为

$$\overline{p}=(1/n)\sum_{j=1}^{n} j=(1/n)\times\{n(n+1)/2\}=(n+1)/2$$ // 根据定理 3.6.2

//平均意义上，线性查找遍历半个列表。

132 //如果 $n=99$，则平均探测 50 次；如果 $n=25\,000$，则平均探测 12 500.5 次。

4.1.2　查找有序列表

考虑在数组 A 中加入某种结构(如将元素按升序排序)，便于查找。

//实际上只用非降序

字典中的单词是按字母升序排列的，如果知道目标单词如何拼写，很容易找到该单词。假设给定数组 A 中，$A[1]\leqslant A[2]\leqslant A[3]\leqslant\cdots\leqslant A[n]$。

//"≤"表示元素按非降序排序，不论元素是否为数字。

当然，仍能使用线性查找，甚至可以将控制 Repeat 循环的布尔表达式改成

```
Until ((A[j] >= T) Or (j = n));
```

T 不在数组中时，查找过程很快停止，因为

如果 $T<A[j]$，那么 T 不会出现在 $A[j+1]$，$A[j+2]$，$A[j+3]$，…，$A[n]$中

//因为它们都比 $A[j]$大，而 $A[j]$比 T 大。

将这种思想扩展，如果在 $A[i]$上探测 1 次，那么，

1. 如果 $A[i]=T$，则查找成功；　//1 个元素

2. 如果 $T<A[i]$，则 T 不会出现在 $A[i]$，$A[i+1]$，…，$A[n]$中，只需要查找 $A[1]$ 到 $A[i-1]$部分；　//$i-1$ 个元素

//如果 $T=A[j]$，则 j 介于 1 和 $i-1$ 之间

3. 如果 $A[i]<T$，则 T 不会出现在 $A[1]$，$A[2]$，…，$A[i]$中，只需要查找 $A[i+1]$ 到 $A[n]$部分。　//$n-i$ 个元素

//如果 $T=A[j]$，则 j 介于 $i+1$ 和 n 之间

//第一次探测时，选择位置 i 的最好方法是什么？

//如果 $n=100$，探测 $A[5]$，那么

//　1. 如果 $A[5]=T$，则查找成功。

//　2. 如果 $T<A[5]$，查找子列表 $A[1]$，$A[2]$，$A[3]$，$A[4]$。

//　3. 如果 $A[5]<T$，查找子列表 $A[6]$，$A[7]$，…，$A[100]$。

//三种情况中，最坏也最有可能是要查找 95 个元素的子列表。

//另一方面，如果第一次探测 $A[50]$，那么最坏情况就是查找 50 个元素的子列表：

//$A[51]$，$A[52]$，…，$A[100]$。

如果要将最坏情况控制在期望的范围内，查找时应选择列表(或子列表)的中点(尽可能靠近中点)探测。如果在该点找不到目标值，最多只需要查找一半元素。

//是不是想起了之前讲过的一个算法？

假设要查找从 $A[p]$到 $A[q]$的子列表。p 和 q 的平均值就是它们的一半，但$(p+q)/2$ 可能不是整数，所以探测 $A[i]$，其中 $i=\lfloor(p+q)/2\rfloor$。 133

得到在现有子列表中点探测的查找算法为二分查找。

算法 4.1.2　二分查找

```
Begin p ← 1; q ← n;
  Repeat j ← ⌊(p + q)/2⌋;
    If (A[j] < T) Then p ← j + 1 End;
    If (A[j] > T) Then q ← j − 1 End;
  Until ((A[j] = T) Or (p > q));

  If (A[j] = T) Then Output("T is A[", j, "]")
  Else Output("T is not in A")
  End;
End.
```

当 $n=12$，$A=(3, 5, 8, 8, 9, 16, 29, 41, 50, 63, 64, 67)$时，算法执行过程如下：

//$A[1]=3$，　$A[2]=5$，　$A[3]=8$，　$A[4]=8$，　$A[5]=9$，　$A[6]=16$，

//$A[7]=29$，　$A[8]=41$，　$A[9]=50$，　$A[10]=63$，　$A[11]=64$，　$A[12]=67$

如果 $T=9$，那么

p	j	q	A[j]	relation	output
1	6	12	16	T < A[j]	-
1	3	**5**	8	A[j] < T	-
4	4	5	8	A[j] < T	-
5	5	5	9	A[j] = T	T is A[5]

如果 $T=64$，那么

p	j	q	A[j]	relation	output
1	6	12	16	A[j] < T	-
7	9	12	50	A[j] < T	-
10	11	12	64	A[j] = T	T is A[11]

如果 $T=23.4$，那么　　//T 和 A 中的元素可能为实数

p	j	q	A[j]	relation	output
1	6	12	16	A[j] < T	-
7	9	12	50	T < A[j]	-
7	7	**8**	29	T < A[j]	-
7	-	**6**	-	-	T is not in A

//T 介于 A_6 和 A_7 之间 134

如果 $T=99$，那么

p	j	q	A[j]	relation	output
1	6	12	16	A[j] < T	-
7	9	12	50	A[j] < T	-
10	11	12	64	A[j] < T	-
12	12	12	67	A[j] < T	-
13	-	12	-	-	T is not in A

//T 超过 A_n

//$n=12$ 时，总是第一次探测 $A[6]$，第二次探测 $A[3]$或 $A[9]$吗？
//通常要明确以下问题：
//　　该算法会终止吗？
//　　循环需要迭代多少次？
//　　该算法正确吗？如果 T 在 A 中，该算法能保证查找成功吗？
//　　如果 T 不在 A 中，p 一定会变成大于 q 的数吗？

假设查找从 $A[p]$到 $A[q]$的子列表，其长度为 k，探测 $A[j]$时查找不成功：

//$k=q-p+1$

$$\underbrace{A[p]\cdots A[j-1]}_{k_1}\quad A[j]\quad \underbrace{A[j+1]\cdots A[q]}_{k_2}$$

如果 $A[j]>T$，则要查找 $A[p]$到 $A[j-1]$的子列表，其长度为 $k_1=j-p$；如果 $A[j]<T$，则要查找 $A[j+1]$到 $A[q]$的子列表，其长度为 $k_2=q-j$。我们希望 k_1 和 k_2 相等，但有可能不相等($q-p$ 为奇数的情况)。为了一致性，采用 k_1 较小的策略。
//如何选择 j，使得 $k_1\leqslant k_2$ 而且 k_2 尽可能小？
要使 $k_2=q-j$ 尽可能小，就得让 j 尽可能大。我们希望

$$k_1+k_2\leqslant k_2+k_2$$

就是说 $$q-p\leqslant 2(q-j)\quad =2q-2j$$

或者 $$2j\leqslant 2q-(q-p)=q+p$$

135 $j\leqslant(q+p)/2$ 的最大整数是$\lfloor(q+p)/2\rfloor$，这就是算法使用的 j 值。

定理 4.1.1　二分查找中，如果 $j=\lfloor(q+p)/2\rfloor$，则每次迭代的子列表长度为 $k_1=\lfloor(k-1)/2\rfloor\leqslant k_2=\lfloor(k-1)/2\rfloor\leqslant k/2$。

证明　因为 $j\leqslant(q+p)/2<j+1$，三个表达式同时减去 p，可得

$$j-p\leqslant(q+p)/2-p<j-p+1$$

或 $$k_1\leqslant(q-p)/2\qquad <k_1+1$$

因此 $$k_1=\lfloor(q-p)/2\rfloor\qquad =\lfloor(k-1)/2\rfloor$$

因为 $k_1+k_2=k-1$，可知

如果 k 为奇数，可设 $k=2r+1$，则有 $k-1=2r$ 和 $k_1=r=k_2<k/2$；

如果 k 为偶数，可设 $k=2r$，则有 $k-1=2r-1$ 和 $k_1=r-1<r=k_2=k/2$。

因此，$k_1=\lfloor(k-1)/2\lfloor\leqslant k_2=\lceil(k-1)/2\rceil\leqslant k/2$。 ■

所以，二分查找每次迭代中，下一个子列表长度最多是当前子列表长度的一半。

//查找区间减半。

定理 4.1.2　最多探测$\lfloor\lg(n)\rfloor+1$ 次后，二分查找终止。

证明　令 $w=\lfloor\lg(n)\rfloor$。如果二分查找在 w 次不成功的探测后不终止，p 的当前值必然小于等于 q 的当前值，而且当前子列表的长度必然小于等于 $n/2^w$。

//X 数学归纳法证之。

因为 $w\leqslant\lg(n)<w+1$，可得　　//$n=2^{\lg(n)}$

$$2^w\leqslant n<2\times 2^w$$　　// 然后每项都除以 2^w

所以，有 $$1\leqslant n/2^w<2$$　　//蕴含 $k=1$ 的情况

在下一个迭代中，$p=q$，所以 $j=p$。

//探测 A 中剩余的元素。

如果 $A[j]<T$，则 $p \leftarrow j+1>q$，所以此次探测后二分查找终止；

如果 $A[j]>T$，则 $g \leftarrow j-1<p$，所以此次探测后二分查找终止；

如果 $A[j]=T$，则最后一次探测后二分查找终止。

因此，最多探测 $\lfloor \lg(n) \rfloor+1$ 次后，二分查找终止。

//回顾一下，平均意义上，线性查找要遍历列表的一半长度。

//如果 $n=99$，平均要探测 50 次；如果 $n=25\,000$ 次，平均要探测 12 500.5 次。

//对二分查找而言，最坏情况是探测 $\lfloor \lg(n) \rfloor+1$ 次，$\lg(25\,000) \approx 14.609$。

//如果 $n=25\,000$，二分查找最多需要探测 15 次。

//如果 $n=25\,000$，线性查找平均意义上要探测 800 次之多。

证明二分查找的正确性，首先要建立循环不变式。算法探测中点后，每次迭代都会将查找区间（$A[p]$ 到 $A[q]$ 的子列表）规模缩减一半。需要维持的**循环不变式**为 136

“如果 T 在 A 中，那么 T 必然在 $A[p]$ 到 $A[q]$ 的子列表中。”

也就是说，“如果 $T=A[i]$，那么 i 必然介于 p 和 q 之间。”

定理 4.1.3　循环迭代 k 次之后，　//对任意 k，

如果 $T=A[i]$，那么 $p \leqslant i \leqslant q$。　//即 $P(k)$。

证明　//对 k 进行数学归纳，其中 $k \in \{0..\}$。

步骤 1：循环迭代 0 次后，　//也就是说，执行循环体之前

$p=1$，$q=n$，因此

如果 $T=A[i]$，　那么 $p \leqslant i \leqslant q$。　//$P(0)$ 为 True

//假设循环第一次迭代时（尽管 p 和 q 的值可能已经改变），该条件语句为 True。

步骤 2：假设存在 $w \in \mathbf{N}$，使得循环迭代 w 次后，如果 $T=A[i]$，则 $p \leqslant i \leqslant q$。

//即 $P(w)$。

//如果存在一个 w，下一个迭代中会发生什么？

步骤 3：假设存在第 $w+1$ 次迭代。

//也就是说，前面 w 次探测都未能找到 T，现在 $p \leqslant q$。

下一个迭代会计算新的 j 值，

$$j_{新} \leftarrow \lfloor (p+q)/2 \rfloor$$

因为 $p \leqslant q$，$p+p \leqslant p+q \leqslant q+q$ 和 $p=(p+p)/2 \leqslant (p+q)/2 \leqslant (q+q)/2=q$，所以有 $p \leqslant j_{新} \leqslant q$。

//事实上，如果 $p=q$，那么 $j_{新}=p$；如果 $p<q$，那么 $p \leqslant j_{新}<q$。

后面的证明中，令 p^* 和 q^* 分别表示迭代结束时 p 和 q 的值。需要考虑三种情况：

情况 1. 如果 $A[j_{新}]<T$，那么 T 不会出现在 $j_{新}$ 及其之前的位置上，因此

如果 $T=A[i]$，那么 $p<j_{新}+1 \leqslant i \leqslant q$。　//$p^*=j_{新}+1$，$q^*=q$

情况 2. 如果 $A[j_{新}]>T$，那么 T 不会出现在 $j_{新}$ 及其之后的位置上，因此

如果 $T=A[i]$，那么 $p \leqslant i \leqslant j_{新}-1<q$。　//$p^*=p$，$q^*=j_{新}-1$ 137

情况 3. 如果 $A[j_{新}]=T$，那么 p 和 q 都不会改变，因此根据步骤 2

如果 $T=A[i]$，那么 $p \leqslant i \leqslant q$。　//$p^*=p$，$q^*=q$

所以，下一次迭代之后，　//三种情况

　　如果 $T=A[i]$，那么 $p^* \leqslant i \leqslant q^*$。■

　　二分查找中的 Repeat 循环终止时，

　　如果 $T=A[i]$，那么 $p \leqslant i \leqslant q$。　//也就是说，该条件语句为 True。

但如果 $p>q$，则不存在 i 使得 $p \leqslant i \leqslant q$ 成立。　//后项为 False。

如果 $p>q$，不存在 i 使得 $T=A[i]$。　//前项为 False。

如果 $p>q$，那么 T 不在 A 中。因此，二分查找终止时，目标值已经在 j 位置上找到，或者($p>q$)，因此 T 不在 A 中。

二分查找是正确的，而且效率很高。　//和线性查找相比

//二分查找还有其他循环不变式吗？

//$p=1$ 和 $A[p-1]<T$，或者 $q=n$ 和 $T<A[q+1]$ 是否可能？

//p 的值会保持不变或增大吗？q 的值不会减小吗？

//如果没找到 T，T 在数组中哪个位置合适？该在什么位置插入？

//　　最后的 q 值总比最后的 p 值小 1 吗？

//　　何时有 $A[q]<T<A[p]$？

//　　如果 $p=1$(也就是说，p 不变)，那么 $T<A[1]$吗？

//　　如果 $q=n$(也就是说，q 不变)，那么 $A[n]<T$ 吗？

本节要点

查找问题描述如下：给定数组 $A[1]$，$A[2]$，$A[3]$，…，$A[n]$和目标值 T，如果存在使 $T=A[j]$的索引 j，找到 j。**线性查找**将 T 与数组元素依次比较，查找到 T 或穷尽数组。**二分查找**将 T 与数组中点的元素 $A[j]$比较。如果找到 T，算法终止；如果 $T<A[j]$，在 A 的下半区继续查找；如果 $T>A[j]$，在 A 的上半区继续查找。一般而言，二分查找要快得多。但二分查找要求输入的数组是已排序的(4.3 节介绍排序)。

138 接下来介绍查找的图算法，然后给出二分查找的另一个版本并进行比较。

4.2　分支图

算法的**全局分支图**是一棵树，它描述了算法可能执行的所有可能动作序列。即使是小算法，其分支图也是很大的结构，(可以想象)基本不能构建。但有时候构建局部分支图很有用。n 比较小时，可以**构建二分查找的探测分支图**——图示二分查找所有可能的探测序列。

第一次探测通常在 $j=\lfloor(1+n)/2\rfloor$位置上的 $A[j]$，它位于图的顶层。

//位于页面中间，类似于第 2 章的“Start”点

第一次探测之后，如果 $T \neq A[j]$，算法沿着两条“分支”中的一条继续探测：

　　如果 $T<A[j]$，沿着**左分支**向下探测；　//$A[r]$，其中 $r=\lfloor j/2\rfloor$

　　如果 $A[j]<T$，沿着**右分支**向下探测；　//$A[s]$，其中 $s=\lfloor(j+1+n)/2\rfloor$

$n=12$ 时，分支图如下：

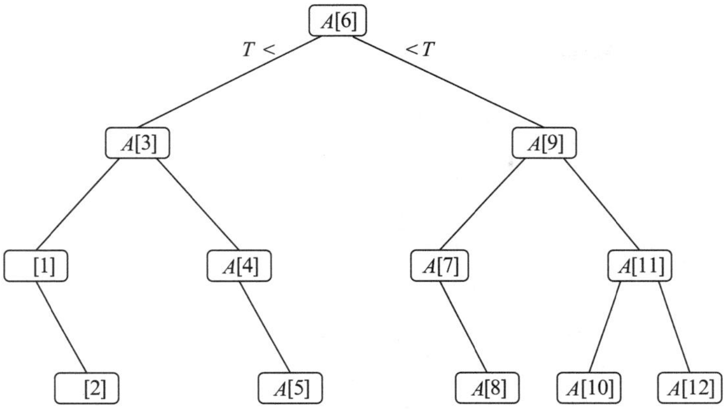

这种图称为**二叉树**：图顶端的顶点为**根**，二叉是指每个顶点最多悬挂两条边。没有悬挂边的顶点称为**叶子**。其他顶点称为**内部顶点**。除根外，每个顶点都是上一个顶点的一条悬挂边的终端。

//听起来好像二叉树是从上向下画的吗？

//A 内的元素在该树上是否只出现一次？为什么？

4.2.1 二分查找的第二个版本

Jack 和 Jill 一起玩游戏。Jill 选择了 1 和 1000 之间的数，然后 Jack 通过问“是不是该数”的方式来找到 Jill 所选的数。Jack 不能问“你选的什么数?”，但可以问“你的数是 6 吗?”或者“你的数是大于 543 的偶数吗?”Jack 如何提问会最快知道 Jill 的数。也就是说，在最坏情况下提问的问题最少？ 139

算法 4.1.2 给出的二分查找算法，每次探测时作三次比较(例如，关于每个考查的数提 3 个问题)。如果要缩减比较次数，查找目标值 T 时可以每次探测只执行一次比较，直到子列表中只有一个元素，然后测试该元素是否等于 T。

算法 4.2.1 二分查找 2 //版本 2.0

```
Begin   p ← 1;    q ← n;
  While (p < q) Do
    j ← ⌊(p + q)/2⌋;
    If (A[j]< T) Then
      p ← j + 1
    Else
      q  ←  j
    End;   // if
  End;     // while                          //现在p=q

  If (A[p]= T) Then
    Output("T is A[", p, "]")
  Else
    Output("T is not in A")
  End;     // if
End.
```

当 $n=12$，$\boldsymbol{A}=(3, 5, 8, 8, 9, 16, 29, 41, 50, 63, 64, 67)$时，算法的执行情况为

//$A[1]=3$，　$A[2]=5$，　$A[3]=8$，　$A[4]=8$，　$A[5]=9$，　$A[6]=16$，
//$A[7]=29$，　$A[8]=41$，　$A[9]=50$，　$A[10]=63$，　$A[11]=64$，　$A[12]=67$

如果 $T=9$，那么(**t** 表示 True，**f** 表示 False)　　　　//T 表示目标值

	p	j	q	p < q	A[j]	A[j] < T	A[p] = T	output
	1	6	12	t	16	f	-	-
	1	3	**6**	t	8	t	-	-
	4	5	6	t	9	f	-	-
	4	4	**5**	t	8	t	-	-
140	**5**	-	5	f	-	-	t	T is A[5]

如果 $T=64$，那么

p	j	q	p < q	A[j]	A[j] < T	A[p] = T	output
1	6	12	t	16	t	-	-
7	9	12	t	50	t	-	-
10	11	12	t	64	f	-	-
10	10	**11**	t	63	t	-	-
11	-	11	f	-	-	t	T is A[11]

如果 $T=23.4$，那么　　　　//T 和 A 中元素可能为实数

p	j	q	p < q	A[j]	A[j] < T	A[p] = T	output
1	6	12	t	16	t	-	-
7	9	12	t	50	f	-	-
7	8	**9**	t	41	f	-	-
7	7	**8**	t	29	f	-	-
7	-	**7**	f	-	-	f	T is not in A

//T 介于 A_6 和 A_7 之间

如果 $T=99$，那么

p	j	q	p < q	A[j]	A[j] < T	A[p] = T	output
1	6	12	t	16	t	-	-
7	9	12	t	50	t	-	-
10	11	12	t	64	t	-	-
12	-	12	f	-	-	f	T is not in A

//T 比 A_n 大

//X　该版本中 While 循环的循环不变式一样的吗？
//X　命题"循环每次迭代后，如果 $T=A[i]$，那么 $p\leqslant i\leqslant q$"为 True 吗？
//X　如果找不到 T，T 在数组中哪个位置合适？该在什么位置插入？
//X　假设最后一次比较时 $A[p]\neq T$。那么，
//　　　$1<p<n$ 说明 $A[p-1]<T<A[p]$吗？
//　　　$1=p<n$ 说明 $T<A[1]$吗？
//　　　$1<p=n$ 说明 $A[n-1]<T<A[n]$或 $A[n]<T$ 吗？

假设要查找从 $A[p]$到 $A[q]$，长度为 k 的子列表。执行比较"$A[j]<T$"：　　　　//$k=q-p+1$

141

$$\underbrace{A[p]\cdots A[j]}_{k_1}\quad\underbrace{A[j+1]\cdots A[q]}_{k_2}$$

如果 $A[j]<T$，就查找从 $A[j+1]$到 $A[q]$，长度为 $k_2=q-j$ 的子列表。如果 $A[j]\geqslant T$，就查找从 $A[p]$到 $A[j]$，长度为 $k_1=j-p+1$ 的子列表。我们希望 $k_1=k_2$，但 k 为奇数时这是不可能的。

当 j 的值为 $\lfloor (q+p)/2 \rfloor$ 时，如定理 4.1.1 所示，

$$k_2 = \lceil (k-1)/2 \rceil$$

但是 $\lceil (k-1)/2 \rceil = \lfloor k/2 \rfloor$ //X 对 $\forall k \in \mathbf{Z}$ 都成立。

因为 $k_1 + k_2 = k$，所以有：

- 如果 k 为偶数，设 $k=2r$，那么 $k_1 = r = k_2 = k/2$。
- 如果 k 为奇数，设 $k=2r+1$，那么 $k_2 = r < k/2 < r+1 = k_1$。

通常，

$$k_2 = \lfloor k/2 \rfloor \leqslant k/2 \leqslant k_1 = \lceil k/2 \rceil$$ // 见定理 3.5.1

因此，在二分查找 2 的一些迭代中，下一个子列表的长度可能会比先前子列表的一半要大。 //但不会大很多

令 $L(w)$ 表示 While 循环执行 w 次迭代后仍要查找的子列表的长度。 //$L(0)=n$。

//前面已经说明 $\lfloor L(w)/2 \rfloor \leqslant L(w+1) \leqslant \lceil L(w)/2 \rceil$。

定理 4.2.1 循环执行 w 次迭代后，$\lfloor n/2^w \rfloor \leqslant L(w) \leqslant \lceil n/2^w \rceil$ //即 $P(w)$。

证明 //对 $w(w \in \{0..\})$ 作数学归纳。

步骤 1：循环执行 0 次迭代后，当前子列表的长度为 //执行循环之前

$$L(0) = n = \lfloor n/2^0 \rfloor = \lceil n/2^0 \rceil$$ //$P(0)$ 为 True。

//假设对于循环的前几次迭代(尽管 p 和 q 可能已经变化)，当前子列表长度的界保持不变。

步骤 2：假设存在 $m \in \mathbf{N}$ 使得循环执行 m 次迭代后，有

$$\lfloor n/2^m \rfloor \leqslant L(m) \leqslant \lceil n/2^m \rceil$$ // 即 $P(m)$。

//此时，如果有下一次迭代，那会怎样？ 142

步骤 3：假设有 $m+1$ 次循环。 //也就是说，$p<q$

可知

$$\lfloor L(m)/2 \rfloor \leqslant L(m+1) \leqslant \lceil L(m)/2 \rceil$$

//如果能证明

//

// $\lceil L(m)/2 \rceil \leqslant \lceil \lceil n/2^m \rceil /2 \rceil$ 和 $\lceil \lceil n/2^m \rceil /2 \rceil = \lceil n/2^{m+1} \rceil$

//就能得到希望的上界：$L(m+1) \leqslant \lceil n/2^{m+1} \rceil$。

//

//下述两个引理将在更一般的框架下详细说明这一点(和向下取整函数相关的不等式)。

//

//记住，$\lceil r \rceil$ 是大于等于实数 r 的最小整数，$\lfloor r \rfloor$ 是小于等于 r 的最大整数。

//只要 y 不是整数，则必有 $\lfloor y \rfloor < y < \lceil y \rceil = \lfloor y \rfloor + 1$。

引理 A 如果 x 和 y 都是实数而且 $x<y$，那么 $\lfloor x \rfloor \leqslant \lfloor y \rfloor$，$\lceil x \rceil \leqslant \lceil y \rceil$。

证明 //向下取整和向上取整都是非递减函数。

因为 $x < y \leqslant \lceil y \rceil \in \mathbf{Z}$，$\lceil x \rceil$ 是大于等于 x 的最小整数，所以 $\lceil x \rceil \leqslant \lceil y \rceil$。

因为 $\lfloor x \rfloor \leqslant x < y$，$\lfloor y \rfloor$ 是小于等于 y 的最大整数，所以 $\lfloor x \rfloor \geqslant \lfloor y \rfloor$ ■

引理 B 对任意实数 x，有 $\left\lfloor \frac{\lfloor x \rfloor}{2} \right\rfloor = \left\lfloor \frac{x}{2} \right\rfloor$ 和 $\left\lceil \frac{x}{2} \right\rceil = \left\lceil \frac{\lceil x \rceil}{2} \right\rceil$。

证明　如果 x 是整数，那么 $\lfloor x \rfloor = x = \lceil x \rceil$。因此有

$$\left\lfloor \frac{\lfloor x \rfloor}{2} \right\rfloor = \left\lfloor \frac{x}{2} \right\rfloor \text{和} \left\lceil \frac{x}{2} \right\rceil = \left\lceil \frac{\lceil x \rceil}{2} \right\rceil$$

假设 x 不是整数，令 Q 表示 $\lfloor x/2 \rfloor$，则有

$$Q < x/2 < Q+1 \qquad //x/2 \text{ 不是整数}$$

$\Leftrightarrow$

$$2Q < x < 2Q+2$$

实际上，

$$2Q \leqslant \lfloor x \rfloor < 2Q+2 \qquad //\text{因为 } 2Q \in \mathbf{Z}$$

143 和

$$2Q < \lceil x \rceil \leqslant 2Q+2$$

则有 $Q \leqslant \frac{\lfloor x \rfloor}{2} < \frac{x}{2} < \frac{\lceil x \rceil}{2} \leqslant Q+1$。

所以 $\left\lfloor \frac{\lfloor x \rfloor}{2} \right\rfloor = \left\lfloor \frac{x}{2} \right\rfloor = Q$ 和 $\left\lceil \frac{x}{2} \right\rceil = \left\lceil \frac{\lceil x \rceil}{2} \right\rceil = Q+1$。 ■

回到定理 4.2.1 的证明，当 $x = n/2^m$ 时，根据引理 B，有

$$\lfloor \lfloor n/2^m \rfloor /2 \rfloor = \lfloor n/2^{m+1} \rfloor \text{和} \lceil \lceil n/2^m \rceil /2 \rceil = \lceil n/2^{m+1} \rceil$$

因为根据步骤 2 可得　$\lfloor n/2^m \rfloor \leqslant L(m) \leqslant \lceil n/2^m \rceil$

应用引理 A 可得　$\lfloor n/2^m \rfloor /2 \leqslant L(m)/2 \leqslant \lceil n/2^m \rceil /2$

$$\lfloor \lfloor n/2^m \rfloor /2 \rfloor \leqslant \lfloor L(m)/2 \rfloor \text{和} \lceil L(m)/2 \rceil \leqslant \lceil \lceil n/2^m \rceil /2 \rceil$$

因此，有

$$L(m+1) \leqslant \lceil L(m)/2 \rceil \leqslant \lceil \lceil n/2^m \rceil /2 \rceil = \lceil n/2^{m+1} \rceil$$

和

$$L(m+1) \geqslant \lfloor L(m)/2 \rfloor \geqslant \lfloor \lfloor n/2^m \rfloor /2 \rfloor = \lfloor n/2^{m+1} \rfloor$$

也就是说，　$\lfloor n/2^{m+1} \rfloor \leqslant L(m+1) \leqslant \lceil n/2^{m+1} \rceil$　　$//P(m+1)$ 为 True。

定理 4.2.1 证毕。 ■

定理 4.2.2　形如 $A[j] < T$ 的比较最多执行 $\lceil \lg(n) \rceil$ 后，当前子列表的长度为 1。 $//p=q$

证明　//While 循环至少迭代 $\lfloor \lg(n) \rfloor$ 次，最多迭代 $\lceil \lg(n) \rceil$ 次。

//所以，如果 $\lg(n) = Q \in \mathbf{N}$，实际只需迭代 Q 次。

//要多执行一次比较，所以二分查找 2 最多执行 $\lceil \lg(n) \rceil + 1$ 步后停止。

令 $Q = \lceil \lg(n) \rceil$，则有

$$Q-1 < \lg(n) \leqslant Q, \quad \text{所以 } 2^{Q-1} < n \leqslant 2^Q$$

对任意整数 k，有

144

$$2^{Q-1-k} = \frac{2^{Q-1}}{2^k} < \frac{n}{2^k} \leqslant \frac{2^Q}{2^k} = 2^{Q-k}$$

应用定理 4.2.1 和引理 A，执行 k 次迭代后当前列表的长度是有界的：

$$L(k) \leqslant \lceil n/2^k \rceil \leqslant \lceil 2^Q/2^k \rceil = 2^{Q-k} \qquad //Q-k \in \mathbf{P}, \text{所以 } 2^{Q-k} \in \mathbf{P}$$

$$L(k) \geqslant \lfloor n/2^k \rfloor \geqslant \lfloor 2^{Q-1}/2^k \rfloor = 2^{Q-1-k} \qquad //\text{和 } 2^{Q-k-1} \in \mathbf{P}$$

特例如下：

$$2 = 2^1 \leqslant L(Q-2) \leqslant 2^2$$

$$1 = 2^0 \leqslant L(Q-1) \leqslant 2^1 = 2$$

因此，$Q-1$ 次迭代之前，While 循环不会停止。虽然执行完 $Q-1$ 次迭代后可能会停止，

但是如果 $L(Q-1)=2$，执行完 $Q+1$ 次迭代后必然会停止($Q>1$)。

构建二分查找 2 的比较分支图。第一次比较通常是“$A[j]<T$ 吗?”，其中 $j=\lfloor(1+n)/2\rfloor$，并将其放置在分支图的顶端。 //页面中间

- “$A[j]<T$”为 False 时，沿着**左分支**向下执行下一次比较；
- “$A[j]<T$”为 True 时，沿着**右分支**向下执行下一次比较。

叶子是形如“$A[p]=T$ 吗?”的(最终)比较。$n=12$ 时，可得分支图如下：

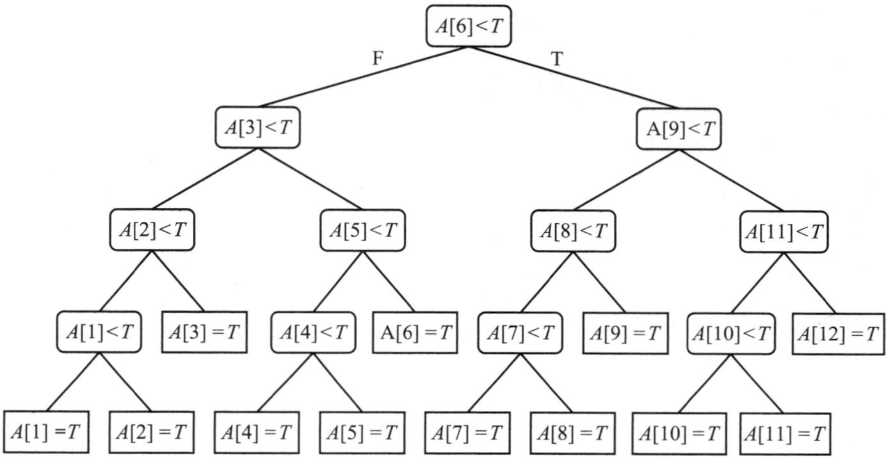

这个分支图也称为**二叉树**。每个内部顶点都恰有两条悬挂边(不会只有一条)。这类二叉树通常称之为**完全**二叉树。

//变量 j 不会等于 n，所以不需要问“$A[n]<T$ 吗?”。

//对其他所有($n-1$)个 j 的值而言，该树会有唯一的内部顶点吗?

//会有 n 个叶子分别对应(可能的)比较“$A[i]=T$ 吗?”? 145

定理 4.2.3 如果 $\mathscr{T}$ 是有 m 个内部顶点的完全二叉树，那么 $\mathscr{T}$ 有 $m+1$ 个叶子。

证明 //对 $m(m\in\{0..\})$进行强归纳。

步骤 1：如果 $m=0$，那么 $\mathscr{T}$ 有根 r，但无内部顶点。因此 r 也是叶子，而且是 $\mathscr{T}$ 中唯一的顶点。 //$\mathscr{T}$ 有 $m+1$ 个叶子。

步骤 2：假设存在 $k\in\mathbf{N}$ 使得如果 $0\leqslant m\leqslant k$。如果 $\mathscr{T}$ 是有 m 个内部顶点的完全二叉树，那么 $\mathscr{T}$ 有 $m+1$ 个叶子。

步骤 3：假设 $\mathscr{T}^*$ 是有 $k+1$ 个内部顶点的完全二叉树。

//只需证明 $\mathscr{T}^*$ 有 $(k+1)+1=k+2$ 个叶子。

令 r^* 表示 $\mathscr{T}^*$ 的根；r^* 不是叶子，所以分支图中，它必然悬挂两个内部顶点，设为 u 和 v。

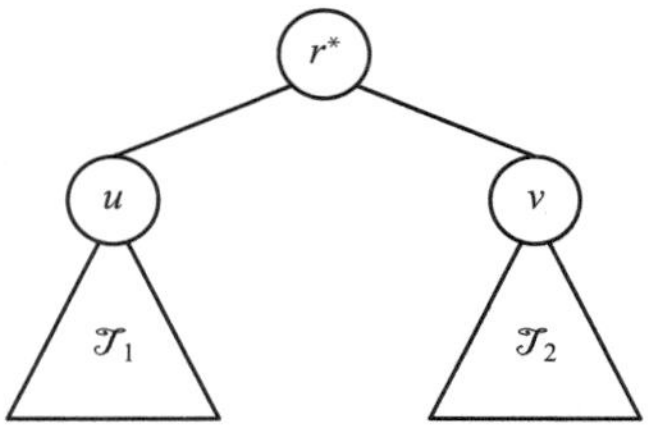

上述分支图中，从 u 向下是有 m_1 个内部顶点的完全二叉树 $\mathscr{T}_1$，从 v 向下是有 m_2 个内部

顶点的完全二叉树$\mathcal{T}_2$。因为$\mathcal{T}^*$的内部顶点只有三种可能：$\mathcal{T}_1$中，$\mathcal{T}_2$中，或r^*，所以有

$$k+1=m_1+m_2+1$$

其中，m_1和m_2都是小于等于k的非负数。因为$\mathcal{T}^*$的每个叶子都是$\mathcal{T}_1$的叶子或$\mathcal{T}_2$的叶子，

$$\begin{aligned}\mathcal{T}\text{ 的叶子数} &= \mathcal{T}_1\text{ 的叶子数}+\mathcal{T}_2\text{ 的叶子数}\\ &= m_1+1+m_2+1\\ &= k+2\end{aligned}$$

■

本节要点

算法的**分支图**(有时也称为“判定树”)是描述算法所有可能的动作执行序列的树。有时候，构建局部分支图很有用。文中构建$n=12$时**二分查找的探测分支图**，描述所有
146 可能的探测序列。它是有 5 个**叶子**和 7 个**内部顶点**的**二叉树**。

介绍比较次数更少的**二分查找算法**，并构建$n=12$时该算法的比较分支图，描述所有可能的比较序列。它是有 12 个**叶子**和 11 个**内部顶点**的**完全二叉树**。

证明有m个内部顶点的完全二叉树有$m+1$个叶子。 //后续算法分析会用到该事实。

4.3 排序

高效查找要求数据已排序。但是即使排序没有用，也有其他理由需要对排序进行研究。排序是个容易理解的问题，而且有许多令人惊奇的解决策略和算法。

//排序方法是所有计算机科学家的部分常识。

本节将详细介绍三种策略，其他策略作为练习。

排序问题描述如下：

给定数组 A[1]，A[2]，A[3]，A[4]，…，A[n]， //数以任意序存储

按 A[1]≤A[2]≤A[3]≤…≤A[n]重排 A 中的值。 //可能是实数

//长度为 1 的列表是否已排序？

4.3.1 选择排序

想象一下，你侄子来做客时，翻阅完你的 *Illustrated Encyclopedia of Tantic Trigonomet* 后，把整套书放回书架，但顺序打乱了。他可以用下述方法来整理这套书吗？

```
找到第 1 卷
如果它不在位置 1，那么
        将第 1 卷放在地板上。
        将位置 1 上的书移动到第 1 卷留出的空位
        将第 1 卷放在位置 1 上
然后按同样方法处理第 2 卷，第 3 卷，……
```

147 //第 1 卷“属于”书架上第一个位置，其值“属于”A[1]吗？

选择排序选取列表中的特定元素(通常是最小元素或最大元素)，并将其放在正确的位置；MinSort 选择最小的元素。所以先要构建查找列表中最小元素的算法，从而实现每次只需比较两个值的目标。遍历列表时，将当前找到的最小值赋给变量 min。

算法 4.3.1 Minimum

```
Begin
  min ← A[1];
  For j ← 2 To n Do
    If (A[j] < min) Then
      min ← A[j];
    End; // if
  End;    // the for-j loop
  Return(min);
End.
```

//上述伪代码包含一个新的控制结构——**For** 循环，形式如下：
//
// **For** 变量←表达式 1 **To** 表达式 2 **Do**
// (循环体)
// **End**;
//
//执行过程和下述结构一样：
//
// 变量←表达式 1;
// **While**(变量≤表达式 2) **Do**
// (循环体)
// 变量←变量+1
// **End**;
//
//**For** 循环处理数组时很自然；控制变量开始于特定值，每次加 1 直到达到第二个特定值。

开始时，当前最小值为 $A[1]$。然后，依次查看 $A[2]$，$A[3]$，……如果遇到比当前最小值更小的数，就将该数赋给 **min**。也就是说，

"**min** 是 $A[1],A[2],\cdots,A[j]$ 中的最小元素"

是 For-j 循环的循环不变式。**min** 最终的值是整个列表的最小值，开销为(n−1)次比较。**通常采用两个数组元素的比较次数衡量排序算法的开销。** 148

通过将所有记录的最小值与 $A[1]$ 交换，然后将 $A[2]$ 到 $A[n]$ 的最小值与 $A[2]$ 交换……实现对 A 的排序。

算法 4.3.2 MinSort

```
Begin
  For k ← 1 To (n − 1) Do        // 第k次变量为A[k]选择正确的值
    min ← A[k];                  // min是A[k]…A[n]中的最小值
    index ← k;                   // 出现在记录A[index]中
    For j ← k + 1 To n Do
      If (A[j] < min) Then
        min ← A[j]; index ← j;
      End;  // if
    End;    // For-j循环
    A[index] ← A[k]; A[k] ← min;
  End;      // For-k循环
End.
```

//正确选择 $A[1]$，$A[2]$，…，$A[n-1]$后，$A[n]$如何选择？
//算法中可以删除变量 **min**，只使用 $A[\text{index}]$吗？

当 $\boldsymbol{n}=5$，$\mathbf{A}=(3.1, 5.7, 4.3, 1.9, 3.1)$时，执行过程如下：

//　　$A[1]=3.1$，　$A[2]=5.7$，　$A[3]=4.3$，　$A[4]=1.9$，　$A[5]=3.1$

k	**min**	**index**	**j**	**A[j]**	**A**				
1	3.1	1	2	5.7	3.1	5.7	4.3	1.9	3.1
	"	"	3	4.3					
	"	"	4	1.9					
	1.9	4	5	3.1					
	"	"	-		**1.9**	5.7	4.3	**3.1**	3.1
2	5.7	2	3	4.3					
	4.3	3	4	3.1					
	3.1	4	5	3.1					
	"	"	-		1.9	**3.1**	4.3	**5.7**	3.1
3	4.3	3	4	5.7					
	"	"	5	3.1					
	3.1	5	-		1.9	3.1	**3.1**	5.7	**4.3**
4	5.7	4	5	4.3					
	4.3	5	-		1.9	3.1	3.1	**4.3**	**5.7**

可以证明

$$\text{“}A[1] \leqslant A[2] \leqslant \cdots \leqslant A[k] \leqslant A[k+1], A[k+2], \cdots, A[n]\text{”}$$

是 For-k 循环的循环不变式。　　//对 k 进行数学归纳。

149 这也证明 **MinSort** 是正确的。　　//但效率高吗？

MinSort 的比较次数为

　　$(n-1)$次(查找 $A[1]$，$A[2]$，$A[3]$，…，$A[n]$的最小值)
$+$　$(n-2)$次(查找　$A[2]$，$A[3]$，…，$A[n]$的最小值)
$+$　$(n-3)$次(查找　$A[3]$，…，$A[n]$的最小值)
　　…
　　…
$+$　1 次(查找　$A[n-1]$，$A[n]$的最小值)
$=$　$n(n-1)/2$　　//$\{1..n\}$的 2 元子集数
$=$　$(1/2)\times n^2-(1/2)\times n$　　//如第 6 章所述为 $O(n^2)$

即使数组 A 已排序，**MinSort** 也要比较这么多次——每个元素都要与其他元素比较。每种情况都是最坏情况。如果要利用数组的已排序部分(特别是如果 A 已经完全排好序)，就需要不同的策略。

4.3.2　交换排序

尽管 **Minsort** 中出现了交换，但算法的主要目标是选择要交换的 A 的值。**BubbleSort** 算法的基本操作就是交换 A 的值。

首先检测 A 的值是否已按

$$A[1] \leqslant A[2] \leqslant A[3] \leqslant \cdots \leqslant A[n]$$

排序。自然的算法是：验证连续的元素对 $A[j]$和 $A[j+1]$满足 $A[j] \leqslant A[j+1]$。**BubbleSort** 可以实现这一点，但当它发现连续的元素对不满足这种序关系时，交换两者的值：

比较 $A[1]$和 $A[2]$：

　　如果 $A[1]>A[2]$，交换两者的值，所以现在有 $A[1]\leqslant A[2]$；

比较 $A[2]$和 $A[3]$：

　　如果 $A[2]>A[3]$，交换两者的值，所以现在有 $A[2]\leqslant A[3]$；

……

比较 $A[n-1]$和 $A[n]$：

　　如果 $A[n-1]>A[n]$，交换两者的值，所以现在有 $A[n-1]\leqslant A[n]$。

//一次遍历后，就得到有序列表了吗？

令 $n=11$，$A=(5, 7, 6, 0, 9, 8, 2, 1, 5, 7, 8)$，BubbleSort 的遍历过程如下：

//比较 $A[j]$和 $A[j+1]$的值（j 为从 1 到 $n-1$ 的整数），有时候交换两者的值。 150

j	A[j]	>	A[j+1]	A										
-	-	-	-	5	7	6	0	9	8	2	1	5	7	8
1	5	F	7	5	7	"	"	"	"	"	"	"	"	"
2	7	T	6	"	**6**	**7**	"	"	"	"	"	"	"	"
3	**7**	T	0	"	"	**0**	**7**	"	"	"	"	"	"	"
4	**7**	F	9	"	"	"	7	9	"	"	"	"	"	"
5	9	T	8	"	"	"	"	**8**	**9**	"	"	"	"	"
6	**9**	T	2	"	"	"	"	"	**2**	**9**	"	"	"	"
7	**9**	T	1	"	"	"	"	"	"	**1**	**9**	"	"	"
8	**9**	T	5	"	"	"	"	"	"	"	**5**	**9**	"	"
9	**9**	T	7	"	"	"	"	"	"	"	"	**7**	**9**	"
10	**9**	T	8	"	"	"	"	"	"	"	"	"	**8**	**9**

此次遍历后，得到 $A=(5, 6, 0, \mathbf{7}, 8, 2, 1, 5, 7, 8, \mathbf{9})$。

//这次遍历没有得到已排序列表。那么是否更接近已排序列表呢？

*//上述过程发生了什么？**7**“冒泡”到 $A[4]$，**9**“冒泡”到 $A[11]$。*

//哪些过程可以计数？大的值都向上冒泡。

可见遍历中发生了 j 次改变，而且有些值交换了，

“$A[j+1]$是 $A[1]$，$A[2]$，…，$A[j+1]$的最大元素”

//也就是说，“$A[1]$，$A[2]$，…，$A[j]\leqslant A[j+1]$”恒为真，像循环不变式。

所以遍历结束时，列表中的最大值已在正确的位置 $A[n]$，接下来只需要排序 $A[1]$，$A[2]$，…，$A[n-1]$。

第二次（一样的）**BubbleSort** 遍历会将 $A[1]$，$A[2]$，…，$A[n-1]$中的最大值移动到 $A[n-1]$。然后就不再移动了，因为 $A[n-1]\leqslant A[n]$。第二次遍历过程可以缩短，比较 $A[n-2]$和 $A[n-1]$的值后即可终止。第二次遍历结束时，$A[n-1]$和 $A[n]$都在正确的位置上。第三次遍历过程也可以缩短，比较 $A[n-3]$和 $A[n-2]$的值后即可终止。第三次遍历结束时，$A[n-2]$，$A[n-1]$和 $A[n]$都在正确的位置上。

//遍历多少次才能确保列表已排序？

//$A[2]$，…，$A[n]$都在正确的位置上时，$A[1]$是否也在正确的位置上了？

在给出 **BubbleSort** 算法之前，要说明一下，交换 $A[j]$和 $A[j+1]$的值需要引入第三个变量 $\boldsymbol{x}$。如果 $A[j]$的值为 α，$A[j+1]$的值为 β（通常与 α 不同），赋值语句

$$A[j]\leftarrow A[j+1];$$

会将 $A[j+1]$的值复制到变量 $A[j]$的存储位置，并覆盖当前值。所以执行该赋值语句后，

151 $A[j]$和$A[j+1]$的值都是β，α丢失了。值α必须临时存放在一个地方，如辅助变量$\boldsymbol{x}$。

交换$A[j]$和$A[j+1]$的值必须用到三个赋值语句

$$\boldsymbol{x} \leftarrow A[j] \quad 和 \quad A[j] \leftarrow A[j+1] \quad 和 \quad A[j+1] \leftarrow \boldsymbol{x}$$

//　　α　　β　　α

//**MinSort** 中，交换$A[k]$和$A[\text{index}]$的值时，辅助变量是什么，三个赋值在哪里？

//严格来讲，实际上不需要第三个**变量**来交换变量$\boldsymbol{y}$和$\boldsymbol{z}$的值；

//可以用三个赋值和计算完成，如下所示：

//　　$\boldsymbol{y} \leftarrow \boldsymbol{y}+\boldsymbol{z}$；　$\boldsymbol{z} \leftarrow \boldsymbol{y}-\boldsymbol{z}$；　$\boldsymbol{y} \leftarrow \boldsymbol{y}-\boldsymbol{z}$

//假设开始时　　$\boldsymbol{y}$的值是α，　　$\boldsymbol{z}$的值是β，那么

//第一次赋值后　　$\boldsymbol{y}$的值是$\alpha+\beta$　　$\boldsymbol{z}$的值是β；

//第二次赋值后　　$\boldsymbol{y}$的值是$\alpha+\beta$　　$\boldsymbol{z}$的值是α；

//第三次赋值后　　$\boldsymbol{y}$的值是β　　$\boldsymbol{z}$的值是α。

//但该方法比三次赋值要做更多工作。我们可以承受第三个变量带来的开销。

当$\boldsymbol{n}=11$，$\boldsymbol{A}=(5, 7, 6, 0, 9, 8, 2, 1, 5, 7, 8)$时，**BubbleSort** 的遍历过程如下：

//给出每次遍历后的结果。

算法 4.3.3　BubbleSort　　//标准版本

```
Begin
  For k ← 1 To (n − 1) Do          // 第k次遍历A
    For j ← 1 To (n − k) Do
      If (A[j] > A[j + 1]) Then
        x ← A[j];
        A[j] ← A[j + 1];
        A[j + 1] ← x;
      End;                         // if
    End;                           // For-j循环
  End;                             // For-k循环
End.
```

After pass k	A											
-	5	7	6	0	9	8	2	1	5	7	8	
1	5	6	0	**7**	8	2	1	5	7	8	**9**	
2	5	0	**6**	7	2	1	5	7	**8**	8	"	
3	0	**5**	6	2	1	5	**7**	7	8	"	"	
4	0	5	2	1	5	**6**	7	7	"	"	"	
5	0	2	1	**5**	5	6	7	"	"	"	"	
6	0	1	**2**	5	5	6	"	"	"	"	"	← // 排序完成
7	0	1	2	5	5	"	"	"	"	"	"	
8	0	1	2	5	"	"	"	"	"	"	"	
9	0	1	2	"	"	"	"	"	"	"	"	
10	0	1	"	"	"	"	"	"	"	"	"	

152

第 6 次遍历后，$\boldsymbol{A}=(0, 1, 2, 5, 5, 6, 7, 7, 8, 8, 9)$，排序完成。

//后面的遍历不交换值。

//怎么更快停止算法？如何知道列表已完成排序？

BubbleSort 是正确的。　　//但高效吗？

计数的比较次数是内部 For 循环中判断“$A[j]$是否大于$A[j+1]$”的j值的数量。

$k=1$时，j从 1 变到$n-1$，所以要比较$n-1$次。

$k=2$时，j从 1 变到$n-2$，所以要比较$n-2$次。

$k=3$ 时，j 从 1 变到 $n-3$，所以要比较 $n-3$ 次。

……

$k=n-1$ 时，j 从 1 变到 $n-(n-1)$，所以只要比较 1 次。

因此（和 **MinSort** 一样），每种情况下 **BubbleSort** 执行的比较次数都是：

$$1+2+\cdots+(n-1)=n(n-1)/2=(1/2)\times n^2-(1/2)\times n$$

//**BubbleSort** 为 $O(n^2)$

要改进上述算法，降低其比较次数，只需要在列表已完成排序时停止遍历即可。如果完整遍历后没有连续元素的交换，列表必然已完成排序。我们希望尽可能地减少遍历次数。

假设第一次遍历期间发生了一些交换，最后一次交换的是列表

$$A[1],A[2],A[3],\cdots,A[p],A[p+1],\cdots,A[n]$$

中 $A[p]$ 和 $A[p+1]$ 的值，现在有 $A[p]<A[p+1]$，而且因为 $A[p+1]$，…，$A[n]$ 之间没有发生交换，所以它们必然已排好序。因此

$$A[p]<A[p+1]\leqslant A[p+2]\leqslant\cdots\leqslant A[n]$$

而且，如果只是遍历 $A[1]$ 到 $A[p+1]$，而且最大值也已放在最后的位置上，即

$$A[1],A[2],A[3],\cdots,A[p]\leqslant A[p+1]$$

因此，如果排序 $A[1]$，…，$A[p]$ 只需要考虑最后一个元素 $A[p]$，就说明整个列表已完成排序。

实现这一观察，需要引入变量 $\boldsymbol{p}$ 表示最后一次交换的位置（j 的值）。每次遍历前，$\boldsymbol{p}$ 的值设为 0，交换 $A[j]$ 和 $A[j+1]$ 时，将 $\boldsymbol{p}$ 的值更新为 j 的值。遍历完成后，$\boldsymbol{p}$ 会记录最后一个交换的位置。 153

//如果没有交换则为 0。

下一次遍历时，j 从 1 变到 $\boldsymbol{p}-1$，因为 $A[1]$，…，$A[\boldsymbol{p}]$ 已排序。如果 $\boldsymbol{p}$ 的值小于等于 1，也要避免执行多余的遍历。这一点可以通过引入另一个新变量 $\boldsymbol{q}$ 作为当前遍历的最后位置的索引实现。第一次遍历时 $\boldsymbol{q}$ 的值设为 n，每次遍历后 $\boldsymbol{q}$ 的值设为 $\boldsymbol{p}$。

算法 4.3.4　BetterBubbleSort

```
Begin
  q ← n;
  Repeat                          //遍历数组A
    p ← 0;
    For j ← 1 To (q − 1) Do
      If (A[j] > A[j + 1]) Then
        x ← A[j];
        A[j]← A[j + 1];
        A[j + 1]← x;
        p ← j;                    //最后交换发生的“位置”
      End;                        //If
    End;                          //For-j循环
    q ← p;
  Until (q <= 1);
End.
```

//Repeat 循环可以重写成 While 循环吗？

当 $\boldsymbol{n}=11$，$\boldsymbol{A}=(5,\ 7,\ 6,\ 0,\ 9,\ 8,\ 2,\ 1,\ 5,\ 7,\ 8)$ 时，**BetterBubbleSort** 的遍历过程如下：

//显示每次遍历后 $\boldsymbol{A}$ 的内容和 $\boldsymbol{p}$ 的最终值

//使用和 **BubbleSort** 一样的数据。

pass #	q	A											p
-	-	5	7	6	0	9	8	2	1	5	7	8	-
1	11	5	6	0	**7**	8	2	1	5	7	8	**9**	10
2	10	5	0	**6**	7	2	1	5	7	**8**	8	"	8
3	8	0	**5**	6	2	1	5	**7**	7	"	"	"	6
4	6	0	5	2	1	5	**6**	"	"	"	"	"	5
5	5	0	2	1	**5**	5	"	"	"	"	"	"	3
6	3	0	1	**2**	"	"	"	"	"	"	"	"	2
7	2	0	1	"	"	"	"	"	"	"	"	"	0

//第 6 次遍历后，**A**=(0，1，2，5，5，6，7，7，8，8，9)，已完成排序。

//但我们发现不了，直到再多完成一次遍历。

154 对 **BetterBubbleSort** 而言，遍历次数 **#*P*** 和比较次数 **#*C*** 取决于输入。最好情况下一次遍历就够了。最好情况是 A 已排序(或只需交换 $A[1]$ 和 $A[2]$)时。最好情况下，

$$\#P = 1 \quad 和 \quad \#C = n-1$$

//**BetterBubbleSort** 的最坏情况是什么？

大的值快速移动到它们所属的位置时，小的值每次向下移动一步，而且每次遍历只移动一步。如果每次遍历时 ***p*** 都是最大可能的值，则 **BetterBubbleSort** 会出现最坏情况。***p*** 的最大可能的值是第 ***q***-1 次遍历时的最大值 j。A 的最小值在最后的位置 $A[n]$ 上时，这种情况会发生。

//有其他最坏情况吗？

然后，**BetterBubbleSort** 的过程和标准的 **BubberSort** 一样，最坏情况下

$$\#P = n-1 \quad 和 \quad \#C = n(n-1)/2$$

BetterBubbleSort 的最坏情况时间复杂度是 $O(n^2)$。

//平均意义上的时间复杂度呢？平均意义上的时间复杂度将在第 9 章讲述。

//是否有方法为基于键值比较的**所有可能**排序算法，确定最小可能的复杂度？

构造 $n=3$ 时 **MinSort 的分支图，内部顶点表示比较，叶子表示输入值得到的不同排序结果**。假定输入数组 $A=(x, y, z)$，其中元素以任意序排列。每次比较时，如果结果为 **False** 则选左分支，如果结果为 **True** 则选右分支。

//第一次遍历时，min$=A[1]=x$；第二次遍历时，min$=A[2]$。

//第一次遍历在水平虚线上方停止。

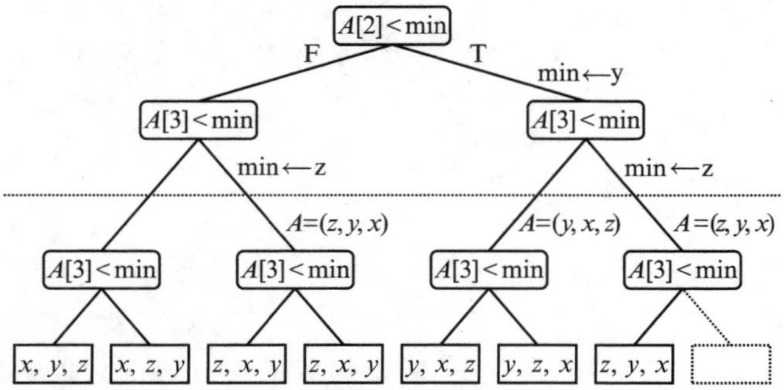

BetterBubbleSort 对应的分支图(输入 $A=(x, y, z)$)如下所示。每次比较时，如果结果为 **False** 则选左分支，如果结果为 **True** 则选右分支。

//第一次遍历在水平虚线上方停止。 155

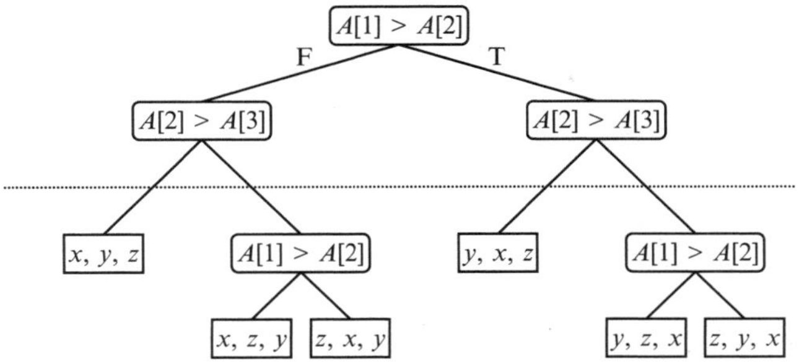

在上述两个分支图中，我们构造了至少含 $6=3!$ 个叶子顶点的二叉树。

本节要点

排序问题描述如下：给定数组 $A[1]$，$A[2]$，$A[3]$，…，$A[n]$，按

$$A[1]\leqslant A[2]\leqslant A[3]\leqslant\cdots\leqslant A[n]$$

重排 A 中的值。针对排序问题，有很多解决策略和排序算法。排序方法是所有计算机科学家的部分常识。排序算法的开销通常考虑两个数组元素的比较(键值比较)次数。

本节介绍了一种选择排序算法 **MinSort** 和一种交换排序算法 **BubbleSort**。两种算法所有情况下的开销为 $n(n-1)/2=(1/2)\times n^2-(1/2)\times n$ 次比较。然后介绍 **BetterBubbleSort** 算法，该算法不是所有情况都是最坏情况，最好情况的开销只需 $n-1$ 次比较，而且大多数情况下，会节省很多比较次数。

构造了 $n=3$ 时 **MinSort** 和 **BetterBubbleSort** 的比较分支图，说明所有可能的比较序列。内部顶点表示比较，叶子顶点表示元素的重排结果(必须至少有 $n!$ 个叶子顶点)。

下一节将介绍**任意**排序算法$\mathscr{A}$的比较分支图，并用分支图证明$\mathscr{A}$的平均开销为至少 $\lg(n!)$次比较(然后从平均意义上分析最好的排序算法的要求)。平均情况复杂度的主题将在第 9 章介绍。 156

4.4 至少有 $n!$ 个叶子的二叉树

二叉树是一棵树$\mathscr{T}$，它有一个顶点 r，称之为**根**，位于图的顶端，$\mathscr{T}$ 的每个顶点 v 最多有两个顶点直接连在其下方。

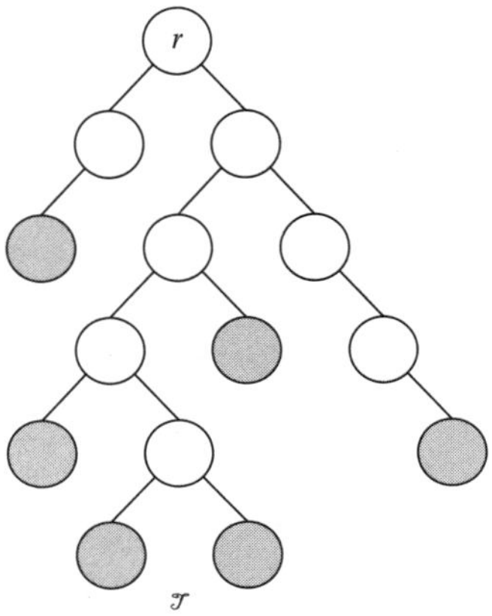

$\mathscr{T}$

叶子是下方没有悬挂顶点的顶点；其他(非叶子)顶点称为**内部**顶点。每个顶点都有唯一的一条路径返回根 r。　//图中向上，树中向下

路径**长度**是遍历的边的数目，称为顶点 v 的**高度**，记作 $h(v)$。　//所以 $h(r)=0$

树 $\mathscr{T}$ 的高度等于树中最高的顶点的高度。

//最高的叶子

定理 4.4.1　高度为 h 的二叉树最多有 2^h 个叶子。

证明　//对 $h(h\in\{0..\})$ 做强归纳。

步骤 1：如果 $\mathscr{T}$ 的高度为 0，则 $\mathscr{T}$ 只有根 r，那么 r 必然是叶子，所以 $\mathscr{T}$ 的叶子数刚好是 $1=2^h$。

步骤 2：假设存在 $q>0$，使得对所有的 $k(0\leqslant k\leqslant q)$，高度为 k 的任意二叉树最多有 2^k 个叶子。

157 步骤 3：令 $\mathscr{T}^*$ 是高度为 $q+1$、根为 r 的二叉树。　//要证明 $\mathscr{T}^*$ 最多有 2^{q+1} 个叶子。

情况 1：根 r 下面悬挂两个顶点 u 和 w。

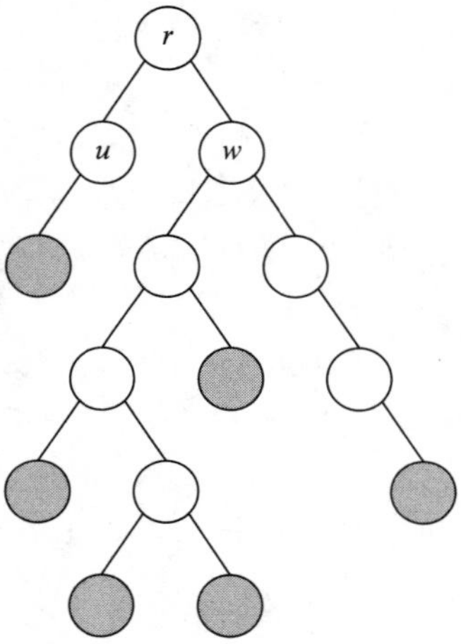

$\mathscr{T}^*$

u 下面是以 u 为根、高度为 $i\leqslant q$ 的二叉树 $\mathscr{T}_u$；w 下面是以 u 为根、高度为 $j\leqslant q$ 的二叉树 $\mathscr{T}_w$。　//事实上，i 或 j 之一必须等于 q(或者两者都等于 q)。

根据步骤 2 的假设，$\mathscr{T}_u$ 最多有 2^i 个叶子，$\mathscr{T}_w$ 最多有 2^j 个叶子。

因为 $\mathscr{T}^*$ 的所有叶子不是出现在 $\mathscr{T}_u$，就是出现在 $\mathscr{T}_w$ 上。 //不会同时出现在两个分支上

所以有

$$\begin{aligned}\mathscr{T}^* \text{ 的叶子数} &= \mathscr{T}_u \text{ 的叶子数} + \mathscr{T}_w \text{ 的叶子数}\\ &\leqslant 2^i + 2^j\\ &\leqslant 2^q + 2^q \qquad //i \text{ 和 } j\leqslant q\\ &= 2^{q+1}\end{aligned}$$

情况 2：根 r 下只连了一个顶点 u。

u 下面是根为 u、高度为 q 的二叉树 $\mathscr{T}_u$。因为 $\mathscr{T}^*$ 的所有叶子都是 $\mathscr{T}_u$ 的叶子，所以有

$$\begin{aligned} \mathscr{T}^* \text{的叶子数} &= \mathscr{T}_u \text{的叶子数} \\ &\leqslant 2^q \\ &< 2^{q+1} \end{aligned}$$ ■

由定理 4.4.1 可知：

如果二叉树的高度 $h<k$，那么它的叶子数 $\leqslant 2^h<2^k$。

如果二叉树的高度 $h<\lg(n)$，那么它的叶子数 $\leqslant 2^h<2^{\lg(n)}=n$。 158

第二个命题的逆否命题如下：

如果二叉树的叶子数 $\geqslant n$，那么其高度 $\geqslant \lg(n)$。

特别是：

如果二叉树的叶子数 $\geqslant n!$，那么其高度 $\geqslant \lg(n!)$。

由于使用长度为 n 的数组时，**任意**排序算法的比较分支图的叶子数 $\geqslant n!$，因此，算法的**最坏情况**(对应到达最高的叶子)的(数组元素的)比较次数 $\geqslant \mathbf{lg(n!)}$。

//那么平均情况呢？分支图能否给出一个界？

定理 4.4.2　n 个叶子的二叉树中，叶子的平均高度 $\geqslant \lg(n)$。

证明　令 $\mathscr{T}$ 是有 n 个叶子的二叉树。

//分四个阶段证明 $\mathscr{T}$ 的叶子的平均高度 $\geqslant \lg(n)$。

令 SHL($\mathscr{T}$)表示 $\mathscr{T}$ 的叶子的高度和，AHL($\mathscr{T}$)表示 $\mathscr{T}$ 的叶子的平均高度，则有

$$\mathrm{AHL}(\mathscr{T}) = \mathrm{SHL}(\mathscr{T})/n$$

//阶段 1

如果某个非根顶点 x 下面只悬挂一个顶点 w。删除 x，并将 u 直接连在 w 下，得到新的树 $\mathscr{T}_1$。$\mathscr{T}_1$ 的叶子数和 $\mathscr{T}$ 相同，但至少有一个叶子到根的距离少了一条边。

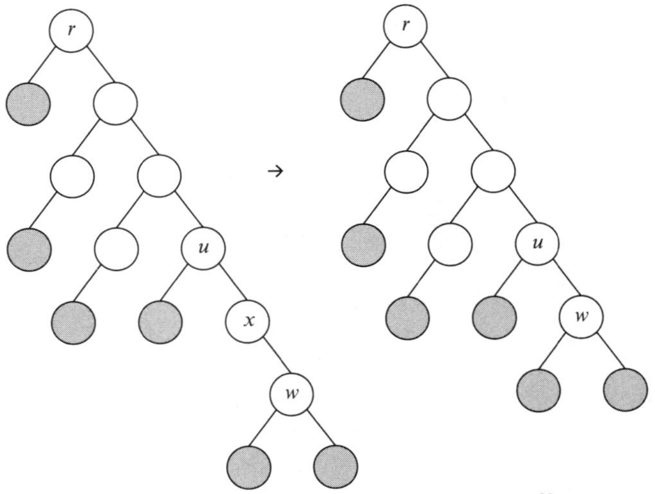

$\mathscr{T}$　　　　$\mathscr{T}_1$ 159

如果根 r 下面只悬挂一个顶点 w，删除 r，将 w 作为根，得到新的二叉树 $\mathscr{T}_1$。$\mathscr{T}_1$ 的叶子数和 $\mathscr{T}$ 相同，但至少有一个叶子到根的距离少了一条边。

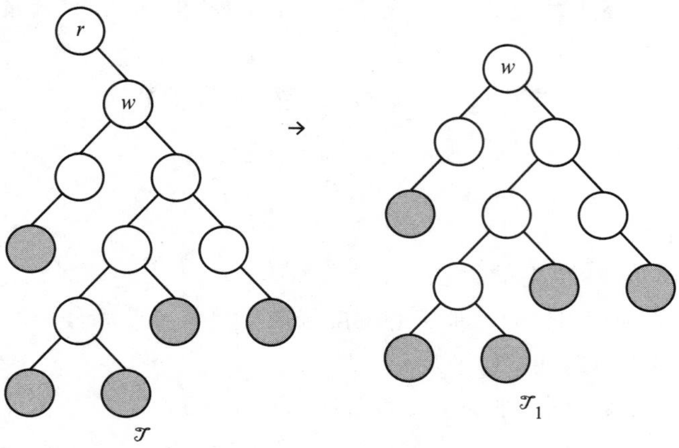

上述两种情况，$\mathcal{T}$ 都是叶子数为 n 的二叉树。但至少有一个叶子到根的距离少了一条边，

$$\mathrm{SHL}(\mathcal{T}) > \mathrm{SHL}(\mathcal{T}_1) \quad 和 \quad \mathrm{AHL}(\mathcal{T}) > \mathrm{AHL}(\mathcal{T}_1)$$

如果按同样的方式，移除下面只悬挂一个顶点的内部顶点，会得到叶子数为 n 的**完全二叉树** $\mathcal{T}_a$，其中

$$\mathrm{AHL}(\mathcal{T}) \geqslant \mathrm{AHL}(\mathcal{T}_a)$$ // $\mathcal{T}$ 可能是完全二叉树

//接下来的三个阶段将证明 $\mathrm{AHL}(\mathcal{T}_a) \geqslant \lg(n)$。

//阶段 2

令 x 是高度最低的叶子，其高度为 $p=h(x)$， //最接近根的叶子

令 y 是高度最高的叶子，其高度 $q=h(y)$。 //离根最远的叶子

如果 $q>p+1$，则可构造新的叶子数仍为 n 的完全二叉树 $\mathcal{T}_2$，其中

$$\mathrm{SHL}(\mathcal{T}_a) > \mathrm{SHL}(\mathcal{T}_2)$$

令 s 是 y 上方的内部顶点；因为 s 下面必须直接悬挂两个顶点，所以另一个顶点可设为 z。因为 $h(z)=h(y)$，z 也是最高的叶子。将它们从 s 下断开，直接悬挂 x 下，构造新

160 的二叉树 $\mathcal{T}_2$。

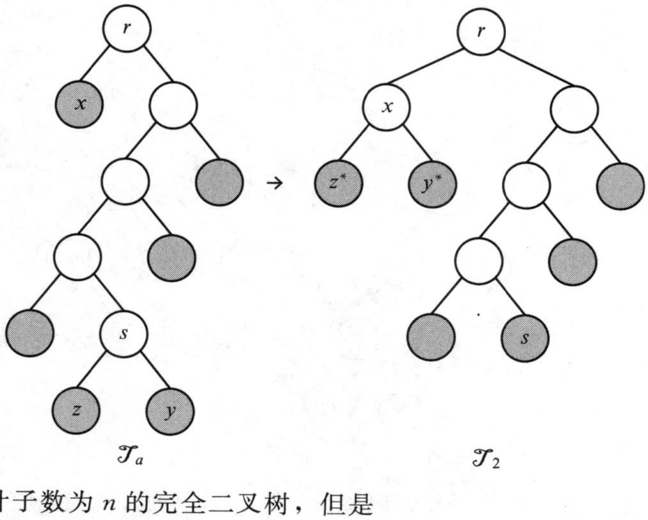

可知，$\mathcal{T}_2$ 是叶子数为 n 的完全二叉树，但是

$$\mathrm{SHL}(\mathcal{T}_2) = \mathrm{SHL}(\mathcal{T}_a) - h(x) - h(y) - h(z) + h(z^*) + h(y^*) + h(s)$$

$$= \mathrm{SHL}(\mathcal{T}_a) - p - q - q + (p+1) + (p+1) + (q-1)$$
$$= \mathrm{SHL}(\mathcal{T}_a) + p - q + 1$$
$$< \mathrm{SHL}(\mathcal{T}_a) \qquad //q > p+1$$

继续将高层顶点 q 的叶子对断开，直接连到低层顶点 p 下面($q>p+1$)，可以得到新的叶子数仍为 n 的完全二叉树 $\mathcal{T}_b$，其所有叶子的高度都是 p 或 $p+1$。

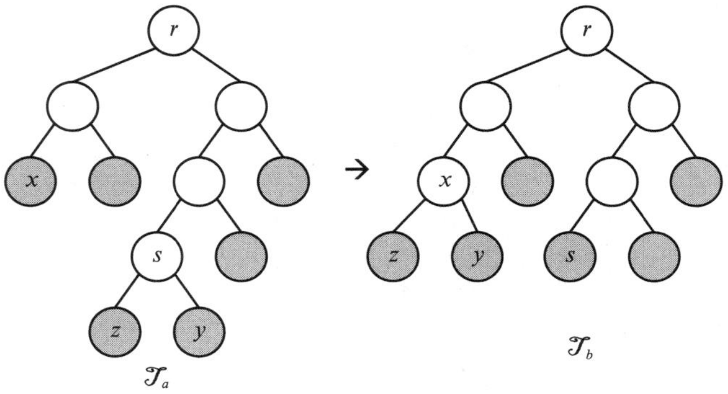

//接下来的两阶段证明 $\mathrm{AHL}(\mathcal{T}_b) \geq \lg(n)$。

//阶段 3

用数学归纳法可以证明 $\mathcal{T}_b$ 中第 $k(k=0, 1, \cdots, p)$层有 2^k 个顶点。

//因为每个内部顶点下只悬挂 2 个顶点 161

如果第 p 层的所有顶点都是叶子，那么高度为 p 的叶子数 $n=2^p$，而且

$$\mathrm{AHL}(\mathcal{T}_b) = p = \lg(n)$$

如果第 p 层只有 t 个顶点是叶子，那么第 p 层有 2^p-t 个内部顶点。所有其他叶子都在第 $p+1$ 层，第 $p+1$ 层的叶子数为 $2(2^p-t)$。因此，

$$n = t + 2(2^p - t) = 2^{p+1} - t, \qquad // 其中 0 < t < 2^p$$

$$\mathrm{SHL}(\mathcal{T}_b) = t \times p + (n-t) \times (p+1)$$
$$= tp + np - tp + n - t$$

和

$$\mathrm{AHL}(\mathcal{T}_b) = \{(n)(p+1) - t\}/n$$
$$= (p+1) - t/n$$

//阶段 4(最终阶段)

函数 $y=\lg(x)(x>0)$是向下凹的函数。

//修习微积分的学生可以通过 $x>0$ 时 y''是负数来证明这一点。

也就是说，连接曲线上任意两点的直线，两点间的线段必然在曲线下方。

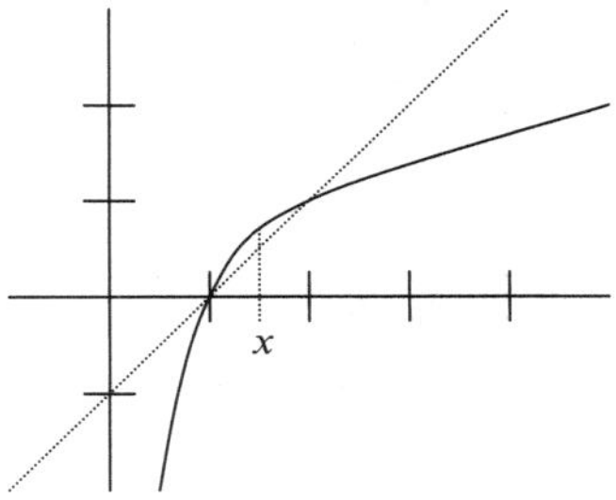

举个例子，函数 $y=x-1$ 上连结(1，0)和(2，1)的线段必然在该曲线下方。

//也就是说，如果 $1<x<2$，那么 $x-1<\lg(x)$。

如果 n 和 t 是整数，其中 $0<t<n$，那么 $1<1+t/n<2$，　　//$0<t/n<1$

所以取 $x=1+t/n$，可得

$$x-1<\lg(x)$$

其中

$$x-1=(1+t/n)-1=t/n$$

$$\lg(x)=\lg(1+t/n)=\lg(n/n+t/n)=\lg([n+t]/n)$$

162 $$=\lg(n+t)-\lg(n) \qquad //\lg(a/b)=\lg(a)-\lg(b)$$

因此

$$t/n<\lg(n+t)-\lg(n)$$

所以

$$\lg(n)<\lg(n+t)-t/n$$

因为

$$n=2^{p+1}-t,\quad n+t=2^{p+1}$$

所以

$$\lg(n)<\lg(2^{p+1})-t/n$$
$$=p+1-t/n$$
$$=\mathrm{AHL}(\mathcal{T}_b)$$

因此，

$$\mathrm{AHL}(\mathcal{T})\geqslant\mathrm{AHL}(\mathcal{T}_b)\geqslant\lg(n)$$ ■

由于使用长度为 n 的数组时，**任意**排序算法的比较分支图的叶子数 $\geqslant n!$，因此，算法的**平均情况**(对应到达平均高度的叶子)的(数组元素的)比较次数 $\geqslant$ **$\lg(n!)$**。

下面根据 n 和 $\lg(n)$ 来确定 $\lg(n!)$ 的界。考虑下表

n	**n!**		**n^n**		**$(n!)^2$**
1	1	=	1	=	1
2	2	<	4	=	4
3	6		27	<	36
4	24		256		576
5	120		3125		14400

定理 4.4.3　对所有正整数 n，下述结论成立。

(1) 当 $n>1$ 时，$n!\leqslant n^n$　　但是　　$n!<n^n$

(2) 当 $n>2$ 时，$n^n\leqslant(n!)^2$　　但是　　$n^n<(n!)^2$

(3) 当 $n>2$ 时，$\lg(n!)$　　$<n\times\lg(n)$　　$<2\times\lg(n!)$

(4) 当 $n>2$ 时，$(1/2)n\times\lg(n)$　　$<\lg(n!)$　　$<n\times\lg(n)$

证明　//依次证明这些结果。　　(使用代数性质，而不是数学归纳法)

$$n!=n\times(n-1)\times(n-2)\times\cdots\times(2)\times(1)$$
$$\leqslant n\times(n)\times(n)\times\cdots\times(n)\times(n)=n^n$$

只有 $n=1$ 时，等式才成立。　　//(1)得证。

//(2)得证了吗？

//如果 $n=5$，　那么　$5!=(5)(4)(3)(2)(1)$

//和　$5!=(1)(2)(3)(4)(5)$

//所以

//　$(5!)^2=(5!)(5!)=(5\times1)(4\times2)(3\times3)(2\times4)(1\times5)$

//　$=\ (5)\quad(8)\quad(9)\quad(8)\quad(5)$

//　$>\ (5)\quad(5)\quad(5)\quad(5)\quad(5)=5^5$

//结论可以推广吗? 163

一般情况下，

$$n! = n \times (n-1) \times (n-2) \times \cdots \times (2) \times (1) = \prod_{r=1}^{n} (n+1-r)$$

$$n! = (1) \times (2) \times (3) \times \cdots \times (n-1) \times (n) = \prod_{r=1}^{n} r$$

那么

$$(n!)^2 = \prod_{r=1}^{n} (n+1-r) \times \prod_{r=1}^{n} r$$

$$= \prod_{r=1}^{n} \{(n+1-r) \times r\}$$

但是

$$\begin{aligned}(n+1-r)r &= (n-r+1)r = (n-r)r + r \\ &= (n-r)([r-1]+1) + r \\ &= (n-r)(r-1) + (n-r) + r \\ &= (n-r)(r-1) + n \\ &\geqslant n\end{aligned}$$

//$n-r \geqslant 0$ 且 $r-1 \geqslant 0$
//当 $1 \leqslant r \leqslant n$ 时

因此，$(n!)^2 \geqslant \prod_{r=1}^{n} n = n^n$。只有 $n=1$ 或 2 时等式才成立。如果 $n \geqslant 3$，乘积中至少有一个 $r(1<r<n)$，使得 $n<(n+1-r)r$。

//(2)得证。(3)和(4)中的对数呢?

假设 $n \geqslant 3$。因为 $n! < n^n < (n!)^2$，取对数，得到(3)

$$\lg(n!) < n \times \lg(n) < 2 \times \lg(n!)$$ // 回忆 $\log_b(x^y) = y \times \log_b(x)$

后面两项分别除以 2，得到

$$(1/2)n \times \lg(n) < \lg(n!)$$

(4)得证。 ■

本节要点

本节介绍二叉树的三个定理，它们可用于所有可能的排序算法(基于比较的排序算法)。

定理 4.4.1 高度为 h 的二叉树最多有 2^h 个叶子。所以，如果二叉树的叶子数大于等于 $n!$，那么其高度大于等于 $\lg(n!)$。因此，**最坏情况下**，**任意**排序算法的比较次数必然大于等于 $\mathbf{lg}(\boldsymbol{n}!)$。 164

定理 4.4.2 n 个叶子的二叉树中，叶子的**平均**高度大于等于 $\lg(n)$。因此，**平均情况下**，**任意**排序算法的比较次数必须大于等于 $\lg(n!)$。

定理 4.4.3　对任意大于 2 的正整数 n，有 $n! < n^n < (n!)^2$ 和 $(1/2)n\times\lg(n) < \lg(n!) < n\times\lg(n)$。因此，**平均情况下，任意**排序算法的比较次数必然大于 $\mathbf{(1/2)n\times\lg(n)}$。

现在知道对长度为 n 的数组，最好的排序算法的开销平均情况下需要比较约 $\mathbf{n\times\lg(n)}$ 次。如何构造这样的排序算法？

如果 $$A[i] < A[j] \quad \text{和} \quad A[j] < A[k]$$

则有（不需要比较就能知道）

$$A[i] < A[k]$$

如果能够记住先前比较的结果，或者组织比较序列以便记住这些结果，后期就可避免不必要的比较。下一节讲述相关思想。

4.5　划分排序

本节详细介绍经典的划分排序——**QuickSort**。这是很好的排序算法；相对 $n\times\lg(n)$ 次键值比较的复杂度和先前介绍的排序算法而言，其平均情况下的效率很高。通过该算法，可以引入**递归算法**，并从本质上进行讨论。

QuickSort 的策略如下：遍历数组中从 $A[1]$ 到 $A[n]$ 的元素，逐个与特定元素的值比较并交换。遍历结束后，位置 j 之前的所有元素的值都比 $A[j]$ 小，位置 j 之后的所有元素的值都比 $A[j]$ 大。

$$\underbrace{A[1]\cdots A[j-1]}_{\leqslant A[j]} \quad A[j] \quad \underbrace{A[j+1]\cdots A[n]}_{\geqslant A[j]}$$

此时 $A[j]$ 在“正确的”位置，接下来只需排序 $A[1]$ 到 $A[j-1]$ 的子列表和 $A[j+1]$ 到 $A[n]$ 的子列表，从而实现 $A[1]$ 到 $A[n]$ 的列表的排序。

最优划分是尽可能将列表对半分。　//X 为什么？

上述例子中，$A[j]$ 的值可能为 A 的所有值的中值。下文很粗略地估算该中值，也就
165 是说，用 $A[n]$ 表示其中值。实际上，文中将介绍对 $A[p]$ 到 $A[q]$（其中 $p < q$）的子列表进行排序的 **QuickSort**，中值 M 初始化为 $A[q]$ 的值。

//中值是存在的，可能在列表末尾。

划分之后，整个列表如下：

$$\underbrace{A[1]\cdots A[j-1]}_{\leqslant M} \quad \underbrace{A[j]}_{=M} \quad \underbrace{A[j+1]\cdots A[n]}_{\geqslant M}$$

递归排序（**QuickSort** 自身）创建的子列表，直到输入列表完全排序。假设存在外部调用 **QuickSort**，以初始化 $A[1]$ 到 $A[n]$ 的数组。

//假设 $1\leqslant n$。

自从 1961 年，C. A. R. Hoare 在《Communications of the ACM》上发表的论文“Partition and Quicksort”中作为算法 63 和算法 64 提出之后，**QuickSort** 算法已经有很多个版本。本书介绍的版本是基于 N. Lomuto 多年前提出的版本。

这里只对基本策略做一点点改动：放置在位置 j 前的值严格小于 M。该策略可以使用 For 循环，通过对变量 k 从 p 到 $(q-1)$ 来实现。对数组 A 中每个连续的 k 值都执行这种策略，可得

$$\underbrace{A[p]\cdots A[j-1]}_{< M} \quad \underbrace{A[j]\cdots A[k]}_{\geqslant M} \quad \underbrace{A[k+1]\cdots\cdots A[q-1]}_{?} \quad \underbrace{A[q]}_{=M}$$

//A 中 $A[p]$到 $A[k]$的部分已经被划分为小于 M 和大于等于 M 两部分，
//$A[k+1]$到 $A[q-1]$的部分还未划分。

此时，如果 $A[k+1]<M$，则交换 $A[k+1]$和 $A[j]$的值，然后 j 的值加 1(如果 $A[k+1]\geqslant M$，则不作任何操作)，可得

$$\underbrace{A[p]\cdots A[j-1]}_{<M}\quad \underbrace{A[j]\cdots A[k+1]}_{\geqslant M}\quad \underbrace{A[k+2]\cdots A[q-1]}_{?}\quad \underbrace{A[q]}_{=M}$$

当 $k=q-1$ 时，有

$$\underbrace{A[p]\cdots A[j-1]}_{<M}\quad \underbrace{A[j]\cdots A[q-1]}_{\geqslant M}\quad \underbrace{A[q]}_{=M}$$

所以，如果现在交换 $A[q]$和 $A[j]$的值，实际上只需要$(q-p)$次键值比较就可以完成**划分**。

//交换$(j-p)+1$ 次。 166

算法 4.5.1　QuickSort(p，q)

//假设外部有 QuickSort(1，n)调用，并(递归地)排序 $A[p]$，$A[p+1]$，…，$A[q]$：

```
Begin
  If (p < q) Then
    M ← A[q];
    j ← p;
    For k ← p to (q − 1) Do
      If ( A[k] < M ) Then
        x ← A[j];
        A[j] ← A[k];
        A[k] ← x;
        j ← j + 1;
      End;                     // If语句
    End;                       // 对应For-k循环
    A[q] ← A[j];
    A[j] ← M;                  // 划分完成

    QuickSort(p, j − 1);       // 第一个递归子调用
    QuickSort(j + 1, q);       // 第二个递归子调用
  End;                         // 对应开始的If语句
End.                           // 对应递归算法
```

外部调用为 $Q(1，11)$时，**算法遍历**如下：
//快排(QuickSort)$A[1]$到 $A[11]$的元素。

k	A[k]	A[k]<M	A（1=p ↓ … ↓ q=11）		j
-	-	-	5 7 6 0 9 8 2 1 5 7 **3**	M=3	1
1	5	F	**5** 7 6 0 9 8 2 1 5 7 3		"
2	7	F	5 **7** 6 0 9 8 2 1 5 7 3		"
3	6	F	5 7 **6** 0 9 8 2 1 5 7 3		"
4	0	T	**0** 7 6 **5** 9 8 2 1 5 7 3		2
5	9	F	0 7 6 5 **9** 8 2 1 5 7 3		"
6	8	F	0 7 6 5 9 **8** 2 1 5 7 3		"
7	2	T	0 **2** 6 5 9 8 **7** 1 5 7 3		**3**
8	1	T	0 2 **1** 5 9 8 7 **6** 5 7 3		4
9	5	F	0 2 1 5 9 8 7 6 **5** 7 3		"
10	7	F	0 2 1 5 9 8 7 6 5 **7** 3		"
-	-	-	0 2 1 **3** 9 8 7 6 5 7 **5**		-

//A 的第一次划分结果为：[<3 | **3** | ≥3]　　//第 1 个 j 等于 4

此时，$p=1$，$j-1=3$。所以 QuickSort 执行下一个“动作”时调用带新参数的 QuickSort，即 QuickSort(1，3)。

167 继续遍历之前，先介绍(现代高级计算机语言)实现递归的通用机制。每次调用算法，包括算法内部的子调用，都会创建“调用框架”——调用的特定数据结构。我们可以使用类似于便签的方式，通过冗长和复杂的计算获取部分结果。

算法执行到子调用的位置时，会再次执行，但首先会标记当前执行或计算的位置(即返回的地址)。然后获取新的便签纸进行计算；放置于便签纸栈的栈顶；在该便签上开辟空间存储该实例的局部变量的值(M，k，j 和 x——但不包括全局变量 A，所有对 A 的引用必须指向数组本身)；记录下此次调用的参数值；记录下返回地址。然后再次从头开始运行算法。

当算法执行到另一个位置，该位置上有新的子调用时，重复该过程。在便签栈栈顶的新便签页上再从算法开头开始运行算法。

在算法的子调用完成时，舍弃栈顶的便签，返回前一页的执行/计算位置继续执行。

QuickSort **第 2 次调用**的是 $Q(1，3)$。

//稍后会调用 $Q(5，11)$，但要等到 $A[1]\cdots A[3]$完成排序。

//快排 $A[1]$到 $A[3]$的元素。

A（1=p，q=3）

k	A[k]	A[k]<M	1=p ↓		q=3 ↓										j
-	-	-	0	2	1	3	9	8	7	6	5	7	5	M=1	1
1	0	T	**0**	2	1	"	"	"	"	"	"	"	"		2
2	2	F	0	**2**	1	"	"	"	"	"	"	"	"		"
-	-	-	0	**1**	**2**	"	"	"	"	"	"	"	"		-

//A 的第二次划分结果为：0|**1**|2　　//第 2 个 j 等于 2

此时 $p=j-1=1$，所以执行下一个调用。

QuickSort **第 3 次调用**的是 $Q(1，1)$。　　//稍后调用 $Q(3，3)$。

此次调用时，$p=q$，所以不做任何动作直接返回 QuickSort 的第 2 次调用位置，即 $j+1=q=3$。然后接着执行第 2 次子调用。

QuickSort **第 4 次调用**的是 $Q(3，3)$。此次调用时，$p=q$，所以不做任何动作直接返回 QuickSort 的第 2 次子调用，第 2 次调用完成。　　//两个子调用过程都已完成。

此时，返回到 QuickSort 的第 3 次调用位置，执行第 2 次子调用。

QuickSort **第 5 次调用**的是 $Q(5，11)$。

168 //快排 $A[5]$到 $A[11]$的元素。

A（5=p，q=11）

k	A[k]	A[k]<M					5=p ↓						q=11 ↓		j
-	-	-	0	1	2	3	9	8	7	6	5	7	5	M=5	5
5	9	F	"	"	"	"	**9**	8	7	6	5	7	5		"
6	8	F	"	"	"	"	9	**8**	7	6	5	7	5		"
7	7	F	"	"	"	"	9	8	**7**	6	5	7	5		"
8	6	F	"	"	"	"	9	8	7	**6**	5	7	5		"
9	5	F	"	"	"	"	9	8	7	6	**5**	7	5		"
10	7	F	"	"	"	"	9	8	7	6	5	**7**	5		"
-	-	-	"	"	"	"	5	8	7	6	5	7	**9**		-

//A 的新划分结果为：5|≥5　　//j 的当前值为 5

此时，$p=5$ 但 $j-1=4$，因此

QuickSort 的第 6 次调用为 $Q(5, 4)$。 //稍后调用 $Q(6, 11)$。

此次调用时，$p>q$，所以不做任何操作，返回 QuickSort 的第 5 次调用，即 $j=5$ 处执行第二个子调用。因此

QuickSort 的第 7 次调用为 $Q(6, 11)$。

//快排 $A[6]$到 $A[11]$的元素。

```
                              A
                       6=p              q=11
k  A[k]  A[k]<M         ↓                ↓        j
-   -       -   0 1 2 3 5 8 7 6 5 7 9   M=9      6
6   8       T   " " " " " 8 7 6 5 7 9            7
7   7       T   " " " " " 8 7 6 5 7 9            8
8   6       T   " " " " " 8 7 6 5 7 9            9
9   5       T   " " " " " 8 7 6 5 7 9            10
10  7       T   " " " " " 8 7 6 5 7 9            11
-   -       -   " " " " " 8 7 6 5 7 9            -
```

//A 的新划分结果为：[<9 | 9] //j 的当前值为 11 169

此时 $p=6$，$j-1=10$，因此下一个调用为

QuickSort 的第 8 次调用为 $Q(6, 10)$。 //稍后调用 $Q(12, 11)$

//快排 $A[6]$到 $A[10]$的元素。

```
                              A
                       6=p          q=10
k  A[k]  A[k]<M         ↓            ↓            j
-   -       -   0 1 2 3 5 8 7 6 5 7 9     M=7    6
6   8       F   " " " " " 8 7 6 5 7 "            "
7   7       F   " " " " " 8 7 6 5 7 "            "
8   6       T   " " " " " 6 7 8 5 7 "            7
9   5       T   " " " " " 6 5 8 7 7 "            8
-   -       -   " " " " " 6 5 7 7 8 "            -
```

//A 的新划分结果为：[<7 | 7 | ≥7] //j 的当前值为 8

此时 $p=6$，$j-1=7$，所以

QuickSort 的第 9 次调用为 $Q(6, 7)$。 //稍后调用 $Q(9, 10)$

//快排 $A[6]$到 $A[7]$的元素。

```
                              A
                       6=p q=7
k  A[k]  A[k]<M         ↓ ↓                       j
-   -       -   0 1 2 3 5 6 5 7 7 8 9   M=5      6
6   6       F   " " " " " 6 5 " " " "            "
-   -       -   " " " " " 5 6 " " " "            -
```

//A 的新划分结果为：[5 | 6] //j 的当前值为 6

此时 $p=j=6$，因此

QuickSort 的第 10 次调用为 $Q(6, 5)$。 //稍后调用 $Q(7, 7)$。

此次调用时，$p>q$，所以不做任何操作，返回 QuickSort 的第 9 次调用处即 $j+1=q=7$ 处执行第二个子调用。因此

QuickSort 的第 11 次调用为 $Q(7, 7)$。此次调用时，$p=q$，所以不做任何动作直接返回 QuickSort 的第 9 次调用，第 9 次调用完成。此时返回 QuickSort 的第 8 次调用即 $j=8$ 处，执行第二个子调用。

QuickSort 的第 12 次调用为 $Q(9, 10)$。

//快排 $A[9]$到 $A[10]$的元素。

```
                  A
     |________________________|
                      9=p q=10
k  A[k] A[k]<M          ↓ ↓                j
-   -        - 0 1 2 3 5 5 6 7 7 8 9   M=8  9
9   7        T " " " " " " " " 7 8 "       10
-   -        - " " " " " " " " 7 8 "        -
```

//*A* 的新划分结果为：　　[7|8]　　//*j* 的当前值为 10

此时 $p=j-1=9$，因此

QuickSort 的第 13 次调用为 $Q(9,\ 9)$。　　//稍后调用 $Q(11,\ 10)$。

此次调用时，$p=q$，所以不做任何动作直接返回 QuickSort 的第 12 次调用即 $j+1=11$ 和 $q=10$ 处执行第二个子调用。

QuickSort 的第 14 次调用为 $Q(11,\ 10)$。此次调用时，$p>q$，所以不做任何动作直接返回 QuickSort 的第 12 次调用，第 12 次调用完成。此时返回 QuickSort 的第 8 次调用，第 8 次调用完成；所以返回 QuickSort 的第 7 次调用即 $j=11=q$ 处执行第二个子调用。

QuickSort 的第 15 次调用为 $Q(12,\ 11)$。此次调用时，$p>q$，所以不做任何动作直接
170 返回 QuickSort 的第 7 次调用，第 7 次调用完成。此时返回 QuickSort 的第 5 次调用，第 8 次调用完成；然后返回 QuickSort 的第 1 次调用，第 1 次调用完成，则输入数组已完成排序。

```
              A
   |______________________|
 1=p                      q=11
   ↓                      ↓
A = 0  1  2  3  5  5  6  7  7  8  9
```

下图给出了对该实例的 QuickSort 的递归调用树。　//这不是算法的分支图或判定树。

顶点是 QuickSort 的调用点。它是一棵完全二叉树，其根为外部调用 QuickSort(1, *n*)，其中 $n=11$，外部调用下方的顶点都是两个子调用。叶子是 $p\geq q$、不执行其他任何操作的子调用。

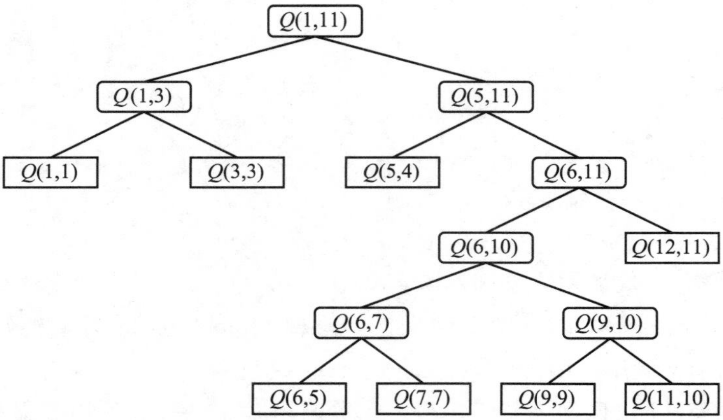

定理 4.5.1　QuickSort 是正确的排序算法。

证明　对 $k(k\in\{1..\})$ 进行强归纳，证明下述命题：

如果调用 QuickSort(p, q)排序长度为 k 的子列表 $A[p]\cdots A[q]$，
算法终止时会得到正确排序的子列表。　　//$k=q-p+1$

步骤 1：如果 $k=1$，则 $p=q$，所以 QuickSort(p，q)在判断 $p=q$ 后立即终止，任意长度为 1 的子列表都已正确排序。

步骤 2：假定存在 $t\geqslant 1$，使得对任意 $k(1\leqslant k\leqslant t)$，如果调用 QuickSort($p$，$q$)排序长度为 k 的子列表 $A[p]\cdots A[q]$，算法终止时会得到正确排序的子列表。

步骤 3：假定调用 QuickSort(p，q)排序长度为 $t+1$ 的子列表 $A[p]\cdots A[q]$。 171

因为 $t=q-p$ 和 $t\geqslant 1$，所以 q 必须大于 p。在划分部分，j 的值从 p 开始，对每个 k 的值一次最多只增加 1，所以 For-k 循环结束时，j 的值最大为 $p+(q-p)=q$。

接下来考虑三种情况。 //根据 j 的值。

情况 1：假定 $j=p$。因为 j 不增大，所以对从 p 到 $q-1$ 的每个索引 k，$A[k]\geqslant M$。所以，唯一要交换的是 $A[q]$和 $A[j]$的值，得到

$$A[p]\leqslant A[p+1],A[p+2],\cdots,A[q]$$

QuickSort(p，$p-1$)的第 1 个递归子调用没对数组 A 做任何操作。根据步骤 2，第 2 个递归子调用 QuickSort($p+1$，q)会终止，并正确排序长度为 t 的从 $A[p+1]$到 $A[q]$的子列表。然后算法终止，从 $A[p]$到 $A[q]$的长度为 $t+1$ 的整个子列表得以正确排序。

情况 2：假定 $j=q$。因为 j 必须增大，所以对从 p 到 $q-1$ 的每个索引 k，$A[k]<M$，每个 j 的值都等于当前 k 的值，每个 $A[k]$都和自己交换，最后 $A[q]$也和自己交换，得到

$$A[p],A[p+1],\cdots,A[q-1]<A[q]$$

根据步骤 2，第一个递归子调用 QuickSort(p，$q-1$)会终止，并正确排序长度为 t 的从 $A[p]$到 $A[q-1]$的子列表。第二个递归子调用时 QuickSort($q+1$，q)，没对数组 A 做任何操作。然后算法终止，从 $A[p]$到 $A[q]$的长度为 $t+1$ 的整个子列表得以正确排序。

情况 3：如果 $p<j<q$，算法会将列表 $A[p]\cdots A[q]$划分成三部分：

长度为 r 的子列表 $A[p]\cdots A[j-1]$，其中 $1\leqslant r=j-p<q-p=t$；

长度为 1 的子列表 $A[j]$；

长度为 s 的子列表 $A[j+1]\cdots A[q]$，其中 $1\leqslant s=q-j<q-p=t$。

根据步骤 2，第一个递归子调用 QuickSort(p，$j-1$)会终止，并正确排序 $A[p]$到 $A[j-1]$的子列表，所以有

$$A[p]\leqslant\cdots\leqslant A[j-1]<A[j]=M$$

根据步骤 2，第二个递归子调用 QuickSort($j+1$，q)会终止，并正确排序 $A[j+1]$到 $A[q]$的子列表，所以有

$$A[j]=M\leqslant A[j+1]\leqslant A[j+2]\leqslant\cdots\leqslant A[q]$$

然后算法终止，从 $A[p]$到 $A[q]$的长度为 $t+1$ 的整个子列表得以正确排序。 ■

QuickSort 的优势在于：相当简单但必要的递归，每次划分对数组进行一次（从左到右）遍历，每次划分时只需要比较 $q-p$ 次。 172

但是，在 $n=12$ 的实例中遍历时，QuickSort 有 **8** 个“无效的”子调用(其中 $p\geqslant q$)，但只有 **7** 个“有效的”子调用(其中 $p<q$)。$K=j$ 时，$A[j]$和 $A[k]$之间还有许多“无效的”交换(第 7 次调用时)；$q=j$ 时，$A[j]$和 $A[q]$之间也有两次“无效的”交换(第 7 次调用和第 12 次调用)。

可以移除这些无效操作吗？ //可以。

算法的效率可以提高吗？ //可能。

算法可以更简单吗？ //可能不行。

QuickSort 的任意递归调用树都是以外部调用 QuickSort(1，n)(其中 $n \geqslant 1$)为根的完全二叉树。每个内部顶点下都悬挂两个顶点。叶子是 $p \geqslant q$ 的子调用，不执行任何操作(所以不作子调用)。定理 4.2.3 指出，k 个内部顶点的完全二叉树有 $k+1$ 个叶子——有一半多顶点是叶子。因此，在 QuickSort 的子调用中，**有一半多不做任何**(改变数组 A 的)**操作**，但每个调用在构建调用框架、放置在栈顶执行、判断 $p \geqslant q$ 后退栈、返回 QuickSort 的先前实例时，都会有时间和资源开销。

如果能在子调用被调用前就确定它确实会执行有效操作，则可能提高 QuickSort 的效率。也就是说，子调用是有条件的。

```
If (p < j - 1) Then QuickSort( p , j - 1) End;
If (j + 1 < q) Then QuickSort(j + 1, q ) End;
```

如果 QuickSort 的任意外部调用都检测前置条件 $p<q$，则可以移除与参数值进行比较的初始 If 语句。

更进一步，如果在主划分循环前查找到大于等于 M 的元素 $A[j]$，则可以移除与自己交换的无效操作元素。根据这两个想法，可得到 QuickSort2。

算法 4.5.2　QuickSort2(p，q)　　//版本 2.0

```
//假设任意外部调用都有 p<q                                    //X 或 p=q
//(递归地)排序 A[p]，A[p+1]，…，A[q]

Begin
  M ← A[q];
  j ← p;

  While ( A[j] < M ) Do
    j ← j + 1
  End;
                                   //因为 A[q]=M，所以循环终止时有 j≤q。
                                   //终止时，A[j]≥M，也可能 j=q。
173                                //j=q 当且仅当 M 大于 A[p]到 A[q-1]的所有元素。

   If (j = q) Then
     If ( p < j - 1 ) Then QuickSort2( p,j - 1) End
   Else                    // 当j<q和A[j]≥M时，执行划分
     For k ← (j + 1) To (q - 1) Do
       If ( A[k] < M ) Then
         x ← A[j];
         A[j] ← A[k];                              // j<k
         A[k] ← x;
         j ← j + 1;
       End;    // If语句
     End;      // For-k循环

     A[q] ← A[j]; A[j] ← M;                        // j<q

     If ( p < j - 1 ) Then QuickSort2( p , j - 1) End;
     If ( j + 1 < q ) Then QuickSort2(j + 1, q ) End;
   End     // 对应else部分，即j<q时
 End.      // 对应完整的算法
```

假设**外部**调用为 QuickSort2(1，11)，则算法的遍历过程如下：

//排序 $A[1]$到 $A[11]$。

```
                    A
          1=p                  q=11
k  A[k] A[k]<M  ↓                  ↓
-   -     -     5 7 6 0 9 8 2 1 5 7 3       M=3
1   5     F     5 7 6 0 9 8 2 1 5 7 3
```

//While 循环结束时，$j<q$，所以执行 Else 部分的语句：

```
k  A[k] A[k]<M                              j
2   7     F     5 7 6 0 9 8 2 1 5 7 3      1
3   6     F     5 7 6 0 9 8 2 1 5 7 3      "
4   0     T     0 7 6 5 9 8 2 1 5 7 3      2
5   9     F     0 7 6 5 9 8 2 1 5 7 3      "
6   8     F     0 7 6 5 9 8 2 1 5 7 3      "
7   2     T     0 2 6 5 9 8 7 1 5 7 3      3
8   1     T     0 2 1 5 9 8 7 6 5 7 3      4
9   5     F     0 2 1 5 9 8 7 6 5 7 3      "
10  7     F     0 2 1 5 9 8 7 6 5 7 3      "
-   -     -     0 2 1 3 9 8 7 6 5 7 5      -
```

//A 的第 1 次划分结果为：　<3 3　>=3　　//第 1 个 j 等于 4

此时，$p=1$ 和 $j-1=3$，所以 QuickSort2 执行的下一个动作是调用带有新参数的 QuickSort2 本身。

QuickSort2 的第 2 次调用为 $Q2(1, 3)$。　　//稍后调用 $Q2(5, 11)$

//排序 $A[1]$到 $A[3]$。 174

```
                    A
          1=p  q=3
k  A[j] A[j]<M  ↓    ↓
-   -     -     0 2 1 3 9 8 7 6 5 7 5   M=1
1   0     T     0 2 1 " " " " " " " "
2   2     F     0 2 1 " " " " " " " "
```

//While 循环结束时，$j<q$。但 $j+1>q-1$，所以不执行 For 循环。

```
  -   -     -     0 1 2 " " " " " " " "
```

//A 的第 2 次划分结果为　0 1 2　　//第 2 个 j 等于 2

此时，$p=j-1$ 和 $j+1=q$。因此，不执行子调用，第 2 次调用完成，返回 QuickSort2 的第 1 次调用并执行第 2 个子调用。

QuickSort2 的第 3 次调用为 $Q2(5, 11)$。

//排序 $A[5]$到 $A[11]$。

```
                       A
                5=p              q=11
j  A[j] A[k]<M   ↓                ↓
-   -     -     0 1 2 3 9 8 7 6 5 7 5     M=5
5   9     F     " " " " 9 8 7 6 5 7 5
```

//While 循环结束时，$j<q$。

```
k  A[k] A[k]<M                           j
6   8     F     " " " " 9 8 7 6 5 7 5   5
7   7     F     " " " " 9 8 7 6 5 7 5   "
8   6     F     " " " " 9 8 7 6 5 7 5   "
9   5     F     " " " " 9 8 7 6 5 7 5   "
10  7     F     " " " " 9 8 7 6 5 7 5   "
-   -     -     " " " " 5 8 7 6 5 7 9   -
```

//A 的第 3 次划分结果为：　5 | ⩾5　　//第 3 个 j 等于 5

此时，$p>j-1$，但 $j+1<q$。因此下一个调用为

QuickSort2 的第 4 次调用为 $Q2(6, 11)$。

//排序 $A[6]$到 $A[11]$。

```
                                 A
                          6 = p          q = 11
 j  A[j] A[k]<M               ↓            ↓
 -   -       -     0 1 2 3 5 8 7 6 5 7 9          M = 9
 6   8       T     " " " " " 8 7 6 5 7 9
 7   7       T     " " " " " 8 7 6 5 7 9
 8   6       T     " " " " " 8 7 6 5 7 9
 9   5       T     " " " " " 8 7 6 5 7 9
10   7       T     " " " " " 8 7 6 5 7 9
11   9       F     " " " " " 8 7 6 5 7 9
```

//A 的第 4 次划分结果为：　　<9 | 9　　　　//第 4 个 j 等于 11

//While 循环结束时，$j=q$。

175 因为 $p<j-1$，所以执行下一个调用。

QuickSort2 的第 5 次调用为 $Q2(6，10)$。

//排序 A[6]到 A[10]。

```
                                 A
                            6=p        q=10
 j  A[j]  A[j]<M              ↓          ↓
 -   -        -    0 1 2 3 5 8 7 6 5 7 9          M=7
 6   8        T    " " " " " 8 7 6 5 7 "

 k  A[k]  A[k]<M                                  j
 7   7        F    " " " " " 8 7 6 5 7 "          6
 8   6        T    " " " " " 6 7 8 5 7 "          7
 9   5        T    " " " " " 6 5 8 7 7 "          8
 -   -        -    " " " " " 6 5 7 7 8 "          -
```

//A 的第 5 次划分结果为：　　<7 | 7 | ≥7　　　　//第 5 个 j 等于 8

此时 $p<j-1$，所以执行下一个调用。

QuickSort2 的第 6 次调用为 $Q2(6，7)$。　　　　//稍后调用 $Q2(9，10)$

//排序 A[6]到 A[7]。

```
                         A
                     6=p q=7
 j A[j] A[j]<M          ↓ ↓
 -  -       -   0 1 2 3 5 6 5 7 7 8 9        M=5
 6  6       F   " " " " " 6 5 " " " "
```

While 循环结束时，$j<q$。但 $j+1>q-1$，所以不执行 For 循环。

```
 -  -       -   " " " " " 5 6 " " " "
```

//A 的第 6 次划分结果为：　　5 | 6　　　　//第 6 个 j 等于 6

此时，$p>j-1$ 和 $j+1=q$，所以第 6 次调用完成。返回 QuickSort2 的第 5 次调用即 $j=8$ 时，执行第二个子调用。

QuickSort2 的第 7 次调用为 $Q2(9，10)$。

//排序 A[9]到 A[10]。

```
                                 A
                             9=p q=10
 j  A[j]  A[j]<M                 ↓ ↓
 -   -        -    0 1 2 3 5 5 6 7 7 8 9        M=5
 9   7        T    " " " " " " " " 7 8 "
10   8        F    " " " " " " " " 7 8 "
```

//A 的第 7 次划分结果为：　　7 | 8　　　　//第 7 个 j 等于 10

//While 循环结束时，$j=q$。

此时 $p=j-1$，所以没有子调用供执行，忽略 else 部分，第 7 次调用完成。

返回 QuickSort2 的第 5 次调用，第 5 次调用完成。 176

返回 QuickSort2 的第 4 次调用，忽略 else 部分，第 4 次调用完成。

返回 QuickSort2 的第 3 次调用，第 3 次调用完成。

返回 QuickSort2 的第 1 次调用，第 1 次调用完成，得到已排序的数组：

```
        |___________A___________|
       1=p                     q=11
         ↓                      ↓
 A = 0 1 2 3 5 5 6 7 7 8 9
```

QuickSort2 执行该实例的递归调用树如下所示。　　//这不是算法的分支图或判定树。

顶点表示 QuickSort2 的调用。但它不再是以外部调用 QuickSort2(1, n)(其中 $n=11$)为根的完全二叉树。顶点下悬挂的顶点都是要执行的子调用。

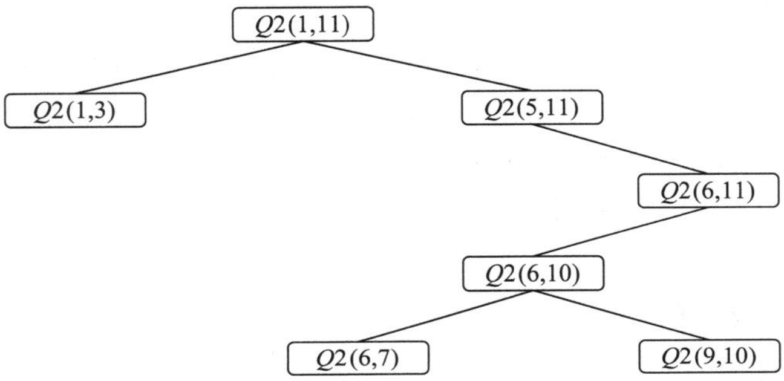

比较 QuickSort 和 QuickSort2 的二叉树。注意，除删除的叶子外，这两棵树是一样的。或者说这是先前那棵二叉树的子树，只是它只包含内部顶点(不包含叶子和内部顶点到叶子的悬挂边)。

本节要点

本节介绍划分算法 QuickSort 并证明其正确性。习题中要求证明该算法会在最多执行 $n(n-1)/2$ 次比较后终止，输入数组已排序时出现最坏情况。

本节描述了实现递归的通用机制——调用栈框架，引入递归调用树图解特定输入下的递归操作。QuickSort 的递归调用树是一棵完全二叉树。我们使用完全二叉树的一般结论构造了第二个快排算法 QuickSort2 以提高执行效率。

递归算法容易构造且容易证明正确性(用强归纳法)。

下一节将介绍每种排序算法所需时间的试验结果，并给出有趣的结论。 177

4.6 排序算法比较

本节在台式机上实现和运行本章介绍的排序算法，并且用 10 个数组作为输入，以比较这些排序算法的运行时间。数组中的元素是从 1～1 000 000 随机抽取的整数。平均时间都以秒计。

//取整

	4000 键值	8000 键值	$T(2n)/T(n)$
BetterBubbleSort	5.467	21.992	4.023
BubbleSort	5.132	21.033	4.098
MinSort	2.445	9.782	4.002
QuickSort	0.0218	0.0465	2.131
QuickSort2	0.0217	0.0460	2.124

两个 QuickSort 算法还在更长的数组上运行，结果如下：

	200 000 键值	400 000 键值	$T(2n)/T(n)$
QuickSort	1.497	3.183	2.126
QuickSort2	1.454	3.165	2.177

从上述数据可知：

1. BetterBubbleSort 有些聪明——对任意列表，将比较次数留给维护“标记”变量 p 的额外开销。

//每次交换时都会更新 p，通常要交换很多次。BubbleSort 较 BetterBubbleSort 差一些。

2. 相比 BubbleSort，MinSort 交换数据花的时间更少，因此排序时间更少。

//每次遍历只交换 1 次

3. QuickSort 看似复杂实际上运行很快。

4. QuickSort2 运行更快。　//但要改动一点点

4.6.1 时间和运算的计数

这些数据说明计数比较是确定算法运行相对开销的合理方式。如果 $T(n)$ 为长度为 n 的列表的排序时间，$f(n)$ 为键值的比较次数，那么希望 $T(n)$ 与 $f(n)$ 是成比例的。也就是说，$T(n)\approx c\times f(n)$，其中 c 为常数。

//常数 c 的值取决于机器速度、对象代码的优化程度、计算环境和其他因素。

如果 $f(n)\approx a\times n^2$，　//第 6 章将详细介绍。

178 考虑 MinSort 和 BubbleSort，输入大小翻倍时，运行时间会翻近四倍。　//如数据所示

$$\frac{T(2n)}{T(n)}\approx\frac{c\times a\times(2n)^2}{c\times a\times n^2}=4$$

如果 $f(n)\approx b\times n\times\lg(n)$，考虑 QuickSort 的(平均)情况，则有

$$\frac{T(2n)}{T(n)}\approx\frac{c\times b\times(2n)\lg(2n)}{c\times b\times n\lg(n)}=\frac{2[\lg(2)+\lg(n)]}{\lg(n)}=2+\frac{2}{\lg(n)}$$

$n=4000$ 时，$\lg(n)=11.965\,78\cdots$ 和 $2+\dfrac{2}{\lg(n)}=2.167\,143\cdots$

$n=200\,000$ 时，$\lg(n)=17.609\,64\cdots$ 和 $2+\dfrac{2}{\lg(n)}=2.113\,574\cdots$

//运行时间比为两倍多(但不会多太多)

本节要点

BubbleSort 效率太差，通常不给学生介绍，也不用，不需要记住。MinSort 处理较短的列表时比较好。QuickSort 运行很快。

有些改进方法有效，有些无效。现代计算机运行都很快，程序语言很复杂，很难预测算法的改变是否会带来性能的提高。即使性能提高，提高的幅度也可能很小。

但有时候算法的改进会极大地提高效率！第 6 章将通过时间复杂度来说明这些思想。

习题

1. (a) 画出 $n=7$ 时线性查找的探测树。
   (b) 画出 $n=14$ 和 20 时二分查找的探测树。
2. 用数学归纳法证明，对所有的 $k\in\{0..\}$，如果二分查找应用于长度为 n 的数组时，k 次(不成功的)探测后算法未终止，那么当前子列表的长度$\leqslant n/2^k$。
3. A 中的每个元素为什么在二分查找的探测树上只出现一次？
4. 二分查找有其他循环不变式吗？证明：
   (a) 不是 $p=1$ 就是 $A[p-1]<T$。
   (b) 不是 $q=n$ 就是 $T<A[q+1]$。
5. 证明对所有的 $k\in\mathbf{Z}$，都有$\lceil(k-1)/2\rceil=\lfloor k/2\rfloor$。
6. 证明对所有的 $k\in\mathbf{Z}$，都有$\lceil k/2\rceil=\lfloor(k+1)/2\rfloor$。
7. 假设二分查找未找到 T。 179
   //*T 在数组中的合适位置是哪里？在哪里插入？*
   (a) 最终的 q 值是否总比最终的 p 值小 1？
   (b) 什么时候有 $A[q]<T<A[p]$？
   (c) 如果 $p=1$(就是说，p 从未改变)，则 $T<A[1]$吗？
   (d) 如果 $q=n$(就是说，q 从未改变)，则 $A[n]<T$ 吗？
8. 二分查找 2 的 While 循环的循环不变式一样吗？证明“循环的每次迭代后，如果 $T=A[i]$则 $p\leqslant i\leqslant q$”。
9. 假设二分查找 2 未找到 T，则在最后一次比较中，$A[p]\neq T$。证明：
   (a) 如果 $1<p<n$，则 $A[p-1]<T<A[p]$。
   (b) 如果 $1=p<n$，则 $T<A[1]$。
   (c) 如果 $1<p=n$，则 $A[n-1]<T<A[n]$或 $A[n]<T$。
10. 假设 $\mathcal{T}$ 是完全二叉树，而且其叶子都在第 p 层或更高层。用数学归纳法证明对 $k=0, 1, \cdots, p$，第 k 层恰有 2^k 个顶点。

    //*因为每个内部顶点都悬挂两个顶点。*
11. (a) 如果 $A[1], A[2], \cdots, A[400]$的所有元素不是 0 就是 1，如何排序？
    (b) 如果 $A[1], A[2], \cdots, A[400]$的所有元素都是 $X[1]<X[2]<\cdots<X[10]$中的值，如何排序？
12. InsertionSort 的原型是排序一手牌的一般方法。假设 $1\leqslant k<n$，$A[1], A[2], \cdots, A[k]$以非降序排列。要将 $A[k+1]$插入到正确的位置。要腾出空间存放 $A[k+1]$的值，比 $A[k+1]$大的元素都要向上移动一位，每次移动一个元素：
    (a) 写出算法 InsertionSort 的程序(或伪代码)。
    (b) 它是交换排序吗？

(c) 每种情况都是最坏情况吗？最坏情况要比较多少次？

(d) 什么时候是最好情况？最好情况要比较多少次？

13. 证明算法 QuickSort 在执行最多 $n(n-1)/2$ 次键值比较后终止，其中 n 为待排序列表的长度。

//提示：参照定理 4.5.1 的证明过程

这是否说明 QuickSort 的最坏情况是列表已排序的情况呢？

14. 如果外部调用有 $p=q$，那么 QuickSort2 会正确工作吗？

15. 在 QuickSort 中，将长度为 k 的列表 $A[p]\cdots A[q]$ 划分成三部分：长度为 k_1 的 $A[p]\cdots A[j-1]$，长度为 1 的 $A[j]$，长度为 k_2 的 $A[j+1]\cdots A[q]$。排序时总的键值比较开销可表述为

$$\mathbf{C}(k) = (k-1) + \mathbf{C}(k_1) + \mathbf{C}(k_2)$$

180 这里将证明 $k_1=\left\lfloor\frac{k-1}{2}\right\rfloor$ 和 $k_2=\left\lceil\frac{k-1}{2}\right\rceil$ 时 $\mathbf{C}(k_1)+\mathbf{C}(k_2)$ 的值最小。　//或相反

(a) 令 f 是 $\mathbf{N}$ 上的任意序列。F 的**第 n 个增量**为 $\Delta f(n)=f(n+1)-f(n)$。

//所以 Δf 也是 $\mathbf{N}$ 上的序列(有时称为“一阶差分”)。

证明：如果 $0\leqslant a<b$，那么

$$f(a) + \sum_{j=a}^{b-1}\Delta f(j) = f(b)$$

(b) 函数 f 有**增加增量**，意味着 Δf 是一个递增序列。假设根据比较次数得到的排序开销是这样的一个函数。

假设 $0\leqslant a<r\leqslant s<b$ 和 $N=a+b=r+s$。

(i) 证明：如果函数 f 有增加增量，那么

$$f(r) + f(s) < f(a) + f(b)$$

//提示：

//$f(a)+f(b)=f(a)+\{f(a)+[\Delta f(a)+\Delta f(a+1)+\cdots+\Delta f(b-1)]\}$　//根据(a)

//$=f(a)+[\Delta f(a)+\cdots+\Delta f(r-1)]+f(a)+[\Delta f(r)+\Delta f(r+1)+\cdots+\Delta f(b-1)]$

//$=\cdots$

//记住：只要 $j\geqslant 0$，就有 $\Delta f(r+j)>\Delta f(a+j)$

//和 $b-1=r+(b-1-r)>a+(b-1-r)=N-r-1=s-1$

(ii) 使用(i)证明：任意选择 r 和 s(其中 $r\leqslant s$)，$r=\lfloor N/2\rfloor$ 和 $s=\lceil N/2\rceil$ 时，$f(r)+f(s)$ 取最小值。

16. $n=7$ 和输入数组为 $A=(11, 13, 12, 32, 31, 33, 20)$ 时，遍历 QuickSort 的操作：

(a) 计算遍历中的比较次数。

(b) 求 $7!$，$\lg(7!)$ 和 $7\times\lg(7)$ 的值。

(c) $n=15$ 时，构造 QuickSort 的一个最好情况。

17. 合并问题描述如下：

给定两个已排序数组 $A[1]\leqslant A[2]\leqslant A[3]\leqslant\cdots\leqslant A[m]$ 和 $B[1]\leqslant B[2]\leqslant B[3]\leqslant\cdots\leqslant B[n]$，将这 $m+n$ 个元素存入数组 C，使得

181 $$C[1] \leqslant C[2] \leqslant C[3] \leqslant \cdots \leqslant C[m+n]$$

(a) 写出算法 Merge 的程序(或伪代码)。　//带三个数组参数

(b) 最坏情况下数组元素要比较多少次？

(c) 将 A 和 B 合并到 C 时，每种情况都只用 $\leqslant m+n$ 次键值比较？

(d) $p\leqslant j\leqslant q$ 时，可否直接将 $A[p]\leqslant\cdots\leqslant A[j]$ 和 $A[j+1]\leqslant\cdots\leqslant A[q]$ 合并成 $C[p]\leqslant C[p+1]\leqslant\cdots\leqslant C[q]$？

(e) $p\leqslant j\leqslant q$ 时，可否直接将 $A[p]\leqslant\cdots\leqslant A[j]$ 和 $B[j+1]\leqslant\cdots\leqslant B[q]$ 合并成 $A[p]\leqslant A[p+1]\leqslant\cdots\leqslant A[q]$？

(f) $p \leqslant j \leqslant q$ 时，可否直接将 $A[p] \leqslant \cdots \leqslant A[j]$ 和 $A[j+1] \leqslant \cdots \leqslant A[q]$ 合并成 $A[p] \leqslant A[p+1] \leqslant \cdots \leqslant A[q]$？

18. **MergeSort** 是比较容易描述的划分排序。要排序 $A[p]$，$A[p+1]$，…，$A[q]$（其中 $p<q$），将列表分成两部分，（用同样的方法）先排序前面一部分再排序剩余的部分，然后将两者合并。使用了最简单的“分成两部分”，也就是说，计算 $j=\lfloor (p+q)/2 \rfloor$，两部分分别为

$$A[p], A[p+1], \cdots, A[j] \quad 和 \quad A[j+1], A[j+1], \cdots, A[q]$$

//如果 $p=q$，不执行任何操作。

(a) 执行合并操作前，通常会将一部分（逐个元素）复制到另一个数组 B。B 可以和 A 一样为全局变量吗？

(b) 写出 **MergeSort** 的**递归算法**的程序（或伪代码）。

(c) 证明数组元素的比较次数小于等于 $n \times \lceil \lg(n) \rceil$。算法使用了多少空间？如果每个数组元素使用一个字，算法使用了多少个字？

19. **HeapSort** 是另一个高效的排序算法。它使用了堆数据结构，堆兼具二叉树和数组的性质。关于 **HeapSort** 的更多信息可上网查阅。

20. 哲学教授的排序问题。假设 Plum 教授已改完 600 份期中考试试卷，想按字母序排序这些试卷。低效的排序算法可能需要比较 $n(n-1)/2$ 次学生姓名，如果每次比较要花 1 分钟，则完成比较需要 50 个小时。请问你会如何排序？你会按姓氏的首字母划分试卷吗？你会合并较小的试卷部分吗？ 182

图 和 树

5.1 引言

本章先以故事的形式介绍三个困难问题。

#1：塔尔塔利亚倾倒问题（约 1530 年）

有三个陶瓷容器(罐)：大号容器容积很大，装了 8 个单位(可能是品脱)的某种(可能贵重的)液体；中号容器是空的，但最多可装 5 个单位的液体；小号容器是空的，但最多可装 3 个单位的液体。用这三个容器，

可以将给定的液体平分吗？

//提示 1：可以将液体从一个容器倒入另一个容器。
//　　　　但只有倒满小的容器或者容器的液体全部倒完(知道容器容积)时才知道倒了多少液体。
//提示 2：用三元组(x, y, z)描述任意配置，其中 x 是大号容器内的液体容积、
//　　　　y 是中号容器内的液体容积、z 是小号容器内的液体容积。
//给出从配置(8,0,0)到(4,4,0)的液体倾倒序列。

#2：传教士和野人问题

三个传教士和三个野人一起经过丛林。他们要渡过一条很宽的河，河里有多种怪兽(短吻鳄、鳄鱼、蛇、水虎鱼等)。因为他们不能安全地游、蹚或跳过河去，所以就沿着河岸走直到找到一艘(有桨的)小船。小船很小，每次只能乘坐两个人。

使用小船，他们都能过河。但是，如果任意一边的野人数超过传教士人数，就会发生悲剧。

他们如何全部过河，而且不会发生悲剧？

#3：哥尼斯堡桥问题（约 1730 年）

哥尼斯堡镇位于两条河交汇处，附近有一个岛。镇上有七座桥，如下图所示。当地居民(周日下午不上班时，家家户户都会花很多时间)寻找经过每座桥各一次的路线。起点和终点任意。

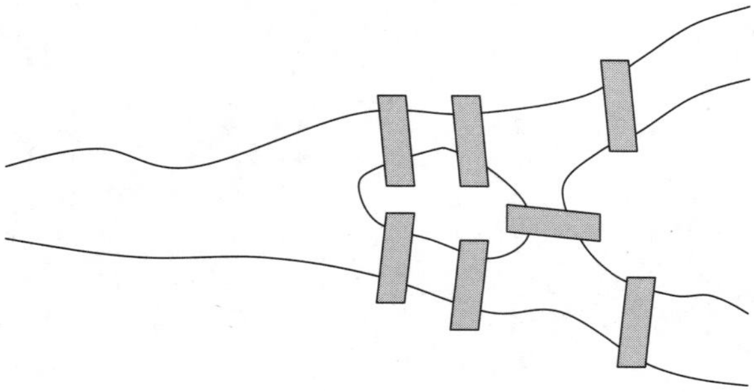

能找到这样的路线吗?

#1:塔尔塔利亚倾倒问题的方案

第一步可以将大号容器的液体倒入小号容器(完全倒满),也就是说,

从(8,0,0)变成(5,0,3)

下一步可以将小号容器的所有液体倒入中号容器,也就是说,

从(5,0,3)变成(5,3,0)

从(5,3,0)可以变成(8,0,0)或(5,0,3),但之前已有这两种配置。倾倒液体的过程中,**尽可能采用得到新配置的策略**。所以可以将大号容器内的液体倒入小号容器,配置从(5,3,0)变到(2,3,3)。 184

进一步得到一个可能的倾倒序列(如下图所示):

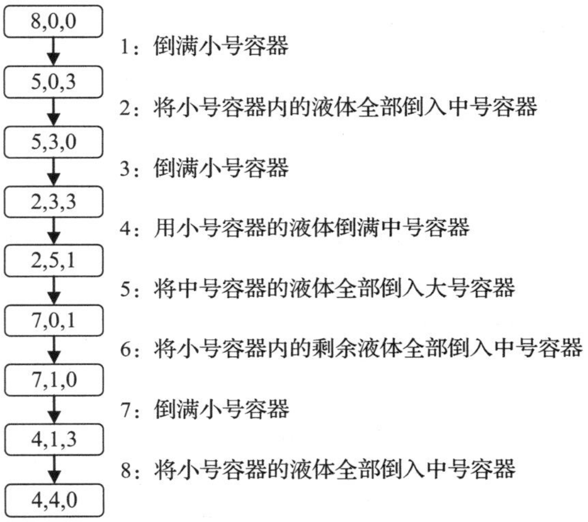

我们得到了一个不是很显而易见的倾倒方案。该方案需要倒 8 次,但不难发现。这可能就是这个问题存在了 500 年的原因。但这是最优方案吗?倾倒次数更少点可以完成吗?

通过生成解决方案的配置树来确定其是否是最优方案:要求所有的倾倒序列不会出现重复的配置。从任意配置开始,可以在**这一步倾倒能达到的所有新配置下添加分支**,并将它们组织成以初始配置(8,0,0)为根的树。 //类似于第 2 章中树的起始顶点。

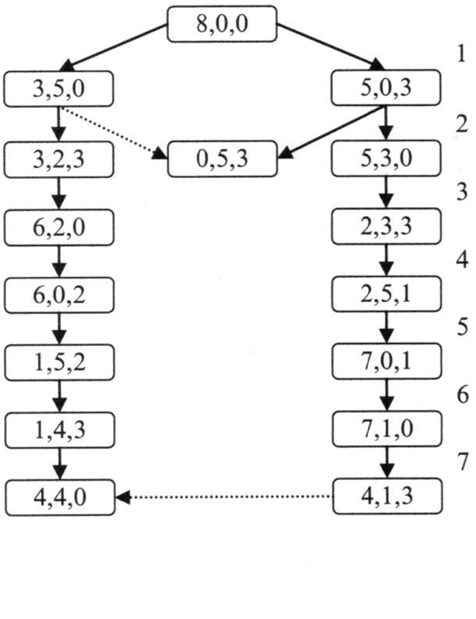

//能确定这棵树包含了对应新配置的所有可能分支吗?

185 第一种倾倒方案不是最优方案。上图已证明(唯一)的最优方案只需倾倒 7 次。

#2: 传教士和野人问题的方案

先介绍配置的表示方式:+表示传道士,o 表示野人,|表示河,*表示小船。则起始配置可表示为(+++ooo*|),想达到的最终配置是(|*+++ooo)。从一种配置变换到另一种配置对应一个或两个人用小船渡河。用小船渡河有 5 种可能性:

1. —+— //一个传道士划船过河
2. —o— //一个野人划船过河
3. —++— //两个传道士划船过河
4. —oo— //两个野人划船过河
5. —+o— //一个传道士和一个野人划船过河

但是要限制某些变换,使得达到的配置都不会发生悲剧。所以,第一次变换不能是

1. —+— //否则会达到(++ooo|*+),河的左岸会发生悲剧
3. —++— //否则会达到(+ooo|*++),河的左岸也会发生悲剧

如果第一次变换是

2. —o—

会达到(+++oo|*o),虽然不会发生悲剧,但野人必须划回来,整个过程又要重新开始。所以第一次必须由一个传道士和一个野人划船过河。

这里仍然采用**尽可能达到一个新配置**的策略。

//当然要限制在该配置下不会发生悲剧。

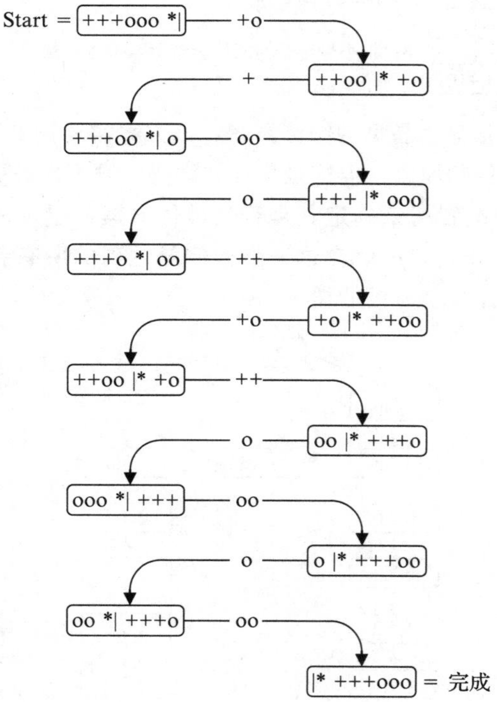

186

//只有这一种变换方案吗?方案都可逆吗?

//该方案比较令人困惑，因为有两个人一起划回来的这步是必需的，而且反直觉。
//塔尔塔利亚倾倒问题令人困惑，可能是因为有些步骤看似未能更接近目标配置。

#3：哥尼斯堡桥问题的方案

欧拉(Leonard Euler，1707—1783)证明该问题无解，从而破坏了该镇居民的一项休闲项目。不管起点和终点设在哪里，都不存在一条只经过每座桥各一次的路线。

塔尔塔利亚倾倒问题因其有解而存在了几百年。哥尼斯堡桥问题存在的原因，不是其无解，而是欧拉证明该问题无解的方案标志着图论的起源。

欧拉抽象出问题的必要元素。他说：

(a) 跟你在岛上的位置无关；有关的是离开或抵达该岛要经过5座桥中的1座。所以，可将岛想象成通过这些桥可到达的点I。

(b) 跟你在北岸的位置无关；有关的是离开或抵达北岸要经过3座桥中的1座。所以，可将北岸想象成通过这些桥可到达的点N。

(c) 跟你在南岸的位置无关；有关的是离开或抵达南岸要经过3座桥中的1座。所以，可将南岸想象成通过这些桥可到达的点S。

(d) 跟你在半岛上的位置无关；有关的是离开或抵达半岛要经过3座桥中的1座。所以，可将半岛想象成通过这些桥可到达的点P。

如果将桥表示成连接这些顶点的直线，则问题就可以抽象成如下图所示：

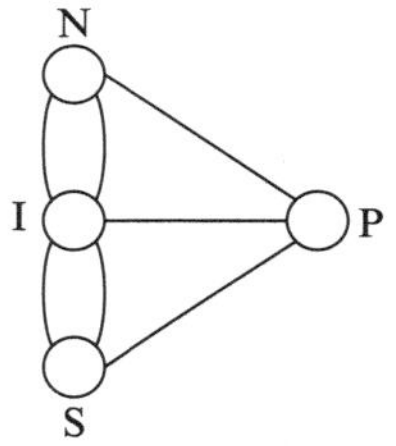

这里先介绍图论的几个基本定义，然后再继续讲解哥尼斯堡桥问题。

//本书使用的定义。

图 G 由(有限非空的)**顶点集** V 和(有限但可能为空的)**边集** E 组成，其中每条边连接两个顶点。顶点通常画成小圆圈、椭圆、正方形，边画成连接两点的线段。边可能连接顶点本身，这种边叫**环**。一条边连接的两个顶点叫**邻居**。两条不同的边可能会连接两个相同的顶点(类似于从哥尼斯堡北岸到岛上的两座桥)，这种边叫**平行边**。没有环和平行边的图叫**简单图**。 187

(图的)**路径**是形如

$$\pi=(v_0,e_1,v_1,e_2,v_2,e_3,\cdots,e_k,v_k)$$

的序列，其中 v_j 表示顶点，e_i 表示连接 v_{i-1} 和 v_i 的边。

//路径对应(部分)图上的遍历，从顶点 v_0 开始，经过边 e_1 到达顶点 v_1，
//然后经过边 e_2 到达顶点 v_2，一直到最后经过边 e_k 到达终点 v_k。

5.1.1 度

每条边都有两个端点，每个边端都会连在顶点上。顶点连的边端的数目 x 称为顶点的

度，记为 $d(x)$。然后，就可以用两种方式计算边端，得到

$$2\times|E|=\sum_{x\in V}d(x) \tag{5.1.1}$$

//哥尼斯堡桥图中：$d(\mathrm{N})=3=d(\mathrm{S})=d(\mathrm{P})$，$d(\mathrm{I})=5$。

//X 用公式(5.1.1)证明任意图中度为奇数的顶点的个数为偶数。

5.1.2 欧拉图

图的**欧拉环游**是每条边都经过一次的路径，如果这种环游的起点和终点是同一个顶点，则称该环游为欧拉回路。

//困难问题 3 是问哥尼斯堡桥图中包含欧拉环游吗？

引理 5.1.1(欧拉 1736)　如果 $\pi=(v_0,e_1,v_1,e_2,v_2,e_3,\cdots,e_k,v_k)$是图 G 中经过每条边刚好一次的路径，那么路径上的中间顶点在图 G 中的度必为偶数，其中，路径上的中间顶点是指除端点 v_0 和 v_k 以外的其他顶点。

证明　如果 x 是路径上的点 v_j，$0<j<k$，则边 e_j 和 e_{j+1} 各有一端在 x 点上。如果 x
188 点在路径上出现了 q 次，那么 x 点上就会连有 $2q$ 个边端。因为 π 中 G 的每条边只出现 1 次，x 上所有的边端都只计算 1 次；也就是说

$$d(x)=2q,\quad \text{为偶数}$$

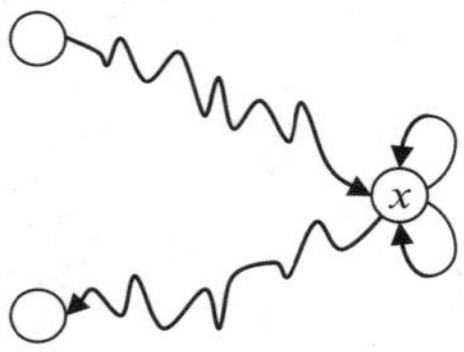

■

因此，如果 G 有欧拉环游，则 G 最多有两个奇度点。

//如果有两个奇度点，则它们必位于环游的两端。

其逆否命题描述为：如果 G 的奇度点超过两个，则 G 中不存在欧拉环游。因为哥尼斯堡桥图有 4 个奇度点，所以不存在欧拉环游。

//找出欧拉环游比较容易。像小孩子玩的“一笔画”游戏：

//用铅笔将图(如下图)上的每条边用一笔画出，要求每条边只画一次。

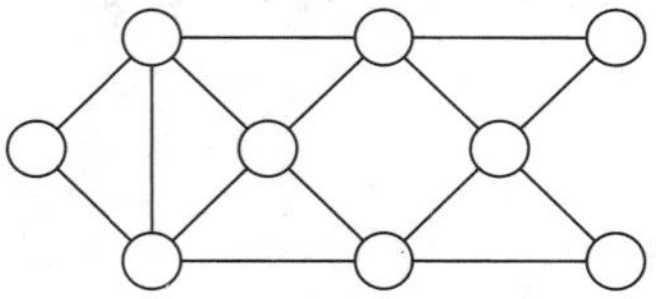

//其他重要应用还包括安排垃圾车或邮递员，使得他们经过每条街仅 1 次，

//或规划画廊或博物馆的参观路径，最自然的方式就是参观的人经过每个站点各 1 次。

//

//用 Fleury 算法可以找到欧拉环游(1883)。

//习题中给出了欧拉图的两个简单的检测条件。

5.1.3 哈密顿图

图的**哈密顿环游**是每个顶点只出现1次的路径；如果该环游首尾顶点相连，则称为哈密顿回路。 //顶点数大于等于3。

//和欧拉图不同，刻画哈密顿图并不容易。

//实际上，仍然没人给出简单刻画哈密顿图的条件； 189

//也就是说，G 是哈密顿图当且仅当所有的条件都成立。

//哈密顿环游至今没有有效的查找算法。

//给出 G 中顶点的全排列，检测其中一个排列是否是 G 中的顶点序列构成的路径，

//但是这种全排列方法在规模很大的图中是不可行的。

//

//克雷数学研究所提供了100万美元奖金，以奖励解决P＝NP问题的人。

//如果能创建一个在任意 n 个顶点的图中查找哈密顿环游（如果存在）的算法，

//且算法的上界为 n^k（其中 k 为常数），就可以申领这笔奖金。

本节要点

图 G 由**顶点**集 V 和**边**集 E 组成，其中每条边连接两个顶点。**简单**图没有环和平行边。**路径**是形如 $\pi=(v_0, e_1, v_1, e_2, v_2, e_3, \cdots, e_k, v_k)$ 的序列，e_i 表示连接 v_{i-1} 和 v_i 的边。顶点 x 的**度**是顶点连的边端数，记为 $d(x)$。欧拉环游是经过每条边各一次的路径；哈密顿环游是经过每个顶点各一次的环游。欧拉图容易刻画，但哈密顿图难以刻画。

许多问题都会要求找出某种路径或环游，如欧拉环游或哈密顿环游。有些问题要求找出特定顶点 y 到特定顶点 z 的路径，有些问题要求找出 y 到 z 的最短路径。

//困难问题2就是问：是否存在从（＋＋＋ooo*|）到（|* ＋＋＋ooo）的路径？

本章目标就是设计解决这类问题的算法。

克雷数学研究所提供了100万美元奖金，以奖励解决P＝NP问题的人。P＝NP问题是理论计算机科学最重要的问题。

5.2 路径、回路和多边形

回忆一下，（图的）路径是形如 $\pi=(v_0, e_1, v_1, e_2, v_2, e_3, \cdots, e_k, v_k)$ 的序列，其中 v_j 表示顶点，e_i 表示连接顶点 v_{i-1} 和 v_i 的边。路径 π 从顶点 v_0 到顶点 v_k、长度（遍历的边数）为 k。 190 //像困难问题1中的倾倒问题。

图是**连通的**，是指任意两个顶点 y 和 z 之间存在一条从 y 到 z 的路径。

路径是**简单的**，是指所有顶点都不相同。 //如果 $i\neq j$ 则 $v_i\neq v_j$。

路径是**封闭的**，如果 $v_0=v_k$。 //起点和终点是同一个顶点。

$k\geqslant1$ 且所有边都不同的封闭路径称为**回路**。

//路径 $\pi=(v_0)$ 是从 v_0 到 v_0、长度为0的简单封闭路径，通常称作平凡路径，

//但不是回路。

//如果边 e 是顶点 v 上的环，则 $\pi=(v, e, v)$ 是长度为 1 的回路。
//如果边 e 是连接顶点 v 和 w 的边，则 $\pi=(v, e, w, e, v)$ 是长度为 2 的封闭路径，
//但不是回路。
//如果边 e 和 f 是连接顶点 v 和 w 的平行边，则 $\pi=(v, e, w, f, v)$ 是长度为 2 的回路。
//G 是简单图⇔G 没有长度为 1 或 2 的回路。

引理 5.2.1　如果 $\pi=(v_0, e_1, v_1, e_2, v_2, e_3, \cdots, e_k, v_k)$ 是从 v_0 到 v_k(v_0 和 v_k 不是同一个顶点)的路径，则从 v_0 到 v_k 存在一条简单路径 π_s 是 π 的子序列。

证明　如果 π 本身是简单路径，得证。如果 π 不是简单路径，则存在索引 i 和 j，$0 \leqslant i < j \leqslant k$，$v_i = v_j$。也就是说，

$$\pi = (v_0, e_1, v_1, e_2, \cdots, e_i, v_i, e_{i+1}, v_{i+1}, \cdots, e_j, v_j = v_i, e_{j+1}, v_{j+1}, \cdots, e_k, v_k)$$

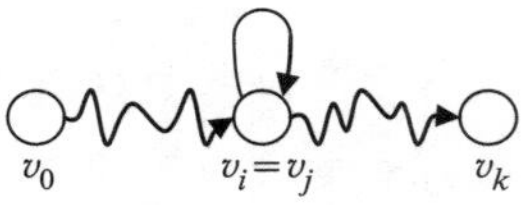

令 $\pi_1=(v_0, e_1, v_1, e_2, \cdots, e_i, v_i=v_j, e_{j+1}, v_{j+1}, \cdots, e_k, v_k)$
//遍历 π 上从 v_0 到 v_i 第一次出现点的边，然后遍历 π 上从 v_i 第二次出现点到 v_k 的边。

可见，π_1 是从 v_0 到 v_k 的路径，它是 π 的子序列，而且边数比 π 少。

//e_{i+1} 不在 π_1 上，π_1 上重复顶点数比 π 少。

如果 π_1 不是简单路径，则重复上述过程，查找第二个重复顶点，创建从 v_0 到 v_k 的新路径 π_2，使得 π_2 是 π_1(和 π)的子序列，而且边数比 π_1 少。

因为每次至少移除一条边，所以最多迭代 k 次，上述过程必然会终止。然后得到从 v_0 到 v_k 存在一条**简单**路径 π_s，它是 π 的子序列。■

191 //为什么顶点间的最短路径(从边数最少的角度考虑)必须是简单路径?

5.2.1　路径确定的子图

假设 $\pi=(v_0, e_1, v_1, e_2, v_2, e_3, \cdots, e_k, v_k)$ 是图 G 上的一条路径。将 G 中出现在 π 上的部分分离出来，设 G_π 表示该图，

其顶点集为 $V_\pi=\{v_0, v_1, v_2, \cdots, v_k\}$　//G 中出现在 π 上的顶点

其边集为 $E_\pi=\{e_1, e_2, \cdots, e_k\}$　//G 中出现在 π 上的边

//但这些顶点和边并不都是不同的。如果边都不相同，则 π 是 G_π 的一个欧拉环游。
//G_π 是连通图。

用 π^{R} 表示 π 的逆序列，即

$$\pi^{\mathrm{R}} = (v_k, e_k, v_{k-1}, e_{k-1}, v_{k-2}, \cdots, v_2, e_2, v_1, e_1, v_0)$$

那么，π^{R} 也是一条路径，它和 π 所确定的子图是一样的。

如果 π 是简单路径(无重复顶点)，则 π 没有重边。　//见引理 5.1.1

而且，图 G_π 中 v_0 和 v_k 的度为 1，$v_1, v_2, \cdots, v_{k-1}$ 的度都为 2。

如果 π 是顶点 v 到 w 的简单路径，e 是连接 v 和 w 的边且不在 G_π 上，那么 G_π 和 e 就构成一个图，该图上所有顶点的度都为 2。

如果 π 是回路(无重边但可能有重复顶点)，那么图 G_π 中，v_1 到 $v_k=v_0$ 的所有顶点都是偶度点。

所有顶点都是 2 度点的连通图称为**多边形**。路径和回路是代数对象，多边形是几何对象。顶点数 $n\geqslant 2$ 的多边形是由 $2\times n$ 个不同的回路确定的子图。

//每条连接不同顶点的路径都包含一个简单路径子序列。

//π 是封闭路径的任意图 G_π 都包含多边形吗?

如果 π 是 v 到 w 的简单路径，e 是连接 v 和 w 的边且不是 G_π 上的边，则 G_π 和 e 构成多边形。

包含 G 的所有顶点的子图称作**生成**子图。

//如果 G 的顶点数大于等于 3，则有：G 有哈密顿回路$\Leftrightarrow$$G$ 有生成多边形。 192

引理 5.2.2 如果 $\pi=(v_0,\ e_1,\ v_1,\ \cdots,\ v_{j-1},\ e_j,\ v_j,\ \cdots,\ e_k,\ v_k)$ 是封闭路径，而且边 e_j 在 π 上只出现 1 次，那么图 G_π 包含一个含 e_j 的多边形。

证明 如果 $v_j=v_{j-1}$，那么 e_j 必然是一条回边，$(v_{j-1},\ e_j,\ v_j)$ 确定了图 G_π 上的一个多边形。

如果 $v_j\neq v_{j-1}$，那么 //e_j 不是回边

$$\pi_1=(v_j,e_{j+1},v_{j+1},\cdots,e_k,v_k=v_0,e_1,v_1,\cdots,v_{j-2},e_{j-1},v_{j-1})$$

是 v_j 到其他顶点 v_{j-1} 的路径。因为 e_j 在 π 上只出现 1 次，所以 π_1 不包含 e_j。根据引理 5.2.1，存在从 v_j 到 v_{j-1} 的简单路径 π_s(它是 π_1 的子序列)。路径 π_s 没有重复的顶点，所以没有重边，另外 π_s 不包含 e_j。该简单路径和 e_j 构成了图 G_π 中的多边形。 ■

//构造一个封闭路径 π，其中 G_π 没有多边形。

//X 如果 $\pi=(v_0,\ e_1,\ v_1,\ \cdots,\ e_k,\ v_k)$ 是封闭路径，k 是奇数，则图 G_π 包含多边形。

引理 5.2.3 如果图 G 中有两个顶点存在两条不同的简单路径，则 G 包含多边形。

证明 假设

$$\pi_1=(y,e_1,v_1,e_2,v_2,e_3,\cdots,e_k,z)$$

$$\pi_2=(y,f_1,w_1,f_2,w_2,f_3,\cdots,f_q,z)$$

是 G 中连接顶点 y 和 z 的两条不同的简单路径。

下面逐项对 π_1 和 π_2 进行比较。它们都从同一个顶点 y 开始。如果 $f_1=e_1$，则 w_1 就是 v_1；如果 $f_2=e_2$，则 w_2 就是 v_2。但 π_1 和 π_2 是不同的序列，所以必然有一项是不同的，而且第一个不同的项必然是边。因此，存在索引 j，$0\leqslant j<k$，使得 //为什么 $j<k$?

$$(y,e_1,v_1,e_2,v_2,e_3,\cdots,e_j,v_j)=(y,f_1,w_1,f_2,w_2,f_3,\cdots,f_j,w_j)$$

但

$$e_{j+1}\neq f_{j+1}$$ //后面的边都不同。

令 e 表示边 e_{j+1}，x 表示顶点 v_j。 //所以 x 也等于 w_j。

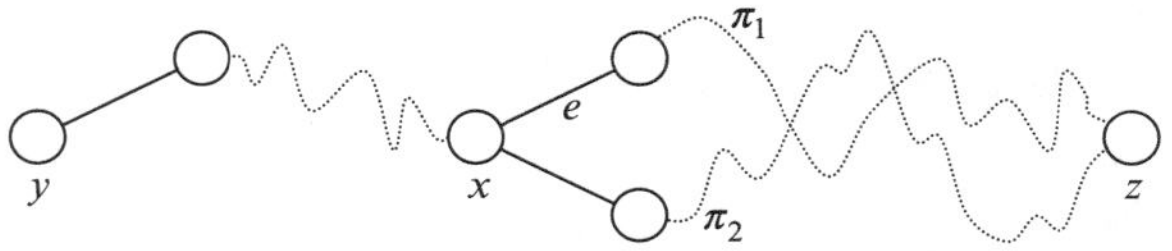

193

边 e 不能在 π_1 上出现 2 次，否则 π_1 上就有重复的顶点。 //称为 x

如果 e 是 π_2 中的 f_r，那么 $r>j+1$，e_{j+1} 的端点分别为 w_r 和 w_{r+1}。但顶点 $x=w_j$ 在 π_2 中会重复出现。因此，e 不是 π_2 中的边。

令 π 是沿着 π_1 从 y 到 z 和沿着 $(\pi_2)^R$ 从 z 到 y 构造的封闭路径。边 e 在 π 上恰恰出现 1 次。因此根据引理 5.2.2，G 包含多边形。 ■

如果 H 是包含不同顶点 y 和 z 的多边形，则从 y 到 z 存在两条不同的简单路径：一条沿多边形按顺时针从 y 到 z，另一条沿多边形按逆时针从 y 到 z。

本节要点

假设 $\pi=(v_0, e_1, v_1, e_2, v_2, e_3, \cdots, e_k, v_k)$ 是**路径**，则称 π 是**从** v_0 **到** v_k、**长度**为 k 的路径。如果对任意两个顶点 y 和 z，都存在从 y 到 z 的路径，则图是**连通的**；如果路径上所有的顶点都不相同，路径是**简单的**；如果 $v_0=v_k$，路径是**封闭的**。$k\geqslant 1$ 且所有边都不相同的封闭路径称为**回路**。G_π 表示 G 中出现在 π 上的顶点构成的顶点集和 G 中出现在 π 上的边构成的边集所构成的连通图。如果 π 是回路，那么 G_π 上所有顶点都是偶度点。**多边形**是所有顶点都是 2 度点的连通图。如果 π 是从 v 到 w 的简单路径、e 是连接 v 和 w 的边但不在 G_π 上，那么 G_π 和 e 构成一个多边形。多边形用于树的形式化定义，参见下一节。

5.3 树

前面构造的大部分图都是“树图”。它们都是连通的，而且没有多边形。

形式化定义如下：

树是连通的、没有多边形的图。

下图表示由 4 棵树构成的“森林”。

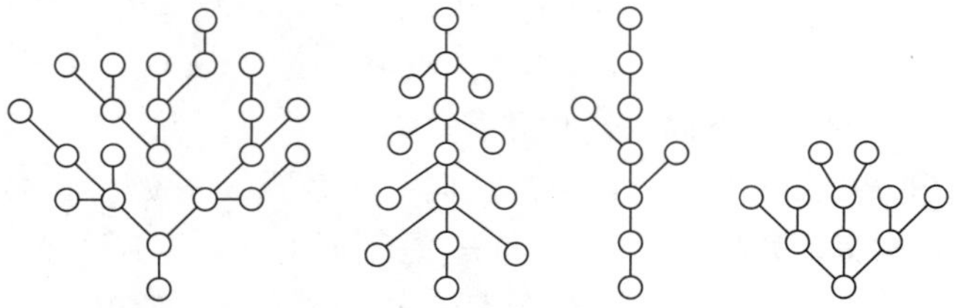

194

树是一种重要的数据结构和实用的概念模型。原因很多，其中一个原因是**在树上，任意两个不同顶点之间只有唯一的简单路径**。

//由引理 5.2.3 的逆否命题可得。

事实上，图 G 是树当且仅当任意两个不同顶点之间只有唯一的简单路径。

5.3.1 遍历

本小节以**“扩展”生成树的方式**(每个顶点至少访问 1 次)介绍遍历连通图的两种方法。第一种方法效仿塔尔塔利亚问题的第一个解决方案，第二种方法效仿最优解决方案。通过分析树的构造算法，得到关于树的一些重要理论结果。两种方法都可用于查找图上的目标顶点，也可修改用于查找连接任意两个目标顶点的路径。

本章用相对不太正式的术语来描述算法，这种描述方式独立于图的任何实现。用图来讲解算法，并关注算法的正确性。而且用家族族谱类比，使用父亲、孩子、祖先和后代等描述方法。

深度优先遍历 //也称为深度优先搜索

策略是获取 G 上的顶点 y，构造以 y 为根的树 T，(可能的话)通过 y 到达新的顶点。这种方法称为**深度优先**，因为从 y 出发的简单路径总是往图的深度上扩展，也就是说，到达顶点 x 时，x 的所有邻居都已经在路径上。然后沿着路径返回，直到从 y 扩展出第 2 条简单路径。然后继续返回，直到从 y 扩展出另一条简单路径。

输入是图 G 的任意实现，该实现可以快速确定顶点的邻居。顶点对象要设定布尔属性，如“在树上”和“已扫描”。

//当 v 的所有邻居都在树 T 上时，v 才能标记为“已扫描”。

//输出是图 T。

195

算法 5.3.1 深度优先遍历

```
Begin
    将所有顶点标记为“未扫描”;
    选取顶点 y，作为树 T 的根;                  //y 也可以输入
        If(y 没有邻居)Then 将 y 标记为“已扫描” End;
    令 v=y;                                     //v 是“当前顶点”
    While(y 仍标记为“未扫描”)Do
        If(v 有邻居 w 没在 T 上)Then
          调用连接 w 和 v 的边 BE(w)(即 w 的回边);
          将 w 和 BE(w)添加到 T;          //T 保持连通性，没有生成多边形
          P(w)←v;                        //调用 w 的“父亲”
          v←w                            //重置“当前顶点”
        Else         //v 的所有邻居都已在树 T 上
          将顶点 v 标记为“已扫描”;    //重置“当前顶点”
        If(v≠y) Then v←P(v)End;       //沿路径 T 从 y 到 v 回溯 1 步
        End;    //If-Then-Else 语句
    End;    //While 循环
End
```

//将 G 上除 y 以外的所有顶点都作为单个父亲的孩子放入 T。

//将邻居用作孩子时，不要混淆。

接下来，用小圆圈代表顶点、虚线代表边来画输入的图 G。实线表示已经放入树 T 的边。顶点间有自然序，因此顶点的邻居也按自然序处理。将一个顶点标记为“已扫描”后，将其画成小正方形。前面画顶点的孩子时，是直接画在顶点下方；这里将从父亲到孩子的边画成带箭头的边。

用表格描述遍历的过程。表格列出了未扫描顶点添加到 T 的顺序：v_j 是添加到 T 的第 j 个顶点，P_j 是 v_j 的父亲(假设 v_j 不是 T 的根)。

$V=\{0, 1, \cdots, 9\}$，将 y 设置成 0，则算法的执行过程如下。

//0 是 V 的“第一个”顶点

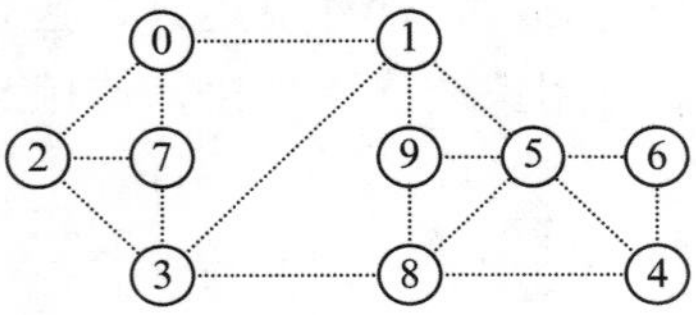

j	1
v_j	0
P_j	*

$v=0$　$w=1$

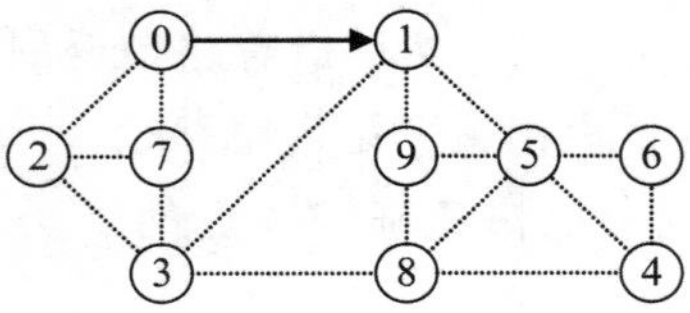

j	1	2
v_j	0	1
P_j	*	0

196 $v=1$　$w=3$

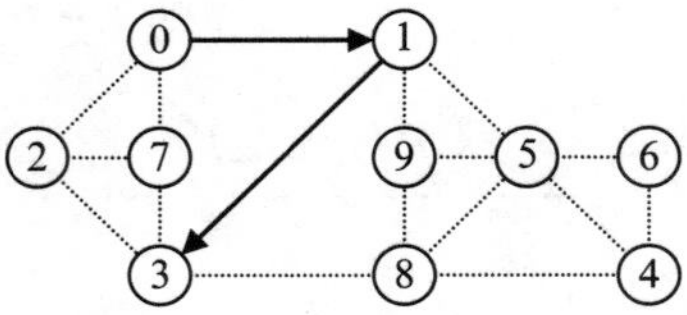

j	1	2	3
v_j	0	1	3
P_j	*	0	1

$v=3$　$w=2$

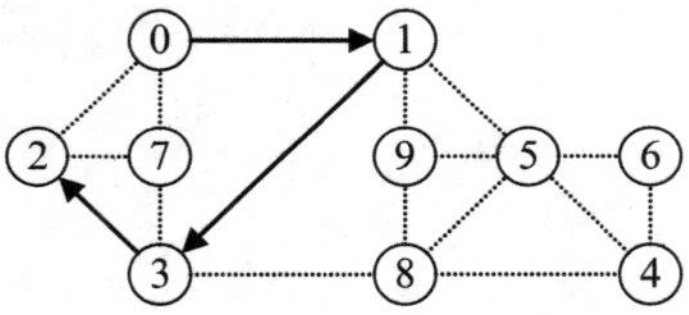

j	1	2	3	4
v_j	0	1	3	2
P_j	*	0	1	3

$v=2$　$w=7$

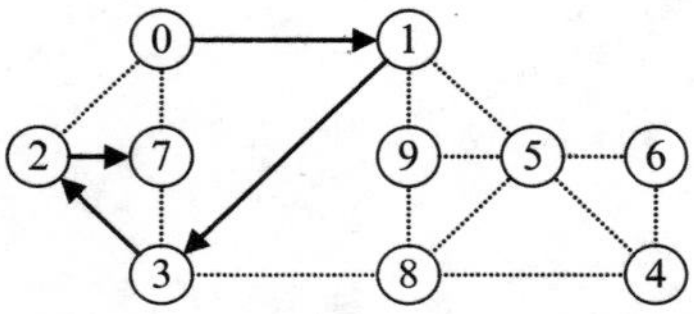

j	1	2	3	4	5
v_j	0	1	3	2	7
P_j	*	0	1	3	2

$v=7$　将 7 标记为“已扫描”，并从列表中删除

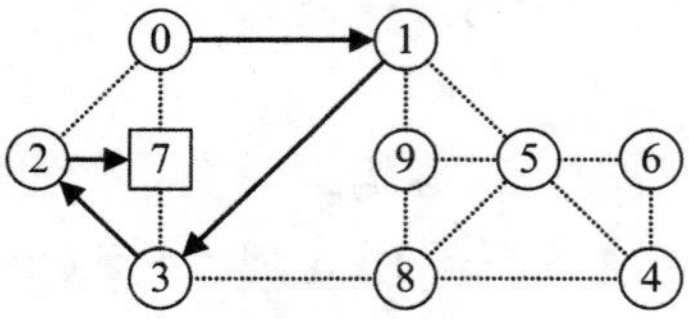

j	1	2	3	4
v_j	0	1	3	2
P_j	*	0	1	3

$v=2$　将 2 标记为“已扫描”，并从列表中删除

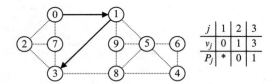

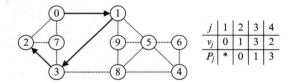

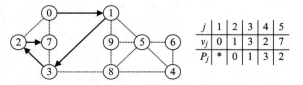

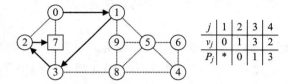

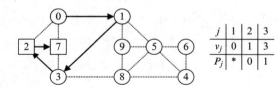

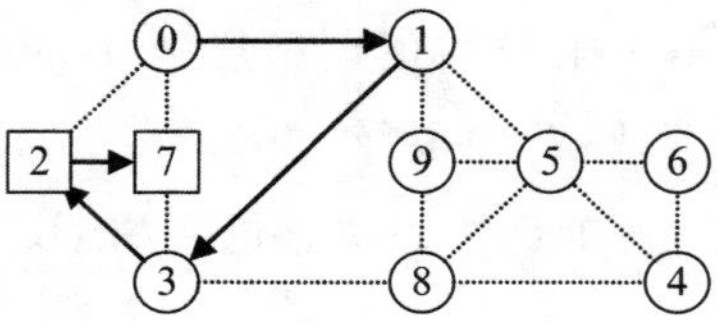

j	1	2	3
v_j	0	1	3
P_j	*	0	1

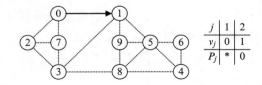

$v=3 \quad w=8$

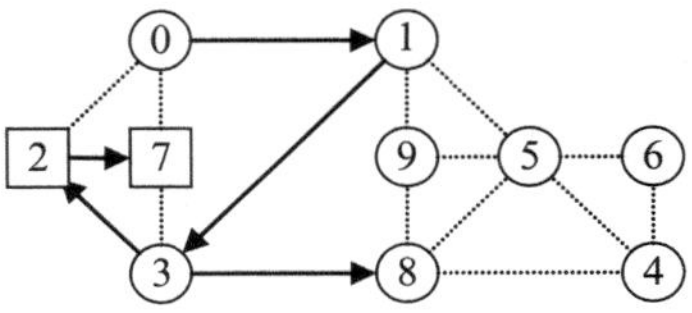

j	1	2	3	6
v_j	0	1	3	8
P_j	*	0	1	3

$v=8 \quad w=4$ 197

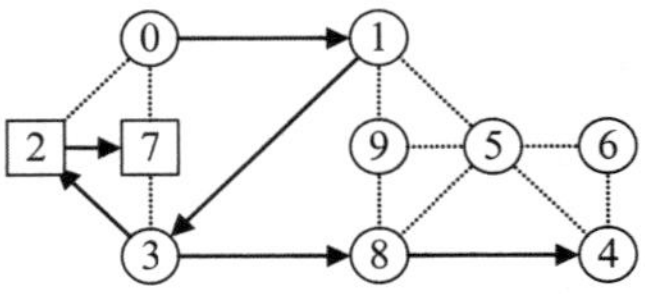

j	1	2	3	6	7
v_j	0	1	3	8	4
P_j	*	0	1	3	8

$v=4 \quad w=5$

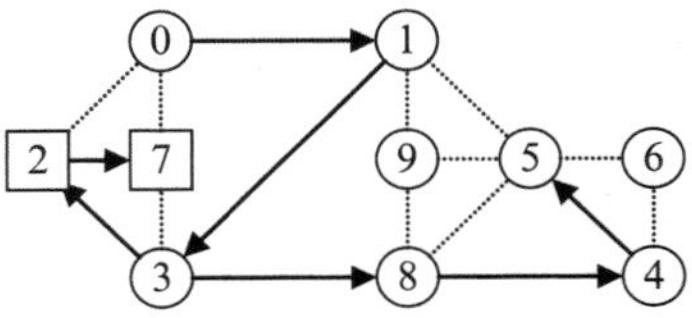

j	1	2	3	6	7	8
v_j	0	1	3	8	4	5
P_j	*	0	1	3	8	4

$v=5 \quad w=6$

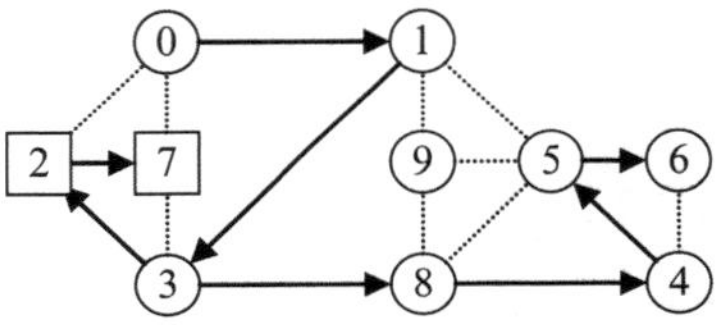

j	1	2	3	6	7	8	9
v_j	0	1	3	8	4	5	6
P_j	*	0	1	3	8	4	5

$v=6$ 将 6 标记为“已扫描”，并从列表中删除

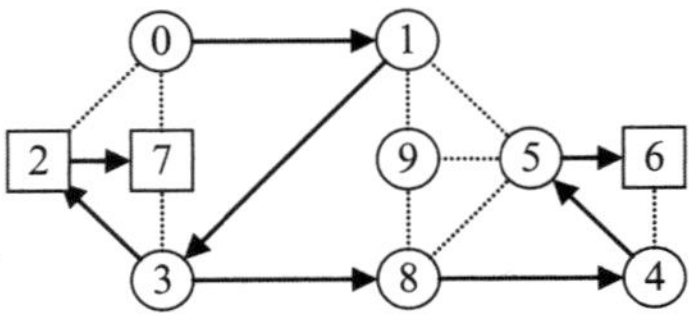

j	1	2	3	6	7	8
v_j	0	1	3	8	4	5
P_j	*	0	1	3	8	4

$v=5 \quad w=9$

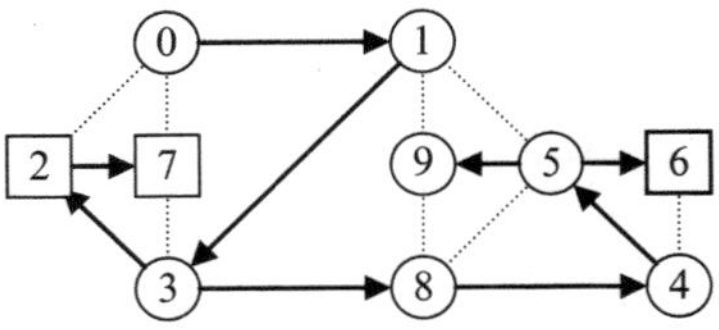

j	1	2	3	6	7	8	10
v_j	0	1	3	8	4	5	9
P_j	*	0	1	3	8	4	5

$v=9$ 将 9 标记为“已扫描”，并从列表中删除

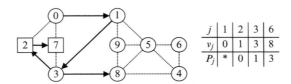

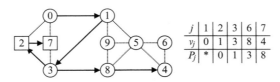

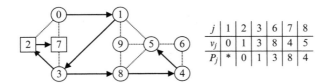

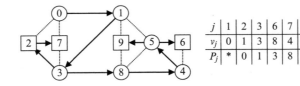

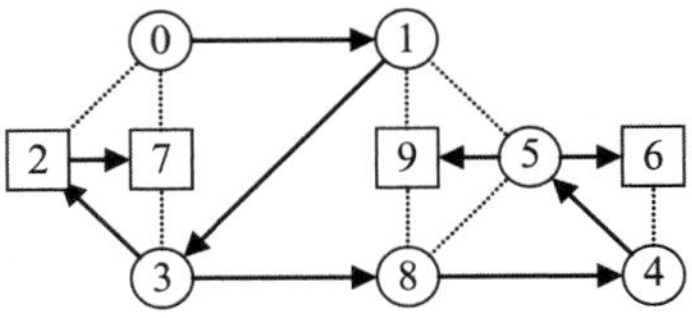

j	1	2	3	6	7	8
v_j	0	1	3	8	4	5
P_j	*	0	1	3	8	4

198 $v=5$ 将 5 标记为“已扫描”，并从列表中删除

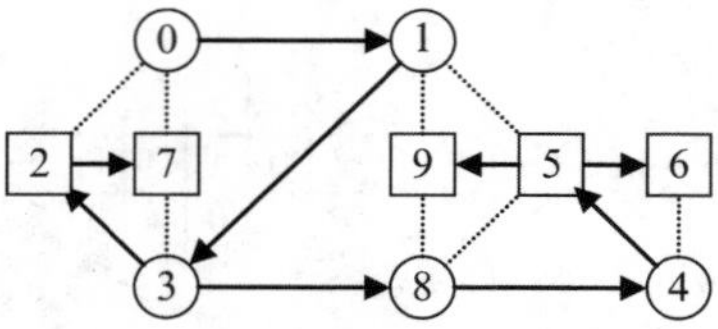

j	1	2	3	6	7
v_j	0	1	3	8	4
P_j	*	0	1	3	8

$v=4$ 将 4 标记为“已扫描”，并从列表中删除

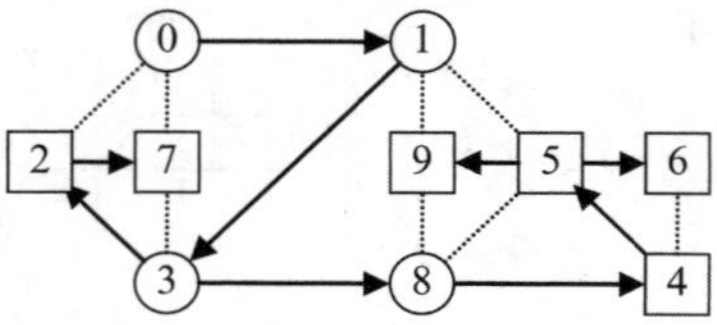

j	1	2	3	6
v_j	0	1	3	8
P_j	*	0	1	3

$v=8$ 将 8 标记为“已扫描”，并从列表中删除

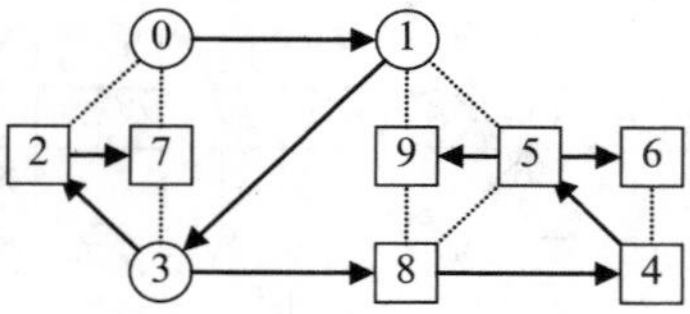

j	1	2	3
v_j	0	1	3
P_j	*	0	1

$v=3$ 将 3 标记为“已扫描”，并从列表中删除

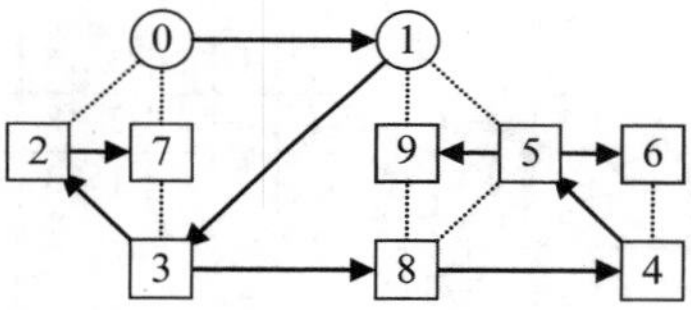

j	1	2
v_j	0	1
P_j	*	0

$v=1$ 将 1 标记为“已扫描”，并从列表中删除

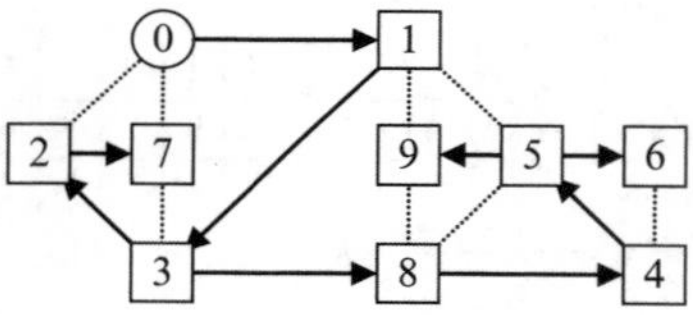

j	1
v_j	0
P_j	*

$v=0$ 将 0 标记为“已扫描”，并从列表中删除

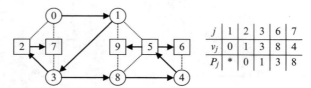

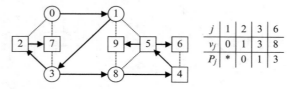

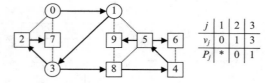

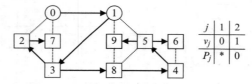

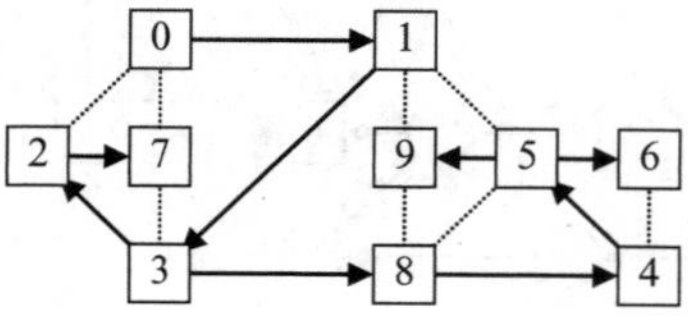

199

While 循环体的每一次迭代中：

不是 1. 将 v 的(新)孩子 w 作为叶子添加到 T；

2. 将 w 添加到 T 的未扫描顶点列表 L 的末尾；

3. 当前顶点 v 沿着树向下移动 1 步到 w。

就是 1. 将 v 标记为“已扫描”；

2. 将 v 从列表 L 的末端移除；

3. 当前顶点 v 沿着树向上移动 1 步到 v 的父亲(如果 v 不是根)。

T 中的未扫描顶点列表 L 是数据结构**栈**的一个实例：项的添加和删除都在栈顶进行——类似于自助餐厅的碟子或托盘。

//列表的右端是栈顶

令 n 表示图 G 的顶点数。最多有 n 个顶点能压入 T，然后标记为已扫描，所以 While 循环最多需要执行 $2n$ 次迭代。因此，算法 5.3.1 可以**终止**。

引理 5.3.1　While 循环迭代 k 次后，当前顶点 v(仍在树 T 上)位于栈 L 的栈顶，树 T 的根位于栈底，任意其他顶点 x 下的顶点是 x 的父亲 $P(x)$。但最后一次迭代后，栈为空。

证明　//对 k 进行数学归纳。

步骤 1：如果 $k=0$，也就是说，进入循环前，y 是 T 的根、树 T 和列表 L 的唯一顶点，y 即当前顶点 v。

步骤 2：假设存在整数 $q \geqslant 0$，While 循环迭代 q 次后，当前顶点 v 位于 L 的栈顶，T 的根位于栈底，任意其他顶点 x 下的顶点是 x 的父亲 $P(x)$。

步骤 3：假设还有其他迭代(因为 y 仍未标记为已扫描)，即第 $q+1$ 次迭代。

如果 v 的邻居 w 仍未在 T 上，则将 w 添加到 T 上。因为只有当前顶点会被标记为“已扫描”，当前顶点通常位于 T 上，新的顶点 w 仍然“未扫描”。所以将 w 压入栈顶，位于 v(w 的父亲)的上方。此时，当前顶点变成 w。

如果 v 的所有邻居都已在树 T 上，则将 v 标记为“已扫描”并从栈顶移除。如果 $v \neq y$，则当前顶点变成 $P(v)$，$P(v)$ 此时变成栈顶元素。如果 $v=y$，则栈为空，此次迭代后 While 循环终止。 ■

从该引理可知：

1. 当父亲标记为“已扫描”时，其所有孩子都已经标记为“已扫描”。 200

2. 任意顶点标记为“已扫描”时，其所有后代都已经标记为“已扫描”。

3. 因为树上所有顶点都是 y 的后代，所以在 y 标记为“已扫描”(算法终止)之前，T 的所有其他顶点都已标记为“已扫描”。

下面证明算法的正确性：图上的每个顶点都被访问过。我们将证明，如果**前提条件**“G 是连通图”成立，那么**结论**“G 的每个顶点至少被访问 1 次并放置在树 T 上”也成立。下述定理说明了这一点。

定理 5.3.2　如果 y 到其他顶点 z 有一条路径，那么深度优先遍历算法会将 z 添加到树 T 上。

证明　假设 $\pi=(y=v_0, e_1, v_1, e_2, v_2, e_3, \cdots, e_k, v_k=z)$ 是图 G 上顶点 y 到 z 的一条路径。对 j 进行归纳证明 π 上的每个顶点 v_j 都会添加到树 T 上。

步骤 1：如果 $j=0$，那么 $v_j=y$，算法将 v_j 作为树 T 的根。

步骤 2：假设存在索引 q，使得 $0 \leqslant q < k$，而且 v_q 添加到树 T 上。

步骤 3：v_q 标记为“已扫描”之前算法不会终止，v_q 标记为“已扫描”时，v_q 的所有邻居(包括 v_{q+1})必须在 T 上。所以将 v_{q+1} 添加到树 T 上。

因此，最终会将 $z=v_k$ 添加到 T 上。 ■

使用**算法 5.3.1** 可以**搜索**图 G 上**某个顶点** y 到**某个顶点** z 的**路径**(或证明不存在这样

的路径)。启动算法时先将树 T 的根设为顶点 y。运行算法，直到顶点 z 添加到树上或标记为“已扫描”。第一种情况说明 T 包含了 y 到 z 的路径 π(列表 L 是 π 的顶点序列)。第二种情况说明 z 没有添加到树 T 上，所以(根据定理 5.3.2 的逆否命题)图 G 上不存在从 y 到 z 的路径。

回溯是沿着树向根搜索顶点 y 的祖先。除根外，每个顶点 v 都有唯一的父亲 $P(v)$、祖父 $P(P(v))$……等。反转该路径就得到 T 上从根 y 到 v 的路径。

算法 5.3.1 为图论上一些通用结论的证明提供了基础。

定理 5.3.3　如果 G 是连通图，则 G 包含生成树。

证明　令 T 是根据算法 5.3.1 生成的树，假设其根为顶点 y。令 z 为 G 上的其他顶点。因为 G 是连通图，所以 y 到 z 存在一条路径。根据定理 5.3.2，z 会添加到树 T 上。
201 因此，T 包含 G 的所有顶点，即 T 是 G 的生成树。■

如果 T 是根据算法 5.3.1 生成的根为 y 的树，那么将 y 添加到 T 后，每个新的顶点添加到 T 时都会添加一条新的边。因此，T 的边数等于顶点数减去 1。

//这一点适用于所有的树。

引理 5.3.4　如果在树 T 上添加一条连接 T 的两个顶点的边 e，得到图 H，那么 H 包含且仅包含一个多边形。

证明　假设新边 e 连接顶点 y 和 z。H 中的任意多边形都必须包含 e。//T 不能包含 e。

如果 e 是 y 上的环，那么 y 和该环就构成多边形，而且是 H 上唯一的多边形。

如果 y 和 z 是不同的顶点，那么 T 上存在一条从 y 到 z 的简单路径 π，G_π 和 e 构成多边形。如果 H 中有两个多边形，则说明 T 上从 y 到 z 有两条不同的简单路径。但根据引理 5.2.3 可知 T 会包含多边形。但 T 不包含多边形，所以 H 只能包含一个多边形。■

定理 5.3.5　任意树的边数等于顶点数减去 1。

证明　假定 U 是 n 个顶点的树。令 T 是 $G=U$ 时根据算法 5.3.1 生成的树。因为 U 是连通图，所以 T 是 U 的子图，其包含 n 个顶点和 $n-1$ 条边。因此 U 至少有 $n-1$ 条边。如果 U 的边数大于 $n-1$，则 U 包含一条不包含在 T 中的边 e 连接 T 的两个顶点。根据引理 5.3.4 可知树 U 上会包含多边形。但 U 不能包含多边形，所以 U 只有 $n-1$ 条边。■

如果 G 不是连通的，而且包含 k 个连通块 G_1，G_2，…，G_k，但不包含多边形，则每个 G_j 都是树。

//G 是由 k 棵树组成的森林。

所以如果 G_j 有 n_j 个顶点，则它有 n_j-1 条边。因此，如果 G 有 n 个顶点，它有 $n-k$ 条边。

//X 如果 G 是 n 个顶点和 $n-1$ 条边的连通图，则 G 是树。

//X 如果 G 是 n 个顶点、$n-1$ 条边，但不包含多边形的图，则 G 是树。

广度优先遍历　//也称作广度优先搜索

策略是选取 G 上的顶点 y，以 y 为根、按照顶点 v 添加到 T 的次序扫描顶点，从而构建树 T。扫描顶点 x 是指将 x 所有不在 T 上的邻居都添加到 T 上。

//算法 5.3.1 中，顶点在其邻居都添加到树上后标记为“已扫描”。

202 该算法会生成**宽广**的树。

和前面一样，每次只将一个顶点作为叶子添加到树上。描述算法时，引入高度函数只是为了协助分析，并不是构建 T 所必需。

输入是 G 的某种能快速确定邻居的实现。顶点对象可以设定布尔属性如“在树上”和“已扫描”。输出也是图 T。

算法 5.3.2 广度优先遍历

```
Begin
  将所有顶点标记为“未扫描”；
  选取顶点y作为根添加到T上；                          // 也可以输入y
  h(y) ←0;                                           // 根的高度是0

  While (T有未扫描顶点v) Do
                //查找T中第一个未扫描的顶点并扫描之

    While ( v的邻居w不在树T上) Do
      调用连接w和v的边BE(w)，即w的回边，将w和BE(w)添加到T上；
                              // T仍保持连通性，而且没有形成多边形。
      P(w) ← v;                                  // 调用w的父亲v。
      h(w) ← h(v) + 1;                // 孩子的高度比父亲的高度大1。
    End;                      // v的所有邻居都在树T上。

    将v标记为“已扫描”；
  End;          // 外层while循环
End.
```

接下来，用小圆圈代表顶点、虚线代表边来画输入的图 G。实线表示已经放入树 T 的边。将一个顶点标记为“已扫描”后，将其画成小正方形。前面画顶点的孩子时，是直接画在顶点下方；这里将从父亲到孩子的边画成带箭头的边。

用表格描述遍历的过程。表格列出了未扫描顶点添加到 T 的顺序：v_j 是添加到 T 的第 j 个顶点，P_j 是 v_j 的父亲(假设 v_j 不是 T 的根)。表格中也有一行 h_j，表示顶点 v_j 的高度(等于根 y 到顶点 v_j 的唯一简单路径的长度)。根的高度为 0，其他顶点的高度是其父亲的高度加上 1。

$V=\{0, 1, \cdots, 9\}$，将 y 设置成 0，则算法的执行过程如下。 //V 的“第一个”顶点

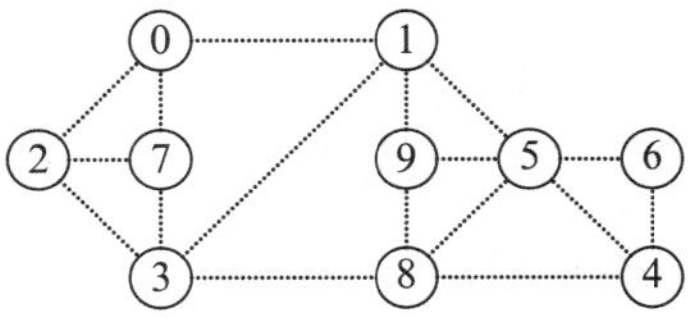

j	1
v_j	0
P_j	*
h_j	0

203

$v=0$ 和 $h(v)=0$

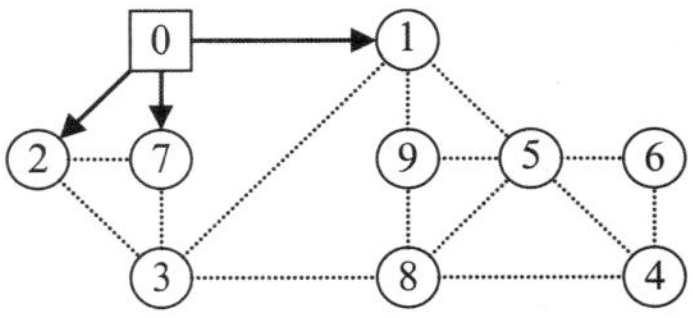

j	2	3	4
v_j	1	2	7
P_j	0	0	0
h_j	1	1	1

$v=1$ 和 $h(v)=1$

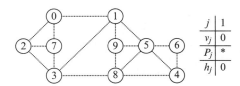

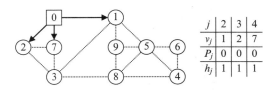

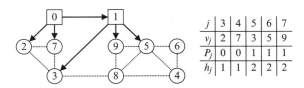

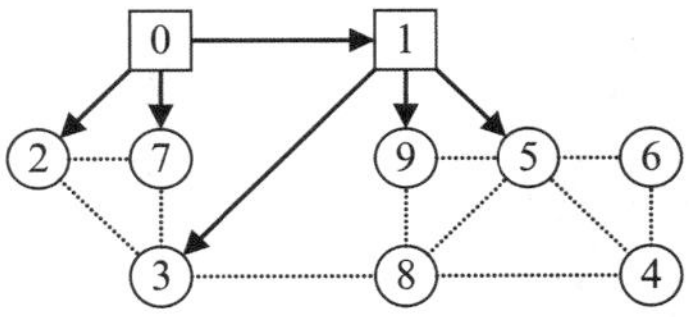

j	3	4	5	6	7
v_j	2	7	3	5	9
P_j	0	0	1	1	1
h_j	1	1	2	2	2

$v=2$ 和 $h(v)=1$

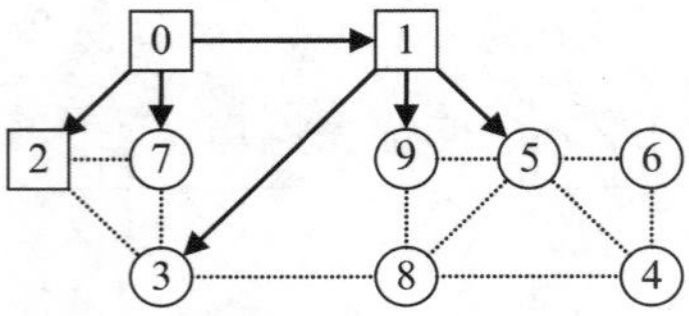

j	4	5	6	7
v_j	7	3	5	9
P_j	0	1	1	1
h_j	1	2	2	2

$v=7$ 和 $h(v)=1$

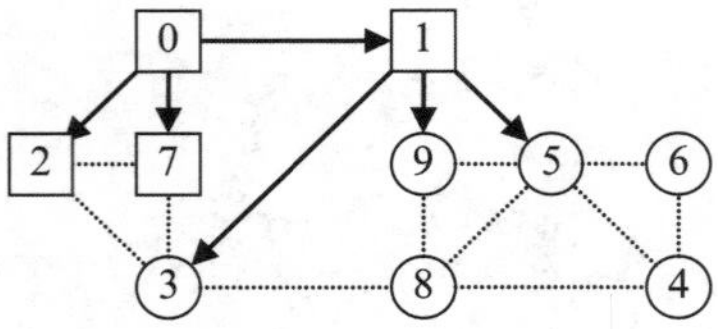

j	5	6	7
v_j	3	5	9
P_j	1	1	1
h_j	2	2	2

$v=3$ 和 $h(v)=2$

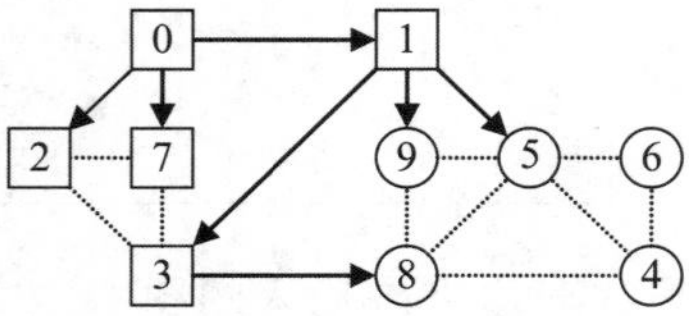

j	6	7	8
v_j	5	9	8
P_j	1	1	3
h_j	2	2	3

$v=5$ 和 $h(v)=2$

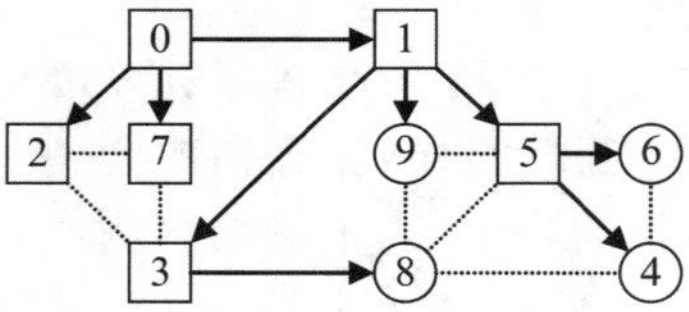

j	7	8	9	10
v_j	9	8	4	6
P_j	1	3	5	5
h_j	2	3	3	3

204

$v=9$ 和 $h(v)=2$

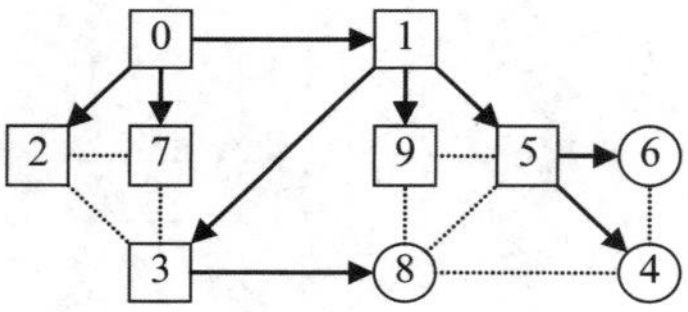

j	8	9	10
v_j	8	4	6
P_j	3	5	5
h_j	3	3	3

$v=8$ 和 $h(v)=3$

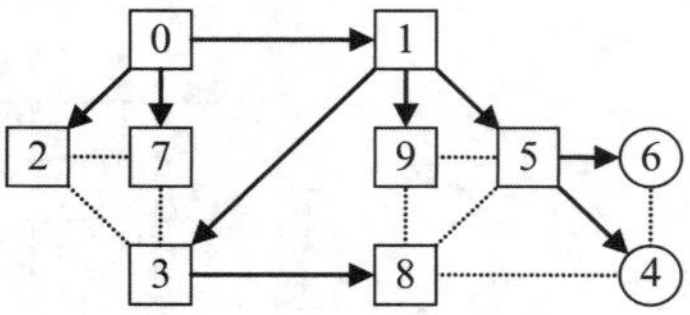

j	9	10
v_j	4	6
P_j	5	5
h_j	3	3

$v=4$ 和 $h(v)=3$

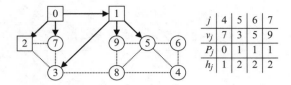

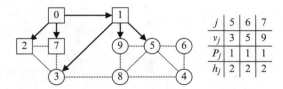

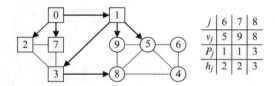

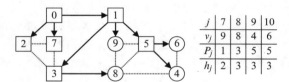

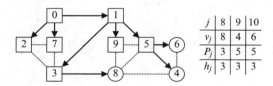

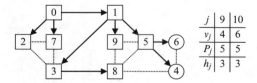

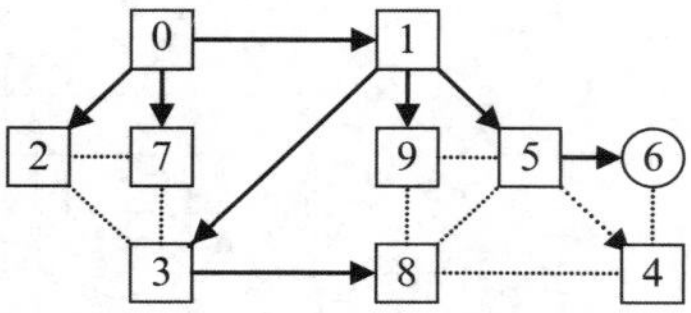

j	10
v_j	6
P_j	5
h_j	3

$v=6$ 和 $h(v)=3$

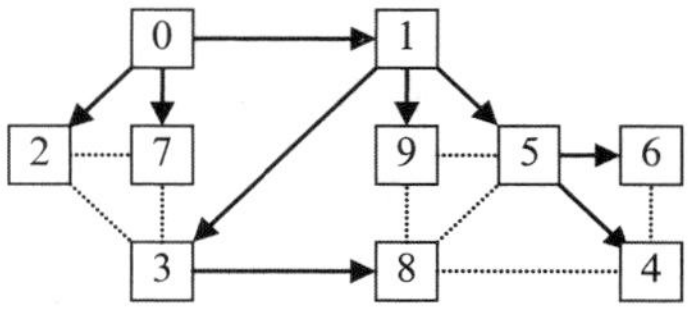

T 中未扫描顶点的列表 L 是队列数据结构实例：项从队尾添加，从队首移除——类似于麦当劳或银行的顾客队伍。

//列表左端表示队首，列表右端表示队尾。

假设 G 上有 n 个顶点。最多有 n 个顶点能添加到 T，然后标记为已扫描，所以外层 While 循环最多需要执行 n 次迭代。扫描顶点 v 时，最多需要检查的邻居为 n 个。因此，算法 5.3.2 可以**终止**。

引理 5.3.6 外层 While 循环迭代 k 次后，下一个当前顶点 v(仍在树 T 上)位于 L 的队首，v 的“孩子”位于队尾。但最后一次迭代后，队列为空。 205

证明 //对 k 进行数学归纳。

步骤 1：如果 $k=0$，也就是说，进入外层 While 循环前，y 是 T 的根、树 T 和列表 L 中的唯一顶点，y 即当前顶点 v。但在 T 中 v 没有孩子。

步骤 2：假设存在整数 $q\geqslant 0$，外层 While 循环迭代 q 次后，当前顶点 v 位于队列 L 的队首，v 的“孩子”都位于队列 L 的后面。

步骤 3：假设还有其他迭代(因为 T 中仍有未扫描的顶点 v)，即第 $q+1$ 次迭代。T 中第一个未扫描的顶点位于队首。

如果 v 的邻居 w 仍未在 T 上，则将 w 作为 v 的孩子添加到 T 上，并将 w 添加到队列中。如果 v 的所有邻居都已在树 T 上，则将 v 标记为“已扫描”并从 L 的队首移除。如果此时队列为空，则本次迭代结束后外层 While 循环终止。 ■

//这里，父亲总是在孩子之前被扫描——与深度优先遍历的情况相反。

定理 5.3.7 如果 y 到其他顶点 z 有一条路径，那么广度优先遍历算法会将 z 添加到树 T 上。

证明 假设 $\pi=(y=v_0, e_1, v_1, e_2, v_2, e_3, \cdots, e_k, v_k=z)$是图 G 上顶点 y 到 z 的一条路径。对 j 进行归纳证明 π 上的每个顶点 v_j 都会添加到树 T 上。

步骤 1：如果 $j=0$，那么 $v_j=y$，算法将 v_j 作为树 T 的根。

步骤 2：假设存在索引 q，使得 $0\leqslant q<k$，而且 v_q 作为未扫描顶点添加到树 T 上。

步骤 3：v_q 标记为“已扫描”之前外层 While 循环不会终止，v_q 标记为“已扫描”后，v_q 的所有邻居(包括 v_{q+1})必须在 T 上。所以 v_{q+1}将被添加到树 T 上。

因此，最终会将 $z=v_k$ 添加到 T 上。 ■

定理 5.3.8 外层 While 循环迭代 k 次后，队列 L 中顶点的 h 值不会减小，队列中后面顶点的 h 值是队首顶点 h 值加上 1。但最后一次迭代后，队列为空。

证明 //对 k 进行数学归纳。

步骤 1：如果 $k=0$，也就是说，进入外层 While 循环之前，y 是列表 L 中唯一的顶点，$h(y)$的值为 0。

//列表 L 中顶点的 h 值是不会减小。

206 //队列中后面顶点的 h 值小于等于队首顶点的 h 值加 1 的和。

步骤 2：假设存在整数 $q \geqslant 0$，While 循环执行 q 次后，队列 L 中顶点的 h 值不会减小，队列中后面顶点的 h 值小于等于队首顶点的 h 值加 1 的和。

步骤 3：假设还有另一个迭代(因为 T 中仍有未扫描顶点 v)，即第 $q+1$ 次迭代。T 中第一个未扫描顶点位于队首。

如果 v 的邻居 w 仍不在 T 中，则(w 被添加到树上)将 w 添加到队尾，$h(w)$ 设置为 $h(v)+1$。此时，队列 L 中顶点的 h 值仍不会减小，队列中后面顶点的 h 值等于队首顶点的 h 值加 1。

当 v 的所有邻居都在树 T 上时，将 v 从 L 的队首移除。如果队列不为空，队列 L 中顶点的 h 值也不会减小。用 v^* 表示位于队首的新顶点，w^* 表示队列后面的顶点，则有

$$h(v) \leqslant h(v^*) \leqslant h(w^*) \text{和} h(w^*) \leqslant h(v)+1 \leqslant h(v^*)+1 \quad //h\text{值不会减小}$$

因此，队列后面顶点的 h 值小于等于(新的)队首顶点 h 值加 1 的和。如果此时队列为空，则本次迭代后，外层 While 循环终止。 ■

事实上，整个 h 值序列都是非递减的，而不只是队列中出现的当前活跃部分。而且，对 T 中的每个顶点 x 而言，T 中从 y 到 x 的唯一路径的长度等于 $h(x)$。

//也可以归纳证明。

引理 5.3.9 如果 G 上顶点 y 到顶点 z 存在长度为 k 的路径，那么树 T 上 y 到 z 的唯一路径的长度 $h(z) \leqslant k$。

证明 //对 k 进行数学归纳。

步骤 1：如果 $k=0$，则 $y=z$，T 中 y 到 z 的(平凡)路径长度 $h(z)=0$。

步骤 2：假设存在索引 $q \geqslant 0$。如果 G 上顶点 y 到顶点 z 存在长度为 q 的路径，那么树 T 上 y 到 z 的唯一路径的长度 $h(z) \leqslant q$。

步骤 3：令 z 是如下顶点：G 上 y 到 z 存在长度为 $q+1$ 的路径 π。

//只需证明树 T 上 y 到 z 的路径长度 $h(z) \leqslant q+1$。

如果
$$\pi = (y = v_0, e_1, \cdots, e_q, v_q, e_{q+1}, v_{q+1} = z)$$
207 那么
$$\pi_1 = (y = v_0, e_1, \cdots, e_q, v_q)$$
是 G 上 y 到 v_q 长度为 q 的路径。由步骤 2 的归纳假设可知，T 上 y 到 v_q 的路径长度 $h(v_q) \leqslant q$。在某个时刻，v_q 被添加到树 T 和队列 L 中，然后被扫描。v_q 被扫描后，如果 v_q 的邻居 z 被添加到树 T 上，T 上 y 到 z 的路径长度 $h(z)=h(v_q)+1 \leqslant q+1$。否则，在 v_q 被扫描之前，其他顶点 x 被扫描时，v_q 的邻居 z 肯定就已经添加到树 T 上了。顶点 x 必然在 v_q 之前已经添加到 T 上。因此，

$$h(x) \leqslant h(v_q) \quad //\text{所有的} h \text{值都是非递减的。}$$

则有
$$h(z) = h(x) + 1 \leqslant h(v_q) + 1 \leqslant q + 1$$
因此，T 上 y 到 z 有长度为 $h(z) \leqslant q+1$ 的路径。

定理 5.3.10 如果 y 到其他顶点 z 存在路径，则树 T 上的路径是 G 上 y 到 z 的最短路径。

证明 如果 y 到其他顶点 z 存在路径，则 G 上 y 到 z 存在最短路径 π。如果 π 的长度

为 k，根据引理 5.3.9，树 T 上 y 到 z 的唯一路径 π^* 的长度 $h(z)\leqslant k$。但 π^* 是 G 上的路径，所以 $h(z)\geqslant k$。树 T 上的路径是最短路径得证。■

本节要点

本节以 **"扩展"生成树**的方式(每个顶点至少访问 1 次)介绍连通图的两种遍历方法。第一个方法是**深度优先遍历**，第二个方法是**广度优先遍历**。通过分析算法，得到关于树的一些重要理论结论。两种方法都可用于搜索图上的目标顶点，对两种方法略加修改，就可查找连接任意两目标顶点的路径。

用家族族谱类比，使用父亲、孩子、祖先和后代等描述方法。**回溯**是沿着树向根搜索顶点的祖先的过程。除根外，每个顶点 v 都有唯一的父亲 $P(v)$、祖父 $P(P(v))$、曾祖父 $P(P(P(v)))$等。反转该路径就得到 T 上从根到顶点 v 的路径。

在算法描述中，介绍两种重要的数据结构：(1)**栈**：项的添加和移除都在栈顶执行——类似于自助餐厅的碟子或托盘；(2)**队列**：项从队尾添加，从队首移除——类似于麦当劳或银行的顾客队伍。 208

5.4 边带权图

边带权图是边上带权值函数 $\boldsymbol{w}$：$E\rightarrow R^+$ 的图 $G=(V, E)$。该函数计量遍历一条边的开销：多少英里、几分钟、公交车票价格或其他相关项目。

//所有权值都是正数。

边带权图的简单但常见的问题是众所周知的最小连通图问题。假设一个大公司想为其办公室(或电脑)租用或购买安全的通信网络。只要开销足够，任意办公室之间都可以直接相连。但因为可以通过中间办公室进行通信，所以公司想选取一个可能的连接子集，使得公司网络内部任意办公室之间都存在连接路径。通常，公司希望系统的总开销尽可能小。

//如何确定连接方案?

在图 G 上，用顶点表示办公室、连接顶点的边表示办公室间创建的连接。边 e 上的权值表示构建通信连接 e 的开销。要确定的是图 G 的子图 K，K 包含了所有的顶点而且任意顶点间都存在路径相连；这样的子图称为连通图。K 必然是生成的连通子图。K 的开销是 K 上所有边的开销之和。最小连通图是值开销最小的子图。

//如果 G 是连通的，则 G 肯定有最小连通图，即使是图本身。

因为连通图 K 都是连通的，所以它包含一个生成树 T。而 T 本身就是一个连通图。因为所有的边权值都是正数，所以最小连通图必然是一棵生成树。因此，该问题的解决方案也称之为最小生成树，简记为 MST。

//如果 G 是连通的，则 G 肯定有最小生成树，即使是图本身。

如何查找 MST？可以使用**贪心算法**！

输入是以某种方式实现的简单连通图 G，以及权值函数 $\boldsymbol{w}$：$E\rightarrow R^+$。输出也是图，即最小连通图 K。 //事实上是 $n-1$ 条边的生成树

算法 5.4.1 MST(Kruskal 1956)

```
Begin
    将 G 的所有顶点都放入 K；                          //K 是生成的，但无边、无多边形
    将 q 条边按其权值排序，得到：
209           w(e1) ≤ w(e2) ≤ w(e3) ≤ … ≤ w(eq)；                    //q = |E|
    For j=1 To q Do
        If(K∪{ej}不包含多边形)Then
            将 ej 添加到 K                                  //K 仍然没有多边形
        End；  //If 语句
    End；      //For 循环
End.
```

Kruskal 算法的输入为如下边带权图：

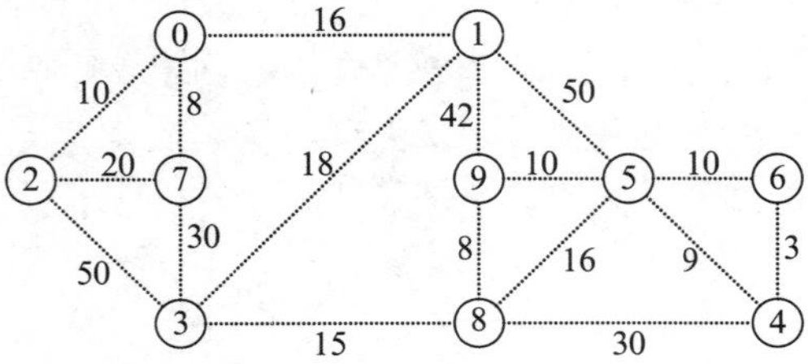

$V=\{0, 1, \cdots, 9\}$，算法执行过程如下。

权值最小的边权值为 3。将连接顶点 4 和 6 的边加入 K。

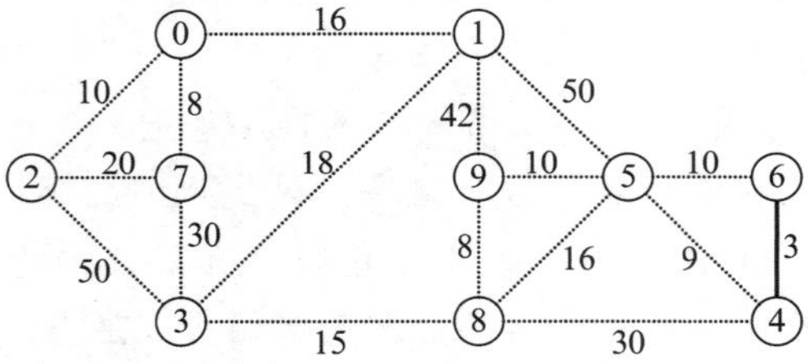

下一条权值最小的边权值为 8。将权值为 8 的边都加入 K。//按任意次序逐条边加入。

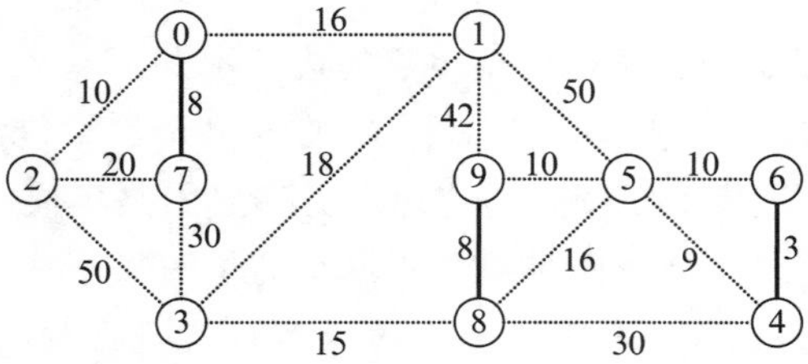

下一条权值最小的边权值为 9。将连接顶点 4 和 5 的边加入 K。

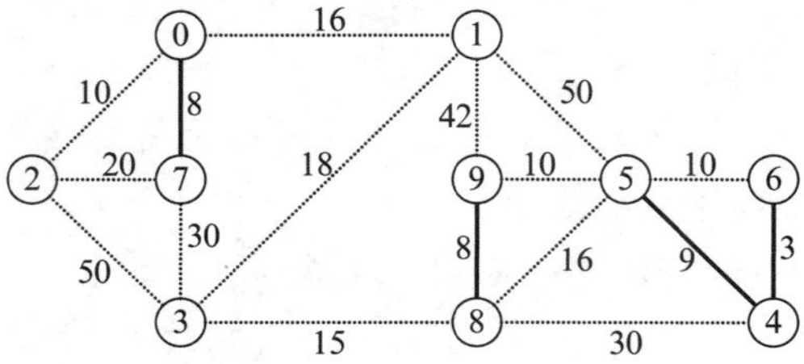

210

下一条权值最小的边权值为 10。连接顶点 5 和 6 的边不能加入 K。其他权值为 10 的边可按任意次序逐条加入 K。

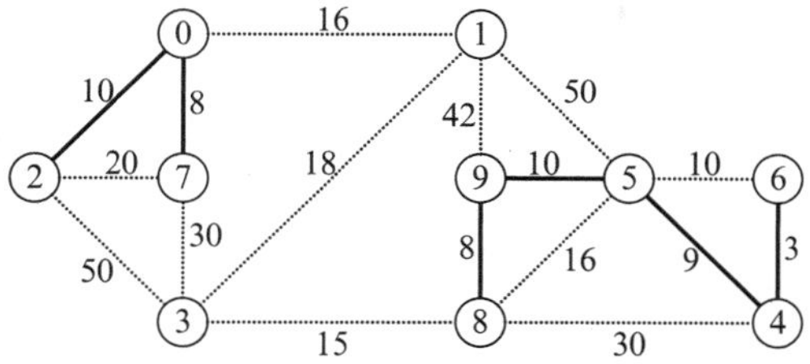

下一条权值最小的边权值为 15。将连接顶点 3 和 8 的边加入 K。

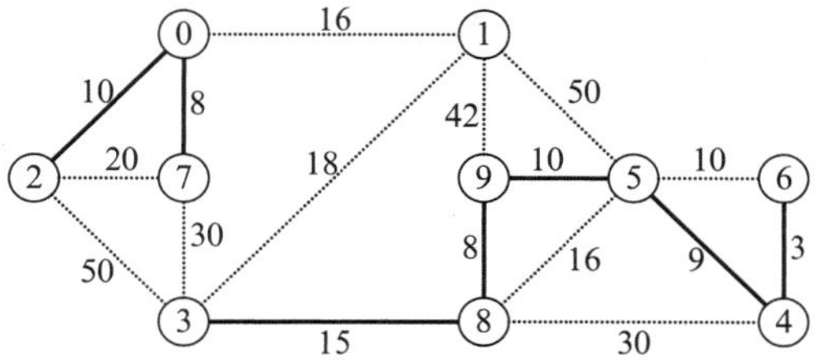

下一条权值最小的边权值为 16。连接顶点 5 和 8 的边不能加入 K。将连接顶点 0 和 1 的边加入 K。

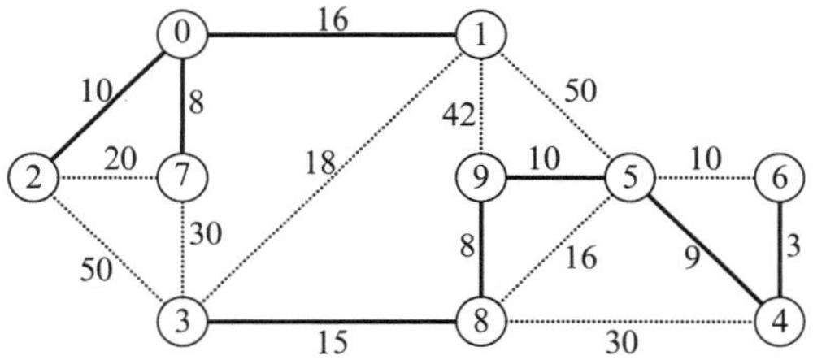

下一条权值最小的边权值为 18。将连接顶点 1 和 3 的边加入 K。

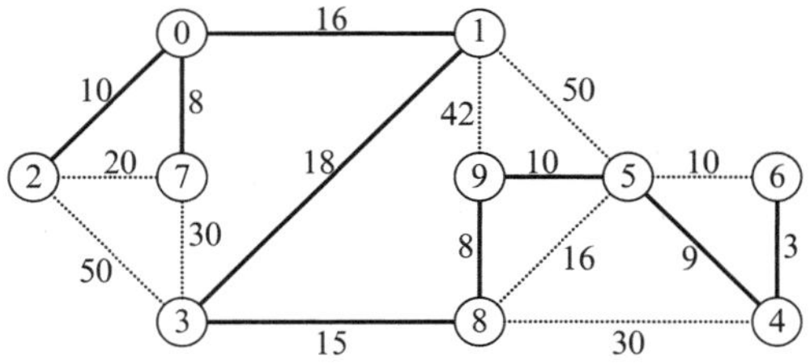

至此有了一棵生成树，不能再添加其他边(不生成多边形的前提下)。 211

这里留下几个问题：K 都是树吗？K 都是最小连通图吗？下面的定理回答这两个问题。

定理 5.4.1 *K 是树。*

证明 //*反证法证明 K 是连通的。*

假定 K 不是连通的。则 K 上有两个不同的顶点 x 和 y 之间不存在任意路径。令 W 表示 G 上所有的顶点 z 的集合，K 上存在 x 到 z 的路径。因为 G 是连通的，所以 G 上 x 到 y 存在简单路径，即

$$\pi = (x = v_0, e_1, v_1, e_2, v_2, e_3, \cdots, e_k, v_k = y)$$

依次考察 π 上的顶点。顶点 $x=v_0$ 在集合 W 内，但顶点 $y=v_k$ 不在集合 W 内。设 j 是使得 v_j 不在集合 W 中的最小索引。从而有 $0<j\leqslant k$，e_j 是连接 W 中顶点 v_{j-1} 和非 W 中顶点 v_j 的边。边 e_j 不在 K 上。

而且，K 中 v_{j-1} 到 v_j 不存在(简单)路径。因此，$K\cup\{e_j\}$ 不包含多边形。但是，如果 $K\cup\{e_j\}$ 不包含多边形，根据算法，要将 e_j 添加到 K 上。导出矛盾，得知假设不成立。因此，K 是连通的但不包含多边形，即 K 是树。 ■

如果添加到 K 的边是 $e[j_1]$，$e[j_2]$，$e[j_3]$，…，$e[j_p]$，则对于 $i=1$，2，…，p，令 $E[i]$ 表示集合 $\{e[j_1]$，$e[j_2]$，…，$e[j_i]\}$，令 $E[0]$ 表示空集。同样，令 K_i 表示由 G 的所有顶点和 $E[i]$ 中的边构成的 $\boldsymbol{K}$ 的局部子图。　//K_0 无边。

定理 5.4.2　对于 $i=0$，1，2，…，p，存在包含 $E[i]$ 中所有边的最小生成树 T_i。

证明　//数学归纳法。

步骤 1：如果 $i=0$，则任意最小生成树都包含 $E[0]$(即空集)中的所有边。

步骤 2：假设存在 $0\leqslant k<p$，存在最小生成树 T_k 包含 $E[k]$ 中的所有边。

步骤 3：//需要搜索(或构造)包含 $E[k+1]=\{e[j_1]$，…，$e[j_k]$，$e[j_{k+1}]\}$ 中

//所有边的最小生成树

令 e 表示要添加到 K 的下一条边 $e[j_{k+1}]$。如果 e 在 T_k 中，则 T_k 是包含 $E[k+1]=\{e[j_1]$，…，$e[j_k]$，$e[j_{k+1}]\}$ 中所有边的最小生成树。可得 T_{k+1} 为新的 T_k。

如果 e 不在 T_k 中，则根据引理 5.3.4，$T_k\cup\{e\}$ 包含唯一的多边形 C。C 中的边不都在 K 上，否则 K 会包含多边形 C。因此，C 包含一条边 f，它不在 K 上但在 T_k 上。令 U 是在 T_k
212 上添加 e 并移除 f 得到的图。U 的边数和 T_k 一样都是 $n-1$，U 包含 T_k 的所有顶点。

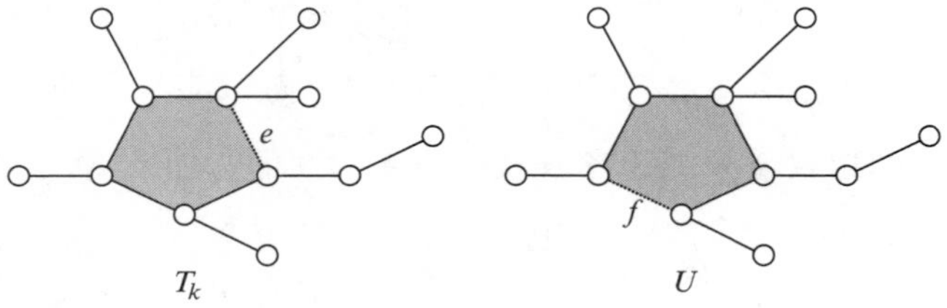

因为 $T_k\cup\{e\}$ 包含 1 个多边形 C，f 在 C 中，所以 U 不包含多边形。因为 U 不包含多边形，而且有 $n-1$ 条边，所以 U 是一棵树。实际上，U 是 G 的生成树。

//U 是代价最小的生成树吗?

图 K_k 是图 T_k 的子图，是包含边 f 的树。所以 $K_k\cup\{f\}$ 不包含多边形。如果 $w(f)<w(e)$，那么在 e 添加到 K 之前，f 会添加到 K。但 f 没有添加到 K。因此

$$w(f)\geqslant w(e)$$

有

U 的所有权值之和

$=T_k+w(e)-w(f)$ 的所有权值之和

$\leqslant T_k$ 的所有权值之和

因为 T_k 是最小生成树，U 不能有更小的权值，所以 U 是包含 $E[k+1]=\{e[j_1]$，$e[j_2]$，…，$e[j_k]$，$e[j_{k+1}]\}$ 上所有边的最小生成树。令 T_{k+1} 是树 U。

因此，存在包含 $E[k+1]$中所有边的最小生成树 T_{k+1}。 ■

因为 T_p 是包含 K 中所有边的最小生成树，而 K 本身就是一棵生成树，所以 K 和 T_p 相等。因此，Kruskal 算法输出最小生成树。

//这就蕴含着：如果探测到 K(当前)有 $n-1$ 条边，就可以退出 For 循环。

//这是查找连通图中生成树的第三个算法。

// "$K\cup\{e_j\}$不包含多边形"的检测过程编码比较困难，但可以避免。参考用生成树方法查找最小生成树的 Prim 算法。

5.4.1 最短路径

如果 $\pi=(v_0, e_1, v_1, e_2, v_2, e_3, \cdots, e_k, v_k)$是图 G 上的路径，则 π 的权值为

$$w(\pi)=\sum_{j=1}^{k}w(e_j)$$ //π 上所有边的权值之和

顶点 x 到 y 的最"轻"(或最快、最便宜)的路径是 x 到 y 的权值最小的路径。通常称之为**最短路径**。 213

//如果所有边的权值都为 1，则最短路径就是边数最少的路径。

本节要点

边带权图是边上有权值函数 $\boldsymbol{w}$：$E\rightarrow R^+$ 的图 $G=(V, E)$。边带权图上，**最小连通图问题**是查找权值最小的生成连通子图。如果 G 是连通的，则必然存在最小的连通图。通过**贪心算法**生成最优方案"最小开销生成树"证明这一点。

边带权图中，路径 π 的权值是 π 上所有边的权值之和；顶点 x 到顶点 y 的**最短路径**是 x 到 y 权值最小的路径。

但有些特定情形下，从 x 到 y 的开销与从 y 返回 x 的开销不同。(如果 y 在 x 的上坡或楼上，时间或精力的开销就不同。)在我们的模型中，在边上引入方向，就可以处理这种不对称性。下一节将介绍在**有向图上**查找最短路径，先介绍与无向图中相对应的定义开始。

5.5 有向图

有向图 D 由**有限非空顶点集** V 和顶点到其他顶点的有限(可能为空的)**弧集** A 构成。这些顶点用小圆圈、椭圆或正方形表示，弧用连接两顶点的带箭头方向的线段表示。

//像单行线的箭头

弧可以连接顶点本身，这种弧也称为**环**。所有的弧都有起点和终点。从顶点 x 出发的弧的终点上的顶点叫作 x 的**外邻居**；终止于顶点 y 的弧的起点上的顶点叫作 y 的**内邻居**。两条不同的弧可以沿相同的方向连接相同的顶点；这种弧称作**严格平行**的。图中无环和无严格平行弧时，称之为**简单**的。

有向路径是形如

$$\pi=(v_0, \alpha_1, v_1, \alpha_2, v_2, \alpha_3, \cdots, \alpha_k, v_k)$$

的序列，其中 v_j 表示顶点，α_i 表示顶点 v_{i-1} 到 v_i 的弧。 214

//有向路径对应如下的一条路线：从顶点 v_0 出发，沿着弧 α_1 移动到 v_1，沿着弧 α_2 移动到 v_2，
//直到最后沿着弧 α_k 终止于 v_k。

通过任意简单无向的边带权图 G，可以用如下方式构造有向图 D_G。用两条弧替代连接顶点 u 和 v、权重为 $w(e)$ 的无向边 e：u 到 v 的弧记为 α_1，且 $w(\alpha_1)=w(e)$；v 到 u 的弧记为 α_2，且 $w(\alpha_2)=w(e)$。显然，有

1. 如果 G 存在从 x 到 y 的完全权值 K 的路径，则 D_G 存在从 x 到 y 的完全权值 K 的有向路径。

2. 如果 D_G 存在从 x 到 y 的完全权值 K 的有向路径，则 G 存在从 x 到 y 的完全权值 K 的路径。

因此，任意最短有向路径查找算法可用于从无向图 G 得到的有向图 D_G，它能找到 G 的最短路径。
//下文将介绍有向图的最短路径算法，尽管可以使用特定版本的无向图最短路径算法来求解。

5.5.1 有向路径

回忆一下，**有向路径**是形如

$$\pi=(v_0,\alpha_1,v_1,\alpha_2,v_2,\alpha_3,\cdots,\alpha_k,v_k)$$

的序列，其中 v_j 是顶点，α_i 是顶点 v_{j-1} 到 v_i 的弧。有向路径是从顶点 v_0 到 v_k、长度(遍历的弧数目)为 k 的路径。 //类似于无向图的路径

v_0 到 v_k 存在有向路径时，称 v_k 是从 v_0 **可达**的。当任意顶点 x 和 y 之间都存在有向路径时，称有向图是**强连通**的。 //任意顶点都是从其他顶点可达的。
//在完全的单行线街道系统中，从任意顶点沿着单行线箭头必须能到达其他任意顶点。

如果所有的顶点都不相同，有向路径是**简单**的；如果 $v_0=v_k$，有向路径是**封闭**的；如果 $k\geqslant 1$ 而且所有的顶点都不相同，有向路径是**环**。
//有向路径 $\pi=(v_0)$ 是顶点 v_0 到 v_0 的封闭有向路径，通常称为“平凡”有向路径，
//但不是环。
//如果弧 α 是顶点 v 上的回路，则 $\pi=(v, \alpha, v)$ 是长度为 1 的环。
//如果 α 是顶点 v 到顶点 w 的弧，β 是顶点 w 到 v 的弧，
215 //则 $\pi=(v, \alpha, w, \beta, v)$ 是长度为 2 的环。

很多问题都要求寻找这样的有向路径(或环游)。在不可逆的配置间转换时，这种要求会出现在问题中。
//有向图中，有类似于欧拉环游或哈密顿环游的概念吗?
//相应的欧拉环游问题仍然存在吗?
//相应的哈密顿环游问题仍然很难、不可解、代价很高(值 100 万美元)吗?

很多问题要求找到特定顶点 y 到特定顶点 z 的有向路径；有些问题要求找到 y 到 z 的最短路径。

弧带权的有向图是指弧上带有权值函数

$$w:A\rightarrow R^+$$

的有向图 $D=(V, A)$。

权值函数衡量遍历这条弧所需的开销：路程、时间、巴士票价或其他相关开销。如果 $\pi=(v_0, \alpha_1, v_1, \alpha_2, \cdots, \alpha_k, v_k)$是 D 中的有向路径，那么 π 的**长度**表示如下：

$$w(\pi)=\sum_{j=1}^{k} w(\alpha_j) \qquad //\pi \text{ 中所有弧的权值之和}$$

5.5.2 距离函数

利用有向路径长度的思路，可以定义 $V\times V$ 上的距离函数如下：

$\delta(x, y)=x$ 到 y 的最短有向路径长度。 //如果存在

如果 x 到 y 不存在有向路径，则记为“$\delta(x, y)=\infty$”。算法描述中我们会使用符号“∞”，但在实现中要用某个大于最短路径长度的**数值** M 近似处理。

距离函数 δ 有以下属性。对于顶点 x，y 和 z，有

(1) $\delta(x, y)\geqslant 0$ //非负

(2) $\delta(x, y)=0$ 当且仅当 $x=y$

(3) $\delta(x, z)\leqslant\delta(x, y)+\delta(y, z)$ //三角不等式

属性(3)成立，因为如果 x 到 y 的(最短)有向路径 π_1 长度为 p，y 到 z 的(最短)有向路径 π_2 长度为 q，则两者相连就可得到 x 到 z 的路径 π_3，其长度为 $p+q$。

//遍历 π_1，然后遍历 π_2，构成 π_3。

因此，x 到 z 的最短有向路径长度$\leqslant\delta(x, y)+\delta(y, z)$。 216

5.5.3 Dijkstra 算法

Dijkstra 算法用于查找简单、无环、弧带权的有向图中从起点 y 到终点 z 的最短有向路径。

输入是一个简单的弧带权有向图 D(按照易于确定顶点的外邻居的方式实现)，以及定义在弧集合和顶点 y、z 上的正权值函数 w。

策略是构造以 y 为根的树 T，每次添加一个新顶点(作为叶子)和已经在 T 中的顶点到该新顶点的回弧。D 上所有顶点都会给定标记，其中 $L(v)$表示 $\delta(y, v)$的估值。

//但通常大于等于 $\delta(y, v)$。

输出也是有向图 T，它包含从 y 出发的最短路径，这些路径满足以下**后置条件**：

1. 如果 y 到 z 存在有向路径，则 T 包含 y 到 z 的最短路径。

2. 如果 D 中 y 到 z 不存在有向路径，则 T 包含了从 y 出发到 y 可达的所有顶点的最短路径。

//算法描述时使用符号“∞”表示大于任意最短路径总权值的某个**数值**。

算法 5.5.1 Dijkstra 算法(1959)

//单源最短有向路径算法

```
Begin
  将 D 上所有顶点的 L(v) 设为∞；
  将 L(y) 变为 0，并将 y 作为 T 的根；
  将当前顶点 v 设置成 y；
  While(v≠z)and(L(v)<∞))Do
    For(v 的每个不在 T 上的外邻居 x)Do
```

```
        将 α_x 设置为 v 到 x 的弧；
        If(L(v)+w(α_x)<L(x))Then
          L(x)←L(v)+w(α_x)；                        //将 L(x)缩小成该新值
          BA(x)←α_x；                                //α_x 是 x 的回弧
          P(x)←v；                                   //v 是 x 的父亲
        End；   //If 语句
      End；     //For 循环
      查找标签最小的不在 T 中的顶点 v；
      If(L(v)<∞)Then
        将 v 及其回弧 BA(v)添加到树 T 上；
      End；//T 包含了 y 到 v 的最短有向路径。
    End；//While 循环
  End. //Dijkstra 算法。
```

217

下面的算法遍历中，输入的有向图 D 表示如下：用小圆圈表示顶点，虚线表示 D 的任意顶点的非回弧(或不放入 T 的弧)，细线表示终端顶点的回弧(但不放入 T 的弧)，粗线表示已经放入 T 的弧。这里给出选定新的当前顶点 v 之前，For 循环结束时的配置。将顶点 v 添加到 T 并执行 For 循环后，v 就画成方框。

通常使用填表表示算法的执行进度，表上列出那些未放入 T 但 $L(w)<\infty$ 的顶点 w；P 是 w 的父顶点(假定 w 不是 T 的根)，L 是 w 上的标签，记为 $L(w)$。

Dijkstra 算法的输入(弧带权的有向图)如下：

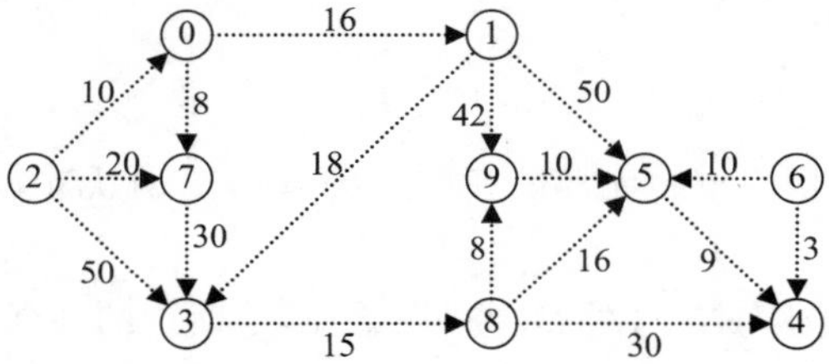

$V=\{0, 1, \cdots, 9\}$，y 为顶点 2，z 为顶点 4 时，算法遍历如下：

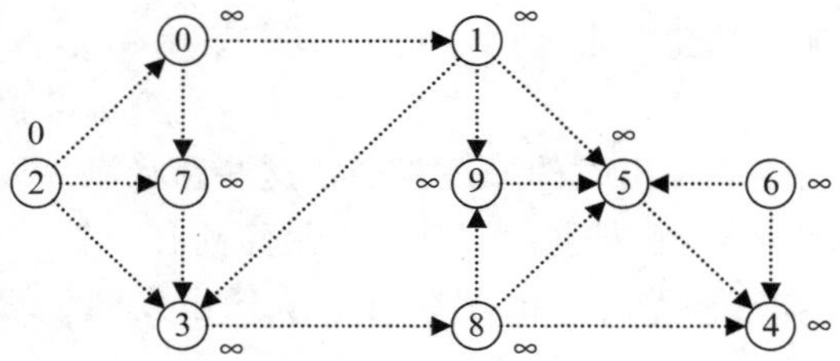

w	2
P	*
L	0

$v=2$

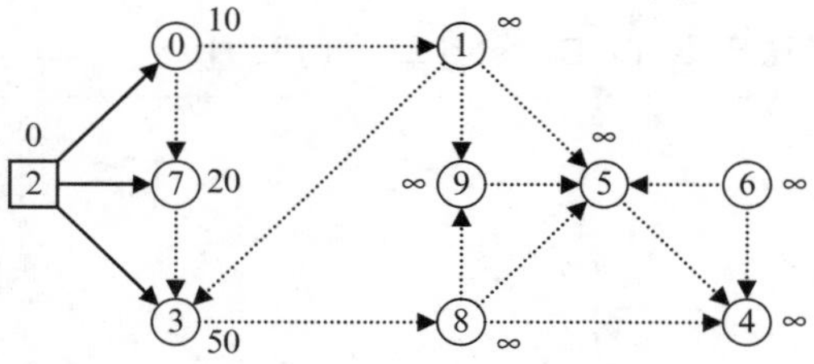

w	0	3	7
P	2	2	2
L	10	50	20

218

$v=0$

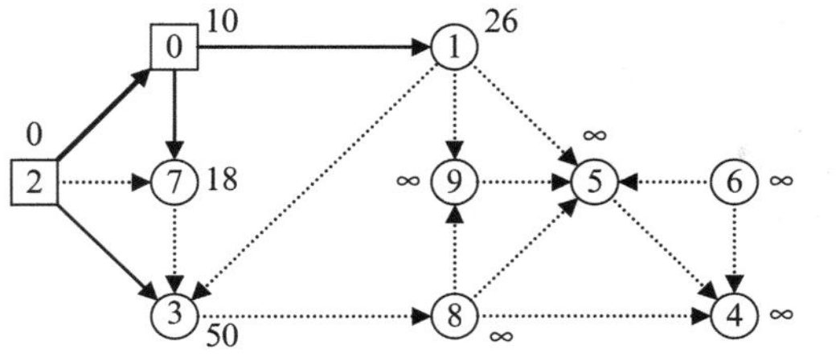

w	3	7	1
P	2	0	0
L	50	18	26

$v=7$

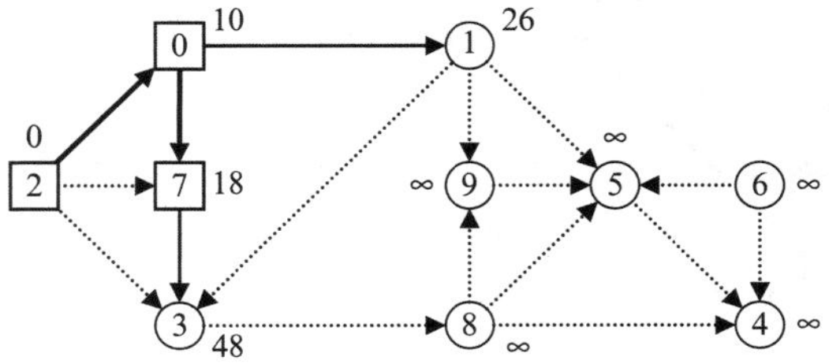

w	3	1
P	7	0
L	48	26

$v=1$

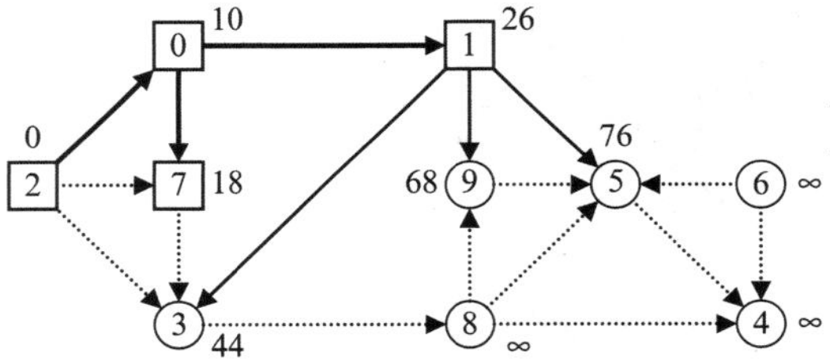

w	3	5	9
P	1	1	1
L	44	76	68

$v=3$

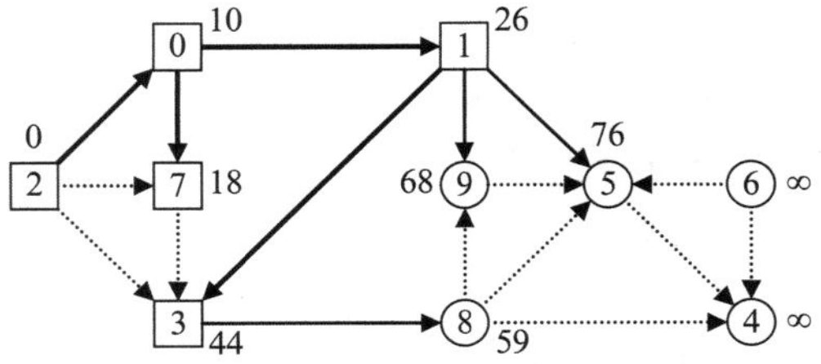

w	5	9	8
P	1	1	3
L	76	68	59

$v=8$

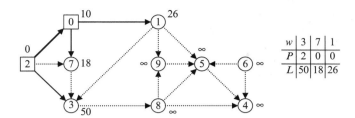

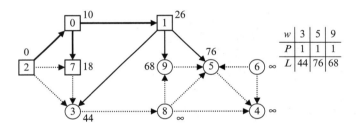

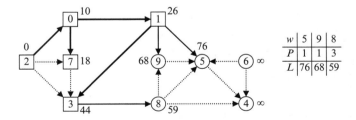

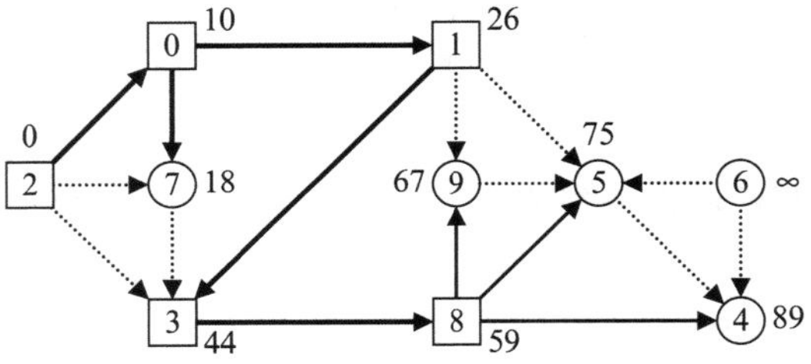

w	5	9	4
P	8	8	8
L	75	67	89

219

$v=9$

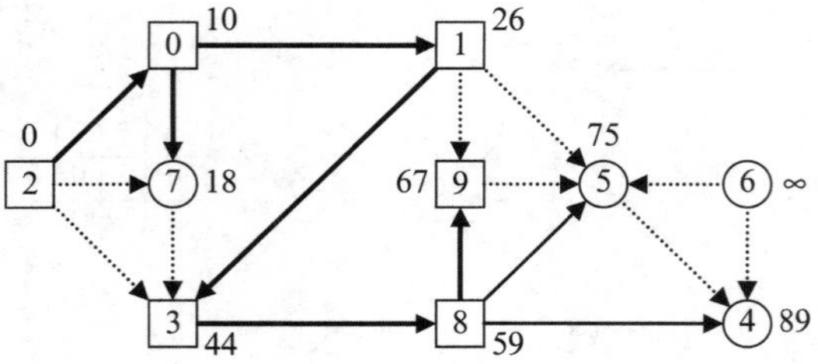

w	5	4
P	8	8
L	75	89

$v=5$

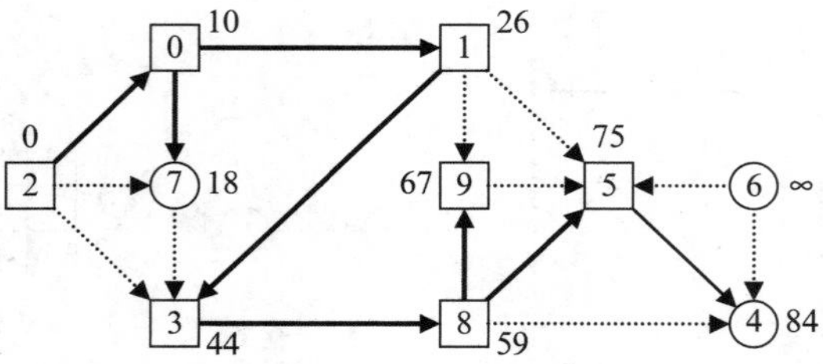

w	4
P	5
L	84

$v=4=z$

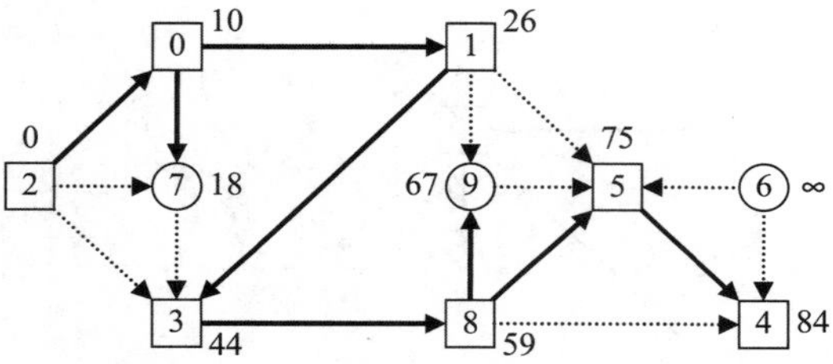

注意，如果输入 z 是顶点 6，而且从 $y=2$ 到 $z=6$ 没有有向路径，最终结果会相同。

//从 2 出发，每个顶点都是可达的。

令 n 为 D 的顶点数。如果将 z 选为当前顶点 v，那么 While 循环终止。如果不将 z 选为当前顶点，则至少有一个顶点不属于 T，必有一个顶点 v 不属于 T 且标号最小。如果 $L(v)=\infty$，则 While 循环终止。如果 $L(v)<\infty$，就将新顶点 v 添加到 T 中。最多可将 n 个顶点添加到 T 中，所以最多会在 n 次迭代后 While 循环终止。因此，Dijkstra 算法可确保终止。

而且，While 循环终止时，不是 z 被添加到 T 中，就是 D 中的所有顶点 x（包含 z）都不在 T 中，即 $L(x)=\infty$。

接下来证明 Dijkstra 算法是正确的；也就是说，Dijkstra 算法运行后，会满足以下**后置条件**：

1. 如果从 y 到 z 存在一条有向路径，则 T 包含一条从 y 到 z 的最短有向路径。

2. 如果 D 中不存在从 y 到 z 的有向路径，则 T 包含从 y 到 y 的所有可达点的最短有
220 向路径。

定理 5.5.1　将顶点 v 及其回弧添加到树上时，v 上的标签等于 $\delta(y, v)$，树本身就包含从 y 到 v 的最短有向路径。

证明　//强归纳法证之。

步骤 1：将第一个顶点 y 添加到（空）树上时，$L(y)=0=\delta(y, y)$，而且该树包含从 y 到 y 的最短有向路径 $\pi=(y)$。

//将第二个顶点 v 添加到树上时，树上只有根顶点 y，v 是 y 的最近邻。
//用 α_v 表示 y 到 v 的弧，则有 $L(v)=0+w(\alpha_v)$，而且将 v 和 α_v 添加到树上后，该树就包含
//长度为 $L(v)$ 的有向路径 $\pi_0=(y,\ \alpha_v,\ v)$。从 y 到 v 的任何其他简单路径都必须从其他弧出发访问 y 的其他邻居 u(v 之前)。但是
//
//　　π_1 的长度 $\geqslant L(u)\geqslant L(v)=\pi_0$ 的长度。
//因此，π_0 是树上从 y 到 v 的最短有向路径。而且，$L(v)=\pi_0$ 的长度 $=\delta(y,\ v)$。

步骤 2：假设存在正整数 k(小于最终树上的顶点数)，使得第一个为 k 的顶点 x(及其回弧)被添加到树上时，x 上的标签等于 $\delta(y,\ x)$，树本身就包含了从 y 到 x 的最短有向路径。

步骤 3：假定将第 $k+1$ 个顶点 v 及其回弧 α_v 添加到树 T 上生成新的更大的树 T_1。

令 u 表示 α_v 的起始点。顶点 u 必然已经在 T 上，所以它是最早被添加的。根据步骤 2 的归纳假设，有 $L(u)=\delta(y,\ u)$，树上包含 y 到 u 的最短有向路径 π_0。令 π_1 是 π_0 上添加弧 α_v 和顶点 v 得到的有向路径。那么树 T_1 包含有向路径 π_1，因为 α_v 是 v 的回弧，所以

$$L(v) = L(u) + w(\alpha_v) = \pi_1 \text{ 的长度 } \geqslant \delta(y,v)$$

//如果能证明 $L(v)=\delta(y,\ v)$，则定理证毕。这一点可以通过证明 $L(v)\leqslant\delta(y,\ v)$ 来完成。

令 π_2 表示 y 到 v 的最短有向路径。该路径起始于 T 中的一个顶点，终止于 T 外的一个顶点。令 w 为 π_2 上第一个不属于 T 的顶点；令 x 为 π_2 上 w 的前驱顶点，α 表示 π_2 上 x 到 w 的弧。那么，x 属于 T，而且较早被添加到树 T 上。将 x 添加到树上时，会更新 x 的所有外邻居(当前树外的顶点，包括 w)上的标号，所以有

$$L(w) \leqslant L(x) + \boldsymbol{w}(\alpha) = \delta(y,x) + \boldsymbol{w}(\alpha) \qquad //L \text{ 的值只会减少。}$$ 221

π_2 上从 y 到 x 的部分必然是 y 到 x 的最短有向路径，π_2 上从 x 到 w 的部分必然是 x 到 w 的最短有向路径，π_2 上从 w 到 v 的部分必然是 w 到 v 的最短有向路径，所以

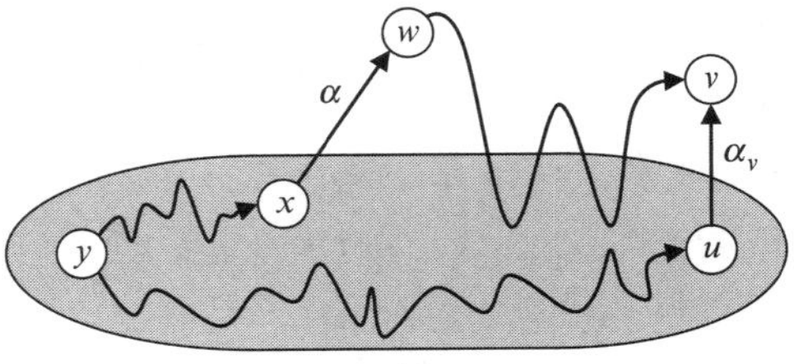

$$\begin{aligned}\delta(y,\ v)=\delta(y,\ w)+\delta(w,\ v)&\geqslant\delta(y,\ w)\\ &=\delta(y,\ x)+\delta(x,\ w)=L(x)+\boldsymbol{w}(\alpha)\\ &\geqslant L(w)\end{aligned}$$

因为 v 是 T 外标号最小的顶点，所以有

$$L(v) \leqslant L(w) \leqslant \delta(y,v)$$

因此，将第 $k+1$ 个顶点 v 及其回弧 α_v 添加到 T 上得到新树 T_1 时，v 上的标号等于 $\delta(y,\ v)$，而且 T_1 包含了 y 到 v 的最短有向路径 π_1。

如果将 z 添加到 T 上，可能会有很多 y 可达的顶点 w 不能添加到 T 上，因为 Dijkstra 算法会在将 w 添加到 T 上之前终止。

定理 5.5.2　设 z 没有添加到 T 上。如果 y 到 w 存在有向路径 π，则根据 Dijkstra 算

法，w 最终会被添加到 T 上。

证明 假设 $\pi=(y=v_0, \alpha_1, v_1, \alpha_2, v_2, \alpha_3, \cdots, \alpha_k, v_k=\boldsymbol{w})$。接下来对 j 进行数学归纳，证明 π 上的每个 v_j 都会被添加到 T 上。

步骤1：如果 $j=0$，那么 $v_j=y$，生成 T 为树根。

步骤2：假设存在 q，使得 $0\leqslant q<k$ 成立，而且 v_q 已经添加到 T 上。当 v_q 被添加到 T 上时，v_q 被选作当前顶点 v，而且 $L(v_q)<\infty$。

步骤3：v_q 被添加到 T 上后 While 循环体的下一个迭代中，v_q 的所有外邻居 w（包括 v_{q+1}）都必然在 T 上，否则就会有标号 $\leqslant L(v_q)+\boldsymbol{w}(\alpha)$，其中 α 是 v_q 到 w 的弧。因此

$$L(v_{q+1})\leqslant L(v_q)+\boldsymbol{w}(\alpha_{j+1})<\infty$$

最终可知这是未添加到 T 上的顶点中标号最小的一个，v_{q+1} 将被选作当前顶点 v，并添加到 T 上。

222 因此，$\boldsymbol{w}=v_k$ 最终会被添加到 T 上。

即使 $\boldsymbol{w}=z$ 时，定理5.5.2的证明仍然适用，可描述如下：

“如果 z 还未添加到 T 上，则：如果存在 y 到 z 的有向路径 π，则将 z 添加到 T 上。”

用第3章的方法可将上述声明表述为$(\sim P)\rightarrow(Q\rightarrow P)$，这等价于$(Q\rightarrow P)$。因此证明了“如果存在 y 到 z 的有向路径 π，则将 z 添加到 T 上”。

综合前述两定理已经证明 Dijkstra 算法是正确的；也就是说，Dijkstra 算法运行后，满足以下后置条件：

1. 如果存在 y 到 z 的有向路径，T 包含 y 到 z 的最短有向路径。

2. 如果 D 中不存在从 y 到 z 的有向路径，则 T 包含从 y 到 y 的所有可达点的最短有向路径。

另外，D 中不存在从 y 到 z 的有向路径，z 不被添加到 T 上，D 中所有顶点 x（包括 z）都不在 T 上，即 $L(x)=\infty$。

如果 $\pi=(v_0=x, \alpha_1, v_1, \cdots, \alpha_j, v_j=y, \alpha_{j+1}, v_{j+1}, \cdots, \alpha_k, v_k=z)$ 是 x 到 z 的最短有向路径，那么 π 上 x 到 y 部分必然是 x 到 y 的最短有向路径，π 上 y 到 z 部分必然是 y 到 z 的最短有向路径。所以

$$\pi\text{ 的长度}=\delta(x,z)=\delta(x,y)+\delta(y,z)$$

特别地，$\delta(x, z)=\delta(x, v_1)+\delta(v_1, z)=w(\alpha_1)+\delta(v_1, z)$。

而且，如果 x 到 z 的某条弧

$$\delta(x,z)=w(\alpha) \tag{5.5.1}$$

那么，$\pi=(x, \alpha, z)$ 是 x 到 z 的最短有向路径。如果对于某顶点 v 和某条 x 到 v 的弧 α，有

$$\delta(x,z)=w(\alpha)+\delta(v,z) \tag{5.5.2}$$

那么，必然存在 x 到 z 的最短有向路径，它起始于$(x, \alpha, v, \cdots)$，并连着 v 到 z 的最短路径。这些观察结论可用作构造 x 到 z 的最短有向路径的算法基础，对任意目标顶点 x 和 z，假定已知函数 w 和 δ。

//搜索满足上述等式的 v 和 α。

绝大多数应用中，D 是简单的有向图。 //无环，无平行边

这种情况下，如果 $V=\{v_1, v_2, \cdots, v_n\}$，那么 w 可能给定为 $n\times n$ 的矩阵，其中

223

$$W[i,j]=\begin{cases}w(\alpha) & \text{如果存在 } v_i \text{ 到 } v_j \text{ 的弧}\\ \infty & \text{如果不存在这样的弧}\end{cases}$$

//W 可能不对称

同样在这种情况下，δ 可能给定为 $n\times n$ 的矩阵，其中

$$\delta[i,j]=\begin{cases}\delta(v_i,v_j) & \text{如果存在 } v_i \text{ 到 } v_j \text{ 的弧}\\ \infty & \text{否则}\end{cases}$$

//像 W 一样，距离矩阵 δ 不一定必须是对称的。

5.5.4 Floyd-Warshall 算法

Floyd-Warshall 算法用于计算无平行弧图的距离矩阵 δ 上的元素。假定该图的顶点集为 $V=\{1, 2, \cdots, n\}$。

//算法中用符号∞来描述那些比任意最短有向路径的所有权值之和还要大的**数值**。

输入是 $n\times n$ 的矩阵 W，其中

$$W[a,b]=\begin{cases}a \text{ 到 } b \text{ 的弧的权值} & \text{如果存在这样的弧}\\ \infty & \text{如果不存在这样的弧}\end{cases}$$

//不可思议的是，确定 x 到 y 的最短有向路径的长度 $\delta(x, y)$ 时，

//不需要先查找 x 到 y 的有向路径 π^*，然后证明 π^* 是最短的。

策略是从矩阵 W 开始，然后使用三角不等式 $\delta(x, z)\leqslant\delta(x, y)+\delta(y, z)$ 缩减所有三个顶点可能的元素。

输出是 $n\times n$ 矩阵 D，其中所有顶点 p 和 q，如果 $p\neq q$，那么 $D[p, q]=\delta[p, q]$。

算法 5.5.2 所有点对之间最短有向路径的 Floyd-Warshall 算法(1959)

```
Begin
  D←W;                                        //将 W 的值复制到 D
  For B←1 To n Do                             //B 是中间顶点 y
    For A←1 To n Do                           //A 是起点
      For C←1 To n Do                         //C 是终点
                                              //B 必须控制外层循环
        If(D[A, C]>D[A, B]+D[B, C])Then
           D[A, C]←D[A, B]+D[B, C]
        End;    //If 语句
      End;      //内层 For 循环
    End;        //中层 For 循环
  End;          //外层 For 循环
End.
```

224

$n=5$，W 是下图所属带权有向图的矩阵时，算法遍历如下：

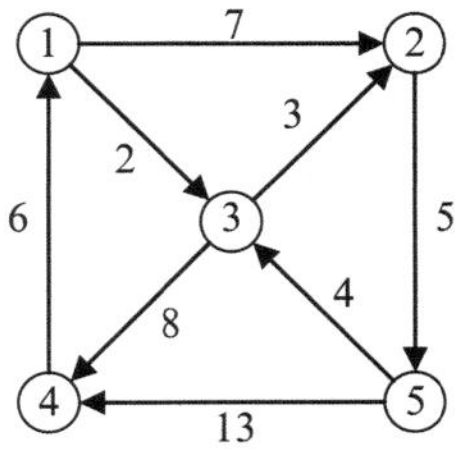

//$D_{(k)}$ 表示外层 For 循环迭代 $B=k$ 后的矩阵 D。

$W=$ 　　// 输入矩阵

	1	**2**	**3**	**4**	**5**
1	∞	7	2	∞	∞
2	∞	∞	∞	∞	5
3	∞	3	∞	8	∞
4	6	∞	∞	∞	∞
5	∞	∞	4	13	∞

$D_{(1)}=$

	1	**2**	**3**	**4**	**5**
1	∞	7	2	∞	∞
2	∞	∞	∞	∞	5
3	∞	3	∞	8	∞
4	6	**13**	**8**	∞	∞
5	∞	∞	4	13	∞

$D_{(2)}=$

	1	**2**	**3**	**4**	**5**
1	∞	7	2	∞	**12**
2	∞	∞	∞	∞	5
3	∞	3	∞	8	**8**
4	6	13	8	∞	**18**
5	∞	∞	4	13	∞

$D_{(3)}=$

	1	**2**	**3**	**4**	**5**
1	∞	**5**	2	**10**	**10**
2	∞	∞	∞	∞	5
3	∞	3	∞	8	8
4	6	**11**	8	**16**	**16**
5	∞	**7**	4	**12**	**12**

225

$D_{(4)}=$

	1	**2**	**3**	**4**	**5**
1	**16**	5	2	10	10
2	∞	∞	∞	∞	5
3	**14**	3	**16**	8	8
4	6	11	8	16	16
5	**18**	7	4	12	12

$D_{(5)}=$

	1	**2**	**3**	**4**	**5**
1	16	5	2	10	10
2	**23**	**12**	**9**	**17**	5
3	14	3	**12**	8	8
4	6	11	8	16	16
5	18	7	4	12	12

本例中，对角元 $D[j, j]$是 j 到 j 形成的环的长度，这是一条**非平凡**的最短有向路径。如果将对角元初始化为 0，就会一直保持为 0，这反应了平凡有向路径是顶点到自身的最短有向路径。

接下来证明 Floyd-Warshall 算法是正确的；也就是说，算法运行后，会满足以下**后置条件**：

1. 所有顶点 p 和 q，如果 $p\neq q$，那么 $D[p, q]=\delta[p, q]$。
2. 如果存在经过顶点 p 的环，那么 $D[p, p]$就是这种最短环的长度，否则 $D[p, p]=\infty$。

为方便起见，定义 $n\times n$ 矩阵 $\delta1$，其中

$$\delta1[i,j]=\begin{cases} i \text{ 到 } j \text{ 的最短}\textbf{非平凡}\text{有向路径的长度} \\ \infty \quad \text{如果不存在这样的有向路径} \end{cases}$$

然后，如果 $i \neq j$，那么 $\delta1[i, j]=\delta[i, j]$。但对每个顶点 j，$\delta1[j, j]$是经过 j 的最短环的长度(如果存在经过 j 的环)；否则 $\delta1[j, j]=\infty$。

//记住 $\delta[j, j]=0$。

定理 5.5.3 Floyd-Warshall 算法是正确的；最终的矩阵 D 等于 $\delta1$。

证明 //分几个部分证明(这么简单的算法，其正确性证明却较复杂)。

第一部分： 每个阶段，对于所有的顶点对 p 和 q，如果 $D[p, q]<\infty$，则从 p 到 q 存在一条长度为 $D[p, q]$的非平凡有向路径。 (∗)

//变化一下数学归纳法来证明这一点。 226

//先将内层 For 循环内从 1 到 n^3 的迭代进行索引，然后用数学归纳法来证明。

令 x 和 y 为固定的(任意)顶点。将 D 初始化成 W 后，如果 $D[x, y]<\infty$，则 x 到 y 存在权值等于 $D[x, y]$的弧 α，所以 $\pi=(x, \alpha, y)$是 x 到 y 长度为 $D[x, y]$的有向路径。

假设向下重构 $D[x, y]$时，(∗)在某点上成立。当 $A=x$，$C=y$ 和 B 的某个值 b 满足

$$D[x,y] > D[x,b] + D[b,y] \qquad //x \neq b \neq y$$

则 $D[x, b]$必然小于无穷大，$D[b, y]$也必然小于无穷大。因此，根据(∗)可得：

从 x 到 b 存在长度为 $D[x, b]$的非平凡有向路径

和 从 b 到 y 存在长度为 $D[b, y]$的非平凡有向路径。

这两条有向路径是可以连接的。 //先遍历第一条，然后遍历第二条

因此，向下重构 $D[x, y]$等于 $D[x, b]+D[b, y]$时， //小于无穷大

从 x 到 y 存在长度为 $D[x, y]$的非平凡有向路径。

第二部分： 每个阶段，所有顶点对 p 和 q，都有

$$D[p,q] \geqslant \delta1[p,q] \quad // \text{仅当 } p = q \text{ 或 } D[p,q] = \infty \text{ 时。}$$

第三部分： 定义有向路径的**高度**。 //后面用于数学归纳法

如果 $\pi=(x_0, \alpha_1, x_1, \alpha_2, x_2, \cdots, \alpha_k, x_k)$是非平凡有向路径，则称 $x_1, x_2, \cdots, x_{k-1}$为 π 的中间顶点。 //与终点相区别。

如果 π 没有中间顶点，则

$$h(\pi) = 0$$

否则，$h(\pi)=\max\{x_1, x_2, x_3, \cdots, x_{k-1}\}$ //所以有 $0 \leqslant h(\pi) \leqslant n$。

第四部分： 令 $D_{(k)}$表示外层 For 循环($B=k$)迭代完成后的矩阵 D，令 $D_{(0)}$表示 W。

引理：如果从 a 到 b 存在最短的非平凡路径 π，其高度 $h(\pi)=k$，则 $D_{(k)}[a, b] \leqslant \delta1[a, b]$。

//实际上，$D_{(k)}[a, b]=\delta1[a, b]$。但 D 的值可能会减小，所以证明不难。 227

证明 //对 k 进行数学归纳证明。

步骤 1：//当 $k=0$ 时。

如果从 a 到 b 存在最短的非平凡路径 π，其高度 $h(\pi)=0$，则 $\pi=(a, \alpha, b)$，其中 α 是 a 到 b 的弧，其高度为 $W[a, b]=D_{(0)}[a, b]$。所以 $D_{(0)}[a, b] \leqslant \delta1[a, b]$。

//实际上，$D_{(0)}[a, b]=\delta1[a, b]$。

步骤 2：假设存在 $q(0<q \leqslant n)$，使得如果 $0 \leqslant H<q$，那么如果 a 到 b 存在最短路径 π，其高度为 $h(\pi)=H$，则有，

$$D_{(H)}[a,b] \leqslant \delta 1[a,b]$$

步骤 3：//当 $k=q$ 时。

假设从 a 到 b 存在最短的非平凡路径 π，其高度为 $h(\pi)=q$，也就是说

$$\pi = (a = x_0, \alpha_1, x_1, \cdots, \alpha_j, x_j = q, \alpha_{j+1}, x_{j+1}, \cdots, \alpha_m, x_m = b)$$

其中，$q=x_j$ 为最大的中间顶点。

//因为 $q>0$，所以 π 上有中间顶点，而且 $m\geqslant 2$。

令 $\pi_1=(a=x_0, \alpha_1, x_1, \alpha_2, x_2, \cdots, \alpha_j, x_j=q)$ 和 $\pi_2=(q=x_j, \alpha_{j+1}, x_{j+1}, \alpha_{j+2}, x_{j+2}, \cdots, \alpha_m, x_m=b)$

那么 π_1 是 a 到 q 的最短非平凡路径，其高度 $h(\pi_1)=h1<q$；π_2 是 q 到 b 的最短非平凡路径，其高度 $h(\pi_2)=h2<q$。

根据归纳假设，可得 //步骤 2

$$D_{h1}[a,q] \leqslant \delta 1[a,q] \text{ 和 } D_{h2}[q,b] \leqslant \delta 1[q,b]$$

因为 D 的值会减小或保持不变，当 $A=a$ 和 $C=b$ 时，会更新 $D[a, b]$的当前值，所以有

$$D[a,q] \leqslant D_{(q-1)}[a,q] \leqslant D_{h1}[a,q] \qquad //h1 \leqslant q-1$$

和

$$D[q,b] \leqslant D_{(q-1)}[q,b] \leqslant D_{h2}[q,b] \qquad //h2 \leqslant q-1$$

完成外部 For 循环($B=q$)迭代后，有

$$D_{(q)}[a,b] \leqslant D_{(h1)}[a,q] + D_{(h2)}[q,b] \leqslant \delta 1[a,q] + \delta[q,b] = \delta 1[a,b]$$ ■

第五部分：//整合前述四部分结论。

如果 $D[a, b]$变成小于无穷大，则 a 到 b 存在长度为 $D[a, b]$的非平凡有向路径，经
228 过后续重构，$D[a, b]$的值保持$\geqslant\delta 1[a, b]$。 //根据第一部分和第二部分

如果 a 到 b 存在非平凡有向路径，则 a 到 b 必存在最短非平凡有向路径，其高度为 H，其中 $0\leqslant H\leqslant n$，所以由引理可得 $D_{(H)}[a, b]\leqslant\delta 1[a, b]$。 //根据第四部分

接着有 $D_{(n)}[a, q]\leqslant\delta 1[a, b]$，其中 $D_{(n)}[a, q]<\infty$。当 $D_{(n)}[a, q]<\infty$时，有

$$D_{(n)}[a,q] \geqslant \delta 1[a,b] \qquad // \text{根据第 1 部分}$$

如果 a 到 b 存在非平凡有向路径，则 $D_{(n)}[a, q]=\delta 1[a, b]$。如果 a 到 b 不存在非平凡有向路径，则 $D[a, b]$仍等于无穷大，即等于 $\delta 1[a, b]$。因此，对所有的顶点对都有 $D_{(n)}[a, b]=\delta 1[a, b]$。 ■

回忆一下，有向图是**强连通**的，意味着任意顶点 x 和 y，从 x 到 y 总存在有向路径。Floyd-Warshall 算法的输出如何用于测试有向图是否强连通？Floyd-Warshall 算法的输出(和输入矩阵)如何用于确定从给定顶点 y 到某个其他给定顶点 z 的最短有向路径？等式 5.5.1 和 5.5.2 可用作查找任意顶点到其他顶点的最短路径的算法基础。

本节要点

有向图由**顶点集**和**弧集**组成，其中弧从一个顶点到另一个顶点。**有向路径**是形如 $\pi=(v_0, \alpha_1, v_1, \alpha_2, v_2, \alpha_3, \cdots, \alpha_k, v_k)$的序列，其中 v_j 是顶点，α_i 是顶点 v_{i-1} 到 v_i 的弧。封闭的有向路径叫**环**，如果 $k\geqslant 1$ 而且所有的弧都不相同。有向图是**强连通**的，就是说任意顶点之间都存在有向路径。

弧带权有向图中，可以定义距离函数 δ，$\delta(x, y)$表示 x 到 y 的最短有向路径的长度(如果存在)。

Dijkstra 算法在简单的弧带权有向图上，从单源顶点出发，使用顶点标签生成最短有向路径树，从而实现查找给定顶点到其他给定顶点的最短有向路径。

Floyd-warshall 算法计算距离矩阵 δ 的元素，解决所有顶点对之间的最短有向路径问题。

习题

1. 画出包含 3 个奇度点的图。用公式 5.1.1 证明任意图的奇度点个数为偶数。
2. 证明：G 有欧拉环游当且仅当 G 是连通的而且奇度点个数小于等于 2。
3. 用 Fleury 算法在 web 上查找欧拉环游。 229
4. 构建连接不同顶点 v 和 w 的路径 π，其中有两条(或更多条)连接 v 和 w 的简单路径。
5. 为什么一个顶点到另一个顶点的最短路径(有多条边)必然是简单路径?
6. 为什么顶点数 $n\geqslant 2$ 的多边形，其子图要用 $2\times n$ 个不同的回路来确定?
7. 证明：如果 π 是 v 到 w 的简单路径，e 是连接 v 和 w 的边，而且 e 不是 G_π 上的边，则 G_π 和 e 构成一个多边形。
8. 证明：如果 $\pi=(v_0, e_1, v_1, \cdots, e_k, v_k)$是封闭路径，$k$ 是奇数，那么图 G_π 包含多边形。
9. 证明：G 为树当且仅当任意两个不同的顶点之间存在唯一的简单路径。
10. 证明：如果所有顶点的度都大于等于 2，则 G 包含多边形。
11. 证明：顶点数大于等于 2 的树必然包含两个以上(成对出现)度数为 1 的顶点。
12. 证明：如果树 T 上有一个顶点的度 $k>1$，则 T 的叶子顶点数必然大于等于 k。
13. 非连通图 $G=(V, E)$可以分成一些连通**分量**，G_1，G_2，…，G_k，顶点集 V 也分成子图 G_j 的顶点集。当所有连通分量都是树时，G 称为**森林**。证明：

    (a) 图 G 是森林当且仅当 G 不包含多边形。

    (b) 如果 G 是由 q 棵树组成的森林，则 $|E|=|V|-q$。
14. 证明：如果 G 有 n 个顶点，$n-1$ 条边，但不包含多边形，则 G 是一棵树。
15. 证明：如果 G 是连通的，而且有 n 个顶点和 $n-1$ 条边，则 G 是一棵树。
16. 连通图上的边 e 称为**桥**，如果移除 e 生成不连通的图。证明：G 是树当且仅当每条边都是**桥**。
17. 证明：如果 y 到其他顶点 z 存在路径，则可以将 z 添加到由算法 5.3.2 广度优先遍历生成的树上。
18. 证明：树 T(根据算法 5.3.2 广度优先遍历生成)上的路径是树 T 上从 y(根)到其他所有顶点的最短路径。
19. 证明：用 Dijkstra 算法将第 j 个顶点 v_j 添加到 T 上时，T 中所有顶点都有 $L(v_j)\geqslant L(x)$，所有不在 T 上的顶点都有 $L(v_j)\leqslant L(w)$。
20. 连通图的**直径**是最长的最短路径的长度，从给定顶点 v 出发的**半径**是从 v 出发的最长的最短路径的长度，图的**中心**是半径最小的顶点。找出下图的直径和中心。　//最长的最短路径中最短的? 230

    提示：用 Floyd-Warshall 算法获取距离矩阵。

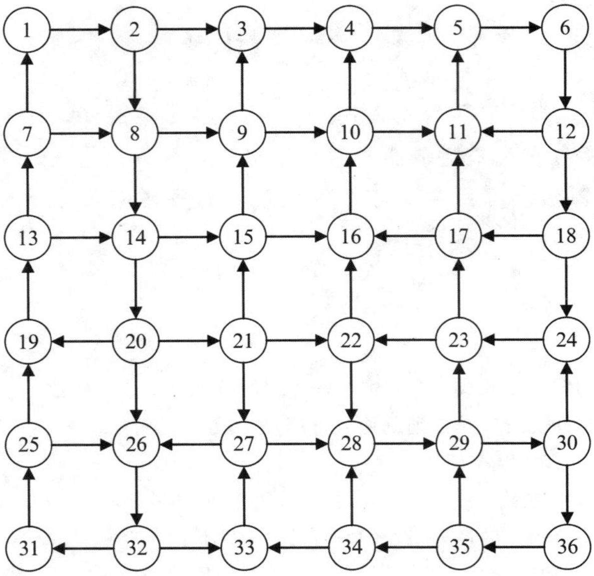

231 ~ 232 21. 设计算法，使用 Floyd-Warshall 算法的输入和输出构造从给定顶点 y 到其他给定顶点 z 的最短的非平凡有向路径。

关系：特别是(整数)序列上的关系

本章有两大目标：(1)介绍对象(如数字)序列的序，通过这种序，可以从小到大以一种自然的序生成有限个对象；(2)介绍用函数增长率来区分复杂函数的机制。通过关系来介绍这两大目标。

6.1 关系和表示

本章标题中的关系不是指阿姨、叔叔、表兄弟等，而是比特殊的或亲密的私人关系更广泛的关系。定义集合 S 上的关系 R，是 S 的某些有序元素对的某种刻画，如：

数字上：$a=b$

$a<b$

$a\geqslant b$

整数上：$a\mid b$

子集上：$A\subseteq B$

$|A|=|B|$

就人而言：a 嫁给 b

a 喜欢 b

a 比 b 年轻

a 是 b 的后代

上述例子中，R 都可以看作是通过关系关联在一起的有序对集合。

集合 S 上的**关系**可以定义成 S 上的有序元素对组成的任意集合；也就是说，任意集合

$$R\subseteq S\times S$$

上述例子的通用表示写成：

$$a\,R\,b \text{ 表示} (a,b)\in R$$

然后“$a\,R\,b$”就是一条语句，因此可以携带布尔值。关系的否也是一个布尔表达式，(如在 Java 中)可以写成

$$a!R\,b \text{ 表示} (a,b)\notin R$$

例 6.1.1 令 $S=\{1, 2, 3, 4\}$，$R\{(1, 1), (1, 3), (1, 4), (2, 1), (2, 2), (2, 3), (2, 4), (3, 2), (4, 2)\}$。

这里，$1R1$ 但 $4!R\,4$，$1R3$ 但 $3!R\,1$。 ◀

除了列出 R 中的元素对外，还有一些方式可以表示关系。接下来介绍两种方式。

6.1.1 矩阵表示

选择集合 S 的任意序，用这种序排列方阵 M 的行和列。然后如下定义矩阵 M 的元，

$$M[a,b]=\begin{cases}1 & \text{如果 } a\,R\,b\\ 0 & \text{如果 } a\,!R\,b\end{cases}$$

可以将 M 的元设置成布尔值，但在这种性质的矩阵中使用 0 和 1 比较方便。

例 6.1.1 的矩阵表示如下：

	1	2	3	4
1	**1**	**0**	**1**	**1**
2	**1**	**1**	**1**	**1**
3	**0**	**1**	**0**	**0**
4	**0**	**1**	**0**	**0**

234

6.1.2 有向图表示

构造有向图 D 表示集合 S 上的关系 R：令 S 是 D 的顶点集，如果 $a\,R\,b$，就从 a 到 b 画一条弧(箭头或有向边)。例 6.1.1 的有向图表示如下：

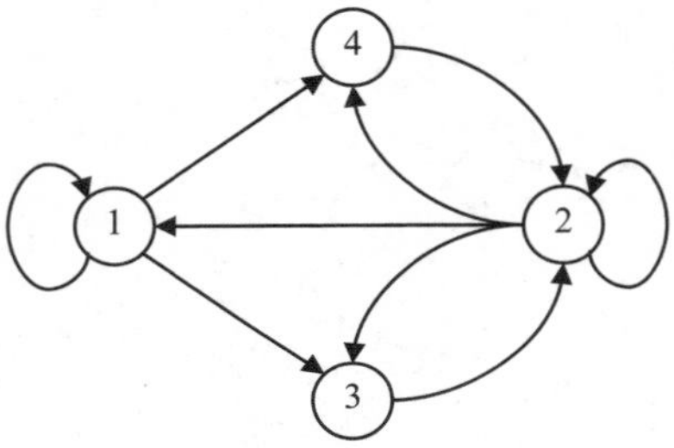

6.1.3 关系的性质

接下来定义关系的五大性质：自反性、对称性、反对称性、传递性和可比性。用这些通用关系可以区分关系的类别，尤其是相似度和排名(一个事物比另一个事物大、好或性感)。

S 上的关系 R 是**自反**的，是指

　　对于 $\forall a\in S$，$a\,R\,a$ 都成立。

//“等于”是自反的，但“小于”不是自反的。

S 上的关系 R 是**传递**的，是指

　　对于 $\forall a$，b，$c\in S$，如果 $a\,R\,b$ 和 $b\,R\,c$，那么 $a\,R\,c$ 成立。

//“小于”是传递的，但“喜欢”不是传递的。

S 上的关系 R 是**对称**的，是指

　　对于 $\forall a$，$b\in S$，如果 $a\,R\,b$，那么 $b\,R\,a$ 成立。

//“嫁给”是对称的，但“大于”不是对称的。

S 上的关系 R 是**反对称**的，是指

　　对于 $\forall a$，$b\in S$，如果 $a\,R\,b$ 和 $b\,R\,a$，那么 $a=b$ 成立。

//“包含于”是反对称的，但“嫁给”不是反对称的。

S 上的关系 R 具备**可比性**，是指

对于 $\forall a, b \in S$，$a\,R\,b$ 或 $b\,R\,a$ 或 $a=b$ 成立。

//“小于”和“小于等于”具备可比性，但“包含于”不是。

对称性和反对称性不是对立的性质，因为“等于”同时具备这两种性质，而例 6.1.1 中的关系 R 不具备这两种性质。

//例 6.1.1 中的关系 R 具备哪些性质？

//$4\ !R\ 4 \Rightarrow R$ 不是自反的。

//$1\ R\ 3$ 和 $3\ R\ 2$，但 $1 !R\ 2 \Rightarrow R$ 不具备传递性。

//$1\ R\ 3$ 但 $3\ !R\ 1 \Rightarrow R$ 不是对称的。 235

//$2\ R\ 3$ 和 $3\ R\ 2$，但 $2 \neq 3 \Rightarrow R$ 不是反对称的。

//$3 !R\ 4$ 和 $4\ !R\ 3$ 和 $3 \neq 4 \Rightarrow R$ 不具备可比性。

后三个性质只有当 $a \neq b$ 的时候才会被关注，所以可以重写如下：

S 上的关系 R 是**对称**的，是指

对于 S 上的不同元素，如果 $a\,R\,b$，那么 $b\,R\,a$。

S 上的关系 R 是**反对称**的，是指

对于 S 上的不同元素，如果 $a\,R\,b$，那么 $b\ !R\,a$。　　//“小于”是反对称的

S 上的关系 R 具备**可比性**，是指

对于 S 上的不同元素，如果 $a !R\,b$，那么 $b\,R\,a$。

不同元素 x 和 y 在 R 上是**可比**的，即不是 $x\,R\,y$ 就是 $y\,R\,x$；否则 x 和 y 是**不可比**的。

//本章开头的例子有哪些性质？

//矩阵表示反映了哪些性质？

//有向图表示反映了哪些性质？

本节要点

集合 S 上的**关系** R 是 S 上的有序元素对组成的任意集合，可以表示成矩阵或有向图。但该定义过于一般化，很难使用。根据它们所包含的性质将关系分成五类：**自反性、对称性、反对称性、传递性和可比性**。

6.2 等价关系

本节形式化“类似”的概念。任意对象类似它本身；如果 a 类似 b，则 b 类似 a；如果 a 类似 b，且 b 类似 c，则 a 类似 c。

关系 R 是**等价关系**，只要 R 是**自反**的、**对称**的、**传递**的。等式(类似的一种极端形式)是等价关系，但还有其他等价关系。下面是通用且简单的构造方式。

例 6.2.1 设 f 是域 S 上的任意函数。S 上的关系 R 定义如下：

$$a\,R\,b \text{ 当且仅当 } f(a)=f(b)$$ ◀

因为等式是等价关系，所以不管 f 怎样定义，R 也是等价关系。 236

//　$f(a)=f(a) \Rightarrow a\,R\,a$　　//R 是自反的

//　$a\,R\,b \Rightarrow f(a)=f(b)$　　$\Rightarrow f(b)=f(a) \Rightarrow b\,R\,a$　　//对称的

//$a\,R\,b$ 且 $b\,R\,c \Rightarrow f(a)=f(b)$ 和 $f(b)=f(c) \Rightarrow f(a)=f(c) \Rightarrow a\,R\,c$ //传递的

举个例子，假设 S 是今天这个教室里的人的集合，对每个人 x，令 $f(x)$ 表示人的年龄(按年算)。关系 R 会将集合 S 划分成年龄相同的人组成的子集。所有 18 岁的在一个集合里，19 岁的在另一个集合里……每种等价关系都有这种划分方式。

如果 R 是 S 上的等价关系，**等价类**就是 S 的非空子集 E，该子集满足以下条件：

(i) E 的所有元素对都是关联的。

(ii) E 中没有元素会与不属于 E 的元素关联。

//有些人喜欢将等价类定义成满足性质(i)的最大子集，两种定义是等价的。

定理 6.2.1 如果 R 是 S 上的等价关系，那么 R 将 S 划分成等价类。

证明 //证明 S 的每个元素属于一个等价类，而且只属于一个等价类。

令 a 是 S 的任意元素，$[a]$是 S 的子集，定义如下：

$$[a]=\{x \in S: a\,R\,x\}$$

因为 $a\,R\,a$，$a\in[a]$，所以$[a]$非空。 //这个子集是等价类吗？

如果 x，$y\in[a]$，那么 $a\,R\,x$ 且 $a\,R\,y$。根据对称性有 $x\,R\,a$。然后有 $x\,R\,a$ 和 $a\,R\,y$，因此根据传递性有 $x\,R\,y$。所以，$[a]$的所有元素对都关联。如果 $x\in[a]$而且 $x\,R\,z$，那么 $a\,R\,x$ 且 $x\,R\,z$，所以根据传递性有 $a\,R\,z$，因此 $z\in[a]$，所以$[a]$的元素不会关联到不属于$[a]$的元素。因此$[a]$是等价类。

到这里，S 的每个元素 a 都至少属于一个等价类$[a]$。

//这是包含元素 a 的唯一等价类吗？

假设 C 是包含 a 的某个等价类。如果 $z\in C$，那么 $a\,R\,z$，所以 $z\in[a]$。因此，$C\subseteq[a]$。如果 $a\,R\,x$，那么根据(ii)，x 必然是 C 的元素；因此，$[a]\subseteq C$。子集 C 必然等于子集$[a]$。至此，定理得证。 ■

6.2.1 等价关系的矩阵和有向图表示

例 6.2.2 设 $S=\{0, 1, \cdots, 9\}$，S 上的关系 R 定义如下：

237 $$a\,R\,b \text{ 当且仅当 } 3\mid(a-b)$$

那么，R 是等价关系。 ◀

//回忆一下，$x\mid y$ 表示整数 x “整除” y。

//$3\mid 0$，所以对 S 中的所有 a，$a\,R\,a$。

// 因此，R 是自反的。

//如果 $a\,R\,b$，那么 $3\mid(a-b)$。又因为$(b-a)=-(a-b)$，所以有 $3\mid(a-b)$、$b\,R\,a$。

// 因此，R 是对称的。

//如果 $a\,R\,b$ 和 $b\,R\,c$，那么 $3\mid(a-b)$，$3\mid(b-c)$，

//因为$(a-c)=(a-b)+(b-c)$，所以有 $3\mid(a-c)$，$a\,R\,c$。

// 因此，R 是传递的。

根据 S 的元素的自然序，该关系的矩阵表示如下：

	0	1	2	3	4	5	6	7	8	9
0	**1**	**0**	**0**	**1**	**0**	**0**	**1**	**0**	**0**	**1**
1	**0**	**1**	**0**	**0**	**1**	**0**	**0**	**1**	**0**	**0**
2	**0**	**0**	**1**	**0**	**0**	**1**	**0**	**0**	**1**	**0**
3	**1**	**0**	**0**	**1**	**0**	**0**	**1**	**0**	**0**	**1**
4	**0**	**1**	**0**	**0**	**1**	**0**	**0**	**1**	**0**	**0**
5	**0**	**0**	**1**	**0**	**0**	**1**	**0**	**0**	**1**	**0**
6	**1**	**0**	**0**	**1**	**0**	**0**	**1**	**0**	**0**	**1**
7	**0**	**1**	**0**	**0**	**1**	**0**	**0**	**1**	**0**	**0**
8	**0**	**0**	**1**	**0**	**0**	**1**	**0**	**0**	**1**	**0**
9	**1**	**0**	**0**	**1**	**0**	**0**	**1**	**0**	**0**	**1**

如果 S 的元素的序不同，该关系的矩阵表示可能为

	0	3	6	9	1	4	7	2	5	8
0	**1**	**1**	**1**	**1**	**0**	**0**	**0**	**0**	**0**	**0**
3	**1**	**1**	**1**	**1**	**0**	**0**	**0**	**0**	**0**	**0**
6	**1**	**1**	**1**	**1**	**0**	**0**	**0**	**0**	**0**	**0**
9	**1**	**1**	**1**	**1**	**0**	**0**	**0**	**0**	**0**	**0**
1	**0**	**0**	**0**	**0**	**1**	**1**	**1**	**0**	**0**	**0**
4	**0**	**0**	**0**	**0**	**1**	**1**	**1**	**0**	**0**	**0**
7	**0**	**0**	**0**	**0**	**1**	**1**	**1**	**0**	**0**	**0**
2	**0**	**0**	**0**	**0**	**0**	**0**	**0**	**1**	**1**	**1**
5	**0**	**0**	**0**	**0**	**0**	**0**	**0**	**1**	**1**	**1**
8	**0**	**0**	**0**	**0**	**0**	**0**	**0**	**1**	**1**	**1**

这里，等价类都在 S 的序块中，而且都分布在主对角线上的相应方阵里。

//该关系的有向图是什么样的？

例 6.2.3 $\mathbf{Z}_5$

如下定义 $\mathbf{Z}$ 上的等价关系 R：

$$a\,R\,b \text{ 当且仅当 } f(a)=f(b)$$

其中 $f(x)=x$ MOD 5，即 x 除以 5 得到的非负余数。 238

那么，$f(x)$只有 5 个值：0，1，2，3，4。等价类包括

$$[0]=\{\cdots,-15,-10,-5,0,5,10,15,\cdots\}$$

$$[1]=\{\cdots,-14,-9,-4,1,6,11,16,\cdots\} \qquad //-9=5(-2)+1$$

$$[2]=\{\cdots,-13,-8,-3,2,7,12,17,\cdots\} \qquad //-3=5(-1)+2$$

$$[3]=\{\cdots,-12,-7,-2,3,8,13,18,\cdots\}$$

$$[4]=\{\cdots,-11,-6,-1,4,9,14,19,\cdots\}$$

可以参照 $\mathbf{Z}$ 上的运算$+$和$\times$，定义这些类上的算术运算如下：

$$[a]\oplus[b]=[a+b] \text{ and } [a]\otimes[b]=[a\times b]$$

//包含 a 的类加上包含 b 的类就是包含$(a+b)$的类。

//包含 a 的类乘上包含 b 的类就是包含$(a\times b)$的类。

//X 这种定义真的不依赖于类的表示方式吗？

这些操作如下表所示，其中，$[x]$记为“$\boldsymbol{x}$”(粗体的 x)。

$\oplus$	[0]	[1]	[2]	[3]	[4]
[0]	**0**	**1**	**2**	**3**	**4**
[1]	**1**	**2**	**3**	**4**	**0**
[2]	**2**	**3**	**4**	**0**	**1**
[3]	**3**	**4**	**0**	**1**	**2**
[4]	**4**	**0**	**1**	**2**	**3**

$\otimes$	[0]	[1]	[2]	[3]	[4]
[0]	**0**	**0**	**0**	**0**	**0**
[1]	**0**	**1**	**2**	**3**	**4**
[2]	**0**	**2**	**4**	**1**	**3**
[3]	**0**	**3**	**1**	**4**	**2**
[4]	**0**	**4**	**3**	**2**	**1**

//$\mathbf{Z}_6$ 的运算表是什么样的？ ◀

在计算机科学，尤其是现代密码学中，有限代数系统(如 $\mathbf{Z}_5$)有很多应用。

本节要点

如果 R 是自反的、对称的、传递的，集合 S 上的关系 R 是**等价关系**。这形式化了“类似”的概念。**等价类**是 S 的非空子集 E，它们满足：

(1) E 中的所有元素对都是关联的；

239 (2) E 中的元素不会与不属于 E 的元素关联。

进一步，R 将 S **划分**成**等价类**。

6.5 节将在算法的复杂度函数上定义等价关系。通过这种方式，所有的线性函数都等价于 $\boldsymbol{n}$，所有的二次函数都等价于类$[\boldsymbol{n}^2]$。

6.3 序关系

本节形式化某种“偏好排序”中对象的概念。如果 a 比 b 大或好，那么 b 不比 a 大或好。反对称性是这种排序的基本性质。它也是传递的：如果 a 比 b 大或好，而且 b 比 c 大或好，那么 a 比 c 大或好。

关系 R 是一个**序关系**(OR)，如果 R 是**反对称**的(AS)和**传递**的(T)。

//有些书将这种关系定义为 quasi-order。

如果 R 也是**自反**的，关系 R 是偏序(PO)。如果 R 也具备**可比性**(CP)，偏序 R 是全序(TO)。后面例子中会说明它们的区别。

这里先介绍一些不同集合上的序关系，并引入性质的缩写。

1. $a=b$：　　　　AS，T，R　　　　所以它是 PO

2. $a<b$：　AS，T　所以它是 OR

3. $a\geqslant b$：　AS，T，R，CP　所以它是 TO

4. 整数上的 $a|b$　T 但非 AS　因为$(-5)|(+5)$，$(+5)|(-5)$ 但$(-5)\neq(+5)$

　正整数上的 $a|b$　AS，T，R　所以它是 PO

5. $A\subseteq B$　AS，T，R　所以它是 PO

6. $|A|=|B|$　T 但非 AS

7. a 嫁给 b　不是 AS

8. a 喜欢 b　不是 AS　//因为 a 喜欢 b、b 也喜欢 a 经常发生的可能性很小

　不是 T　//因为如果 a 喜欢 b，b 喜欢 c，

　//也不能推导出 a 喜欢 c

　不是 S　//每个人都知道该关系不是对称的

9. a 比 b 年轻　AS，T　所以它是 OR

10. a 是 b 的后代　AS，T　所以它是 OR

//如果 $a\ R_=\ b$ 表示($a\ R\ b$ 或 $a=b$)，那么如果 R 是序关系，那么 $R_=$ 是偏序。 240

6.3.1　偏序的矩阵和有向图表示

例 6.3.1 令 $S=\{1, 2, \cdots, 12\}$，考虑 S 上的偏序关系“|”。

//回忆一下，$a \mid b$ 表示“a 整除 b”。

根据 S 中元素的自然序，该关系的矩阵表示如下：

	1	2	3	4	5	6	7	8	9	10	11	12
1	1	1	1	1	1	1	1	1	1	1	1	1
2	0	1	0	1	0	1	0	1	0	1	0	1
3	0	0	1	0	0	1	0	0	1	0	0	1
4	0	0	0	1	0	0	0	1	0	0	0	1
5	0	0	0	0	1	0	0	0	0	1	0	0
6	0	0	0	0	0	1	0	0	0	0	0	1
7	0	0	0	0	0	0	1	0	0	0	0	0
8	0	0	0	0	0	0	0	1	0	0	0	0
9	0	0	0	0	0	0	0	0	1	0	0	0
10	0	0	0	0	0	0	0	0	0	1	0	0
11	0	0	0	0	0	0	0	0	0	0	1	0
12	0	0	0	0	0	0	0	0	0	0	0	1

它是一个“上三角矩阵”，因为主对角线以下的所有元都是 0(因此，所有的“信息”都包含在上三角中)。

当 R 是 S 上的序关系，a 和 b 是 S 中不同的元素时，如果 $a\ R\ b$，且不存在元素 $x\in S\setminus\{a, b\}$使得 $a\ R\ x$ 和 $x\ R\ b$ 成立，b **覆盖** a。

有限集 S 上的偏序的图表示可以简化为众所周知的 **Hasse 图**，以 Helmut Hasse(1898—1979)的名字命名。在该图上：

1. 无环——每个顶点上有环，这些环不携带任何信息，所以省略。

2. 无弧——当前顶点的传递性蕴含弧，a 到 b 存在弧，当且仅当 b 覆盖 a。

3. 无箭头——箭头默认自底向上。

//是否经常有效？

例 6.3.1 的 Hasse 有向图表示如下：

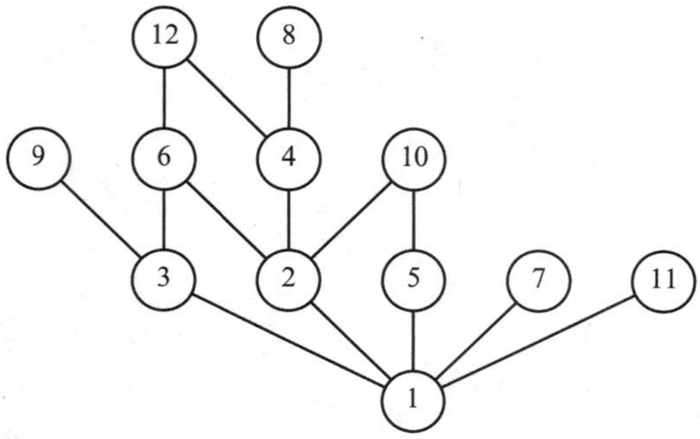

241

//这里 b 覆盖 $a \Leftrightarrow b = a \times p$，其中 p 是素数。

//$a\ R\ b \Leftrightarrow$ Hasse 图上，从 a 到 b 存在一条一致向上的路径。

//全序的 Hasse 图表示是什么样的？

6.3.2　极小元和极大元

假设 R 是集合 S 上的序关系，T 是 S 的子集。

$q \in T$ 是 T 的**最小**(minimum)元，意思是 $\forall x \in T \setminus \{q\}$，$q\ R\ x$

//q 关联到 T 的其他元素，如例 6.3.1 中的 1 所示。

//X T 可能没有最小元，但如果 T 有最小元，那么最小元是唯一的。

$q \in T$ 是 T 的**极小**(minimal)元，意思是 $\forall y \in T \setminus \{q\}$，$y\,!R\ q$

//T 中没有其他元素关联到 q，如例 6.3.1 中的 1 所示。

//X 如果 q 是最小元，那么 q 是极小元。

//如果 T 是有限的，那么 T 必然包含(至少)一个极小元。

//b 覆盖 $a \Leftrightarrow b$ 是集合 $\{x \in S \setminus \{a\}：a\ R\ x\}$ 的极小元。

$q \in T$ 是 T 的**最大**(maximum)元，意思是 $\forall x \in T \setminus \{q\}$，$x\ R\ q$

//T 的所有其他元素都关联到 q。

//X T 可能没有最大元，如例 6.3.1 所示。

//但是，如果存在，它就是唯一的。

$q \in T$ 是 T 的**极大**(maximal)元，意思是 $\forall y \in T \setminus \{q\}$，$q\,!R\ y$

//q 没有关联到 T 的任意其他元素，如例 6.3.1 的 7，8，9，10，11 和 12。

//X 如果 q 是最大元，那么 q 是极大元。

//X 如果 T 是有限的，T 必然包含至少一个极大元。

$z \in S$ 是 T 的**上界**，意思是 $\forall x \in T$，$x\ R\ z$

//T 的每个元素都关联到 z，如例 6.3.1 的 $z=12!$ 或者 $z=(12)(11)(10)(9)(8)(7)$。

//T 的上界构成了 S 的另一个子集 U。

//你可能会问：
//X 例 6.3.1 中的子集最小的上界是什么？
//是 $z=(2^3)(3^2)(5)(7)(11)$吗？

$z\in S$ 是 T 的**下界**，意思是 $\forall x\in T$，$z R x$

//z 关联到 T 的每一个元素，如例 6.3.1 的 1 所示。
//T 的下界也构成了 S 的一个子集。

假设 R 是有限集 $S=\{x[1], x[2], \cdots, x[n]\}$上的序关系。下述算法可以找到 S 的极小元。 242

算法 6.3.1　S 的极小元

```
Begin
  M ← x[1];
  For j ← 2 To n Do
    If (x[j] R M) Then M ← x[j] End;
  End;                          //For循环
  Return(M)
End.                            //当R是<时，该算法就是算法4.3.1吗？
```

定理 6.3.1　算法 6.3.1 能正确查找并返回 S 的极小元，因为

"M 是 $S[j]=\{x[1],x[2],\cdots,x[j]\}$ 的极小元"

//For 循环的循环不变式是一个循环不变式。

证明　//对 $j\in P$ 进行数学归纳。

第一次执行循环之前，$M=x[1]$，它是集合 $S[1]=\{x[1]\}$的极小元。

//$S[1]$中没有其他元素关联到 $x[1]$。

假设存在 $q(1<q\leqslant n)$，迭代之前($j=q$)，M 是 $S[q-1]$的极小元。也就是说，如果 $y\in S[q-1]\setminus\{M\}$，那么 $y!R\,M$。

循环的下一次迭代可能会改变 M 的值；令 M^* 表示该次迭代后 M 的值。

//M^* 是 $S[q]$的极小元吗？

假设 $y\in S[q]\setminus\{M^*\}$。　　//接下来证明 $y\ !R\,M^*$。

情况 1：如果 $x[q]!R\,M$，那么有 $M^*=M$ 和 $S[q]\setminus\{M^*\}=\{x[q]\}\cup(S[q-1]\setminus\{M\})$。如果 $y=x[q]$或 $y\in S[q-1]\setminus\{M\}$，那么有 $y!R\,M$，所以可得 $y\ !R\,M^*$。

情况 2：如果 $x[q]\,R\,M$，那么 $M^*=x[q]$和 $M^*\neq M$ 成立。　　//因为 $M\in S[q-1]$

集合 $S[q]\setminus\{M^*\}=S[q-1]=\{M\}\cup(S[q-1]\setminus\{M\})$，所以可得 $y=M$ 或者 $y\in S[q-1]\setminus\{M\}$。

假设 $y\,R\,M^*$。　　//导出矛盾。

如果 $y=M$，那么因为根据反对称性有 $M^*R\,M$，所以可得 $M=M^*$。但是，因为 $M^*\neq M$可知 $y\neq M$。如果 $y\in S[q-1]\setminus\{M\}$，那么，因为根据反对称性有 $M^*R\,M$，所以可得 $y\,R\,M$。这与 M 是 $S[q-1]$的极小元的假设矛盾。

因此，$y\ !R\,M^*$，循环结束后，$j=q$ 时，M 的当前值就是 $S[q]$的极小元。■

S 的元素可以表示成 $S=\{y[1], y[2], \cdots, y[n]\}$，所以根据下述算法有：

如果 $y[i]\,R\,y[j]$，　那么 $i\leqslant j$ 243

算法 6.3.2　n 元集合 S 的 R-索引

```
Begin
  T ← S;
  For j ← 1 To n Do
    寻找T的极小元M
    y[j] ← M; T ← T\{M}
  End; // For循环
End.
```

定理 6.3.2　该算法索引好集合 S 的元素后，

$$\text{如果 } y[i]\ R\ y[j], \quad \text{那么 } i \leqslant j$$

证明　$y[1]$是 S 的极小元。因此，$\forall x \in S \setminus \{y[1]\}$，$x\ !R\ y[1]$。

$S \setminus \{y[1]\} = \{y[2], y[3], \cdots, y[n]\}$，　所以如果 $i > 1$，　那么 $y[i]\ !R\ y[1]$

j 从 2 到 $n-1$，当前集合为 $T=S\setminus\{y[1], \cdots, y[j-1]\}$，$y[j]$是 T 的极小元。因此 $\forall x \in T \setminus \{y[j]\}$，$x\ !R\ y[j]$。但是

$$T \setminus \{y[j] = S \setminus \{y[1], \cdots, y[j-1]\}) \setminus y[j] = \{y[j+1], y[j+2], \cdots, y[n]\}$$

所以，如果 $i>j$，那么 $y[i]\ !R\ y[j]$。逆否命题为

$$\text{如果 } y[i]\ R\ y[j], \quad \text{那么 } i \leqslant j$$ ■

//利用 S 的这种序，R 的矩阵表示为上三角矩阵。

//X $y[n]$是 S 的极大元吗？

本节要点

如果 R 是反对称的和传递的，集合 S 上的关系 R 是**序关系**。如果 R 也是自反的，序关系 R 是**偏序**。如果 R 也具备可比性，偏序 R 是**全序**。本节形式化"偏好排序"中对象的概念。

244 有限集 S 上偏序的图表示可以简化成众所周知的 Hasse 图。

6.4　有限序列上的关系

如果 $X=(x_1, x_2, \cdots, x_m)$和 $Y=(y_1, y_2, \cdots, y_n)$是任意对象的序列，那么

$$X = Y \text{ 意味着 } m = n \text{ 和 } x_i = y_i, \quad \text{其中 } i = 1,2,\cdots,m$$

虽然这是序列之间最基本的关系，但本节主要关注数序列上的另两种序关系。

6.4.1　支配

如果 $X=(x_1, x_2, \cdots, x_m)$和 $Y=(y_1, y_2, \cdots, y_n)$是数序列，

$$X \text{ 被 } Y \text{ 支配(写成 } X\ \mathfrak{D}\ Y\text{) 意味着}$$

(1) $m \leqslant n$　　　　//Y 至少和 X 一样长

(2) $x_i \leqslant y_i$，其中 $i=1, 2, \cdots, m$　　　　//y_i 至少和 x_i 一样大

例如，$(1, 2, 3)\ \mathfrak{D}\ (2, 2, 4, 0)$和$(2, 2, 4, 0)\ \mathfrak{D}\ (4, 4, 4, 4)$。

//有些书上称 $X\ \mathfrak{D}\ Y$ 为 X 被 Y 控制。

//$\mathscr{D}$ 是全序吗？$\mathscr{D}$ 有哪些性质？

定理 6.4.1　$\mathscr{D}$ 是偏序但不是全序。

证明　//证明 $\mathscr{D}$ 是自反的、传递的和反对称的，且不具备可比性。

$\mathscr{D}$ 是自反的，因为如果 $X=Y$，那么 $m=n$，满足条件(2)，所以 $X\ \mathscr{D}\ Y$。

//反对称性怎么证？

假设 $X\ \mathscr{D}\ Y$ 和 $Y\ \mathscr{D}\ X$，　　//X 必须等于 Y 吗？

那么

(1) $m \leqslant n$ 和 $n \leqslant m$，所以 $m=n$　　//$\leqslant$是反对称的

和　(2) $x_i \leqslant y_i$，其中 $i=1, 2, \cdots, m$；$y_i \leqslant x_i$，其中 $i=1, 2, \cdots, n$。所以

$$x_i = y_i，其中\ i=1, 2, \cdots, m=n \qquad //\leqslant是反对称的$$

所以，$X=Y$。因此 $\mathscr{D}$ 是反对称的。

//传递性怎么证？

假设 $X\ \mathscr{D}\ Y$ 和 $Y\ \mathscr{D}\ Z$，其中 $Z=(z_1, z_2, \cdots, z_p)$，　　//必须有 $X\ \mathscr{D}\ Z$ 吗？

因为 $X\ \mathscr{D}\ Y$ 和 $Y\ \mathscr{D}\ Z$，则有

(1) $m \leqslant n$ 和 $n \leqslant p$，所以 $m \leqslant p$。　　//$\leqslant$是传递的

(2) $x_i \leqslant y_i$，其中 $i=1, 2, \cdots, m$；$y_i \leqslant z_i$，其中 $i=1, 2, \cdots, n$，所以

$$x_i \leqslant z_i，其中\ i=1, 2, \cdots, m \qquad //\leqslant是传递的$$

因此，$X\ \mathscr{D}\ Z$。所以 $\mathscr{D}$ 是传递的。 245

如果 $X=(1, 2, 3)$ 和 $Y=(3, 2, 1)$，那么 $X\ !\mathscr{D}\ Y$ 和 $Y\ !\mathscr{D}\ X$。因此，$\mathscr{D}$ 不具备可比性。 ■

支配关系 $\mathscr{D}$ 的 Hasse 图

下图所示为 $\mathscr{D}$ 在{0，1，2}上所有长度为 3 的序列集合的关系。

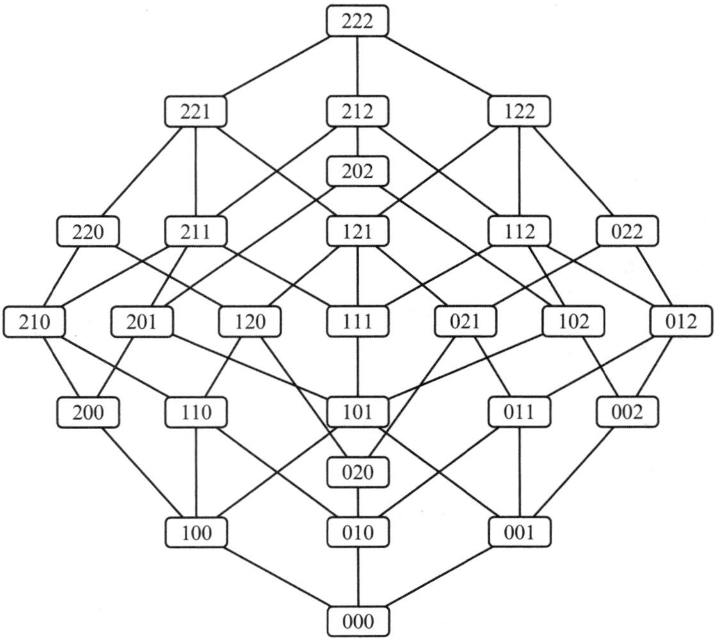

下图所示为 $\mathscr{D}$ 在{1，…，6}上所有长度为 3 的升序集合的关系。

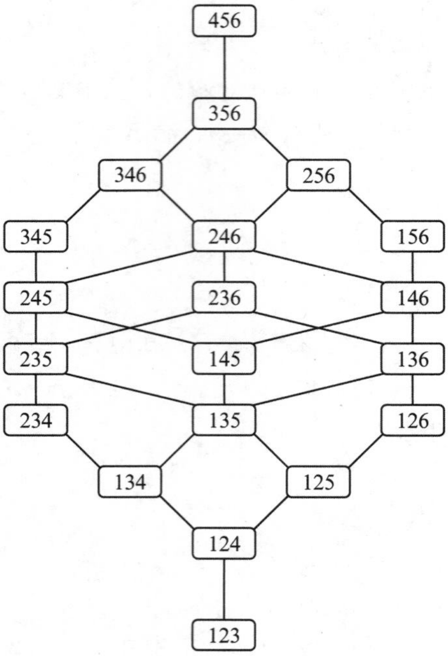

246

6.4.2　字典序

词典里单词的顺序是根据字母表中字母的顺序排列的。在字典中，有

KIND　安排在　KINDER　之前　　//前缀在扩展之前

KINDER　安排在　KINDEST　之前　　//字母表中 R 在 S 之前

字典序中单词排序的基本思想，可用于定义有限数序列的(全)序，如下所示：

如果 $X=(x_1,x_2,\cdots,x_m)$ 和 $Y=(y_1,y_2,\cdots,y_n)$ 是数序列，

按字典序，X 小于或等于 Y(写作 $X\,\mathcal{L}\,Y$) 是指

不是　(1)$m\leqslant n$ 和 $x_i=y_i$，其中 $i=1, 2, \cdots, m$

就是　(2)存在索引 $j(1\leqslant j\leqslant m, n)$，使得 $x_j<y_j$。但是如果 $1\leqslant i<j$，那么 $x_i=y_i$

//条件(1)断言 X 是 Y 的前缀。

//条件(2)断言第一次 $x_i\neq y_i$ 时，有 $x_i<y_i$。

//X 如果 $X\,\mathcal{D}\,Y$，那么 $X\,\mathcal{L}\,Y$。

//X 如果 $X\,\mathcal{L}\,Y$，那么 $x_1\leqslant y_1$。

//$\mathcal{L}$真是全序吗？$\mathcal{L}$有哪些性质？

因为(1，2，3) $\mathcal{L}$ (2，2)，但是(2，2) !$\mathcal{L}$ (1，2，3)，所以$\mathcal{L}$不是对称的。

定理 6.4.2　$\mathcal{L}$是全序。

证明　//必须证明$\mathcal{L}$是自反的、传递的、反对称的，而且具备可比性。

$\mathcal{L}$是自反的，因为如果 $X=Y$，那么 $m=n$。条件(1)满足，所以有 $X\,\mathcal{L}\,Y$。

如果 $X\neq Y$ 和 $m\leqslant n$，那么　　//假定 X 是较短的序列。

不是　$x_i=y_i$，其中 $i=1, 2, \cdots, m$。

就是　存在索引 $j(1\leqslant j\leqslant m)$使得 $x_j\neq y_j$。但如果 $1\leqslant i<j$，那么 $x_i=y_i$。

第一种情况中，m 必然小于 n(如果 $m=n$，那么 $X=Y$)。所以有 $X\ \mathcal{L}\ Y$ 和 $Y\ !\mathcal{L}\ X$。

第二种情况中，$x_j<y_j$ 或 $x_j>y_j$ 之一成立。如果 $x_j<y_j$，那么 $X\ \mathcal{L}\ Y$ 和 $Y\ !\mathcal{L}\ X$；如果 $x_j>y_j$，那么 $Y\ \mathcal{L}\ X$ 和 $X\ !\mathcal{L}\ Y$。因此，需要说明

$$\text{如果 } X\neq Y\text{，那么 } X\ \mathcal{L}\ Y \text{ 或 } Y\ \mathcal{L}\ X \text{ 成立，但不能同时成立}$$

这就证明了 $\mathcal{L}$ 是反对称的，且具有可比性。

//如何证明传递性？ 247

假设 $X\ \mathcal{L}\ Y$ 和 $Y\ \mathcal{L}\ Z$，其中 $Z=(z_1,\ z_2,\ \cdots,\ z_p)$。　　//可以证明 $X\ \mathcal{L}\ Z$ 吗？
//看上去需要考虑几种(烦琐的)情况。

因为 $X\ \mathcal{L}\ Y$，所以 $x_1\leqslant y_1$。因为 $Y\ \mathcal{L}\ Z$，所以 $y_1\leqslant z_1$。因此 $x_1\leqslant z_1$。如果 $x_1<z_1$，那么 $X\ \mathcal{L}\ Z$。否则 $x_1=y_1=z_1$。

令 j 是 X 和 Y 的最长公共前缀的长度，可知 $1\leqslant j\leqslant m$，n。如果 $j=n$，那么 Y 是 X 的一个前缀，所以 $Y\ \mathcal{L}\ X$。根据反对称性，有 $X=Y$。因此 $X\ \mathcal{L}\ Z$。否则，$j<n$，下述两种情况之一成立：

(1) $m=j<n$，X 是 Y 的前缀。

(2) $j<m$，$j<n$，$x_{j+1}<y_{j+1}$。

令 k 是 Y 和 Z 的最长公共前缀的长度，可知 $1\leqslant k\leqslant n$，p。如果 $k=p$，那么 Z 是 Y 的前缀，所以 $Z\ \mathcal{L}\ Y$。根据反对称性有 $Z=Y$。因此 $X\ \mathcal{L}\ Z$。否则，$k<p$，下述两种情况之一成立：

(1) $n=k<p$，Y 是 Z 的前缀。

(2) $k<n$，$k<p$，$y_{k+1}<z_{k+1}$。

现在假设 $j<n$ 和 $k<p$。

如果 $j>k$，那么 $x_i=y_i=z_i$(其中 $i=1,\ 2,\ \cdots,\ k$)和 $x_{k+1}=y_{k+1}<z_{k+1}$ 成立，所以有 $X\ \mathcal{L}\ Z$。否则，$j\leqslant k$ 和 $x_i=y_i=z_i$(其中 $i=1,\ 2,\ \cdots,\ j$)。

如果 $j=m$，那么(X 是 Z 的前缀，所以)$X\ \mathcal{L}\ Z$。

如果 $j<m$，那么 $x_{j+1}<y_{j+1}\leqslant z_{j+1}$，所以 $X\ \mathcal{L}\ Z$。

//如果 $y_{j+1}\neq z_{j+1}$，那么 $y_{j+1}<z_{j+1}$。

因此，$\mathcal{L}$ 是传递的。■

本节要点

在有限数序列上定义了两种序关系：

X 被 Y **支配**($X\ \mathcal{D}\ Y$)

和　**按字典序，X 小于或等于 Y**($X\ \mathcal{L}\ Y$)。

$\mathcal{D}$ 是偏序但不是全序；$\mathcal{L}$ 是全序。

如果 $S=\{O[1],\ O[2],\ O[3],\ \cdots,\ O[n]\}$ 是任意索引的对象集合，T 是这些对象的序列($O[a]$，$O[b]$，$O[c]$，$O[d]$)，T 对应到索引序列(a，b，c，d)。将字典序用于索引序列会产生对象序列的**全序**。

下一节将扩展支配的概念对比算法的复杂度函数，以便根据性能进行“排序”。第 8 章介绍以字典序(从第一个到最后一个)高效生成这几类序列的算法。

//从最小元到最大元 248

6.5 无限序列上的关系

本节介绍在 **P** 上定义实值序列的算法复杂度函数之间的关系。将 6.4 节定义的三类关系扩展到无限序列上。假设 $f=(x_1, x_2, \cdots)$ 和 $g=(y_1, y_2, \cdots)$ 是数序列。那么

f **等于** g 是指 对于 $\forall i \in \mathbf{P}$，$x_i = y_i$ 都成立； //$f=g$

按字典序，f **小于等于** g 是指 //$f \, \boldsymbol{\mathscr{L}} \, g$

$f=g$，或者存在索引 j，$x_j < y_j$，但如果 $1 \leqslant i < j$，那么 $x_i = y_i$。

f 被 g **支配** 是指 对于 $\forall i \in \mathbf{P}$，$x_i \leqslant y_i$ 都成立。 //$f \, \boldsymbol{\mathscr{D}} \, g$

作为定义在 **P** 上的序列，容易发现

$$n \, \boldsymbol{\mathscr{D}} \, n^2 \quad 和 \quad n^2 \, \boldsymbol{\mathscr{D}} \, n^3 \quad 和 \quad n^3 \, \boldsymbol{\mathscr{D}} \, n^4 \quad 和 \quad n^4 \, \boldsymbol{\mathscr{D}} \, n^5 \cdots$$

$$\mathbf{1}^n \, \boldsymbol{\mathscr{D}} \, \mathbf{2}^n \quad 和 \quad \mathbf{2}^n \, \boldsymbol{\mathscr{D}} \, \mathbf{3}^n \quad 和 \quad \mathbf{3}^n \, \boldsymbol{\mathscr{D}} \, \mathbf{4}^n \quad 和 \quad \mathbf{4}^n \, \boldsymbol{\mathscr{D}} \, \mathbf{5}^n \cdots$$

第 3 章提到了 $n \, \boldsymbol{\mathscr{D}} \, \mathbf{2}^n$，因此 $\lg(n) \, \boldsymbol{\mathscr{D}} \, n$。

也有 $n \, \boldsymbol{\mathscr{D}} \, [n+\lg(n)]$，$[n+\lg(n)] \, \boldsymbol{\mathscr{D}} \, \mathbf{2}n$ 和 $n\lg(n) \boldsymbol{\mathscr{D}} \, \boldsymbol{n}^2$。

同时也有 $\boldsymbol{n}^2 \boldsymbol{\mathscr{D}} \, \mathbf{3}^n$，但 $n^2 \, !\boldsymbol{\mathscr{D}} \, \mathbf{2}^n$，因为 $n^2 \leqslant 2^n$（除 $n=3$ 时）。

//$3^2 > 2^3$

第 4 章证明了 $(n!) \, \boldsymbol{\mathscr{D}} \, n^n$ 和 $n^n \boldsymbol{\mathscr{D}} \, (n!)^2$。

因此，有 $\lg(n!) \, \boldsymbol{\mathscr{D}} \, n\lg(n)$ 和 $n\lg(n) \, \boldsymbol{\mathscr{D}} \, 2\lg(n!)$。

但本节的主要目标是确定算法的复杂度函数之间的关系，以确定它们什么时候是类似的，什么时候一个比另一个好。关系 $\boldsymbol{\mathscr{D}}$ 不能很好地达成目标。例如，$\boldsymbol{n}^2$ 的复杂度比 $\mathbf{2}^n$ 低，但是 $\boldsymbol{n}^2 \, !\boldsymbol{\mathscr{D}} \, \mathbf{2}^n$；而且 $(\boldsymbol{n}-\mathbf{1}) \boldsymbol{\mathscr{D}} \, \boldsymbol{n}$，但是 $(\boldsymbol{n}-\mathbf{1})$ 与 $\boldsymbol{n}$ 类似。

我们希望给出一个相当可靠的复杂度测度，以反映复杂度中大的、重要的改变。在前面章节中已经发现（n 的值很大时）：

在素数测试中：

$\sqrt{n}$	比	$n/2$	好很多	
$n/2$	比	$n-2$	好一些	//但不是好很多

在查找中：

249 $\lg(n)$ 比 $(n+1)/2$ 好很多 //n 很大时

在排序中：

$n(n-1)/2$ 和 n^2 很类似

但是 $n \times \lg(n)$ 的复杂度要比 n^2 低。

我们希望给出一种方式能准确地比较和排序复杂度函数。

复杂度函数是非负、递增的，因为解决大问题所需的步数几乎总是比解决小问题所需的步数多。当 n 变大时，$f(n)$ 也变大。

//复杂度函数通常也是凹函数，也就是说，解决大小为 $n+1$ 的问题比解决大小为 n 的问题，
//通常会增加额外工作。

这里介绍一种方式来区分这些函数的增长率，使得所有的线性函数 $f(n)=An+B(A>0)$ 都终止于和 $\boldsymbol{n}$ 相同的类 $\Theta(n)$，所有的二次函数 $f(n)=An^2+Bn+C(A>0)$ 都终止于和 $\boldsymbol{n}^2$ 相同的类 $\Theta(\boldsymbol{n}^2)$。

首先定义相当大的函数集合 $\mathcal{F}$，它包含了算法的复杂度函数。接着定义 $\mathcal{F}$ 上的等价关系，使得所有的线性函数都是等价的，所有的二次函数也都是等价的。最后定义 $\mathcal{F}$ 上的序关系<<<，其中

$$\sqrt{n} \lll n/2 \quad \text{和} \quad \lg(n) \lll (n+1)/2 \quad \text{和} \quad n \times \lg(n) \lll n^2$$

令 $\mathcal{F}$ 表示所有无限的、“始终为正的”实值序列(域为 **P**)；也就是说，存在 $N \in \mathbf{P}$ 使得如果 $n \geqslant N$，那么 $f(n) > 0$。

6.5.1　渐近支配和大 O 表示法

排序算法的最后一节列出了对长度为 n 的列表进行排序所需的时间 $T(n)$。$T(n)$ 与数组元素的比较次数 $f(n)$ 成正比。也就是说，

$$T(n) \cong K \times f(n)$$

其中，常系数 K 依赖于机器、操作系统和编译器等。K 的确切值**并不重要**，因为它是一个常数。对数组元素的比较次数进行计数，是排序算法开销的一种粗略衡量，也是效率比较的一种方式。

通常，我们只对最差情况感兴趣，n 很大($\geqslant M$)时开销的上界可满足这一点，也就是说

$$\text{如果 } n \geqslant M \text{ 那么 } T(n) \leqslant K \times f(n)$$

$T(n)$ 和 $f(n)$ 之间的关系为渐近支配。

如果 $f(n)$ 和 $g(n)$ 是 $\mathcal{F}$ 的序列，f 被 g **渐近支配**(写作 $f \ll g$)是指 250

$$\text{存在 } K \in \mathbf{R}^+ \text{ 和 } M \in \mathbf{P}\text{，使得如果 } n \geqslant M\text{，那么 } f(n) \leqslant K \times g(n)$$

//$\mathbf{R}^+$ 表示正实数集合

与普通的支配相比，渐近支配是个较弱的条件。因为 $g(n)$ 可以乘以任意的正常数，甚至 n 足够大时，都不需要用支配不等式。而且，如果 $f\ \mathcal{D}\ g$，那么(取 $K=1$ 和 $M=1$) $f \ll g$。因为 $\mathcal{D}$ 是自反的，所以<<也是自反的。

例 6.5.1 $\mathbf{900}n \ll n^2$。

//需要找到 K，M 和代数参数，来说明如果 n 大于等于 M 的值，那么 $900n$ 小于等于 $K \times n^2$ 的值。

令 $K=1$ 和 $M=900$。如果 $n \geqslant 900$，那么 $900 \times n \leqslant n \times n = 1 \times n^2$。

//实际上，K 和 M 的取值可以有多种，任一组合都足以证明渐近支配。

令 $K=900$ 和 $M=1$。如果 $n \geqslant 1$，那么 $n \leqslant n \times n$，所以 $900 \times n \leqslant 900 \times n^2$。

令 $K=30$ 和 $M=30$。如果 $n \geqslant 30$，那么 $30 \times n \leqslant n \times n$，所以 $900 \times n = 30 \times 30n \leqslant 30 \times n^2$。

//如果任意特定的 K 值都成立，那么任意比 K 大的值都成立。

//如果任意特定的 M 值都成立，那么任意比 M 大的值都成立。◀

例 6.5.2 $n^2\ !\!\ll \mathbf{900}n$。

//这里需要说明所有的值对都不能证明渐近支配；

//也就是说，对任意 K(不管多大)和 M(不管多大)，条件语句

//　　　“如果 $n \geqslant M$，那么 $n^2 \leqslant K \times (900n)$”

//为 False。

//

//如果找到 n 的某个值 n^*，$n^* \geqslant M$，但 $(n^*)^2 > K\times(900n^*)$，就能证明这一点。

令 K 为任意给定的正实数，M 为任意给定的正整数。设 $n^* = M + \lceil K \rceil \times 900$。那么 $n^* \geqslant M$。因为 $n^* > K\times 900$，所以

$$(n^*)^2 > (K\times 900)(n^*) = K\times(900n^*)$$

通常，如果 $f(n)$ 和 $g(n)$ 是 $\mathcal{F}$ 上的序列，◀

f **不被** g **渐近支配**（写作 $f!\ll g$），是指

所有的 $K\in\mathbf{R}^+$ 和 $M\in\mathbf{P}$，存在 $n^*\geqslant M$，其中 $f(n^*) > K\times g(n^*)$

例 6.5.1 和例 6.5.2 说明 $\ll$ 不是对称的。下面的例子说明 $\ll$ 不是反对称的。

251 //$\ll$ 有哪些性质？

例 6.5.3 $n(n-1)/2 \ll n^2$ 和 $n^2 \ll n(n-1)/2$

当 $n\in\mathbf{P}$ 时，$n(n-1)/2 \leqslant n(n-1) < n^2$，　　//$n(n-1)/2\ \mathfrak{D} n^2$

取 $K=1$ 和 $M=1$，有

如果 $n\geqslant M$，那么 $n(n-1)/2 \leqslant K\times n^2$，因此，$n(n-1)/2 \ll n^2$

虽然 $n(n-1)/2$ 被 n^2 支配，如果它乘上足够大的常数 K，就可以在某点支配 n^2。

//试试 $K=4$。那么，$n^2 \leqslant K[n(n-1)/2] = 2n(n-1) = 2n^2-2n$

$\Leftrightarrow 2n \leqslant n^2 \Leftrightarrow 2\leqslant n$

令 $K=4$ 和 $M=2$。如果 $n\geqslant 2$，那么 $n^2 > 2n$，所以

$$n^2 \leqslant n^2 + (n^2-2n) = 2n^2-2n = 4[n(n-1)/2] = K\times[n(n-1)/2]$$

因此，$n^2 \ll n(n-1)/2$。◀

定理 6.5.1 关系 $\ll$ 是传递的。

证明 设 $f\ll g$ 和 $g\ll h$，其中 f，g，h 是 $\mathcal{F}$ 上的序列。　　//$f\ll g$ 吗？

因为 $f\ll g$ 和 $g\ll h$，所以有

存在 $K_1\in\mathbf{R}^+$ 和 $M_1\in\mathbf{P}$，使得如果 $n\geqslant M_1$，那么 $f(n)\leqslant K_1\times g(n)$

和　存在 $K_2\in\mathbf{R}^+$ 和 $M_2\in\mathbf{P}$，使得如果 $n\geqslant M_2$，那么 $g(n)\leqslant K_2\times h(n)$。

令 $K=K_1\times K_2$，$M=M_1+M_2$　　//$K\in\mathbf{R}^+$，$M\in\mathbf{P}$

如果 $n\geqslant M$，那么

$n\geqslant M_2$　所以　$g(n)\leqslant K_2\times h(n)$

$K_1>0$　所以　$K_1\times g(n)\leqslant K_1\times\{K_2\times h(n)\} = \{K_1\times K_2\}\times h(n)$

$n\geqslant M_1$　所以　$f(n)\leqslant K_1\times g(n)\leqslant\{K_1\times K_2\}\times h(n) = K\times h(n)$

因此，$f\ll h$。■

定理 6.5.2 关系 $\ll$ 不具备可比性。

证明

//要找到两个序列 f 和 g，同时满足 $f!\ll g$ 和 $g!\ll f$。

//实际上，将构造两个不可比的、递增的整数序列。

令 $f(n)=(n!)\times(n!)$ 和

252
$$g(n) = \begin{cases} (2r)!(2r)!(2r) & \text{如果 } n = 2r \\ (2r)!(2r)!(2r+1) & \text{如果 } n = 2r+1 \end{cases}$$

列出这些序列的前几个值，可得

n	$f(n)$	$g(n)$	
1	1	1	$//n=1=2(0)+1$，所以 $r=0$
2	4	8	
3	36	12	
4	576	2304	
5	14400	2880	

对任意 $r\in\mathbf{P}$，有

$$\begin{aligned} f(2r) &= (2r)!(2r)! \\ < g(2r) &= (2r)!(2r)!(2r) \\ < g(2r+1) &= (2r)!(2r)!(2r+1) \\ < f(2r+1) &= (2r)!(2r)!(2r+1)(2r+1) \\ < f(2r+2) &= (2r)!(2r)!(2r+1)(2r+1)(2r+2)(2r+2) \\ < g(2r+2) &= (2r)!(2r)!(2r+1)(2r+1)(2r+2)(2r+2)(2r+2) \end{aligned}$$

如果 $n=2r$，那么 $g(n)=f(n)\times n$；如果 $n=2r+1$，那么 $f(n)=g(n)\times n$。

回忆一下，$f_1 ! \ll f_2$ 是指

所有 $K\in\mathbf{R}^+$ 和 $M\in\mathbf{P}$，存在 $n^*\geqslant M$，其中 $f_1(n^*)>K\times f_2(n^*)$

令 K 为任意给定的正实数，M 为任意给定的正整数。

令 $r^*=M+\lceil K\rceil$。 $//r^*\in\mathbf{P}$ 且 $r^*>M$，K

如果 $n^*=2r^*$，那么

$n^*\geqslant M$ 和 $g(n^*)=f(n^*)\times n^*>K\times f(n^*)$ 所以 $g ! \ll f$

如果 $n^*=2r^*+1$，那么

$n^*\geqslant M$ 和 $f(n^*)=g(n^*)\times n^*>K\times g(n^*)$ 所以 $f ! \ll g$ ■

因为要找的序列最终都为正，所以当 $f\ll g$ 时可以考虑其他性质。我们知道存在 $K\in\mathbf{R}^+$ 和 $M\in\mathbf{P}$，使得：如果 $n\geqslant M$，那么 $f(n)\leqslant K\times g(n)$。因为 $f\in\mathcal{F}$，所以存在 $N\in\mathbf{P}$ 使得如果 $n\geqslant N$，那么 $0<f(n)$。如果令 $M^+=\max\{M, N\}$，有

如果 $f\ll g$，那么 $\exists K\in\mathbf{R}^+$ 和 $\exists M^+\in\mathbf{P}$ 使得如果 $n\geqslant M^+$，那么 $0<f(n)\leqslant K\times g(n)$。

如果 f 和 g 是 $\mathcal{F}$ 的序列，$A\in\mathbf{R}^+$，那么可以创建 $\mathcal{F}$ 的其他三个序列如下：对所有的 $n\in\mathbf{P}$，令

$$(Af)(n)=A\times f(n)$$

$$(f+g)(n)=f(n)+g(n) \qquad //\text{和}(g+f)=(f+g)$$

$$(f\times g)(n)=f(n)\times g(n) \qquad //\text{和}(g\times f)=(f\times g)$$ 253

定理 6.5.3 对 $\mathcal{F}$ 的序列，有

1. $g\ll(f+g)$。
2. 如果 $A\in\mathbf{R}^+$，那么 $Af\ll f$ 和 $f\ll Af$。
3. 如果 $f\ll g$ 和 $A\in\mathbf{R}^+$，那么 $Af\ll g$。
4. 如果 $f\ll g$，那么 $(f+g)\ll g$。
5. 如果 $f_1\ll g$ 和 $f_2\ll g$，那么 $(f_1+f_2)\ll g$。

6. 如果 $f_1 \ll g_1$ 和 $f_2 \ll g_2$，那么$(f_1+f_2) \ll (g_1+g_2)$。

7. 如果 $f_1 \ll g_1$ 和 $f_2 \ll g_2$，那么$(f_1+f_2) \ll (g_1+g_2)$。

证明

//现在证明上述七个命题，但顺序有所不同，因为有一些是其他的特例。

//首先证明 1。

因为 f 最终为正，所以存在 $N \in \mathbf{P}$，使得如果 $n \geqslant N$，那么 $f(n)>0$。令 $K=1$ 和 $M=N$。如果 $n \geqslant M$，那么 $g(n) \leqslant g(n)+f(n)=(f+g)(n)$；所以 $g \ll f+g$。

//接着证明 3。

如果 $f \ll g$，那么存在 $K \in \mathbf{R}^+$ 和 $M \in \mathbf{P}$，使得如果 $n \geqslant M$，那么 $f(n) \leqslant K \times g(n)$。如果 $A \in \mathbf{R}^+$，那么 $AK \in \mathbf{R}^+$。至此，如果 $n \geqslant M$，那么

$$(Af)(n) = A \times f(n) \leqslant A \times [K \times g(n)] = (AK) \times g(n)$$

所以 $Af \ll g$。　　//那么 2 呢?

因为 $f \ll f$，使用 3 中的 $g=f$，有 $\forall A \in \mathbf{R}^+$，$Af \ll f$。特别地，$f+f=2f \ll f$。如果 $A \in \mathbf{R}^+$，那么$(1/A) \in \mathbf{R}^+$。因此$(1/A)(Af) \ll Af$，也就是说 $f \ll Af$。

//接下来证明 6。

假设 $f_1 \ll g_1$ 和 $f_2 \ll g_2$。那么

存在 $K_1 \in \mathbf{R}^+$ 和 $M_1 \in \mathbf{P}$，使得如果 $n \geqslant M_1$，那么 $f_1(n) \leqslant K_1 \times g_1(n)$

存在 $K_2 \in \mathbf{R}^+$ 和 $M_2 \in \mathbf{P}$，使得如果 $n \geqslant M_2$，那么 $f_2(n) \leqslant K_2 \times g_2(n)$

设 $K=\max\{K_1, K_2\}$和 $M=\max\{M_1, M_2\}$。假定 $n \geqslant M$。那么

$$\begin{aligned}(f_1+f_2)(n) &= f_1(n)+f_2(n) \leqslant K_1 \times g_1(n)+K_2 \times g_2(n) \\ &\leqslant K \times g_1(n)+K \times g_2(n) = K \times [g_1(n)+g_2(n)] \\ &= K \times [(g_1+g_2)(n)]\end{aligned}$$

因此$(f_1+f_2) \ll (g_1+g_2)$。

要证明 5，只需令 6 中的 $g_1=g_2=g$，那么由 2 可得 $f_1+f_2 \ll g+g \ll g$。

254 要证明 4，只需令 5 中的 $f_1=f$ 和 $f_2=g$，那么 $f+g \ll g$。

//最后证明 7。

假定 $f_1 \ll g_1$，$f_2 \ll g_2$。那么

存在 $K_1 \in \mathbf{R}^+$ 和 $M_1^+ \in \mathbf{P}$，使得如果 $n \geqslant M_1^+$，那么 $0<f_1(n) \leqslant K_1 \times g_1(n)$

存在 $K_2 \in \mathbf{R}^+$ 和 $M_2^+ \in \mathbf{P}$，使得如果 $n \geqslant M_2^+$，那么 $0<f_2(n) \leqslant K_2 \times g_2(n)$

令 $K=K_1 \times K_2$ 和 $M=\max\{M_1^+, M_2^+\}$。假定 $n \geqslant M$。那么

$$\begin{aligned}(f_1 \times f_2)(n) &= f_1(n) \times f_2(n) \leqslant [K_1 \times g_1(n)] \times f_2(n) && //f_2(n)>0 \\ &\leqslant [K_1 \times g_1(n)] \times [K_2 \times g_2(n)] && //g_1(n)>0 \\ &= [K_1 \times K_2] \times [g_1(n) \times g_2(n)] = K \times [(g_1 \times g_2)(n)]\end{aligned}$$

因此$(f_1 \times f_2) \ll (g_1 \times g_2)$。　■

我们这里使用符号$\ll$表示渐近支配来表达其性质，这一点类似于一般支配，但其他书不用这个符号。它们使用大 **O** 表示法。当 $f \ll g$ 时，通常称为“f 为 g 阶”或“f 是 $\mathbf{O}(g)$”。有些书中称 $\mathbf{O}(g)$为序列，定义如下：

$$\mathbf{O}(g) = \{f : f \ll g\}$$

现在开始，假定如下说法都是等价的：

1. f 被 g 渐近支配。
2. $f \ll g$。
3. f 为 g 阶。
4. f 是 $\mathbf{O}(g)$。
5. $f \in \mathbf{O}(g)$。

所有这些的意思是指：

$$\text{存在 } K \in \mathbf{R}^+ \text{ 和 } M \in \mathbf{P}\text{，使得如果 } n \geqslant M\text{，那么 } f(n) \leqslant K \times g(n)$$

如果算法有“复杂度 $\mathbf{O}(n^2)$”，可以理解为：当 n 很大时，算法在输入大小为 n 时的运行开销的界为 n^2 的常数倍。

称有些算法有“复杂度函数 f 是 $\mathbf{O}(\mathbf{1})$的”。

//这是什么意思？

我们将“**1**”解释成序列(1，1，1，…)，那么“f 是 $\mathbf{O}(\mathbf{1})$”是指 $f \ll \mathbf{1}$；也就是说，

$$\text{存在 } K \in \mathbf{R}^+ \text{ 和 } M \in \mathbf{P}\text{，使得如果 } n \geqslant M\text{，那么 } f(n) \leqslant K \times 1 = K$$

设 $B = \max\{K, f(1), f(2), f(3), f(4), \cdots, f(M-1)\}$，可知对于所有的 $n \in \mathbf{P}$，都有 $f(n) \leqslant B$。因此，“f 是 $\mathbf{O}(\mathbf{1})$”是指“f 是**有界的**”。

255

6.5.2 渐近等价和大 Θ 表示

如果 $f(n)$和 $g(n)$是 $\mathcal{F}$ 上的序列，那么

$$F \text{ **渐近等价于** } g\text{(写作 } f \sim g\text{)，是指 } f \ll g \text{ 和 } g \ll f$$

我们已经知道 $n(n-1)/2 \sim n^2$。　//这真是等价关系吗？

//$f \ll f$(和 $f \ll f$)$\Rightarrow f \sim f$，所以～是自反的。

//$f \sim g \Rightarrow f \ll g$ 和 $g \ll f \Rightarrow g \ll f$ 和 $f \ll g \Rightarrow g \sim f$，所以～是对称的。

//$f \sim g$ 和 $g \sim h$　$\Rightarrow f \ll g$ 和 $g \ll f$

//　和 $g \ll h$ 和 $h \ll g$

//　$\Rightarrow f \ll h$ 和 $h \ll f$(因为$\ll$是传递的)

//　$\Rightarrow f \sim h$ 因此～是传递的

//X 对任意 $b > 1$，$\log_b(n) \sim \lg(n)$。

//　也就是说，不管底数是什么，所有的对数函数都等价。

//X $f \sim g \Leftrightarrow$ 存在 $A, B \in \mathbf{R}^+$ 和 $M \in \mathbf{P}$，使得

$$\text{如果 } n \geqslant M\text{，那么 } A \times f(n) \leqslant g(n) \leqslant B \times f(n)$$

关系～将 $\mathcal{F}$ 划分成等价类。下面用大 $\mathbf{\Theta}$ 表示这些类：

$$\mathbf{\Theta}(g) = \{f : f \sim g\}$$

从这里开始，假定下述断言等价：

1. f 渐近等价于 g。
2. $f \sim g$。
3. f 是 $\mathbf{\Theta}(g)$。
4. $f \in \mathbf{\Theta}(g)$。

所有这些断言都说明 $f \ll g$ 和 $g \ll f$。

多项式

例 6.5.4 $\mathbf{6n^3-10n^2+3n-12 \ll n^3}$。

如果 $n\geqslant 1$，那么

$$6n^3-10n^2+3n-12\leqslant 6n^3+3n\leqslant 6n^3+3n^3=9n^3$$

因此，如果 $K=9$ 和 $M=1$，那么渐近支配的条件是满足的。◀

例 6.5.5 $\mathbf{n^3 \ll 6n^3-10n^2+3n-12}$。

如果 $n\geqslant 1$，那么

$$\begin{aligned}6n^3-10n^2+3n-12&\geqslant 6n^3-10n^2-12\\&\geqslant 6n^3-10n^2-12n^2\\&=6n^3-22n^2\end{aligned}$$

256

如果 $n\geqslant 22$，那么 $n^3=n\times n^2\geqslant 22n^2$，所以

$$6n^3-10n^2+3n-12\geqslant 5n^3+(n^3-22n^2)\geqslant 5n^3>n^3$$

因此，如果 $K=1$ 和 $M=22$，那么渐近支配的条件是满足的。◀

//后面将会证明$(6n^3-10n^2+3n-12)\sim n^3$。

例 6.5.6 $\mathbf{n^3 \ll (0.4)n^3-10n^2+3n-12}$。

令 $K=2/(0.4)=5$。那么，当 $n\geqslant 1$ 时，有

$$\begin{aligned}K\times\{(0.4)n^3-10n^2+3n-12\}&=2n^3-50n^2+15n-60\\&>2n^3-50n^2-15n-60\\&>2n^3-50n^2-15n^2-60n^2\\&=2n^3-125n^2\\&=n^3+n^3-125n^2\\&=n^3+n^2\{n-125\}\end{aligned}$$

如果 $n\geqslant 125$，那么 $n^3+n^2\{n-125\}\geqslant n^3$。

因此，如果 $K=5$ 和 $M=125$，那么渐近支配的条件是满足的。◀

后面的例子都是多项式通用定理的实例，将用定义详细证明。

定理 6.5.4　假定 $f(n)$ 是 d 次多项式；也就是说，

$f(n)=a_d\times n^d+a_{d-1}\times n^{d-1}+\cdots+a_2\times n^2+a_1\times n+a_0$，其中所有的 $a_j\in\mathbf{R}$ 且 $a_d\neq 0$。

如果 $a_d>0$，那么 $f(n)$ 是 $\mathcal{F}$ 上的 $\boldsymbol{d}$ 次多项式，而且 $f\in\boldsymbol{\Theta}(n^d)$。

如果 $a_d<0$，那么 $f(n)$ 最终为负，所以不在集合 $\mathcal{F}$ 上。

证明　//讨论分三部分进行。

第一部分：令 $K=|a_d|+|a_{d-1}|+\cdots+|a_2|+|a_1|+|a_0|$。　　//$K\in\mathbf{R}^+$

如果 $n\geqslant 1$，那么

$$\begin{aligned}f(n)&=a_d\times n^d+d_{d-1}\times n^{d-1}+\cdots+a_2+n^2+a_1+n+a_0\\&\leqslant|a_d|n^d+|a_{d-1}|n^{d-1}+\cdots+|a_2|n^2+|a_1|n+|a_0|\\&\leqslant|a_d|n^d+|a_{d-1}|n^d+\cdots+|a_2|n^d+|a_1|n^d+|a_0|n^d\\&=\{|a_d|+|a_{d-1}|+\cdots+|a_2|+|a_1|+|a_0|\}n^d\\&=K\times n^d\end{aligned}$$

// 所以 $f(n)\ \mathfrak{D}\ K\times n^d$

如果 f 在 $\mathcal{F}$ 上，那么 $f\ll n^d$。　　//什么时候 f 在 $\mathcal{F}$ 上？什么时候 $n^d\ll f$？

令 $g(n)=a_{d-1}\times n^{d-1}+\cdots+a_2\times n^2+a_1\times n+a_0$

$B=|a_{d-1}|+\cdots+|a_2|+|a_1|+|a_0|$ //$B\geqslant 0$

使用上述同样的不等式，可得 $g(n)\leqslant B\times n^{d-1}$。那么 257

$$f(n)=a_d\times n^d+g(n)\leqslant a_d\times n^d+B\times n^{d-1}=\{a_d\times n+B\}n^{d-1}$$

第二部分：如果 a_d 是负数，则有 $a_d=-|a_d|$。那么对任意 $n>B/|a_d|$，因为 $a_d<0$，所以

$$a_d\times n<a_d\times(B/|a_d|)=-B$$

那么 $a_d\times n+B<-B+B=0$

$f(n)\leqslant\{a_d\times n+B\}n^{d-1}<0$ //$f(n)$最终为负。

也就是说，$f(n)$最终不为正，所以不在 $\mathcal{F}$ 上。

第三部分：//下面证明如果 a_d 为正数，那么 f 在 $\mathcal{F}$ 上而且 $n^d\ll f(n)$。

因为对任意数 a，都有 $-|a|\leqslant a$。所以对于所有的 $n\in\mathbf{P}$，

$$\begin{aligned}g(n)&=a_{d-1}\times n^{d-1}+\cdots+a_2\times n^2+a_1\times n+a_0\\&\geqslant(-|a_{d-1}|)n^{d-1}+\cdots+(-|a_2|)n^2+(-|a_1|)n+(-|a_0|)\\&\geqslant(-|a_{d-1}|)n^{d-1}+\cdots+(-|a_2|)n^{d-1}+(-|a_1|)n^{d-1}+(-|a_0|)n^{d-1}\\&=-\{|a_{d-1}|+\cdots+|a_2|+|a_1|+|a_0|\}n^{d-1}\\&=-\{B\}n^{d-1}\end{aligned}$$

假设 $a_d>0$。令 $K=2/a_d$，$M=1+\lceil KB\rceil$。 //那么 $K\in\mathbf{R}^+$ 和 $M\in\mathbf{P}$。

如果 $n\geqslant M$，那么 $n>KB$ 和

$$\begin{aligned}K\times f(n)&=Ka_d\times n^d+Ka_{d-1}\times n^{d-1}+\cdots+Ka_2\times n^2+Ka_1\times n+Ka_0\\&=2\times n^d+K\times g(n)\\&\geqslant 2\times n^d+K\times[-\{B\}n^{d-1}]\\&=n^d+[n^d-\{KB\}n^{d-1}]\\&=n^d+[n-KB]n^{d-1}\\&>n^d\end{aligned}$$

//所以 $f(n)>n^d/K>0$

因此，f 最终为正，f 在 $\mathcal{F}$ 上而且 $n^d\ll f$。

至此定理得证。 ■

对 $\mathcal{F}$ 的序列，$A\in\mathbf{R}^+$，有

1. 如果 $f\sim g$ 和 $A\in\mathbf{R}^+$，那么 $Af\sim g$。
2. 如果 $f\ll g$，那么$(f+g)\sim g$。
3. 如果 $f_1\ll g$ 和 $f_2\sim g$，那么$(f_1+f_2)\sim g$。
4. 如果 $f_1\sim g_1$ 和 $f_2\sim g_2$，那么$(f_1+f_2)\sim(g_1+g_2)$。
5. 如果 $f_1\sim g_1$ 和 $f_2\sim g_2$，那么$(f_1\times f_2)\sim(g_1\times g_2)$。

//这些命题的证明留作练习——定理 6.5.3 中证明$\ll$的性质时完成过类似工作。 258

6.5.3 渐近排序

如果 $f(n)$和 $g(n)$是 $\mathcal{F}$ 上的序列，那么

f **比** g **低阶**(写作 $f\lll g$)，意思是 $f\ll g$ 但 $g\,!\!\ll f$

我们已经看到 $900n \lll n^2$。　　　　//见例 6.5.1 和 6.5.2。

//$f \lll g$ 蕴含 $f \ll g$ 和 $f !\sim g$。

//这是 $\mathcal{F}$ 上的序关系吗？$\lll$有哪些性质？

显然，关系$\lll$不是自反的；如果 $f \ll g$ 且 $g !\ll f$，那么 $f \neq g$。

定理 6.5.5　关系$\lll$是 $\mathcal{F}$ 上的序关系。

证明　//必须证明$\lll$是传递和反对称的。

假定 $f \lll g$ 和 $g \lll h$，其中 f，g，h 都是 $\mathcal{F}$ 上的序列。

//$f \lll h$ 吗？

我们知道 $f \ll g$ 但 $g !\ll f$，$g \ll h$ 但 $h !\ll g$。

因为 $f \ll g$ 和 $g \ll h$，所以 $f \ll h$。　　　　//因为$\ll$是传递的。

如果 $h \ll f$，因为 $f \ll g$，而且$\ll$是传递的，所以 $h \ll g$。这与 $h !\ll g$ 矛盾，可知 $h !\ll f$。因为 $f \ll h$ 和 $h !\ll f$，所以有 $f \lll h$。因此$\lll$是传递的。

如果 $f \lll g$，那么 $f \ll g$ 和 $g !\ll f$，所以不可能有 $g \ll f$。因此，不可能有 $g \lll f$。综上，$\lll$是反对称的。 ■

关系$\lll$不具备可比性。定理 6.5.2 中的序列 f 和 g 在$\ll$下是不可比的；也就是说，$f !\ll g$和 $g !\ll f$。因此，它们在$\lll$下是不可比的，也就是说，$f !\lll g$ 和 $g !\lll f$。

关系$\lll$在所有等价类上一致有效，也就是说，

定理 6.5.6　如果 $f_1 \sim f$，$g_1 \sim g$ 和 $f_1 \lll g_1$，那么 $f \lll g$。

证明　假定 $f_1 \sim f$，$g_1 \sim g$ 和 $f_1 \lll g_1$。那么

$$f \ll f_1 \text{ 和 } g_1 \ll g \text{ 和 } f_1 \ll g_1 \text{ 但是 } g_1 !\ll f_1$$

//证明 $f \ll g$ 但是 $g !\ll f$。

因为 $f \ll f_1$，$f_1 \ll g_1$ 和 $g_1 \ll g$，而且由于$\ll$是传递的，可知 $f \ll g$。如果 $g \ll f$，那么根据 $g_1 \ll g$、$g \ll f$ 和 $f \ll f_1$ 可得 $g_1 \ll f_1$。

259　因为这与 $g_1 !\ll f_1$ 矛盾，所以必然有 $g !\ll f$。因此 $f \lll g$。

//实际上，这里证明了如下性质：如果 $f \ll f_1$，$f_1 \lll g_1$ 和 $g_1 \ll g$，那么 $f \lll g$。

//如果 f 与 f_1 同阶，f_1 比 g_1 低阶，g_1 与 g 同阶，那么 f 比 g 低阶。 ■

6.5.4　强渐近支配和小 o 表示

$\mathcal{F}$ 上还有另外一个关系可用于排序复杂度函数。

f **被** g **强渐近支配**[写作 $f\ \mathrm{S}\mathcal{D} g$]

意思是对所有的 $K \in \mathbf{R}^+$，都存在 $M(K) \in \mathbf{P}$，使得如果 $n > M(K)$，那么 $K \times f(n) < g(n)$。

//对任意正实数 K(不管**多大**)，都存在一个起点(依赖于 K 的值)，使得

//如果 n 是大于 $M(K)$的任意整数，那么 $K \times f(n)$严格比 $g(n)$小。

举个例子，$n\ \mathrm{S}\mathcal{D} n^2$。

假设 K 是任意给定的正实数。令 $M(K) = \lceil K \rceil$。　　　　//$M(K) \in \mathbf{P}$。

如果 $n > M(K)$，那么 $n > K$，所以 $K \times n < n^2$。

//有些书用小 $\mathbf{o}$ 表示这个关系，通常的定义是“f 是 $\mathbf{o}(g) \Leftrightarrow \mathrm{limit}\{f(n)/g(n)\} = 0$”。

//2.4 节讨论过序列的极限。

//X S$\mathfrak{D}$有哪些性质？S$\mathfrak{D}$是序关系吗？

定理 6.5.7 如果 f S$\mathfrak{D}g$，那么 $f \lll g$。 //X 逆命题不成立。

证明 假定 f S$\mathfrak{D}$ g，那么，所有的 $K_1 \in \mathbf{R}^+$，都存在 $M_1(K_1) \in \mathbf{P}$，使得如果 $n \geqslant M_1(K_1)$，那么 $K_1 \times f(n) < g(n)$。 //要证明 $f \ll g$ 和 $g ! \ll f$。

//使用 K_1 和 $M_1(K_1)$ 区分 S$\mathfrak{D}$ 定义中的常数和 $f \ll g$ 与 $g ! \ll f$ 定义中的常数。

要证明 $f \ll g$，必须要证明

存在 $K_2 \in \mathbf{R}^+$ 和 $M_2 \in \mathbf{P}$，使得如果 $n \geqslant M_2$，那么 $f(n) \leqslant K_2 \times g(n)$

令 $K_2 = 1$，$M_2 = 1 + M_1(1)$。 //$K_2 \in \mathbf{R}^+$，$M_2 \in \mathbf{P}$。

使用 $K_1 = 1$，可得

如果 $n > M_1(K_1)$， 那么 $K_1 \times f(n) = 1 \times f(n) < g(n)$； 也就是说

如果 $n \geqslant M_2$， 那么 $f(n) < g(n) = K_2 \times g(n)$

因此，$f \ll g$。 260

要证明 $g ! \ll f$，必须说明

所有的 $K_3 \in \mathbf{R}^+$ 和 $M_3 \in \mathbf{P}$，都存在 $n^* \geqslant M_3$，其中 $g(n^*) > K_3 \times f(n^*)$

令 K_3 是任意给定的实数，M_3 是任意正整数。使用 $K_1 = K_3$，可得

存在 $M_1(K_3) \in \mathbf{P}$，使得如果 $n > M_1(K_3)$，那么 $K_3 \times f(n) < g(n)$

令 $n^* = M_3 + M_1(K_3)$，那么 $n^* \geqslant M_3$ 和 $g(n^*) > K_3 \times f(n^*)$。

因此，$g ! \ll f$。 ■

关系 S$\mathfrak{D}$ 不具备可比性。定理 6.5.2 证明中的序列 f 和 g 在$\ll$下是不可比的；也就是说，$f ! \ll g$ 和 $g ! \ll f$。因此，$f ! \lll g$ 和 $g ! \lll f$。根据定理 6.5.7 的逆否命题可得 f!S$\mathfrak{D}g$和 g!S$\mathfrak{D}f$。

定理 6.5.8 1 S$\mathfrak{D}$ $\lg(n)$和 n S$\mathfrak{D}n \times \lg(n)$。

证明 //证明对于所有的 $K \in \mathbf{R}^+$，都存在 $M(K) \in \mathbf{P}$，使得如果 $n > M(K)$，那么有

//$K \times 1 < \lg(n)$和 $K \times n < n \times \lg(n)$。

假定 K 是任意给定的正实数。令 $M(K) = \lceil 2^K \rceil$。

如果 $n > M(K)$，那么 $n > 2^K$，所以有

$$K \times 1 = \lg(2^K) < \lg(n) \text{ 和 } K \times n < n \times \lg(n)$$ ■

本节要点

定义$\mathcal{F}$是所有无限的、最终为正的实值序列的集合(域为 $\mathbf{P}$)；也就是说，存在 $N \in \mathbf{P}$，使得如果 $n \geqslant N$，那么 $f(n) > 0$。集合$\mathcal{F}$包含算法复杂度函数，本节介绍了$\mathcal{F}$上的几种关系。如果 $f(n)$和 $g(n)$是$\mathcal{F}$上的序列，那么：

1. f **被** g **渐近支配**($f \ll g$ 或 $f \in \mathbf{O}(g)$)$\Leftrightarrow$存在 $K \in \mathbf{R}^+$ 和 $M \in \mathbf{P}$，使得如果 $n \geqslant M$，那么 $f(n) \leqslant K \times g(n)$。

2. f **不被** g **渐近支配**($f ! \ll g$)$\Leftrightarrow$所有的 $K \in \mathbf{R}^+$ 和 $M \in \mathbf{P}$，存在 $n^* \geqslant M$，其中 $f(n^*) > K \times g(n^*)$。

3. f **渐近等价于** g（$f \sim g$ 或 $f \in \boldsymbol{\Theta}(g)$）$\Leftrightarrow f \ll g$ 和 $g \ll f$。

4. f **比** g **低阶**（$f \lll g$）$\Leftrightarrow f \ll g$ 但是 $g \,!\!\ll f$。

5. f **被** g **强渐近支配**（$f\ \mathrm{S}\mathfrak{D}\ g$ 或 f 是 $\mathbf{o}(g)$）$\Leftrightarrow$所有的 $K \in \mathbf{R}^{+}$，存在 $M(K) \in \mathbf{P}$，使
261 得如果 $n > M(K)$，那么 $K \times f(n) < g(n)$。

关系～已经证明是等价关系，所以可以把$\mathcal{F}$划分为等价类，其中，包含 $f(n)$ 的类标记为 $\boldsymbol{\Theta}(f)$。已经证明，如果 $f(n)$ 是$\mathcal{F}$上的 d 次多项式，那么 $f \in \boldsymbol{\Theta}(n^{d})$。

关系$\ll$，$\lll$和 $\mathrm{S}\mathfrak{D}$都是序关系，所以支持复杂度函数排序。下面以递增关系列出了一些常用的复杂度类（都是用 $\mathrm{S}\mathfrak{D}$建立比较关系，或者说使用小 $\mathbf{o}$ 表示法）。

$\mathbf{1}$	$\lll$	$\lg(n)$	
$\lg(n)$	$\lll$	n^{p}	当 $p>0$ 时
n^{p}	$\lll$	n^{q}	当 $q>p>0$ 时
n^{q}	$\lll$	$n^{\lg(n)}$	当 $q>0$ 时
$n^{\lg(n)}$	$\lll$	$n^{\sqrt{n}}$	
$n^{\sqrt{n}}$	$\lll$	b^{n}	当 $b>1$ 时
b^{n}	$\lll$	c^{n}	当 $c>b>0$ 时
c^{n}	$\lll$	$n!$	当 $c>0$ 时
$n!$	$\lll$	n^{n}	

所有**有界**函数比所有**对数**函数低阶。所有**对数**函数比所有**幂**函数（$p>0$）低阶。所有**幂**函数（多项式）比 $n^{\lg(n)}$ 低阶。函数 $n^{\lg(n)}$ 比 $n^{\sqrt{n}}$ 低阶。函数 $n^{\sqrt{n}}$ 比所有**指数**函数（$b>1$）低阶。所以，所有**幂**函数比所有**指数**函数（$b>1$）低阶。所有**指数**函数（$b>1$）比**阶乘**函数 $n!$ 低阶。

习题

1. 考虑集合 $S=\{0, 1, 2, 3, 4, 5, 6\}$ 和关系 $R_1=\{(a, b): a, b \in S, a>b\}$，$R_2=\{(a, b): a, b \in S, \max(a+b, ab)=3 \text{ 或 } 6\}$：
   (a) 写出两种关系的矩阵表示；
   (b) 写出两种关系的有向图表示；
   (c) 确定两种关系的性质；
   (d) 哪种关系是偏序、等价关系，或者两种都不是？
2. 设 S 表示布尔表达式集合：
   (a) S 上的蕴含关系用$\Rightarrow$表示。（回忆一下第 3 章，$P \Rightarrow Q$ 的意思是条件表达式 $P \rightarrow Q$ 恒为 True。）关
262 系$\Rightarrow$有什么性质？
   (b) 第 3 章中，布尔表达式 P 和 Q 是**等价**的（写作 $P \Leftrightarrow Q$），如果它们具有相同的真值表。符号$\Leftrightarrow$表示 S 上的一种关系。它是等价关系吗？有什么性质？
3. 设 $G=(V, E)$ 是无向图。如下定义 V 上的关系 R：

$$v\ R\ w \Leftrightarrow \text{顶点 } v \text{ 和顶点 } w \text{ 之间存在路径}$$

   R 有什么性质？
4. 设 $D=(V, A)$ 是有向图。如下定义 V 上的关系 R：

$v\,R\,w \Leftrightarrow$顶点 v 和顶点 w 之间存在有向路径。

R 有什么性质？

如果 D 无环，R 有什么性质？

5. 参照例 6.2.3 构造 $\mathbf{Z}_6$ 的操作表。该操作表能说明如果$[a]\otimes[b]=[0]$那么$[a]=[0]$或者$[b]=[0]$吗？
6. 假定 k 是给定的正整数。$\mathbf{Z}_k$ 表示由 $\mathbf{Z}$ 上的关系 R 确定的等价类集合，R 的定义如下：

$$a\,R\,b \text{ 当且仅当 } f(a)=f(b)$$

其中，$f(x)=x$ MOD k，即 x 除以 k 得到的非负余数：

(a) 证明存在整数 n，使得 $a\,R\,b$ 当且仅当 $b=a+kn$。

(b) 证明存在整数 n，使得 $a\,R\,b$ 当且仅当 $b-a=kn$。

(c) 证明 $a\,R\,b$ 当且仅当 $k\mid(b-a)$。

(d) 证明如果 $a\,R\,b$ 和 $c\,R\,d$，那么$(a+c)R(b+d)$。

//这说明$[a]\oplus[b]=[a+b]$定义的类的加法“不依赖类的表示”。

(e) 证明如果 $a\,R\,b$ 和 $c\,R\,d$，那么$(a\times c)R(b\times d)$。

//这说明$[a]\otimes[b]=[a\times b]$定义的类的乘法“不依赖类的表示”。

7. 设 S 是 $\mathbf{Z}$ 上所有 5 个序列的集合。考虑下面 10 个 S 元素组成的集合 T：

$s_1=(4,2,9,5,5)$　$s_2=(4,2,3,1,2)$　$s_3=(-2,3,3,-2,4)$

$s_4=(7,6,8,3,9)$　$s_5=(0,-1,5,1,3)$　$s_6=(3,1,3,0,3)$

$s_7=(4,2,4,5,5)$　$s_8=(4,-2,9,1,6)$　$s_9=(4,2,9,-1,6)$

$s_{10}=(4,2,9,5,6)$

(a) 将 T 的 10 个元素按字典序从小到大排序。

(b) 使用 S 上的“支配”关系：

(1) 找到 S 的一个元素，被这 10 个元素都支配。

(2) 在这 10 个元素中找两个元素，它们在这个关系下不是可比的。 263

(3) 画出集合 T 的 Hasse 图。

(4) 找出 S 中集合 T 的最小上界。

8. 假定 R 是集合 S 上的序关系，T 是 S 的子集。证明：

(a) 如果 T 有最小元，那么它是唯一的。

(b) 如果 q 是最小元，那么 q 是极小元。

(c) 证明 b 覆盖 $a \Leftrightarrow b$ 是$\{x\in S\setminus\{a\}: a\,R\,x\}$的一个极小元。

9. 假定 R 是集合 S 上的序关系，T 是 S 的子集。证明：

(a) 如果 T 有最大元，那么它是唯一的。

(b) 如果 q 是最大元，那么 q 是极大元。

(c) 如果 T 是有限的，那么 T 至少有一个极大元。

(d) 例 6.3.1 中子集的最小上界是什么？

10. 算法 6.3.2 具有 $\boldsymbol{R}$ 索引的 S 的 n-子集后，$y[n]$是 S 的极大元吗？
11. 构造例子 $X\,\mathcal{L}\,Y$ 但 $X\,!\mathcal{D}\,Y$。
12. 证明如果 $X\,\mathcal{L}\,Y$，那么 $x_1\leqslant y_1$。
13. 证明对所有的 $b>1$，都有 $\log_b(n)\sim\lg(n)$。是否存在某个实数 K，使得 $\log_b(n)=K\times\lg(n)$成立？
14. 证明 $f\sim g \Leftrightarrow$存在 A，$B\in\mathbf{R}^+$ 和 $M\in\mathbf{P}$，使得如果 $n\geqslant M$，那么 $A\times f(n)\leqslant g(n)\leqslant B\times f(n)$。
15. 根据复杂度从低到高排列下述 10 个复杂度类：$n\lg(n)$，n^2，2^n，$n!$，n，1，n^n，$(\sqrt{5})^n$，$\sqrt{n}$，$\lg(n)$。
16. 假定 f，f_1，f_2，g，g_1 和 g_2 是 $\mathcal{F}$ 上的序列。证明：

(a) 如果 $f \sim g$ 和 $A \in \mathbf{R}^+$ 那么 $Af \sim g$。

(b) 如果 $f \ll g$，那么 $(f+g) \sim g$。

(c) 如果 $f_1 \ll g$ 和 $f_2 \sim g$，那么 $(f_1+f_2) \sim g$。

(d) 如果 $f_1 \sim g_1$ 和 $f_2 \sim g_2$，那么 $(f_1+f_2) \sim (g_1+g_2)$。

(e) 如果 $f_1 \sim g_1$ 和 $f_2 \sim g_2$，那么 $(f_1 \times f_2) \sim (g_1 \times g_2)$。

17. 假定 $f_1 = n$，$f_2 = n^2$，$g_1 = n^3$ 和 $g_2 = 2n^2$。那么 $f_1 \ll g_1$，$f_2 \sim g_2$。证明 $(f_1+f_2) \lll (g_1+g_2)$ 和 $(f_1+f_2)! \sim (g_1+g_2)$。

18. 证明 S$\mathcal{D}$ 是序关系。

19. 证明定理 6.5.7 的逆命题为 False。

找到两个序列 f 和 g，其中 $f \lll g$ 和 f !S$\mathcal{D}$$g$。

提示：考虑下面两个递增的整数序列

$$f(n) = (n!)$$

264

$$g(n) = \begin{cases} (2r)!(2r) & \text{如果 } n = 2r \\ (2r)!(2r+1) & \text{如果 } n = 2r+1 \end{cases}$$

序列和级数

2.4 节介绍的汉诺塔中，移动 $n>1$ 个碟子的汉诺塔需要移动的单个碟子的数量 $\boldsymbol{T}_n$ 满足方程

$$\boldsymbol{T}_n = \boldsymbol{T}_{n-1} + 1 + \boldsymbol{T}_{n-1}$$

或

$$\boldsymbol{T}_n = 2\boldsymbol{T}_{n-1} + 1 \quad (7.1.1)$$

这是递推方程的例子——在序列中通常根据一个或多个递推式子表示。在对算法的操作进行计数或其他计数问题中，这种方程会频繁出现。

“求解递推方程”是指找到满足递推方程的序列。找到**通解**是指找到可以描述所有可能解的公式(满足方程的所有可能的序列)。

递推方程(7.1.1)说明序列是如何**持续**的，但没有说明序列是如何开始的：

如果 $\boldsymbol{T}_1=1$，那么 $\boldsymbol{T}=(1, 3, 7, 15, 31, \cdots)$。 //如果 $\boldsymbol{T}$ 的域为 $\mathbf{P}$

假定 $\boldsymbol{T}$ 是正整数集合 $\mathbf{P}$ 上的某个序列。单独使用该递推方程可有

如果 $\boldsymbol{T}_1 = 2$，　那么 $\boldsymbol{T} = (2,5,11,23,47,95,\cdots)$

如果 $\boldsymbol{T}_1 = 4$，　那么 $\boldsymbol{T} = (4,9,19,39,79,159,\cdots)$

如果 $\boldsymbol{T}_1 = -1$，　那么 $\boldsymbol{T} = (-1,-1,-1,-1,-1,-1,\cdots)$ 265

//这些序列都有公式吗？

//是否存在一个公式(可能包含 n 和 $\boldsymbol{T}_1$ 的值)，可以描述递推方程(7.1.1)所有可能的解？

在回答这两个问题之前，先介绍其他几个序列。

7.1 递推方程实例

例 7.1.1 重排

想象一个晚宴的情景，同伴都一起到达，但结束时，每个人都和新的同伴一起离开。对于每个 $n\in\mathbf{P}$，令 $\boldsymbol{D}_n$ 表示 n 对同伴组合重排的方法数——也就是说，没有人的同伴和他来时的同伴是一样的。

那么 $\boldsymbol{D}_1=0$ //一个同伴不能重排

$\boldsymbol{D}_2=1$ //仅存在一种重排方式

$\boldsymbol{D}_3=2$ //如果到达时的组合是：Aa，Bb，Cc，

//那么 A 可以和 b 或 c 结伴

//　如果 A 和 b 结伴，C 必须和 a 结伴(不能和 c)，然后 B 和 c 结伴。

//　如果 A 和 c 结伴，B 必须和 a 结伴(不能和 b)，然后 C 和 b 结伴。

//$\boldsymbol{D}_4$，$\boldsymbol{D}_5$ 和 $\boldsymbol{D}_{10}$ 是多大呢？如何计算？是否存在计算公式？ ◀

现在来探讨一下 $n\geqslant 4$ 时重排方法的计数策略。假定 n 位女士是 A_1，A_2，A_3，…，A_n，A_j 都和对应的男士 a_j 一起到达。

女士 A_1 可以和其他 $n-1$ 位男士 a_2，…，a_n 重新结伴；假定她和 a_k(其中 $2\leqslant k\leqslant n$)结伴。考虑 a_k 原来的同伴女士 A_k；她可能和 a_1 结伴，也可能拒绝 a_1 和其他男士结伴。

如果 A_1 与 a_k 结伴，A_k 和 a_1 结伴，则剩下 $n-2$ 对伙伴需要重排，有 $\boldsymbol{D}_{n-2}$ 种重排方法。

如果 A_1 和 a_k 结伴，但 A_k 拒绝了 a_1。假定 A_k 和 a_1 同时到达，则还剩下 $n-1$ 对伙伴需要重排，有 $\boldsymbol{D}_{n-1}$ 种重排方法。

A_1 选择 $n-1$ 个男士中的任一位，都有 $\{\boldsymbol{D}_{n-2}+\boldsymbol{D}_{n-1}\}$ 种方法来完成重排。因此，当 $n\geqslant 4$ 时，

$$\boldsymbol{D}_n=(n-1)\{\boldsymbol{D}_{n-2}+\boldsymbol{D}_{n-1}\} \tag{7.1.2}$$

//$n=3$ 时，公式也适用。

266 //方程 7.1.2 是二阶递推方程的例子，这里的通用解可以用前面的两个子解来表示。

使用方程 7.1.2 和 $\boldsymbol{D}_1$，$\boldsymbol{D}_2$ 的值，可以计算 n 为任意值时 $\boldsymbol{D}_n$ 的值：　//原则上

$$\begin{aligned}
\boldsymbol{D}_3 &= (3-1)\ \{\boldsymbol{D}_2+\boldsymbol{D}_1\} = 2\{1+0\} &&= 2\\
\boldsymbol{D}_4 &= (4-1)\ \{\boldsymbol{D}_3+\boldsymbol{D}_2\} = 3\{2+1\} &&= 9\\
\boldsymbol{D}_5 &= (5-1)\ \{\boldsymbol{D}_4+\boldsymbol{D}_3\} = 4\{9+2\} &&= 44\\
\boldsymbol{D}_6 &= (6-1)\ \{\boldsymbol{D}_5+\boldsymbol{D}_4\} = 5\{44+9\} &&= 265\\
\boldsymbol{D}_7 &= (7-1)\ \{\boldsymbol{D}_6+\boldsymbol{D}_5\} = 6\{265+44\} &&= 1854\\
\boldsymbol{D}_8 &= (8-1)\ \{\boldsymbol{D}_7+\boldsymbol{D}_6\} = 7\{1854+265\} &&= 14\,833\\
\boldsymbol{D}_9 &= (9-1)\ \{\boldsymbol{D}_8+\boldsymbol{D}_7\} = 8\{14\,833+1854\} &&= 133\,496\\
\boldsymbol{D}_{10} &= (10-1)\ \{\boldsymbol{D}_9+\boldsymbol{D}_8\} = 9\{133\,496+14\,833\} &&= 1\,334\,961
\end{aligned}$$

//奇怪的是 $1\,334\,961=10\times(133\,496)+1$。是不是存在这样的规律？

//是否存在(方便紧凑的)公式用以计算 $\boldsymbol{D}_n$ 的值呢？

P 上用 $\boldsymbol{S}_n=A\times n!$ (其中 A 为任意实数)定义的序列满足递推方程 7.1.2。如果 $n\geqslant 3$，那么

$$\begin{aligned}
(n-1)\{\boldsymbol{S}_{n-2}+\boldsymbol{S}_{n-1}\} &= (n-1)\{A(n-2)!+A(n-1)!\}\\
&= (n-1)A(n-2)!\{1+[n-1]\}\\
&= A(n-1)(n-2)!\{n\}\\
&= A\times n!\\
&= \boldsymbol{S}_n
\end{aligned}$$

//这个公式适用于 $n=1$ 或 $n=2$ 的情景吗？

//是否存在实数 A，当 $n=1$ 或 $n=2$ 时，使得 $\boldsymbol{D}_n=A(n!)$？

//不存在，因为如果 $0=\boldsymbol{D}_1=A(1!)$，那么 $A=0$，

//如果 $1=\boldsymbol{D}_2=A(2!)$，那么 $A=1/2$。

但是，可以用这个公式证明 $\boldsymbol{D}_n$ 是 $\boldsymbol{\Theta}(n!)$的。

定理 7.1.1　对所有的 $n\geqslant 2$，$(1/3)n!\leqslant \boldsymbol{D}_n\leqslant(1/2)n!$。

考虑下列数值表

n	$(1/3)n!$	$\boldsymbol{D}_n$	$(1/2)n!$
1	1/3	0	1/2

2	2/3	1	1=2/2
3	6/3=2	2	3=6/2
4	24/3=8	9	12=24/2
5	120/3=40	44	60=120/2
6	720/3=240	265	360=720/2

267

证明 //对 n 进行强数学归纳证明。

步骤 1：如果 $n=2$，那么 $(1/3)n!=2/3<1=\boldsymbol{D}_n=(1/2)n!$；

如果 $n=3$，那么 $(1/3)n!=6/3<2=\boldsymbol{D}_n<3=(1/2)n!$。

步骤 2：假设存在 $k\geqslant 3$，使得如果 $2\leqslant n\leqslant k$，那么 $(1/3)n!\leqslant \boldsymbol{D}_n\leqslant (1/2)n!$。

步骤 3：如果 $n=k+1$，那么 $n\geqslant 4$ 且

$$\boldsymbol{D}_n=(n-1)\{\boldsymbol{D}_{n-2}+\boldsymbol{D}_{n-1}\}\quad \text{其中 } 2\leqslant n-2<n-1\leqslant k$$

因此，$\boldsymbol{D}_n\geqslant (n-1)\{(1/3)[n-2]!+(1/3)[n-1]!\}=(1/3)n!$ //如前所述

$\boldsymbol{D}_n\leqslant (n-1)\{(1/2)[n-2]!+(1/2)[n-1]!\}=(1/2)n!$ //如前所述

■

$\boldsymbol{D}_n$ 最漂亮的公式是使用“最近邻整数”函数。对任意实数 x，令 $\lceil x \rfloor$ 为 x 的**最近邻整数**，定义如下：当 x 写成 $n+f$ 时，其中 n 为整数 $\lfloor x \rfloor$，$f(0\leqslant f<1)$ 为分数：

如果 $0\leqslant f<1/2$ 那么 $\lceil x \rfloor=n$；

如果 $1/2\leqslant f<1$ 那么 $\lceil x \rfloor=n+1$ // $\lceil x \rfloor=\lfloor x+1/2 \rfloor$?

所以 $\lceil 3.29 \rfloor=3$，$\lceil -3.78 \rfloor=-4$，$\lceil +3.78 \rfloor=4$，$\lceil 3.50 \rfloor=4$。

则 $\boldsymbol{D}_n=\lceil (n!)/\mathrm{e} \rfloor$，其中 e=2.718 281 828 44…是自然对数的底。

//$(n!)/\mathrm{e}$ 永远不等于 $\lfloor (n!)/\mathrm{e} \rfloor+1/2$

n	D_n	**n!/e**
1	0	0.367 879 441
2	1	0.735 758 882
3	2	2.207 276 647
4	9	8.829 106 588
5	44	44.145 532 94
6	265	264.873 197 6
7	1 854	1 854.112 384
8	14 833	14 832.899 07
9	133 496	133 496.091 6
10	1 334 961	1 334 960.91 6

//习题中还给出了 $\boldsymbol{D}_n$ 的另一个不那么紧凑的公式，以及 $\boldsymbol{D}_n=\lceil (n!)/\mathrm{e} \rfloor$ 的证明提纲（需要读者完成证明过程）。

例 7.1.2 Ackermann 数

20 世纪 20 年代，德国逻辑学家、数学家 Wilhelm Ackermann(1896—1962)发明了一个很奇妙的函数 $\mathbf{A}$：$\mathbf{P}\times\mathbf{P}\rightarrow\mathbf{P}$，用三条“规则”递归定义如下：

规则 1：$\mathbf{A}(1, n)=2$ 其中 $n=1, 2, \cdots,$

规则 2：$\mathbf{A}(m, 1)=2m$ 其中 $m=2, 3, \cdots,$

规则 3：当 m 和 n 都大于 1 时，$\mathbf{A}(m, n)=\mathbf{A}(\mathbf{A}(m-1, n), n-1)$。 ◀ 268

那么　$\mathbf{A}(2,2)$　$=\mathbf{A}(\mathbf{A}(2-1,2),2-1)$　//规则3

$=\mathbf{A}(\mathbf{A}(1,2),1)$

$=\mathbf{A}(2,1)$　//规则1

$=2(2)$　//规则2

$=4$

$\mathbf{A}(2,3)$　$=\mathbf{A}(\mathbf{A}(2-1,3),3-1)$　//规则3

$=\mathbf{A}(\mathbf{A}(1,3),2)$

$=\mathbf{A}(2,2)$　//规则1

$=4$　//同上

实际上　如果 $\mathbf{A}(2,k)=4$,　//存在某个 $k\geqslant 2$

那么　$\mathbf{A}(2,k+1)$　$=\mathbf{A}(\mathbf{A}(2-1,k+1),[k+1]-1)$　//规则3

$=\mathbf{A}(\mathbf{A}(1,k+1),k)$

$=\mathbf{A}(2,k)$　//规则1

$=4$　//根据假设

因此，对所有的 $n\geqslant 1$，都有

$\mathbf{A}(2,n)=4$　//根据数学归纳法

至此可得 Ackermann 数表如下：

A	***n*=1**	***n*=2**	**3**	**4**	**5**	**6**	**7**	**8**	**9…**
***m*=1**	2	2	2	2	2	2	2	2	2…
***m*=2**	4	4	4	4	4	4	4	4	4…
3	6								
4	8								
5	10								

//第2行都是4，第2列呢？

$\mathbf{A}(3,2)$　$=\mathbf{A}(\mathbf{A}(3-1,2),2-1)$　//规则3

$=\mathbf{A}(\mathbf{A}(2,2),1)$

$=\mathbf{A}(4,1)$　//第2行

$=2(4)$　//规则2

$=8$

$\mathbf{A}(4,2)$　$=\mathbf{A}(\mathbf{A}(4-1,2),2-1)$　//规则3

$=\mathbf{A}(\mathbf{A}(3,2),1)$

$=\mathbf{A}(8,1)$　//同上

$=2(8)$　//规则2

269　$=16$

//第2列是2的幂次方吗？

如果　$\mathbf{A}(k,2)=2^k$,　//存在某个 $k\geqslant 2$

那么　$\mathbf{A}(k+1,2)$　$=\mathbf{A}(\mathbf{A}([k+1]-1,2),2-1)$　//规则3

$=\mathbf{A}(\mathbf{A}(k,2),1)$

$=\mathbf{A}(2^k,1)$　//根据假设

$=2(2^k)$　//规则2

$=2^{k+1}$

因此，对于所有的 $m\geqslant 1$，都有 $\mathbf{A}(m, 2)=2^m$。

//其他值呢？

$$\begin{aligned}
\mathbf{A}(3,3) &= \mathbf{A}(\mathbf{A}(3-1,3),3-1) && \text{// 规则 3}\\
&= \mathbf{A}(\mathbf{A}(2,3),2)\\
&= \mathbf{A}(4,2) && \text{// 第 2 行}\\
&= 2^4 && \text{// 第 2 列}\\
&= 16\\
\mathbf{A}(4,3) &= \mathbf{A}(\mathbf{A}(4-1,3),3-1) && \text{// 规则 3}\\
&= \mathbf{A}(\mathbf{A}(3,3),2)\\
&= \mathbf{A}(16,2) && \text{// 同上}\\
&= 2^{16} && \text{// 第 2 列}\\
&= 65\,536 && \text{// 同上}\\
\mathbf{A}(3,4) &= \mathbf{A}(\mathbf{A}(3-1,4),4-1) && \text{// 规则 3}\\
&= \mathbf{A}(\mathbf{A}(2,4),3)\\
&= \mathbf{A}(4,3) && \text{// 第 2 行}\\
&= 65\,536 && \text{// 同上}
\end{aligned}$$

//$\mathbf{A}(4, 4)$的值是多少？

//可以用一个简单的递归程序去计算 $\mathbf{A}(4, 4)$的值吗？

$$\begin{aligned}
A(5,3) &= A(A(5-1,3),3-1) && \text{// 规则 3}\\
&= A(A(4,3),2)\\
&= A(65\,536,2) && \text{// 同上}\\
&= 2^{65\,536} && \text{// 第 2 列}\\
&= \text{一个很大的数}
\end{aligned}$$

//大概是 20 000 位的十进制数 270

至此，有

A	***n*=1**	**2**	**3**	**4**	**5**	**6**
***m*=1**	2	2	2	2	2	2
2	4	4	4	4	4	4
3	6	8	16	65 536	?	
4	8	16	65 536	?		
5	10	32	$2^{65\,536}$			

//那么第 3 列呢？

符号 $2\uparrow k$ 递归定义如下：

$$2\uparrow 1=2;\ \text{当 } k\geqslant 1 \text{ 时，} 2\uparrow[k+1]=2^{2\uparrow k}$$

那么

$$2\uparrow 2=2^{2\uparrow 1}=2^2=4$$

$$2\uparrow 3=2^{2\uparrow 2}=2^4=16$$

$$2\uparrow 4=2^{2\uparrow 3}=2^{16}=65\,536$$

可以用数学归纳法证明，对于所有的 $m\in\mathbf{P}$，都有 $\mathbf{A}(m, 3)=2\uparrow m$。

步骤 1：如果 $m=1$，那么根据规则 1，有 $\mathbf{A}(1, 3)=2$ 和 $2=2\uparrow 1$。

步骤 2：假设存在 $k\geqslant 1$，使得 $\mathbf{A}(k, 3)=2\uparrow k$。

步骤 3：如果 $m=k+1$，那么根据规则 3，有

$$\begin{aligned}\mathbf{A}(k+1,3) &= \mathbf{A}(\mathbf{A}[k+1]-1,3) \quad ,3-1) \\ &= \mathbf{A}(\mathbf{A}(k,3) \quad ,2) \\ &= \mathbf{A}(\quad 2\uparrow k \quad ,2) && \text{// 根据假设} \\ &= 2^{2\uparrow k} && \text{// 第 2 列} \\ &= 2\uparrow(k+1) && \text{// } \uparrow \text{ 的定义}\end{aligned}$$

因此，对于所有的 $m\geqslant 1$，都有 $\mathbf{A}(m, 3)=2\uparrow m$。　　//根据数学归纳法。

■

最后，

$$\begin{aligned}\mathbf{A}(4,4) &= \mathbf{A}(\mathbf{A}(4-1,4) \quad ,4-1) && \text{// 根据规则 3} \\ &= \mathbf{A}(\mathbf{A}(3,4) \quad ,3) \\ &= \mathbf{A}(65\,536 \quad ,3) && \text{// 同上} \\ &= 2\uparrow(65\,536)\end{aligned}$$

但这个数太大，即使用完世上所有的纸也写不出来。其值也计算不出来。那么 Ackermann 数是可计算的吗？另一方面，我们假定遇到的序列都是容易理解和处理的，即
271 使它们是用递推方程定义。

本节要点

本节定义了**重排**，以及 n 对伙伴的重排数在 $\mathbf{P}$ 上的序列 $\boldsymbol{D}_n$。这些数满足递推方程

$$\boldsymbol{D}_n = (n-1)\{\boldsymbol{D}_{n-2}+\boldsymbol{D}_{n-1}\}$$

当 $n\geqslant 3$ 时；基准值为 $\boldsymbol{D}_1=0$ 和 $\boldsymbol{D}_2=1$。从这点出发，可以计算任意后面的数。但这些数很快会变得很大，因为 $\boldsymbol{D}_n$ 是 $\boldsymbol{\Theta}(n!)$ 的。实际上，$\boldsymbol{D}_n=\lceil (n!)/\mathrm{e}\rfloor$。

然后介绍了 Ackermann 函数，它也是根据递推方程和基准值定义的。但其值变得难以置信得大，以至于怀疑其存在性。

下一节讨论更多有用的递推方程及其解。

7.2 求解一阶线性递推方程

一阶线性递推方程用如下形式的方程将序列中的连续值关联在一起：

$$\text{对 } S \text{ 上的所有 } n, \quad S_{n+1} = aS_n + c \tag{7.2.1}$$

假设 S 定义的域是 $\mathbf{N}$。同时假设 $a\neq 0$；否则，对所有的 $n>0$，都有 $S_n=c$。(7.2.1)的解不是很有趣。

//解是什么？

第 3 章已经介绍，当 $a=1$ 时，满足(7.2.1)的任意序列都是等差数列。当 S 定义在 $\mathbf{N}$ 上，S_0 是某个初始值 I，

$$\text{对所有的 } n\in\mathbf{N}, \quad S_n = I+nc \text{ 成立} \qquad \text{// 定理 3.6.4}$$

当 $c=0$ 时，满足(7.2.1)的任意序列都是等比数列。当 S 定义在 $\mathbf{N}$ 上，S_0 是某个初始值 I，

$$\text{对所有的 } n \in \mathbf{N}, \quad S_n = a^n I \text{ 成立} \qquad // \text{定理 3.6.8}$$

而且，定理 3.6.9 给出了求解几何级数前 $n+1$ 项之和的公式($a \neq 1$)：

$$a^0 I + a^1 I + a^2 I + \cdots + a^n I = I(1 + a + a^2 + \cdots + a^n) = I\frac{a^{n+1} - 1}{a - 1}$$ 272

特别地，
$$1 + \frac{1}{2} + \left(\frac{1}{2}\right)^2 + \left(\frac{1}{2}\right)^3 + \cdots + \left(\frac{1}{2}\right)^n = \left[\left(\frac{1}{2}\right)^{n+1} - 1\right] / \left[\frac{1}{2} - 1\right]$$
$$= \left[1 - \left(\frac{1}{2}\right)^{n+1}\right] / \left[\frac{1}{2}\right]$$
$$= 2 - \left(\frac{1}{2}\right)^n$$

方程 7.2.1 说明了从某个初始值(I，但未限制 I 的值)开始序列的增长方式；因此，它有无限个解。**通解**是所有这些解序列的代数描述。

如果 S 是 $\mathbf{N}$ 上满足(7.2.1)的任意序列，用 S_0 表示 I，那么

$$S_1 = aS_0 + c \qquad = aI + c$$
$$S_2 = aS_1 + c = a[aI + c] + c \qquad = a^2 I + ac + c$$
$$S_3 = aS_2 + c = a[a^2 I + ac + c] + c \qquad = a^3 I + a^2 c + ac + c$$
$$\cdots$$

我们会猜测

$$\text{对于所有的 } n \in \mathbf{P}, \quad S_n = a^n I + a^{n-1} c + a^{n-2} c + \cdots + ac + c \text{ 成立} \qquad (7.2.2)$$

这一点可以通过数学归纳法证明——如果存在某个 $k \in \mathbf{P}$，使得 $S_k = a^k I + a^{k-1} c + a^{k-2} c + \cdots + ac + c$ 成立，那么

$$S_{k+1} = aS_k + c$$
$$= a[a^k I + a^{k-1} c + a^{k-2} c + \cdots + ac + c] + c$$
$$= a^{k+1} I + a^k c + a^{k-1} c + \cdots + a^2 c + ac + c$$

因此，(7.2.2)是正确的。所以，如果 S 是 $\mathbf{N}$ 上满足(7.2.1)的任意序列，那么，对所有的 $n \in \mathbf{P}$，都有

如果 $a = 1, S_n = 1^n I + 1^{n-1} c + 1^{n-2} c + \cdots + 1c + c$
$$= I + nc \qquad // \text{初始值为 } S_0 \text{ 时，公式适用}$$

如果 $a \neq 1, S_n = a^n I + a^{n-1} c + a^{n-2} c + \cdots + ac + c$

// 根据定理 3.6.9

$$= a^n I + c\frac{1 - a^n}{1 - a} = a^n I + \frac{c}{1 - a} - a^n \frac{c}{1 - a}$$
$$= a^n \left[I - \frac{c}{1 - a}\right] + \frac{c}{1 - a} \qquad // \text{初始值为 } S_0 \text{ 时，公式适用}$$ 273

因此，递推方程

$$S_{n+1} = aS_n + c \quad (n \text{ 为整数}) \qquad (7.2.1)$$

的**通解**分两部分给出：

如果 $a=1$，那么对所有的 $n \in \mathbf{N}$，$S_n = I + nc$ 成立；

如果 $a \neq 1$，那么对所有的 $n \in \mathbf{N}$，$S_n = a^n A + \frac{c}{1-a}$ 成立。

当 $a=1$ 时，任意**特解**可通过确定指定的 I 值来求得。实际上，特解由任意给定值 S_j

的某个特定的 J 值确定。求解方程

$$J = I + jc\text{(对某个 }I\text{)} \qquad // \text{因为 } S_j = I + jc$$

可得

$$I = J - jc \qquad // \text{其中 } S_0 = I$$

//一个特殊的特解是 $I=0$。

$a\neq 1$ 时，任意**特解**可通过确定指定的 A 值来求得；如果给定初始值 I，那么 $A=I-\frac{c}{1-a}$。实际上，特解由任意给定值 S_j 的某个特定的 J 值确定。求解方程

$$J = Aa^j + \frac{c}{1-a} \text{ 对某个 } A$$

可得

$$A = \frac{1}{a^j}\left[J - \frac{c}{1-a}\right] \qquad // \text{但当 } a=0 \text{ 时会怎么样？}$$

//一个特殊的特解是 $A=0$。

例 7.2.1 汉诺塔

汉诺塔问题中移动次数的递推方程是一阶线性递推方程：

$$\boldsymbol{T}_n = 2\boldsymbol{T}_{n-1} + 1$$

这里，$a=2$ 和 $c=1$，所以 $\frac{c}{1-a}=\frac{1}{1-2}=-1$，满足该递推方程的任意序列都可以用下述公式表示

$$\begin{aligned}\boldsymbol{T}_n &= 2^n[I-(-1)]+(-1)\\ &= 2^n[I+1]-1\end{aligned}$$

假设 $\boldsymbol{T}$ 的定义域为 $\mathbf{N}$，用 I 表示 $\boldsymbol{T}_0$，会看到本章开始给出的几个特解：

如果 $I=0$，那么 $\boldsymbol{T}=(0,1,3,7,15,31,\cdots)$； $//\boldsymbol{T}_n = 2^n[0+1]-1 = 2^n \quad -1$

如果 $I=2$，那么 $\boldsymbol{T}=(2,5,11,23,47,95,\cdots)$； $//\boldsymbol{T}_n = 2^n[2+1]-1 = 3\times 2^n \quad -1$

如果 $I=4$，那么 $\boldsymbol{T}=(4,9,19,39,79,159,\cdots)$； $//\boldsymbol{T}_n = 2^n[4+1]-1 = 5\times 2^n \quad -1$

如果 $I=-1$，那么 $\boldsymbol{T}=(-1,-1,-1,-1,-1,\cdots)$； $//\boldsymbol{T}_n = 2^n[-1+1]-1 = \quad -1$

274 ◀

例 7.2.2 三名失事海盗

一天晚上，一艘海盗船遭遇了风暴。风暴过后的早晨，有三名海盗幸存下来，并发现自己在海滩上。他们同意合作以确保能够生存下来。他们发现海滩旁边的丛林里有只猴子，而且花了一整天时间收集了一大堆椰子，然后就睡了。

但他们是海盗。

第一个海盗时睡时醒，担心他的那部分份额；他醒来后，把椰子分成三等份，却发现多了一个，就把它扔到灌木里给猴子，把自己那份藏起来，把另外两份合起来，然后就酣睡去了。

第二个海盗也时睡时醒，也担心他的那部分份额；他醒来后，把椰子分成三等份，却发现多了一个，就把它扔到灌木里给猴子，把自己那份藏起来，把另外两份合起来，然后就酣睡去了。

第三个海盗也时睡时醒，也担心他的那部分份额；他醒来后，把椰子分成三等份，却发现多了一个，就把它扔到灌木里给猴子，把自己那份藏起来，把另外两份合起来，然后就酣睡去了。

第二天早上，他们都睡醒了，他们把椰子分成三等份后仍然有一个剩下来丢给了灌木里的猴子。

他们第一天收集了多少椰子？

令 S_j 表示海盗第 j 次分配后椰子的数量，S_0 表示第一天收集的椰子数。那么

$S_0=3x+1$，其中 x 为某一整数，$S_1=2x$，

$S_1=3y+1$，其中 y 为某一整数，$S_2=2y$，

$S_2=3z+1$，其中 z 为某一整数，$S_3=2z$，

$S_3=3w+1$，其中 w 为某一整数。

//存在递推方程吗？

$S_1=2x$ 其中 $x=(S_0-1)/3$，　所以 $S_1=(2/3)S_0-(2/3)$；

$S_2=2y$ 其中 $y=(S_1-1)/3$，　所以 $S_2=(2/3)S_1-(2/3)$；

$S_3=2z$ 其中 $z=(S_2-1)/3$，　所以 $S_3=(2/3)S_2-(2/3)$

前面几个 S_j 满足如下递推方程：

$$S_{j+1}=(2/3)S_j-(2/3) \qquad (*)$$

如果令 $S_4=(2/3)S_3-(2/3)$，那么存在整数 w，$S_4=2[S_3-1]/3=2w$ 成立。 275

应用递推方程(＊)，S_0 取什么值时，S_4 是一个偶数。

在(＊)中，$a=2/3$，$c=-2/3$，所以 $c/(1-a)=-2$。所以，(＊)的通解是

$$S_n=(2/3)^n[S_0+2]-2$$

因此，$S_4=(2/3)^4[S_0+2]-2=(16/81)[S_0+2]-2$

S_4 是整数

$\Leftrightarrow S_4+2$ 是偶数

$\Leftrightarrow 81$ 整除$[S_0+2]$

$\Leftrightarrow$存在整数 k，$[S_0+2]=81k$ 成立

$\Leftrightarrow$存在整数 k，$S_0=81k-2$ 成立。

S_0 必然是整数，但有无穷多个可能的解

79 或 160 或 241 或 322 或 …

//需要更多信息以确定 S_0。

//如果已经知道海盗们第一天收集的椰子数量在 200 到 300 之间，

//那就可以说“他们第一天收集了 241 个椰子”。 ◀

例 7.2.3　复利

假定有两个退休储蓄计划供你选择。计划 A 中，第一年存 1000 美元，以后每年(周年)会收入 11%的单利，并再存 1000 元。计划 B 中，第一个月存 100 美元，以后每个月会收入年单利(10%)的 1/12，并再存 100 美元。40 年后，哪个储蓄计划的钱多？

//可以应用递推方程吗？

先看看计划 A。令 $\boldsymbol{S}_n$ 表示计划执行 n 年后的美元数。$\boldsymbol{S}_0=1000$ 美元，则

$$\begin{aligned}\boldsymbol{S}_{n+1}&=\boldsymbol{S}_n+\boldsymbol{S}_n\text{ 的利息 }+1000\text{ 美元}\\&=\boldsymbol{S}_n+\boldsymbol{S}_n\text{ 的 }11\%+1000\text{ 美元}\\&=\boldsymbol{S}_n(1+0.11)\quad+1000\text{ 美元}\end{aligned}$$

在这个递推方程中，$a=1.11$，$c=1000$，所以$\dfrac{c}{1-a}=\dfrac{1000}{-0.11}$，有

$$S_n = (1.11)^n\left[1000 - \frac{1000}{-0.11}\right] + \frac{1000}{-0.11}$$

$$= (1.11)^n\left[\frac{1110}{+0.11}\right] - \frac{1000}{+0.11}$$

276

因此，　$S_{40} = (1.11)^{40}(10\,090.090\,909\cdots) - (9\,090.909\,090\cdots)$

$= (65.000\,867\cdots)(10\,090.090\,909\cdots) - (9\,090.909\,090\cdots)$

$= 655\,917.842\cdots - (9\,090.909\,090\cdots)$

$\approx 646\,826$ 美元

//这个结果对吗？存入 40 000 美元，收到的利息大于 600 000 美元。

再来看看计划 B。令 T_n 表示计划执行 n 个月后的美元数。那么 $T_0 = \$100$ 且有

$$T_{n+1} = T_n + T_n \text{ 的利息} + 100 \text{ 美元}$$

$$= T_n + T_n \text{ 的 } 10\% \text{ 的}(1/12) + 100 \text{ 美元}$$

$$= T_n[1 + 0.1/12] + 100 \text{ 美元}$$

在这个递推方程中，$a=12.1/12$，$c=100$，所以$\frac{c}{1-a} = \frac{100}{-0.1/12} = -12\,000$，并有

$$T_n = (12.1/12)^n[100 + 12\,000] - 12\,000$$

因此，40×12 个月后，

$$T_{480} = (12.1/12)^{480}(12\,100) - (12\,000)$$

$$= (1.008\,333\cdots)^{480}(12\,100) - (12\,000)$$

$$= (53.700\,663\cdots)(12\,100) - (12\,000)$$

$$= 649\,778.023\,4\cdots - (12\,000)$$

$$\approx 637\,778 \text{ 美元}$$

因此，40 年后，计划 A 的美元数量比计划 B 多。◀

本节要点

一阶线性递推方程用如下形式的方程将序列中的连续值关联在一起：

对于所有的 $n \in \mathbf{N}$，$S_{n+1} = aS_n + c$

其**通解**分两部分给出：

如果 $a=1$，那么对所有的 $n \in \mathbf{N}$，$S_n = A + nc$ 成立；

如果 $a \neq 1$，那么对所有的 $n \in \mathbf{N}$，$S_n = a^n A + \frac{c}{1-a}$成立。

任意**特解**可通过确定指定的 A 值来求得；实际上，特解由任意给定值 S_J 的某个特定的 J 值确定。

277

7.3　Fibonacci 序列

意大利数学家 Leonardo Fibonacci(公元 1170—1230)提出了下述问题。年初时，养了两只新生兔。兔子是倍增式繁殖的，但(在这个例子中)假定一对兔子足够大(认为一个月就足够大)时，每个月就可以生一对兔子。一年后会有多少只兔子？

$\boldsymbol{F}_n$ 表示 n 个月后的兔子对数量。那么

$\boldsymbol{F}_0=1$

$\boldsymbol{F}_1=1$

$\boldsymbol{F}_2=2$　　//1 对老兔子和 1 对新兔子

$\boldsymbol{F}_3=3$　　//2 对老兔子和 1 对新兔子

$\boldsymbol{F}_4=5$　　//3 对老兔子和 2 对新兔子

$\boldsymbol{F}_5=8$　　//5 对老兔子和 3 对新兔子

//这个过程有相应的递推方程吗?

每个月末，兔子对的数量=月初时老兔子对的数量+本月新生兔子对的数量

$\boldsymbol{F}_n=\boldsymbol{F}_{n-1}+$本月能生兔子的兔子对数量

$=\boldsymbol{F}_{n-1}+$两个月前兔子对的数量

"Fibonacci" 序列 $\boldsymbol{F}$ 满足如下的 Fibonacci 递推方程:

$$\boldsymbol{S}_n=\boldsymbol{S}_{n-1}+\boldsymbol{S}_{n-2} \tag{7.3.1}$$

继续使用该递推过程，可得

$\boldsymbol{F}_6=13$

$\boldsymbol{F}_7=21$

$\boldsymbol{F}_8=34$

$\boldsymbol{F}_9=55$

$\boldsymbol{F}_{10}=89$

$\boldsymbol{F}_{11}=144$

$\boldsymbol{F}_{12}=233$

一年后，有 233 对兔子。

//如果不考虑自然死亡，10 年后有多少对兔子?

//Fibonacci 序列数存在计算公式吗? 278

例 7.3.1 {1..n}的"好"子集

{1..n}的子集称为"好"子集，如果它不包含连续的整数 k 和 $k+1$。令 G_n 表示这种子集的数量。G_n 的值是多少?

如果 $n=1$，{1}有两个子集∅和{1}，两个都是"好"子集，所以 $G_1=2$。

如果 $n=2$，{1，2}有 2^2 个子集，∅，{1}和{2}都是"好"子集，所以 $G_2=3$。

//还有一个子集是{1，2}，它不是"好"子集。

如果 $n=3$，{1，2，3}有 2^3 个子集，∅，{1}，{2}，{3}和{1，3}都是"好"子集，所以 $G_5=5$。

//其他子集还有{1，2}，{2，3}和{1，2，3}，但它们都不是"好"子集。

如果 $n=4$，{1，2，3，4}有 2^4 个子集，∅，{1}，{2}，{3}，{1，3}和{4}，{1，4}，{2，4}都是"好"子集，所以 $G_4=8$。

//G=(2，3，5，8，…)，从前两个数看很像 Fibonacci 序列。

//当 $n\geqslant 3$ 时，G 的值满足 Fibonacci 递推方程吗?

如果 $n\geqslant 3$，并且 $\boldsymbol{X}$ 是{1..n}的"好"子集，那么 $n\notin\boldsymbol{X}$ 或 $n\in\boldsymbol{X}$。

如果 $n \notin \boldsymbol{X}$，那么 $\boldsymbol{X}$ 是{1..(n−1)}的“好”子集；

如果 $n \in \boldsymbol{X}$，那么 $(n-1) \notin \boldsymbol{X}$，所以 X 等于 $\{n\} \cup \boldsymbol{Y}$，其中 $\boldsymbol{Y}$ 是{1..(n−2)}的“好”子集。

实际上，{1..n}的“好”子集数量={1..(n−1)}的“好”子集 X 的数量+{1..(n−2)}的“好”子集 Y 的数量。

也就是说，如果 $n \geqslant 3$，那么 $G_n = G_{n-1} + G_{n-2}$。

因此，G 值的序列很像 Fibonacci 序列，并且

$$n \geqslant 1 \text{ 时，} G_n = \boldsymbol{F}_{n+1}\text{。}$$

//X 抛 n 个硬币，有多少种序列，不会连续两次面朝上？

//或者说面朝上和面朝下组成的序列中，不包含连续两次面朝上组合的序列有多少种？ ◀

二项式系数 $\binom{n}{k}$ 的 Pascal 三角 $\boldsymbol{T}$ 的前七行如下所示：

//见第 2 章

n \ k	0	1	2	3	4	5	6
0	1						
1	1	1					
2	1	2	1				
3	1	3	3	1			
4	1	4	6	4	1		
5	1	5	10	10	5	1	
6	1	6	15	20	15	6	1

279

如果要从西南到东北在斜线上方添加数，那么

$T[0,0]$ 上的数是 1

$T[1,0]$ 上的数是 1

$T[2,0]$ 上的数是 $1+1=$ 2

$T[3,0]$ 上的数是 $1+2=$ 3

$T[4,0]$ 上的数是 $1+3+1=$ 5

$T[5,0]$ 上的数是 $1+4+3=$ 8

$T[6,0]$ 上的数是 $1+5+6+1=$ 13

$T[7,0]$ 上的数是 $1+6+10+4=21$

这些和都是 Fibonacci 数。 //X 是否还会继续？

//X $\boldsymbol{F}_n$ 等于 $\sum_{j=0}^{k}\binom{n-j}{j}$ 吗，其中 $k=\lfloor n/2 \rfloor$？

// （对 $k+1$ 分奇数和偶数情况进行归纳证明。）

7.3.1 Fibonacci 序列算法

如何构造算法计算 $\boldsymbol{F}_n$ 的值？也就是说，给定 n，如何求出 $\boldsymbol{F}_n$？可以使用递归，如下所示：

算法 7.3.1 Fib(*n*)

```
Begin
   If (n < 2) Then Return(1);
   Else Return(Fib(n - 1) + Fib(n - 2));
   End;
End.
```

这个算法肯定是正确的。但是有效吗？$n=5$ 时，外部调用 **Fib** 的递归调用树如下所示：

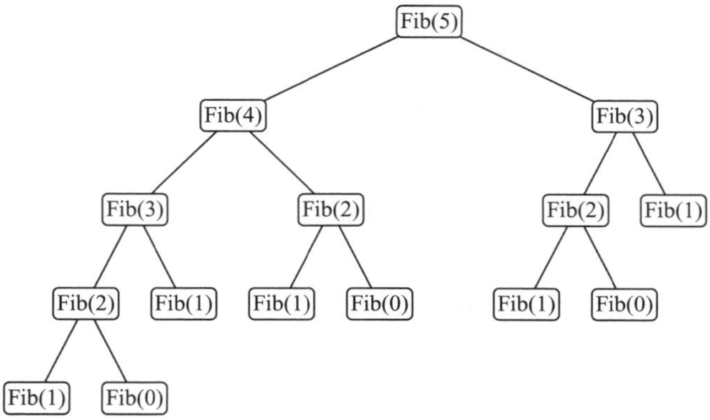

280

叶子对应 $n=0$ 或 1 时的调用没有子调用。每个叶子返回值 1；每个中间顶点只是将下面两个顶点的返回值相加。对每个输入的整数 n，完全二叉树有 $\boldsymbol{F}_n$ 个叶子和 $2\boldsymbol{F}_n-1$ 个顶点。如果 $\boldsymbol{F}_n$ 是指数阶的，这些树会很快变得很大。

递归算法的第二个缺点是参数 n 的值会出现在许多子调用中——当 $n=5$ 时

$\boldsymbol{F}_5$ 计算了 1 次，

$\boldsymbol{F}_4$ 计算了 1 次，

$\boldsymbol{F}_3$ 计算了 2 次，

$\boldsymbol{F}_2$ 计算了 3 次，

$\boldsymbol{F}_1$ 计算了 5 次，　　//这 5 次出现都是 Fibonacci 数吗？

$\boldsymbol{F}_0$ 计算了 3 次。

如果在计算的时候，将 $\boldsymbol{F}$ 的值记录在数组 F 中，可能会更好，就有

算法 7.3.2　Fib(n)版本 2

```
Begin
  If (n < 2) Then Return(1) End;
  F[0] ← 1; F[1]←1;
  For j ← 2 To n Do
    F[j] ← F[j - 1] + F[j - 2]
  End;
  Return(F[n])
End.
```

只需要最后两个值去计算下一个值；我们可能只需要记住这两个值就可以做得更好。

//因为 $A=F[j-2]$，$B=F[j-1]$

算法 7.3.3　Fib(n)版本 3

```
Begin
  If (n < 2) Then Return(1) End;
  A ← 1; B ← 1;
  For j ← 2 To n Do
    C ← A + B; A ← B; B ← C;            //或 B ← A + B; A ← B - A
  End;
  Return(B)
End.
```

//根据 $\boldsymbol{F}_n$ 的公式，可以给出其他更好的算法吗？

281 //有没有更好的公式呢？

7.3.2 黄金比例

本节岔开话题，介绍一下黄金比例。古希腊将之用于审美理论。长为 L，宽为 W 的长方形(如下图所示)，给出了黄金比例的示例：

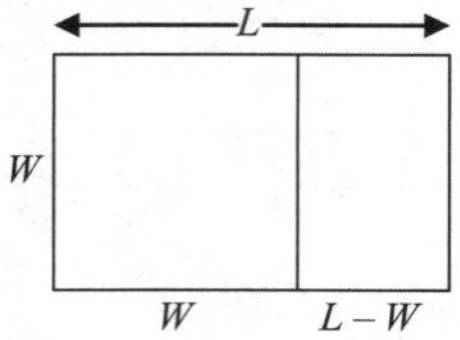

如果将边长为 W 的正方形画在里边，得到的小长方形的长宽比和大长方形的长宽比是一样的。也就是说，

$$\frac{L}{W}=\frac{W}{L-W}=\gamma,\text{黄金比例}$$

那么
$$\gamma=\frac{W/W}{L/W-W/W}=\frac{1}{\gamma-1}$$

所以
$$\gamma(\gamma-1)=1$$

或
$$\gamma^2-\gamma-1=0$$

因此
$$\gamma=\frac{-(-1)\pm\sqrt{(-1)^2-4(1)(-1)}}{2(1)}$$

$$=\frac{1\pm\sqrt{5}}{2}=\frac{1\pm 2.236\,067\,977\cdots}{2}$$

也就是说，$\gamma=+1.618\,033\,988\cdots$或$-0.618\,033\,988\cdots$

但是黄金比例必然为整数。 //而且大于 1

所以，黄金比例

$$\gamma=\frac{1+\sqrt{5}}{2}=+1.618\,033\,988\cdots$$

用 β 表示其他根，所以有

282
$$\beta=\frac{1-\sqrt{5}}{2}=-0.618\,033\,988\cdots$$

那么有 $\gamma+\beta=1$，$\gamma\times\beta=-1$ 和 $\gamma-\beta=\sqrt{5}$。 //这些正确吗？

//γ 和 β 满足方程 $x^2=x+1$，而且只有这两个解。

//但是这和 Fibonacci 序列公式有什么关系呢？

7.3.3 Fibonacci 序列和黄金比例

Fibonacci 数增长很快。可能存在一个简单的几何序列 $\boldsymbol{S}_n=r^n$ 满足 Fibonacci 递推方程：

对所有的 $n\in\mathbf{N}$，$\boldsymbol{S}_{n+2}=\boldsymbol{S}_{n+1}+\boldsymbol{S}_n$ //方程(7.3.1)

如果存在这个序列，那么对所有的 $n\in\mathbf{N}$，$r^{n+2}=r^{n+1}+r^n$。

当 $n=0$ 时，$r^2=r+1$。

因此，r 必须是 γ 或者 β。

实际上，我们可得以下引理。

引理 7.3.1 公式 $S_n = \boldsymbol{A}\gamma^n + \boldsymbol{B}\beta^n$（所有 $n \in \mathbf{N}$）给定的任意序列满足 Fibonacci 递推方程。

//**A** 和 **B** 可以是任意数

证明

$$
\begin{aligned}
\boldsymbol{S}_{n+1} + \boldsymbol{S}_n &= [\boldsymbol{A}\gamma^{n+1} + \boldsymbol{B}\beta^{n+1}] + [\boldsymbol{A}\gamma^n + \boldsymbol{B}\beta^n] \\
&= [\boldsymbol{A}\gamma^{n+1} + \boldsymbol{A}\gamma^n] \quad + [\boldsymbol{B}\beta^{n-1} + \boldsymbol{B}\beta^n] \\
&= \boldsymbol{A}\gamma^n[\gamma + 1] \qquad + \boldsymbol{B}\beta^n[\beta + 1] \\
&= \boldsymbol{A}\gamma^n[\gamma^2] \qquad + \boldsymbol{B}\beta^n[\beta^2] \\
&= \boldsymbol{A}\gamma^{n+2} + \boldsymbol{B}\beta^{n+2} \quad = \boldsymbol{S}_{n+2}
\end{aligned}
$$

■

进一步，得到定理 7.3.2。

定理 7.3.2 $\boldsymbol{S}_n = \boldsymbol{A}\gamma^n + \boldsymbol{B}\beta^n$ 是 Fibonacci 递推方程的通解。

证明 假定 $\boldsymbol{T}$ 是定义在 **N** 上的 Fibonacci 递推方程的任意特解。

//不一定是兔子对的计算序列。

//接下来找出 **A** 和 **B** 的值，然后用数学归纳法证明对所有的 $n \in \mathbf{N}$，$\boldsymbol{T}_n = \boldsymbol{A}\gamma^n + \boldsymbol{B}\beta^n$ 成立。

我们来求解 $n=0$ 和 $n=1$ 时的方程确保 $\boldsymbol{T}_n = \boldsymbol{A}\gamma^n + \boldsymbol{B}\beta^n$。 283

如果

$$\boldsymbol{T}_0 = \boldsymbol{A}\gamma^0 + \boldsymbol{B}\beta^0 = \boldsymbol{A} + \boldsymbol{B} \qquad (1)$$

$$\boldsymbol{T}_1 = \boldsymbol{A}\gamma^1 + \boldsymbol{B}\beta^1 + \boldsymbol{A}\gamma + \boldsymbol{B}\beta \qquad (2)$$

那么

$$\gamma\boldsymbol{T}_0 = \boldsymbol{A}\gamma + \boldsymbol{B}\gamma \qquad //\gamma \times (1)$$

$$\boldsymbol{T}_1 = \boldsymbol{A}\gamma + \boldsymbol{B}\beta \qquad //\text{再次根据}(2)$$

相减可得

$$\gamma\boldsymbol{T}_0 - \boldsymbol{T}_1 = \boldsymbol{B}\gamma - \boldsymbol{B}\beta = \boldsymbol{B}(\gamma - \beta) = \boldsymbol{B}\sqrt{5} \qquad //\gamma - \beta = \sqrt{5}$$

所以

$$\boldsymbol{B} = \frac{\gamma\boldsymbol{T}_0 - \boldsymbol{T}_1}{\sqrt{5}}$$

因此

$$
\begin{aligned}
\boldsymbol{A} = \boldsymbol{T}_0 - \boldsymbol{B} &= \frac{\sqrt{5}\boldsymbol{T}_0}{\sqrt{5}} - \frac{\gamma\boldsymbol{T}_0 - \boldsymbol{T}_1}{\sqrt{5}} = \frac{(\sqrt{5} - \gamma)\boldsymbol{T}_0 + \boldsymbol{T}_1}{\sqrt{5}} \\
&= \frac{-\beta\boldsymbol{T}_0 + \boldsymbol{T}_1}{\sqrt{5}}
\end{aligned}
$$

//无论序列 $\boldsymbol{T}$ 如何开始（无论 $\boldsymbol{T}_0$ 和 $\boldsymbol{T}_1$ 取何值），

//都有唯一的 **A** 和 **B** 使得 $n=0$ 或 1 时，$T_n = \boldsymbol{A}\gamma^n + \boldsymbol{B}\beta^n$ 成立。

//继续用数学归纳法证明对所有的 $n \in N$，$\boldsymbol{T}_n = \boldsymbol{A}\gamma^n + \boldsymbol{B}\beta^n$ 成立。

步骤 1：如果 $n=0$ 或 1，那么根据 **A** 和 **B** 的选择，有 $\boldsymbol{T}_n = \boldsymbol{A}\gamma^n + \boldsymbol{B}\beta^n$。

步骤 2：假定存在 $k \geqslant 1$，使得如果 $0 \leqslant n \leqslant k$，那么 $\boldsymbol{T}_n = \boldsymbol{A}\gamma^n + \boldsymbol{B}\beta^n$。

步骤 3：如果 $n=k+1$，那么 $n \geqslant 2$。因为 $\boldsymbol{T}$ 满足 Fibonacci 递推方程，所以

$$
\begin{aligned}
\boldsymbol{T}_{k+1} &= \boldsymbol{T}_k + \boldsymbol{T}_{k-1} \\
&= [\boldsymbol{A}\gamma^k + \boldsymbol{B}\beta^k] + [A\gamma^{k-1} + \boldsymbol{B}\beta^{k-1}] \qquad //\text{根据步骤 2} \\
&= \boldsymbol{A}\gamma^{k+1} + \boldsymbol{B}\beta^{k+1} \qquad //\text{根据引理 7.3.1}
\end{aligned}
$$

■

这就是说，能为 Fibonacci 序列找到一个计数公式(计算兔子对)，$\boldsymbol{F}=(1, 1, 2, 3, 5, 8, \cdots)$。这是公式 $\boldsymbol{F}_n=\boldsymbol{A}\gamma^n+\boldsymbol{B}\beta^n$ 给出的 Fibonacci 递推方程的一个**特解**，其中

$$\mathbf{A}=\frac{-\beta F_0+F_1}{\sqrt{5}}=\frac{-\beta+1}{\sqrt{5}}=\frac{\gamma}{\sqrt{5}} \qquad //\gamma+\beta=1$$

$$\mathbf{B}=\frac{\gamma F_0-F_1}{\sqrt{5}}=\frac{\gamma-1}{\sqrt{5}}=\frac{-\beta}{\sqrt{5}} \qquad //\gamma+\beta=1$$

284 因此

$$\boldsymbol{F}_n=\frac{\gamma}{\sqrt{5}}\gamma^n+\frac{-\beta}{\sqrt{5}}\beta^n=\frac{1}{\sqrt{5}}[r^{n+1}-\beta^{n+1}] \tag{7.3.2}$$

//这样就可以了吗？$\sqrt{5}$，γ 和 β 都是**无理数**，但每个 $\boldsymbol{F}_n$ 都是整数。

//$\boldsymbol{F}_{12}=233$ 真的等于 $\frac{1}{\sqrt{5}}\left[\left(\frac{1+\sqrt{5}}{2}\right)^{13}-\left(\frac{1-\sqrt{5}}{2}\right)^{13}\right]$ 吗？

下面列出 $\boldsymbol{F}_n$ 的几个值：

n	$\boldsymbol{F}_n$	$\frac{1}{\sqrt{5}}\left(\frac{1+\sqrt{5}}{2}\right)^{n+1}$	$-\frac{1}{\sqrt{5}}\left(\frac{1-\sqrt{5}}{2}\right)^{n+1}$
0	1	0.723 606 797...	+0.276 393 202...
1	1	1.170 820 39...	−0.170 820 393...
2	2	1.894 427 19...	+0.105 572 808...
3	3	3.065 247 58...	−0.065 247 584 0...
4	5	4.959 674 77...	+0.040 325 224 5...
5	8	8.024 922 36...	−0.024 922 359 3...
6	13	12.984 597 1...	+0.015 402 865 1...
7	21	21.009 519 5...	−0.009 519 494 16...
8	34	33.994 116 6...	+0.005 883 370 94...
9	55	55.003 636 1...	−0.003 636 123 20...
10	89	88.997 752 8...	+0.002 247 247 72...
11	144	144.001 389...	−0.001 388 875 47...
12	233	232.999 142...	+0.000 858 372 248...
13	377	377.000 531...	−0.000 530 503 223...

上表的数据受取整误差的影响很小，但它说明了定理 7.3.3。

定理 7.3.3　对于 $\forall n\in\mathbf{N}$，$\boldsymbol{F}_n=\lceil\gamma^{n+1}/\sqrt{5}\rfloor$。　　//最近邻整数。

证明　//通常要证明 $\boldsymbol{F}_n-1/2<\gamma^{n+1}/\sqrt{5}<\boldsymbol{F}_n+1/2$，然后 $\gamma^{n+1}/\sqrt{5}$ 的最近邻整数必是 $\boldsymbol{F}_n$。

对于 $\forall n\in\mathbf{N}$，

$$\boldsymbol{F}_n=\gamma^{n+1}/\sqrt{5}-\beta^{n+1}/\sqrt{5} \text{ 或 } \gamma^{n+1}/\sqrt{5}-\boldsymbol{F}_n=\beta^{n+1}/\sqrt{5}$$

所以　$\left|\gamma^{n+1}/\sqrt{5}-F_n\right|=\left|\beta^{n+1}/\sqrt{5}\right|=|\beta|^{n+1}/\sqrt{5}$　　$//|xy|=|x|\times|y|$

因为　$0<|\beta|<1$，　对每个正整数 k，$0<|\beta|^k<1$，　//使用数学归纳法

所以　$0<\left|\gamma^{n+1}/\sqrt{5}-\boldsymbol{F}_n\right|=\left|\beta^{n+1}/\sqrt{5}\right|=|\beta|^{n+1}/\sqrt{5}<1/\sqrt{5}<1/2$

如果 $\gamma^{n+1}/\sqrt{5}>\boldsymbol{F}_n$，　那么 $\gamma^{n+1}/\sqrt{5}-\boldsymbol{F}_n<1/2$，所以 $\gamma^{n+1}/\sqrt{5}<\boldsymbol{F}_n+1/2$

285 如果 $\gamma^{n+1}/\sqrt{5}<\boldsymbol{F}_n$，　那么 $\boldsymbol{F}_n-\gamma^{n+1}/\sqrt{5}<1/2$，所以 $\boldsymbol{F}_n-1/2<\gamma^{n+1}/\sqrt{5}$

所以，

$$\boldsymbol{F}_n-1/2<\gamma^{n+1}/\sqrt{5}<\boldsymbol{F}_n+1/2\text{，因此 }\boldsymbol{F}_n=\lceil\gamma^{n+1}/\sqrt{5}\rfloor \qquad \blacksquare$$

//这是不是计算 Fibonacci 数的更好的方法呢？

7.3.4 Fibonacci 序列的阶

我们已经看到

$$F_n \approx (1/\sqrt{5})\gamma^{n+1} = (0.447\,213\,595\cdots)\gamma^{n+1}$$

或
$$F_n \approx (\gamma/\sqrt{5})\gamma^n = (0.723\,606\,797\cdots)\gamma^n$$
//F_n 真是 $\Theta(\gamma^n)$

定理 7.3.4　对所有的 $n\in\mathbf{N}$，$\gamma^{n-1}\leqslant F_n\leqslant\gamma^n$。 //什么时候等号成立?

//什么时候小于号成立?

证明　//数学归纳法。

步骤 1：如果 $n=0$，那么 $\gamma^{n-1}=\gamma^{-1}=0.618\,033\,988\cdots$ //$1/\gamma=\gamma-1$

$$F_n=1,\ \gamma^n=\gamma^0=1$$

如果 $n=1$，那么 $\gamma^{n-1}=1$，$F_n=1$，和 $\gamma^n=\gamma^1=1.618\,033\,988\cdots$

如果 $n=2$，那么 $\gamma^{n-1}=1.618\cdots$，$F_n=2$，$\gamma^n=\gamma^2=2.618\,033\,988\cdots$ //$\gamma^2=\gamma+1$

步骤 2：假定存在 $k\geqslant2$，使得如果 $0\leqslant n\leqslant k$，那么 $\gamma^{n-1}\leqslant F_n\leqslant\gamma^n$。

步骤 3：如果 $n=k+1$，那么 $n\geqslant3$。因为 T 满足 Fibonacci 递推方程

$$F_{k+1} = F_k + F_{k-1}$$

根据步骤 2
$$F_k + F_{k-1} \geqslant \gamma^{k-1} + \gamma^{k-2} = \gamma^k$$
// 等号根据引理 7.3.1

因此
$$\gamma^{[k+1]-1} \leqslant F_{k+1}$$

同样根据步骤 2
$$F_k + F_{k-1} \leqslant \gamma^k + \gamma^{k-1} = \gamma^{k+1}$$
// 等号根据引理 7.3.1

因此
$$F_{k+1} \leqslant \gamma^{k+1}$$
■

因为
$$\gamma/2 = 0.809\,016\,994\cdots < 1,\text{我们有 } \forall n \in \mathbf{N}$$

$$(1/2)\gamma^n = (\gamma/2)\gamma^{n-1} < \gamma^{n-1} \leqslant F_n \leqslant \gamma^n$$
286

因此，F_n 是 $\Theta(\gamma^n)$的。 //见 6.5 节

//X 证明对于所有的 $n\in\mathbf{P}$，都有$(1/3)\gamma^{n+1}<F_n<(1/2)\gamma^{n+1}$和$(0.6)\gamma^n<F_n<(0.8)\gamma^n$。

7.3.5 GCD 的欧几里得算法的复杂度

//欧几里得算法和 Fibonacci 序列有什么关系?

回忆一下第 1 章的算法 1.2.5。

算法 1.2.5　GCD(x，y)的欧几里得算法 //x，$y\in\mathbf{P}$

```
Begin
  A ← x; B ← y; R ← A MOD B;
  While (R > 0) Do
    A ← B; B ← R; R ← A MOD B;
  End;
  Output("GCD(", x, ",", y, ")=", B);          //或 Return(B)
End.
```

将会证明：如果欧几里得算法的 While 循环需要 k 次迭代，那么有

$$y\geqslant\left(\frac{1+\sqrt{5}}{2}\right)^k \text{ 和 } k\leqslant\lfloor(3/2)\times\lg(y)\rfloor$$
//通常 k 很小

连续的 Fibonacci 数没有公共的素因子，也是欧几里得算法的最差情况——计算余数序列 $R[j]$。

考虑一下：当 $x=\boldsymbol{F}_{12}=233$ 和 $y=\boldsymbol{F}_{11}=144$ 时，算法**遍历**过程如下：

#	A	B	R_j	$R_j>0$	(3/2)×lg(B)
0	233 = x	144 = y	89 = R_0	T	10.75...
1	144 = y	89 = R_0	55 = R_1	T	9.71...
2	89 = R_0	55 = R_1	34 = R_2	T	8.67...
3	55 = R_1	34 = R_2	21 = R_3	T	7.63...
4	34 = R_2	21 = R_3	13 = R_4	T	6.58...
5	21 = R_3	13 = R_4	8 = R_5	T	5.55...
6	13 = R_4	8 = R_5	5 = R_6	T	4.5
7	8 = R_5	5 = R_6	3 = R_7	T	3.48...
8	5 = R_6	3 = R_7	2 = R_8	T	2.37...
9	3 = R_7	2 = R_8	1 = R_9	T	1.5
10 = k	2 = R_8	1 = R_9	0 = R_{10}	F	0

output: GCD(233,144) = 1.

287 //所有的正余数都是 Fibonacci 数

欧几里得算法计算非负整数余数的严格递减序列：

$x=y\times q[0]+R[0]$， 其中 $0\leqslant R[0]<y$； /循环体内外

如果 $R[0]>0$， $y=R[0]\times q[1]+R[1]$ 其中 $0\leqslant R[1]<R[0]$；

如果 $R[1]>0$， $R[0]=R[1]\times q[2]+R[2]$ 其中 $0\leqslant R[2]<R[1]$；

如果 $R[2]>0$， $R[1]=R[2]\times q[3]+R[3]$ 其中 $0\leqslant R[3]<R[2]$；

…

如果 $R[j]>0$， $R[j-1]=R[j]\times q[j+1]+R[j+1]$ 其中 $0\leqslant R[j+1]<R[j]$；

…

//只要余数大于 0，就可以计算下一个更小的非负余数。

如果 $R[0]$，$R[1]$，…，$R[y]$ 都是正数，它们必然是区间 $\{1..(y-1)\}$ 内 $y+1$ 个不同的数。但这是不可能的。因此，对某个整数 $k<y$，$R[k]=0$，While 循环终止。

下面的定理说明了与 Fibonacci 序列的联系。

定理 7.3.5 如果欧几里得算法需要 While 循环迭代 k 次，那么 $y\geqslant F_{k+1}$。

证明 因为余数是递减的，所以

$$0=R[k]<R[k-1]<\cdots<R[2]<R[1]<R[0]<y$$

这里 $R[k-1]$ 到 $R[0]$ 是小于 y 的 k 个不同的正数，所以 $y\geqslant k+1$。

//接下来分 $k\leqslant 2$ 和 $k>2$ 两种情况讨论。

如果 $k\leqslant 2$，那么 $\boldsymbol{F}_{k+1}=k+1$，所以 $y\geqslant \boldsymbol{F}_{k+1}$。 //$\boldsymbol{F}_1=1,\boldsymbol{F}_2=2,\boldsymbol{F}_3=3$

假定 $k>2$。使用数学归纳法证明

$$\text{对所有的 } j=1,2,\cdots,k,\text{ 都有 } \boldsymbol{F}_j\leqslant R[k-j]$$

//余数按逆序支配 Fibonacci 数。

步骤 1：因为 $0=R[k]<R[k-1]<R[k-2]$，所以 //$k-2>0$

$$R[k-1]\geqslant 1=\boldsymbol{F}_1,\ R[k-2]\geqslant 1+R[k-1]\geqslant 2=\boldsymbol{F}_2$$

288 因此，对于 $j=1$ 和 $j=2$，可得 $\boldsymbol{F}_j\leqslant R[k-j]$。

步骤 2：假设 $\{2..(k-1)\}$ 中存在 q，使得如果 $1\leqslant j\leqslant q$，那么 $F_j\leqslant R[k-j]$。

步骤 3：如果 $j=q+1$，那么 $2\leqslant q<q+1\leqslant k$。

因为 $(k-q)$ 介于 1 和 $(k-2)$ 之间，$R[(k-q)+1]$ 是 $R[(k-q)-1]$ 被 $R[k-q]$ 除时的余数。 //其中 $R[k-q]<R[(k-q)-1]$

因此，

$$\begin{aligned}R[k-(q+1)]&=R[(k-q)-1]\\&=R[k-q]\times q[(k-q)+1]+R[(k-q)+1]\\&\geqslant R[k-q]+R[(k-q)+1] \quad //q[(k-q)+1]\geqslant 1\\&\geqslant R[k-q]+R[k-(q-1)]\\&=\boldsymbol{F}_q+\boldsymbol{F}_{q-1} \quad //\text{根据步骤 2}\\&=\boldsymbol{F}_{q+1}\end{aligned}$$

因此，对于 j 从 1 到 k 的所有值，都有 $\boldsymbol{F}_j\leqslant R[k-j]$。 //数学归纳法

特别地，

$$\boldsymbol{F}_{k-1}\leqslant R[k-(k-1)]=R[1],\quad F_k\leqslant R[k-k]=R[0]$$

和

$$\begin{aligned}y&=R[0]\times q[1]+R[1] \quad // \text{其中 } q[1]\geqslant 1\\&\geqslant R[0]+R[1]\\&\geqslant \boldsymbol{F}_k+\boldsymbol{F}_{k-1}=\boldsymbol{F}_{k+1}\end{aligned}$$

■

之前已经知道，对于 $\forall n\in\mathbf{N}$，$\gamma^{n-1}\leqslant\boldsymbol{F}_n\leqslant\gamma^n$。 //定理 7.3.4

因此，如果欧几里得算法的 While 循环需要迭代 k 次，那么

$$y\geqslant\boldsymbol{F}_{k+1}\geqslant\gamma^k=\left(\frac{1+\sqrt{5}}{2}\right)^k$$

所以有 //对数表示

$$\lg(y)\geqslant k\times\lg(\gamma)=k\times\lg(1.618\,033\,988\,74\cdots)=k\times(0.694\,241\,913\,848\cdots)$$

因此

$$\begin{aligned}k&\leqslant\lg(y)/(0.694\,241\,913\,848\cdots)=\lg(y)\times(1.440\,420\,089\,93\cdots)\\&<(1.5)\times\lg(y)\end{aligned}$$

因为 k 是整数，所以 $k\leqslant\lfloor(3/2)\times\lg(y)\rfloor$。 289

本节要点

Fibonacci 序列 $\boldsymbol{F}$ 满足“Fibonacci 递推方程”

$$\text{对于 }\forall n\in\mathbf{N},\ \boldsymbol{S}_{n+2}=\boldsymbol{S}_{n+1}+\boldsymbol{S}_n$$

基准值为 $\boldsymbol{F}_0=1$ 和 $\boldsymbol{F}_1=1$。本节介绍了三种方法计算序列的值。存在计算公式

$$\text{对于 }\forall n\in\mathbf{N},\ \boldsymbol{F}_n=\lceil\gamma^{n+1}/\sqrt{5}\rfloor$$

其中 $\lceil x\rfloor$ 是实数 x 的最近邻整数，而且

$$\gamma=\frac{1+\sqrt{5}}{2}=+1.618\,033\,988\cdots$$

是黄金比例。证明了 $\boldsymbol{F}_n$ 是 $\boldsymbol{\Theta}(\gamma^n)$ 的。

Fibonacci 序列出现在许多很神奇的内容中。特别是，我们证明了如果 GCD(x，y)的欧几里得算法的 While 循环需要 k 次迭代，那么 $y \geqslant \boldsymbol{F}_{k+1}$，所以有 $k \leqslant \lfloor (3/2) \times \lg(y) \rfloor$，所以欧几里得算法是 $\mathbf{O}(\lg(y))$ 的。

Fibonacci 递推方程是二阶线性递推方程，下一节将介绍这类方程及其解。

7.4　求解二阶线性递推方程

二阶线性递推方程通过如下方程将序列的连续项关联在一起：

$$\text{对于 } S \text{ 的定义域上的所有 } n, S_{n+2} = aS_{n+1} + bS_n + c \text{ 成立} \tag{7.4.1}$$

假定 S 的定义域为 $\mathbf{N}$，**a 和 b 不能同时为** 0；否则，对于所有的 $n \in \{2..\}$，都有 $S_n = c$，方程(7.4.1)的解就不有趣了。　//这些解是什么？

//一阶递推方程是二阶递推方程 $b=0$ 时的特例。

当 $c=0$ 时，称为**齐次递推方程**(所有的项都是一个常数乘以序列数)。

//Fibonacci 序列是齐次的。

这里先介绍二阶线性齐次递推方程：

290 $$\text{对于所有的 } n \in \mathbf{N}, S_{n+2} = aS_{n+1} + bS_n \tag{7.4.2}$$

如同处理 Fibonacci 递推方程一样，假定存在等比数列 $S_n = r^n$，它满足方程(7.4.2)。如果存在这样的数列，那么对于所有的 $n \in \mathbf{N}$，$r^{n+2} = ar^{n+1} + br^n$。

当 $n=0$ 时，$r^2 = ar + b$。(7.4.2)的特征方程是 $x^2 - ax - b = 0$，它的根为

$$r = \frac{-(-a) \pm \sqrt{(-a)^2 - 4(1)(-b)}}{2(1)} = \frac{a \pm \sqrt{a^2 + 4b}}{2}$$

令 $\Delta = \sqrt{a^2 + 4b}$，$r_1 = \frac{a+\Delta}{2}$，$r_2 = \frac{a-\Delta}{2}$。那么 $r_1 + r_2 = a$，$r_1 \times r_2 = -b$，$r_1 - r_2 = \Delta$。

//正确吗？

//希腊大写字母 Δ(delta)表示两根的差。

//r_1 和 r_2 满足方程 $x^2 = ax + b$，而且它们是唯一解。

例 7.4.1a　如果对于所有的 $n \in \mathbf{N}$，$S_{n+2} = 10S_{n+1} - 21S_n$ 都成立，那么其特征方程为 $x^2 - 10x + 21 = 0$。　//或 $(x-7)(x-3)=0$

这里，$a=10$，$b=-21$，$a^2+4b=100-84=16$，$\Delta=4$，所以有 $r_1=7$ 和 $r_2=3$。◀

例 7.4.1b　如果对于所有的 $n \in \mathbf{N}$，$S_{n+2} = 3S_{n+1} - 2S_n$ 都成立，那么其特征方程是 $x^2 - 3x + 2 = 0$。　//或 $(x-2)(x-1)=0$

这里，$a=3$，$b=-2$，$a^2+4b=9-8=1$，$\Delta=1$，所以有 $r_1=2$ 和 $r_2=1$。◀

例 7.4.1c　如果对于所有的 $n \in \mathbf{N}$，$S_{n+2} = 2S_{n+1} - S_n$ 都成立，那么其特征方程为 $x^2 - 2x + 1 = 0$。　//或 $(x-1)(x-1)=0$

这里，$a=2$，$b=-1$，$a^2+4b=4-4=0$，$\Delta=0$，所以有 $r_1=1$ 和 $r_2=1$。

//通解的公式是什么？◀

定理 7.4.1　齐次递推方程(7.4.2)的通解是

$$\boldsymbol{S}_n = \boldsymbol{A}(r_1)^n + \boldsymbol{B}(r_2)^n \quad \text{如果 } r_1 \neq r_2 \qquad // \text{ 如果 } \Delta \neq 0$$

$$S_n = A(r)^n + Bn(r)^n \quad 如果\ r_1 = r_2 = r \qquad // 如果\ \Delta = 0$$

证明　假定 T 是齐次递推方程(7.4.2)的特解。

//分两种情况讨论： 291

情况 1：如果 $\Delta \neq 0$，那么两个根是不同的(但可能是复杂的数)。

//接下来先求解 A 和 B 的值，然后用数学归纳法证明对所有的 $n \in \mathbf{N}$，$T_n = A(r_1)^n + B(r_2)^n$

//都成立。先给定 A 和 B 的特殊值，来说明 $A(r_1)^n + B(r_2)^n$ 的正确性，

//然后说明 $A(r_1)^n + B(r_2)^n$ 一直正确。

先求解方程的 A 和 B，确保 $n=0$ 和 $n=1$ 时 $T_n = A(r_1)^n + B(r_2)^n$ 成立。如果

$$T_0 = A(r_1)^0 + B(r_2)^0 = A \quad + B \qquad (1)$$

$$T_1 = A(r_1)^1 + B(r_2)^1 = A(r_1) + B(r_2) \qquad (2)$$

那么

$$(r_1)T_0 = A(r_1) + B(r_1) \qquad // 用\ r_1\ 乘以(1)$$

$$T_1 = A(r_1) + B(r_2) \qquad // 再根据(2)$$

相减，可得

$$(r_1)T_0 - T_1 = B(r_1 - r_2) = B\Delta \qquad // r_1 - r_2 = \Delta \neq 0$$

所以

$$B = \frac{(r_1)T_0 - T_1}{\Delta}$$

因此

$$A = T_0 - B = \frac{\Delta T_0}{\Delta} - \frac{(r_1)T_0 - T_1}{\Delta} = \frac{(\Delta - r_1)T_0 + T_1}{\Delta} = \frac{-(r_2)T_0 + T_1}{\Delta}$$

//不管 T 如何开始(不管 T_0 和 T_1 取什么值)，

//都存在唯一的 A 和 B 使得 $n=0$ 和 1 时 $T_n = A(r_1)^n + B(r_2)^n$ 成立。

//接下来用数学归纳法证明对于所有的 $n \in \mathbf{N}$，$T_n = A(r_1)^n + B(r_2)^n$ 都成立。

步骤 1：如果 $n=0$ 或 1，那么由上文可知 $T_n = A(r_1)^n + B(r_2)^n$。

步骤 2：假定存在 $k \geqslant 1$，使得如果 $0 \leqslant n \leqslant k$，那么 $T_n = A(r_1)^n + B(r_2)^n$。

步骤 3：如果 $n = k+1$，那么 $n \geqslant 2$。因为 T 满足齐次递推方程(7.4.2)，所以

$$\begin{aligned}
T_{k+1} &= aT_k + bT_{k-1} \\
&= a[A(r_1)^k + B(r_2)^k \quad + b[A(r_1)^{k-1} + B(r_2)^{k-1}] && // 根据步骤\ 2 \\
&= [aA(r_1)^k + bA(r_1)^{k-1}] \quad + [aB(r_2)^k + bB(r_2)^{k-1}] \\
&= A(r_1)^{k-1}[a(r_1) + b] \quad + B(r_2)^{k-1}[a(r_2) + b] \\
&= A(r_1)^{k-1}[(r_1)^2] \quad + B(r_2)^{k-1}[(r_2)^2] && // r_1\ 和\ r_2\ 的选取 \\
&= A(r_1)^{k+1} \quad + B(r_2)^{k+1}
\end{aligned}$$

因此，如果 $r_1 \neq r_2$，那么对于所有的 $n \in \mathbf{N}$，$T_n = A(r_1)^n + B(r_2)^n$ 都成立。 292

对于例 7.4.1a，如果对于所有的 $n \in \mathbf{N}$，都有 $S_{n+2} = 10S_{n+1} - 21S_n$，那么 $r_1 = 7$ 和 $r_2 = 3$。因此，其通解为 $S_n = A7^n + B3^n$。

对于例 7.4.1b，如果对于所有的 $n \in \mathbf{N}$，都有 $S_{n+2} = 3S_{n+1} - 2S_n$，那么 $r_1 = 2$ 和 $r_2 = 1$。因此，其通解为 $S_n = A2^n + B1^n = A2^n + B$。

情况 2：如果 $\Delta = 0$，那么两根相等，设为 r，则 $r = a/2$。所以 $b = -a^2/4 = -r^2$。如果 a 为 0，那么 b 也为 0；但我们假定 a，b 不能同时为 0。因此，$r \neq 0$。

先求解方程的 A 和 B，确保 $n = 0$ 和 $n = 1$ 时 $T_n = A(r)^n + nB(r)^n$ 成立。如果

$$T_0 = A(r)^0 + 0B(r)^0 = A \qquad (1)$$

$$\boldsymbol{T}_1 = \boldsymbol{A}(r)^1 + 1\boldsymbol{B}(r)^1 = \boldsymbol{A}r + \boldsymbol{B}r \tag{2}$$

那么
$$\boldsymbol{A} = \boldsymbol{T}_0 \text{ 和 } \boldsymbol{B} = (\boldsymbol{T}_1 - \boldsymbol{A}r)/r$$

//不管 $\boldsymbol{T}$ 如何开始(不管 $\boldsymbol{T}_0$ 和 $\boldsymbol{T}_1$ 取什么值),

//都存在唯一的 $\boldsymbol{A}$ 和 $\boldsymbol{B}$ 使得 $n = 0$ 和 1 时 $\boldsymbol{T}_n = \boldsymbol{A}(r)^n + n\boldsymbol{B}(r)^n$ 成立。

//接下来用数学归纳法证明对于所有的 $n \in \mathbf{N}$, $\boldsymbol{T}_n = \boldsymbol{A}(r)^n + n\boldsymbol{B}(r)^n$ 都成立。

步骤1:如果 $n = 0$ 或 1,那么由上文可知 $\boldsymbol{T}_n = \boldsymbol{A}(r)^n + n\boldsymbol{B}(r)^n$。

步骤2:假定存在 $k \geqslant 1$,使得如果 $0 \leqslant n \leqslant k$,那么 $\boldsymbol{T}_n = \boldsymbol{A}(r)^n + n\boldsymbol{B}(r)^n$。

步骤3:如果 $n = k+1$,那么 $n \geqslant 2$。因为 $\boldsymbol{T}$ 满足齐次递推方程(7.4.2),所以

$$\begin{aligned}
\boldsymbol{T}_{k+1} &= a\boldsymbol{T}_k + b\boldsymbol{T}_{k-1} \\
&= a[\boldsymbol{A}(r)^k + k\boldsymbol{B}(r)^k] + b[\boldsymbol{A}(r)^{k-1} + (k-1)\boldsymbol{B}(r)^{k-1}] && // \text{根据步骤 2} \\
&= [a\boldsymbol{A}r^k + b\boldsymbol{A}r^{k-1} \quad + [ak\boldsymbol{B}r^k + b(k-1)\boldsymbol{B}r^{k-1}] \\
&= \boldsymbol{A}r^{k-1}[ar + b] \quad + \boldsymbol{B}r^{k-1}[akr + b(k-1)] \\
&= \boldsymbol{A}r^{k-1}[ar + b] \quad + \boldsymbol{B}r^{k-1}[k(ar + b) - b] \\
&= \boldsymbol{A}r^{k-1}[r^2] \quad + \boldsymbol{B}r^{k-1}[k(r^2) - b] && // r^2 = ar + b \\
&= \boldsymbol{A}r^{k+1} \quad + \boldsymbol{B}r^{k-1}[k(r^2) + r^2] && // -b = r^2 \\
&= \boldsymbol{A}r^{k+1} \quad + \boldsymbol{B}r^{k-1}[(k+1)r^2] \\
&= \boldsymbol{A}r^{k+1} \quad + (k-1)\boldsymbol{B}r^{(k+1)}
\end{aligned}$$

293 因此,如果 $r_1 = r_2 = r$,那么对于所有的 $n \in \mathbf{N}$, $\boldsymbol{T}_n = A(r)^n + n\boldsymbol{B}(r)^n$ 都成立。 ■

对于例7.4.1c,如果对于所有的 $n \in \mathbf{N}$, $S_{n+2} = 2S_{n+1} - S_n$ 都成立,那么 $r_1 = 1$ 和 $r_2 = 1$。因此,其通解为

$$\boldsymbol{S}_n = \boldsymbol{A}1^n + n\boldsymbol{B}1^n = \boldsymbol{A} + n\boldsymbol{B} \qquad // \text{等差序列?}$$

//非齐次递推方程的通解公式是什么样的? ◀

假设对于所有的 $n \in \mathbf{N}$, $S_{n+2} = aS_{n+1} + bS_n + c$ 都成立,其中 $c \neq 0$。 //(7.4.1)

//可以一定程度上利用齐次递推方程的结果吗?可以。

假设 $\boldsymbol{T}_n$ 是(7.4.1)的某个特解。如果 S_n 是(7.4.1)的任意其他的特解,那么 $W_n = \boldsymbol{T}_n - S_n$ 是齐次递推方程的一个解。也就是说, //(7.4.2)

$$\begin{aligned}
W_{n+2} &= \boldsymbol{T}_{n+2} - S_{n+2} \\
&= [a\boldsymbol{T}_{n+1} + b\boldsymbol{T}_n + c] \quad - [aS_{n+1} + bS_n + c] && // \boldsymbol{T} \text{ 和 } S \text{ 满足 } 7.4.1 \\
&= a[\boldsymbol{T}_{n+1} - S_{n+1} \quad + b[\boldsymbol{T}_n - S_n] + [c - c] \\
&= aW_{n+1} \quad + bW_n && // W \text{ 满足 } 7.4.2
\end{aligned}$$

因此,(7.4.1)的任意解 S_n 可写成 $W_n + \boldsymbol{T}_n$,其中 $\boldsymbol{T}_n$ 是非齐次递推方程的某个特解,W_n 是对应齐次递推方程的解。更进一步,(7.4.1)的**通解** $\boldsymbol{G}_n$ 是 $W_n + \boldsymbol{T}_n$,其中 $\boldsymbol{T}_n$ 是非齐次递推方程的任意特解,W_n 是对应齐次递推方程的解。

//如何求非齐次递推方程的特解?

特解

假定对于所有的 $n \in \mathbf{N}$, $S_{n+2} = aS_{n+1} + bS_n + c$ 都成立,其中 $c \neq 0$。

//希望找到一个简单的解,如 $S_n = K$(常数值)

//或(没有常数序列满足递推方程) $S_n = Kn$(线性函数)

//或(没有线性函数满足递推方程)　　　　$S_n=Kn^2$(二次函数)

如果对于所有的 $j\in\mathbf{N}$，$T_j=K$ 都成立，那么

$$\begin{aligned} & T_{n+2}=aT_{n+1}+bT_n+c \\ \Leftrightarrow\ & K=aK+bK+c \\ \Leftrightarrow\ & K[1-(a+b)]=c \end{aligned}$$

因此，$a+b\neq 1$ 时，存在唯一的常数解 $\boldsymbol{T}_k=\dfrac{c}{1-(a+b)}$，对所有的 $k\in\mathbf{N}$ 成立。

//$a+b=1$ 时没有常数解。 294

例 7.4.2a 常数序列 $\boldsymbol{T}_k=2(\forall k\in\mathbf{N})$是 $S_{n+2}=10S_{n+1}-21S_n+24(\forall n\in\mathbf{N})$的特解。

//$10[2]-21[2]+24=20-42+24=2$

该递推方程的通解是 $\boldsymbol{S}_n=\boldsymbol{A}7^n+\boldsymbol{B}3^n+2$。

假定 $a+b=1$。如果对所有的 $j\in\mathbf{N}$，$\boldsymbol{T}_j=Kj$ 都成立，那么

$$\begin{aligned} & T_{n+2}=aT_{n+1}+bT_n+c \\ \Leftrightarrow\ & K(n+2)=aK(n+1)+bKn+c \\ \Leftrightarrow\ & K[(n+2)-\{a(n+1)+bn\}]=c \\ \Leftrightarrow\ & K[n+2-an-a-bn]=c \\ \Leftrightarrow\ & K[2-a]=c \qquad //a+b=1 \end{aligned}$$

因此，当 $a+b=1$ 但 $a\neq 2$ 时，存在线性解 $\boldsymbol{T}_k=\dfrac{kc}{2-a}$，其中 $\forall k\in\mathbf{N}$。

//但 $a+b=1$ 且 $a=2$ 时，不存在线性解。 ◀

例 7.4.2b 线性序列 $\boldsymbol{T}_k=5k(\forall k\in\mathbf{N})$是 $S_{n+2}=3S_{n+1}-2S_n-5(\forall n\in\mathbf{N})$的特解。

//$3[5(n+1)]-2[5n]-5=15n+15-10n-5=5[n+2]$

该递推方程的通解为 $\boldsymbol{S}_n=\boldsymbol{A}2^n+\boldsymbol{B}+5n$。

最后，假定 $a+b=1$ 和 $a=2$，那么 $b=-1$。如果 $\boldsymbol{T}_j=Kj^2(\forall j\in\mathbf{N})$，那么

$$\begin{aligned} & \boldsymbol{T}_{n+2}=a\boldsymbol{T}_{n+1}+bT_n+c \\ & \qquad =2\boldsymbol{T}_{n+1}+(-1)T_n+c \\ \Leftrightarrow\ & K(n+2)^2=2K(n+1)^2-Kn^2+c \\ \Leftrightarrow\ & K[(n+2)^2-2(n+1)^2+n^2]=c \\ \Leftrightarrow\ & K[n^2+4n+4-(2n^2+4n+2)+n^2]=c \\ \Leftrightarrow\ & K[4-2]=c \end{aligned}$$

因此，$a+b=1$ 和 $a=2$ 时，存在二次方程解 $\boldsymbol{T}_k=\dfrac{k^2c}{2}(\forall k\in\mathbf{N})$。 ◀

例 7.4.2c 二次序列 $\boldsymbol{T}_k=3k^2(\forall k\in\mathbf{N})$是 $S_{n+2}=2S_{n+1}-S_n+6(\forall n\in\mathbf{N})$的特解。

//$2[3(n+1)^2]-[3n^2]+6=6[n^2+2n+1]-3n^2+6$

//$=3n^2+12n+12=3[n^2+4n+4]=3(n+2)^2$ 295

该递推方程的通解是

$$\boldsymbol{S}_n=\boldsymbol{A}+n\boldsymbol{B}+3n^2$$

最后介绍递推方程代数解的实际原因。 ◀

例 7.4.3 取整误差和递推方程。

给定 $S_0=1$，$S_1=1/9$ 和 $S_{n+2}=(82/9)S_{n+1}-S_n$，求 S_{10}。　　//$\forall n\in\mathbf{N}$

假定使用的机器将数存成三位的科学计数法。

//其不精确性比较突出，但也说明知道递推方程的代数解是有用的。

令符号“$\cong$”表示在机器上“存作”。那么

$$S_0 \cong 1.00$$

$$S_1 \cong 0.111 \quad 和 \quad 82/9 \cong 9.11$$

使用给定的递推方程计算后，S 的值如下：

$S_2=9.11\times 0.111$	$-(1.00)$	$=1.011\,21$	-1.00	$=0.011\,21$	所以 $S_2\cong 0.0112$
$S_3=9.11\times 0.011\,2$	$-(0.111)$	$=0.102\,032$	-0.111	$=-0.008\,968$	所以 $S_3\cong 0.008\,97$
$S_4=9.11\times -0.008\,97$	$-(0.0112)$	$=0.081\,716\,7$	-0.0112	$=-0.092\,916\,7$	所以 $S_4\cong 0.092\,9$
$S_5=9.11\times -0.092\,9$	$-(-0.008\,97)$	$=0.846\,319$	$+0.008\,97$	$=-0.837\,349$	所以 $S_5\cong -0.837$
$S_6=9.11\times -0.083\,7$	$-(-0.0929)$	$=-7.625\,07$	$+0.0929$	$=-7.532\,17$	所以 $S_6\cong -7.53$
$S_7=9.11\times -7.53$	$-(-0.837)$	$=-68.5983$	$+0.837$	$=-67.7613$	所以 $S_7\cong -67.8$
$S_8=9.11\times -67.8$	$-(-7.53)$	$=-617.658$	$+7.53$	$=-610.128$	所以 $S_8\cong -610$
$S_9=9.11\times -610$	$-(-67.8)$	$=-5557.1$	$+67.8$	$=-5489.3$	所以 $S_9\cong -5490$
$S_{10}=9.11\times -5490$	$-(-610)$	$=-50\,013.9$	$+610$	$=-49\,403.9$	所以 $S_{10}\cong -49\,400$

//取整误差的危害有多大？

//S_{10} 的准确值约等于 $-49\,400$ 吗？

递推方程 $S_{n+2}=(82/9)S_{n+1}-S_n(\forall n\in\mathbf{N})$ 的特征方程是

$$x^2-(82/9)x+1=(x-1/9)(x-9)=0$$

因此，它的通解是 $\boldsymbol{G}_n=\boldsymbol{A}(1/9^n)+\boldsymbol{B}9^n$。

计算的序列看似 $\boldsymbol{T}_n=\boldsymbol{B}9^n$(其中 $\boldsymbol{B}$ 为负数)的特解的近似值。表中的最后几行的值是负

296 数，每个值大约都是前一个值的 9 倍。

但特解包含 $S_0=1$，$S_1=1/9$ 和 $S_n=1/9^n$。因此，S_{10} 的准确值是

$$1/9^{10}=1/(3\,486\,784\,401)=2.867\,971\,991\cdots\times 10^{-10}$$

$$=0.000\,000\,000\,286\,797\,199\,1\cdots$$

//$-49\,400$ 是一个很糟糕的近似值。哪里出错了？ ◀

本节要点

二阶线性递推方程通过如下方程将序列的连续值关联在一起：

$$对于所有\ n\in\mathbf{N}，S_{n+2}=aS_{n+1}+bS_n+c\ 成立 \quad (*)$$

其中 a 和 b 不能同时为 0。当 $c=0$ 时，上式称为**齐次递推方程**。

首先介绍齐次形式

$$S_{n+2}=aS_{n+1}+bS_n \qquad (\forall n\in\mathbf{N}) \quad (**)$$

(**)的**特征方程**是 $x^2-ax-b=0$，它有两个根

$$r_1=\frac{a+\Delta}{2}\ 和\ r_2=\frac{a-\Delta}{2}，\quad 其中\ \Delta=\sqrt{a^2+4b}$$

//这些根可能是复杂的数

（**）的**通解**是

$$\boldsymbol{S}_n = \boldsymbol{A}(r_1)^n + \boldsymbol{B}(r_2)^n \quad \text{如果 } r_1 \neq r_2, \qquad // \text{如果 } \Delta \neq 0$$

$$\boldsymbol{S}_n = \boldsymbol{A}(r)^n + \boldsymbol{B}n(r)^n \quad \text{如果 } r_1 = r_2 = r \qquad // \text{如果 } \Delta = 0$$

非齐次方程（*）的**通解**是 $\boldsymbol{G}_n=\boldsymbol{W}_n+\boldsymbol{T}_n$，其中 $\boldsymbol{W}_n$ 是对应齐次递推方程（**）的**通解**，$\boldsymbol{T}_n$ 是非齐次递推方程（*）的任意**特解**。当 $a+b\neq1$ 时，（*）有唯一的常数解

$$\boldsymbol{T}_k = \frac{c}{1-(a+b)} \qquad (\forall k \in \mathbf{N})$$

当 $a+b=1$ 但 $a\neq2$ 时，（*）有线性解

$$\boldsymbol{T}_k = \frac{kc}{2-a} \qquad (\forall k \in \mathbf{N})$$

当 $a+b=1$ 且 $a=2$ 时，（*）有二次解

$$\boldsymbol{T}_k = \frac{k^2c}{2} \qquad (\forall k \in \mathbf{N})$$

297

7.5　无限级数

两个无限的数可以相加吗？如何相加？为什么相加？如果将两个无限大的正数相加，其和会是有限的吗？雅典斯多葛学派的创建者基提翁的芝诺(约公元前 335—263)不这样认为。

7.5.1　芝诺悖论

Achilles 和乌龟。Achilles 是他那个时代的短跑冠军，而乌龟的动作是很慢的。芝诺说，如果他们比赛，Achilles(公平起见)答应乌龟先开始。但芝诺指出 Achilles 到达乌龟的出发点时，乌龟已经移动；Achilles 到达乌龟的位置时，乌龟也已经移动；Achilles 到达乌龟的新位置时，乌龟还是已经移动：

任意时刻乌龟都在 Achilles 前面，
当 Achilles 每次到达乌龟的位置时，
乌龟都已经移动，而且总是在 Achilles 前面。

从这一点，芝诺得出结论：**Achilles 永远不会超越乌龟**。

//所以，即使 Achilles 每秒能跑 10 米，乌龟最快每 10 秒只能跑 1 米，
//当乌龟跑在 Achilles 前面时，Achilles 永远都不能超越乌龟吗?

芝诺和弓箭手。假设弓箭手准备向芝诺射箭。芝诺说，弓箭射到我之前，必须经过我们的中间点。如果到达这个点，仍然必须经过我们的中点。当到达这个中点后，仍然要经过我们的中点：

弓箭飞过任意点，在射到我之前，必须先到达我们之间的中点。射到我之前，弓箭要到达无数个中点。因此，它不可能射到我。

//结论正确吗？芝诺的推理能保证他不被弓箭射到吗?

假设弓箭的飞行速度是 30 米/秒，芝诺站在离弓箭手 60 米的位置。弓箭飞行 2 秒后就能射到芝诺。

//这些中点呢?

弓箭飞 1 秒到达第一个中点。

从第一个中点开始，弓箭飞 1/2 秒到达第二个中点。

从第二个中点开始，弓箭飞 1/4 秒到达第三个中点。

298 从第三个中点开始，弓箭飞 1/8 秒到达第四个中点。

$$
\begin{aligned}
1+1/2 &= 2-1/2 \\
1+1/2+1/4 &= 2-1/4 \\
1+1/2+1/4+1/8 &= 2-1/8 \\
1+1/2+1/4+\cdots+1/2^n &= 2-1/2^n
\end{aligned}
$$

// 使用数学归纳法或定理 3.6.8

弓箭到达了所有的中点。$(2-1/2)^n$ 秒后，弓箭到达了第 $n+1^{st}$ 个中间点。弓箭的飞行过程可以分为无限个不重叠的子飞行过程，但整体的飞行时间是 2 秒。

设计一个理论方法用于计算无限数的加法可能可以解决芝诺悖论。它不能用普通的叠加方法。或许我们可以给出一个有用的方法，以描述无限序列的加法。

7.5.2 序列和级数收敛的形式化定义

第 2 章定义无限序列时说过：

序列 S **收敛**到 $L\in\mathbf{R}$(写作 $S_n\to L$)，是指对任意 $\delta>0$，存在整数 M，使得如果 $n>M$，那么 $|S_n-L|<\delta$。

第 1 章介绍用二分算法生成序列时，已经解释了这个定义。

我们知道，分数的指数越高，其值越接近 0。下面形式化证明这一点。

定理 7.5.1 如果 $-1<r<+1$，$S_n=Ar^n+C$，其中 A 和 C 是任意实数，那么 $S_n\to C$。

证明 //看起来结论是显然的，但这里用形式化的定义来证明。

假设 δ 是某个给定的正数。

//必须确定正整数 M(可能依赖 δ 的值)，然后证明

// 如果 $n<M$，那么 $|S_n-C|<\delta$

我们使用事实 $|S_n-C|=|Ar^n|=|A|\times|r|^n$。

情况 1：如果 $A=0$ 或 $r=0$，那么取 $M=1$。如果 $n>M$，那么 $|S_n-C|=0<\delta$。

//任意常数序列都会形式化收敛。

299 从现在开始，假设 $A\neq 0$ 和 $r\neq 0$：

$$|S_n-C|=|A|\times|r|^n<\delta\Leftrightarrow|r|^n<\delta/|A|$$

情况 2：如果 $1\leqslant\delta/|A|$，那么因为 $0<|r|<1$，所以可得 $|r|^n<1\leqslant\delta/|A|$ $(\forall n\in\mathbf{P})$。

然后，取 $M=1$，如果 $n>M$，那么 $|S_n-C|<\delta$。

//如果 δ 很小会怎样？

情况 3：如果 $\delta/|A|<1$，那么因为 $0<\delta/|A|<1$，所以 $\lg(\delta/|A|)$ 有定义但小于 $\lg(1)=0$。

因为 $0<|r|<1$，所以 $\lg(|r|)$ 也是非负数。

令 $B=\dfrac{\lg(\delta/|A|)}{\lg(|r|)}$，$M=\lceil B\rceil$。 //$M\in\mathbf{P}$

如果 $n>M$，那么 $n>B$，所以

$$n\times\lg(|r|)<B\times\lg(|r|) \quad //\lg(|r|)\text{是负数}$$

$$n\times\lg(|r|)<\lg(\delta/|A|)$$

那么 $\lg(|r|^n)<\lg(\delta/|A|)$ //$\lg(a^b)=b\times\lg(a)$

取 2 的幂可得

$$|r|^n<\delta/|A|$$

因此，如果 $n>M$，那么 $|S_n-C|<\delta$。■

无限和的形式化定义如下：

无限**级数** S **收敛**到 $L\in\mathbf{R}\left(写作\ \sum_{j=0}^{\infty}S_j=L\right)$，是指部分和序列 $T_n=\sum_{j=0}^{n}S_j$ 收敛到 L。

(收敛的)无限几何级数公式

定理 7.5.2 如果 $-1<r<+1$ 和 $S_n=Ar^n$，其中 A 是任意实数，那么 $\sum_{j=0}^{\infty}S_j=\frac{A}{1-r}$。

证明 设 $T_n=\sum_{j=0}^{n}S_j=Ar^0+Ar^1+Ar^2+\cdots+Ar^n$

那么 $T_n=A\times\frac{r^{n+1}-1}{r-1}$ //定理 3.6.9

$$=\left(\frac{A}{r-1}\right)r^{n+1}-\left(\frac{A}{r-1}\right)=\left(\frac{Ar}{r-1}\right)r^n+\frac{A}{1-r}$$

然后根据定理 7.5.1 $T_n\to\frac{A}{1-r}$，所以，根据定义，有 $\sum_{j=0}^{\infty}S_j=\frac{A}{1-r}$。■ 300

//现在我们想证明这与以前的经历是一致的，并解决芝诺悖论。

回忆一下 //小学知识

$$0.\overline{3}=0.333\,333\,333\cdots \quad //含义$$
$$=0.3+0.03+0.003+0.0003+0.000\,03+\cdots$$
$$=A=0.3\ 和\ r=0.1\ 时的无限几何序列的和$$
$$=\frac{A}{1-r}=\frac{0.3}{1-(0.1)}=\frac{0.3}{0.9}=\frac{1}{3}$$

解决芝诺悖论

芝诺和弓箭手。设 $\boldsymbol{T}_n$ 表示弓箭到达第 $n+1$ 个中点的时间，则

$$\boldsymbol{T}_n=1+1/2+1/4+\cdots+1/2^n=2-1/2^n \quad //定理 3.6.9$$

$$\boldsymbol{T}_n\ 收敛到\ 2 \quad //定理 7.5.2$$

因此，弓箭到达所有中点的时间之和是

$$1+1/2+1/4+\cdots=\sum_{j=0}^{\infty}\left(\frac{1}{2}\right)^j=2\ 秒 \quad //这点已知。$$

Achilles 和乌龟。假定 **A** 领先 **T**30 米。令 $D_0=30$ 米：

A 在 $t_0=\frac{30\ 米}{10\ 米/秒}=3$ 秒内到达 D_0。但那时

T 走了 $D_1=t_0\times(1/10)$ 米/秒 $=3\mathrm{s}/(10$ 米/秒$)=0.3$ 米

A 在 $t_1=\frac{0.3\ 米}{10\ 米/秒}=\frac{t_0\times(1/10)\ 米/秒}{10\ 米/秒}=\frac{t_0}{100}=0.03$ 秒内到达 D_1。

如果那时，**T** 在 **A** 之前 D_n 米，则

A 在 $t_n=D_n/10$ 秒内到达 D_n。但那时

T 走了 $D_{n+1}=t_n/10$ 米

$$\boldsymbol{A}\text{ 在 } t_{n+1}=\frac{D_{n+1}\text{ 米}}{10\text{ 米/秒}}=\frac{t_n}{100}\text{秒到达 } D_{n+1}$$

时间区间构成了公比为 $r=1/100=0.01$ 的几何序列。把 $\boldsymbol{T}$ 在 $\boldsymbol{A}$ 之前的**所有**区间加起来，有

$$t_0+t_1+t_2+t_3+\cdots=3+0.03+0.0003+\cdots$$

$$=\frac{A}{1-r}=\frac{3}{1-0.01}=\frac{3}{0.99}=\frac{300}{99}=\frac{100}{33}=3+(1/33)\text{ 秒}$$

//现在，$\boldsymbol{T}$ 不在 $\boldsymbol{A}$ 之前

301 因此，实际上 $\boldsymbol{A}$ 会在 $3+(1/33)$ 秒内超越 $\boldsymbol{T}$。

还有另一种方法确定 $\boldsymbol{A}$ 超越 $\boldsymbol{T}$ 的时间。

令 $D_A(t)$ 表示比赛开始后 t 秒内沿着轨迹 $\boldsymbol{A}$ 走的距离，$D_T(t)$ 表示比赛开始后 t 秒内沿着轨迹 $\boldsymbol{T}$ 走的距离。

那么

$$D_A(t)=10t,\quad D_T(t)=30+(1/10)t \qquad \text{// 米}$$

当 $D_A(t)=D_T(t)$ 时，$\boldsymbol{A}$ 超越 $\boldsymbol{T}$。

但是 $\quad 10t=30+(1/10)t$

$\Leftrightarrow \quad 100t=300+(1)t$

$\Leftrightarrow \quad 99t=300$

$\Leftrightarrow \quad t=300/99=100/33=3+(1/33)$ //秒

$\quad =3.030\,303\,03\cdots$

收敛的(必要)条件

如果序列 S_n 收敛到 $L\in\mathbf{R}$，那么因为序列数必然无限接近 L，所以它们之间必然无限接近。下面形式化表达这一思想。

引理 7.5.3　如果序列 $S_n\to L\in\mathbf{R}$，那么对任意 $\delta_1>0$，存在整数 M_1，使得如果 p 和 q 都大于 M_1，那么 $|S_p-S_q|<\delta_1$。

证明　假定给定 $\delta1>0$。 //δ_1 是给定的正数

回忆一下，$S_n\to L$ 是指对任意 $\delta>0$，存在 M_δ，使得

$$\text{如果 } n>M_\delta\text{，那么 } |S_n-L|<\delta$$

令 $\delta=(\delta_1)/2$，$M_1=M_\delta$。如果 p 和 q 都大于 $M_1=M_\delta$，那么

$$\begin{aligned}|S_p-S_q|&=|S_p-L\quad+\quad L-S_q|\\&=|(S_p-L)\ +\ (L-S_q)|\\&\leqslant|(S_p-L)|+|(L-S_q)| &&\text{//X}|x+y|\leqslant|x|+|y|\\&=|(S_p-L)|+|(S_q-L)| &&\text{//X}|-x|=|x|\\&<\quad\delta\quad+\quad\delta\quad=\delta_1\end{aligned}$$

■

如果序列 S_n 中的项能相加并得到有限和，那么 S 中的数必然会越来越小。这一点也可以形式化说明。

定理 7.5.4　如果 $\sum_{j=0}^{\infty}S_j=L\in\mathbf{R}$，那么 $S_n\to 0$。

证明　假设给定 $\delta>0$。 //δ 是给定的正数

//需要找出 $M_\delta \in \mathbf{P}$，使得如果 $n > M_\delta$，那么 $|S_n - 0| < \delta$。 302

对所有的 $n \in \mathbf{P}$，$T_n = \sum_{j=0}^{n} S_j$。那么有序列 $T_n \to L$，根据引理 7.5.3，那么

存在 $M_1 \in \mathbf{P}$，使得如果 p 和 q 都大于 M_1，那么 $|T_p - T_q| < \delta$。

如果 $n > (1 + M_1)$，那么 n 和 $n-1$ 都大于 M_1。因此，$|T_n - T_{n-1}| < \delta$。但是 $T_n - T_{n-1} = S_n$。

令 $M_\delta = (1 + M_1)$，

$$\text{如果 } n > M_\delta\text{，那么 } |S_n - 0| < \delta$$ ■

//所有收敛到 0 的序列 S 都有有限和吗？

//定理 7.5.4 的逆命题也成立吗？

考虑 $\mathbf{P}$ 上的**调和序列**，其中

$$H_n = 1/n, \quad \text{所以 } H = (1, 1/2, 1/3, 1/4, \cdots)$$

如果你走向教室的墙壁，第一步是 1 米，第二步是 1/2 米，第三步是 1/3 米，第四步是 1/4 米……最终可以到达墙壁吗？如果能穿透墙壁，最终能走到室外的大街上吗？最终能走到这个方向上的最近的星球上吗？

令 $T[n]$ 表示部分和 $1 + 1/2 + 1/3 + \cdots + 1/n$。　//对任一 $n \in \mathbf{P}$

n	$\mathbf{H_n}$		**T[n]**
1	1/1	1	$= 1.0$
2	1/2	3/2	$= 1.5$
3	1/3	11/6	$= 1.8\overline{3}$
4	1/4	25/12	$= 2.08\overline{3}$
5	1/5	137/60	$= 2.28\overline{3}$
6	1/6	49/20	$= 2.45$
7	1/7	363/140	$= 2.592\overline{857142}$
8	1/8	761/280	$= 2.717\overline{857142}$
...			

//会有 $T[n]$ 大于 3 吗？大于 10？大于 100？

$$T[2^1] = T[2] = 1 + 1/2$$

$$\begin{aligned} T[2^2] &= T[4] = 1 + 1/2 + 1/3 + 1/4 = T[2] + (1/3 + 1/4) \\ &> T[2] + (1/4 + 1/4) && //1/3 > 1/4 \\ &= T[2] + (2/4) \\ &= T[2^1] + (1/2) \\ &= 1 + 2/2 \end{aligned}$$

$$\begin{aligned} T[2^3] &= T[8] = T[4] + (1/5 + 1/6 + 1/7 + 1/8) \\ &> T[4] + (1/8 + 1/8 + 1/8 + 1/8) && // \text{如果 } k < 8 \text{ 那么 } 1/k > 1/8 \\ &= T[2^2] + (4/8) \\ &= T[2^2] + (1/2) \\ &> 1 + 3/2 \end{aligned}$$

//$k \geqslant 2$ 303

如果 $T[2^k] > 1 + k/2$，那么

$$\begin{aligned}
T[2^{k+1}] &= \{1+1/2+1/3+\cdots+1/2^k\} \\
&\qquad + \{1/(2^k+1)+1/(2^k+2)+1/(2^k+3)+\cdots+1/(2^k+2^k)\} \\
&= T[2^k] \quad + \{1/(2^k+1)+1/(2^k+2)+1/(2^k+3)+\cdots+1/(2^k+2^k)\} \\
&> T[2^k] \quad + \{1/(2^k+2^k)+1/(2^k+2^k)+1/(2^k+2^k)+\cdots+1/(2^k+2^k)\} \\
&= T[2^k] \quad + 2^k/(2^k+2^k) \\
&= T[2^k] \quad + 1/2 \\
&> 1+k/2 \quad + 1/2 \\
&= 1+(k+1)/2
\end{aligned}$$

因此(根据数学归纳法)　$T[2^n] > 1+n/2$　　$\forall n \in \{2..\}$

　　　　　　　　　　　$T[2^{2M}] > 1+(2M)/2 > M$　　$\forall M \in \mathbf{P}$

特别地　　　　　　　　$T[2^6] > 1+6/2 > 3$

　　　　　　　　　　　$T[2^{20}] > 1+20/2 > 10$

　　　　　　　　　　　$T[2^{200}] > 1+200/2 > 100$

因此，调和序列收敛到 0，但调和级数不收敛。定理 7.5.4 的逆命题不为真。条件 $S_n \to 0$ 是级数 $S_1+S_2+S_3+\cdots$ 收敛的必要条件，但不是充分条件。

//使用微积分和 $\int_1^n \frac{1}{x}\mathrm{d}x = \ln(n)$，可得

//$1/2+1/3+\cdots+1/n < \ln(n) < 1+1/2+1/3+\cdots+1/(n-1)$，则

//　　$1/n+\ln(n) < T[n] < 1+\ln(n)$

//所以　$\ln(n) < T[n] < 2\times\ln(n)$　　　　(当 $n > \mathrm{e} = 2.718$ 时)

//因此，$T[n]$是 $\boldsymbol{\Theta}(\ln(n))$的，也就是说，$T[n]$是 $\boldsymbol{\Theta}(\lg(n))$的。　　//见 6.5 节

本节要点

本节形式化定义了无限级数的和来解决芝诺悖论：**Achilles 和乌龟、芝诺和弓箭手**。回忆一下第 2 章：

序列 S **收敛**到 $L \in \mathbf{R}$(写作 $S_n \to L$)，是指

对任意 $\delta > 0$，存在整数 M 使得

如果 $n > M$，那么 $|S_n - L| < \delta$

然后给出无限和的形式化定义。

无限**级数** S **收敛**到 $L \in \mathbf{R}\left(写作 \sum_{j=0}^{\infty} S_j = L\right)$，是指

部分和序列 $T_n = \sum_{j=0}^{n} S_j$ 收敛到 L

本节给出了收敛的无限几何级数的公式：

304　如果 $-1 < r < +1$，$S_n = Ar^n$，其中 A 是任意实数，那么

$$\sum_{j=0}^{\infty} S_j = \frac{A}{1-r}$$

如果序列 S_n 中的项能相加并得到有限和，那么 S 中的数必然会越来越小。实际上，

$$如果 \sum_{j=0}^{\infty} S_j = L \in \mathbf{R}，那么 S_n \to 0$$

最后通过说明调和序列收敛到 0，但调和级数不收敛，证明其逆不为 True；最终会大于任意给定的数。

习题

1. 假定 E_n 在 $\mathbf{P}$ 上递归定义如下：

$$E_0 = 0, E_1 = 2 \text{ 和 } E_{n+1} = 2n\{E_n + E_{N-1}\}(n \geqslant 2 \text{ 时})$$

求 E_{10} 的值。

2. 假定函数 f 在 $\mathbf{P}$ 上递归定义如下：

$$f(n) = \begin{cases} 1 & \text{如果存在 } k \in \mathbf{N}，\text{使得 } n = 2^k \\ f(n/2) & \text{如果 } n \text{ 是偶数但不是 2 的幂} \\ f(3n+1) & \text{如果 } n \text{ 是奇数} \end{cases}$$

那么

$$\begin{aligned} f(3) &= f(10) && \text{因为 3 是奇数} \\ &= f(5) && \text{因为 } 10 = 2 \times 5 \\ &= f(16) && \text{因为 5 是奇数} \\ &= 1 && \text{因为 } 16 = 2^4 \end{aligned}$$

(a) 证明 $f(11)$ 也等于 1。

(b) 证明 $f(9)$，$f(14)$ 和 $f(25)$ 都等于 $f(11)$，所以都等于 1。

(c) 编程求出 $f(27)$。

//这个函数的值是否一直为 1？不管 n 从多大开始？

//上网查看一下“考拉兹猜想”或“Hailstone 问题”。

3. 定义$\{1..n\}$上的 n 元排列 S 的重排，$S_j \neq j$，令 $\boldsymbol{D}_n$ 是$\{1..n\}$的重排数。那么 $\boldsymbol{D}_n$ 是满足下述递推方程的唯一序列： 305

$$\boldsymbol{D}_n = (n-1)\{\boldsymbol{D}_{n-1} + \boldsymbol{D}_{n-2}\}，\quad \text{其中 } n = 3,4,5,\cdots \qquad //7.1.3$$

初始条件 $\boldsymbol{D}_1 = 0$ 和 $\boldsymbol{D}_2 = 1$。

(a) 证明 $\boldsymbol{D}_2 = (2)(\boldsymbol{D}_1) + (-1)^2$。

(b) 使用数学归纳法证明对于所有大于等于 2 的整数，

$$\boldsymbol{D}_n = (n)(\boldsymbol{D}_{n-1}) + (-1)^n$$

4. 使用数学归纳法和(7.1.3)证明

$$\text{对于所有的正整数 } n，\boldsymbol{D}_n = n! \sum_{j=0}^{n} \frac{(-1)^j}{j!}$$

5. 假定(或查一下这两个运算结果)

A. 对所有实数 x，$e^x = \sum_{j=0}^{\infty} \frac{x^j}{j!}$，所以 $e^{-1} = \sum_{j=0}^{\infty} \frac{(-1)^j}{j!}$。

B. 对于所有正数 n，

$$e^{-1} = \sum_{j=0}^{n} \frac{(-1)^j}{j!} + E_n，\quad \text{其中 } |E_n| < \left| \frac{(-1)^{n+1}}{(n+1)!} \right| = \frac{1}{(n+1)!}$$

(a) 使用第 4 题的结果证明

$$\frac{n!}{\mathrm{e}} = \boldsymbol{D}_n + n!E_n, \quad 其中 |n!E_n| < \frac{n!}{(n+1)!} = \frac{1}{n+1} \leqslant 1/2。$$

(b) 解释为什么 $\boldsymbol{D}_n - 1/2 \leqslant n!/\mathrm{e} \leqslant \boldsymbol{D}_n + 1/2$。

(c) $\lfloor n!/\mathrm{e} \rceil = \boldsymbol{D}_n$ 吗？

6. 有时候，Ackermann 函数的递归定义形式有点不同。

规则 1：$\boldsymbol{B}(0, n) = n+1$ //$n=0, 1, 2, \cdots$,

规则 2：$\boldsymbol{B}(m, 0) = \boldsymbol{B}(m-1, 1)$ //$m=1, 2, 3, \cdots$,

规则 3：$\boldsymbol{B}(m, n) = \boldsymbol{B}(m-1, \boldsymbol{B}(m, n-1))$ //m，n 都是正数。

(a) 使用数学归纳法证明对所有的 $n \in \mathbf{N}$，$\boldsymbol{B}(1, n) = n+2$。

(b) 使用数学归纳法证明对所有的 $n \in \mathbf{N}$，$\boldsymbol{B}(2, n) = 3+2n$。

(c) 使用数学归纳法证明对所有的 $n \in \mathbf{N}$，$\boldsymbol{B}(3, n) = 2^{3+n} - 3$。

(d) 使用数学归纳法证明对所有的 $n \in \mathbf{N}$，$\boldsymbol{B}(4, n) = (2 \uparrow [3+n]) - 3$。

(e) 使用符号“↑”给出 $\boldsymbol{B}(5, 1)$ 和 $\boldsymbol{B}(5, 2)$ 的值的表达式。

7. 假定 A 是 $2n$ 个对象的集合。令 $\boldsymbol{P}_n$ 表示 $\boldsymbol{A}$ 中对象可能“配对”的方法数($\boldsymbol{A}$ 的 2 元子集的不同划分数)。

306 //假定 n 是正整数。

如果 $n=2$，那么 $\boldsymbol{A}$ 有四个元素，即 $A = \{x_1, x_2, x_3, x_4\}$。

三种可能的配对是：

1. x_1 和 x_2，x_3 和 x_4
2. x_1 和 x_3，x_2 和 x_4
3. x_1 和 x_4，x_2 和 x_3 //所以 $\boldsymbol{P}_2 = 3$

(a) 如果 $n=3$ 和 $\boldsymbol{A} = \{x_1, x_2, x_3, x_4, x_5, x_6\}$，那么存在 15 种可能的配对方法，列出这些配对方案：

1. x_1 和 x_2，x_3 和 x_4，x_5 和 x_6
2. … //所以 $\boldsymbol{P}_3 = 15$

(b) 证明 $\boldsymbol{P}_n$ 必须满足对于所有的 $n \geqslant 2$，递推方程 $\boldsymbol{P}_n = (2n-1)\boldsymbol{P}_{n-1}$ 成立。

(c) 使用递推方程和数学归纳法证明

对于所有的 $n \geqslant 1$，$\boldsymbol{P}_n = (2n)!/[2^n \times n!]$

8. (a)求出递推方程 $S_n = 3S_{n-1} - 10$(其中 $n=1, 2, \cdots$)的通解。

(b) 求出 $S_0 = 15$ 时的特解。

(c) 使用(b)的公式计算 S_6，并用递推方程检验正确性。

9. 假定 $s_0 = 60$，$s_{n+1} = (1/5)s_n - 8$，其中 $n = 0, 1, \cdots$

(a) 求出 s_1，s_2 和 s_3。

(b) 求解递推关系以给出 S_n 的公式。

(c) 这个序列收敛吗？如果收敛，极限是多少？

(d) 对应的级数收敛吗？如果收敛，极限是多少？

10. 假定 $s_0 = 75$，$s_{n+1} = (1/3)s_n - 6$，其中 $n = 0, 1, \cdots$

(a) 求出 s_1，s_2 和 s_3。

(b) 求解递推关系以给出 S_n 的公式。

(c) 这个序列收敛吗？如果收敛，极限是多少？

(d) 对应的级数收敛吗？如果收敛，极限是多少？

11. (a) 证明 $f_n = A \times 3^n + B \times 2^n$ 满足递推方程 $f_n = 5f_{n-1} - 6f_{n-2}$，其中 $n \geqslant 2$。

307 (b) 求出特解(A 和 B 的值)使得 $f_0 = 4$ 和 $f_1 = 17$。

12. 抛 n 个硬币，有多少种序列，不会连续两次面朝上？或者说面朝上和面朝下组成的序列中，不包含

“面朝上；面朝上”组合的序列有多少种？对每个整数 n，令 $f(n)$表示这样的序列数。

面朝上和面朝下组成的 2 元序列(不包含连续两次面朝上)为

面朝上；面朝下　　面朝下；面朝上　　面朝下；面朝下　　//所以 $f(2)=3$

(a) 列出面朝上和面朝下组成的 3 元序列(不包含连续两次面朝上)。

(b) 列出面朝上和面朝下组成的 4 元序列(不包含连续两次面朝上)。

(c) 找出满足序列 f 的递推方程。

13. 假定 $\alpha^2=\alpha+1$，$\boldsymbol{F}_n$ 表示 Fibonacci 序列。

(a) 证明 $\alpha^3=2\alpha+1$，$\alpha^4=3\alpha+2$ 和 $\alpha^5=5\alpha+3$

(b) 证明 $n\geqslant 2$，$\alpha^n=(\boldsymbol{F}_{n-1})\times\alpha+(\boldsymbol{F}_{n-2})$

14. 假定 $\boldsymbol{F}_n$ 表示 Fibonacci 序列。

$\boldsymbol{F}_n$ 等于 $\sum_{j=0}^{k}\binom{n-j}{j}$ 吗(其中 $k=\lfloor n/2\rfloor$)？

提示：使用数学归纳法，但要根据$(k+1)$种情况划分为奇数和偶数情况。

15. 证明对于所有实数 x 和 y，$|x+y|\leqslant|x|+|y|$。

16. 证明对于所有实数 x 和 y，$|xy|=|x|\times|y|$。

17. 令 γ 表示黄金比例，$\boldsymbol{F}_n$ 表示 Fibonacci 序列。证明对于所有的 $n\in\mathbf{P}$

$$(1/3)\gamma^{n+1}<\boldsymbol{F}_n<(1/2)\gamma^{n+1}$$

和

$$(0.6)\gamma^n<\boldsymbol{F}_n<(0.8)\gamma^n$$

18. 对所有的 $n\in\mathbf{N}$，令 $\boldsymbol{T}_n=1+\boldsymbol{F}_0+\boldsymbol{F}_1+\cdots+\boldsymbol{F}_n$。列出 $\boldsymbol{T}_n$ 的前面几个值。猜测一下 $\boldsymbol{T}_n$ 的公式，并用数学归纳法证明公式的正确性。

19. 假定对于所有的 $n\in\mathbf{N}$，$S_{n+2}=13S_{n+1}+48S_n$。

(a) 求出该递推方程的通解。

(b) 求出 $S_0=1$ 和 $S_1=5$ 的特解。

20. 假定对于所有的 $n\in\mathbf{N}$，$S_{n+2}=22S_{n+1}-121S_n$。

(a) 求出该递推方程的通解。

(b) 求出 $S_0=1$ 和 $S_1=5$ 的特解。

21. 假定对于所有的 $n\in\mathbf{N}$，$S_{n+2}=S_{n+1}+S_n+2$。

(a) 求出该递推方程的通解。

(b) 求出 $S_0=1$ 和 $S_1=5$ 的特解。

22. 假定对于所有的 $n\in\mathbf{N}$，$S_{n+2}=2S_{n+1}-S_n+3$。

(a) 求出该递推方程的通解。

(b) 求出 $S_0=1$ 和 $S_1=5$ 的特解。 308

23. 假定对于所有的 $n\in\mathbf{N}$，$S_{n+2}=-S_{n+1}+2S_n+7$。

(a) 求出该递推方程的通解。

(b) 求出 $S_0=1$ 和 $S_1=5$ 的特解。

24. (a) 0.299 999 99…＝0.300 000 000…吗？

提示：$0.29999999\cdots=0.2+0.09+0.009+0.0009+0.00009+\cdots$

$=0.2+A+Ar+Ar^2+Ar^3+\cdots$

其中 $A=0.09$ 和 $r=0.1$

$=0.2+A/(1-r)$　　根据定理 7.5.2

(b) 0.999 999 9…　＝1 吗？

(c) 99.999 99…　＝100 吗？

(d) 每个有理数用十进制表示时，是否都有两种不同的按位表示方式？或带有终止符的按位表示方式？

25. 第1章例1.3.3中，将十进制分数转换成其他进制时，声称

$$0.7\{10\} = 0.1\overline{0110}\{2\}$$

那么

$$\begin{aligned}0.7\{10\} &= 0.101\,100\,110\,011\,001\,10\cdots\{2\}\\ &= 0.1+0.001\,10+0.000\,000\,110+0.000\,000\,000\,011\,0+\cdots\{2\}\\ &= 0.1\{2\}+A+Ar+Ar^2+Ar^3+\cdots\\ &\qquad \text{其中 } A=0.001\,10\{2\} \text{ 和 } r=0.0001\{2\}\\ &= 0.1\{2\}+A/(1-r)\end{aligned}$$

根据定理7.5.2

309～310 (a) 将0.1，A 和 r 转化成十进制数。

(b) 检验一下在十进制中，$0.1\{2\}+A/(1-r)$ 是否等于0.7？

生成序列和子集

背包问题是许多应用中的一个著名问题。假设有 n 个对象的集合 $\boldsymbol{U}=\{Q_1, Q_2, \cdots, Q_n\}$，其中每个对象 Q_j 都有一个正权值 W_j 和一个正值 V_j。同时也假定存在正值 B 等于放入背包的对象的所有权值之和：

找出 $\boldsymbol{U}$ 的子集 X，在权值之和小于等于 B 的约束下，使其权值之和最大。

一个解决方案是求出对象的**所有子集** S，按如下过程处理：

查找 S 的权值之和。

如果权值之和小于等于 B，那么继续查找 S 的权值之和。

如果权值之和大于当前最大的和，那么 S 是当前解。

从空子集开始；权值之和小于 B，它的权值之和为 0，但这是当前最大的，所以 $\varnothing$ 是当前解。查找完所有的非空子集之后，当前方案就是背包问题的解。

//如何按次序生成这些非空子集？

//如第 2 章所述，子集都有 0 和 1 构成的 ***n* 元序列**作为特征向量，其中

//$X[j]=1$　　如果 O_j 在子集中

//　　$X[j]=0$　　如果 O_j 不在子集中

//这些 n 元位序列能按次序生成吗？

实际上，背包问题是背包问题的所有“实例”的集合，其中每个实例都由参数 n 和 B 的特定值以及数组 V 和 W 中的元素的特定值确定。背包问题的**解**是每个实例中对象的最优子集的求解算法。 311

另一个著名的问题是**旅行商**问题(TSP)。旅行商访问 n 个城镇(或潜在顾客)。但是从一个城镇到另一个城镇需要一定的开销(时间或距离)。旅行商想最小化访问路线的总开销，包括从家出发到第一个城镇和从最后一个城镇回家。

另一个约束条件是：他声称自己卖的商品可以治愈所有疾病——从麻疹到忧郁症，从失眠到嵌甲。但他的“万灵油”的直接后果是导致眼晕、暴躁和腹泻；所以他从不打算回到已经访问过的城镇，即使是路过。

如果他家在 $\boldsymbol{t}[0]$，其他城镇分别为 $\boldsymbol{t}[1]$，$\boldsymbol{t}[2]$，…，$\boldsymbol{t}[n]$；从 $\boldsymbol{t}[j]$到 $\boldsymbol{t}[k]$的直接(非负)开销是 $\boldsymbol{C}[j, k]$，其中 j，k 是$\{0..n\}$上的不同值。**TSP** 可描述如下：

$\{1..n\}$的每一个排列 $\boldsymbol{S}=(s_1, s_2, s_3, \cdots, s_n)$对应旅行商的一条**路线**：

$$\boldsymbol{T}=(\boldsymbol{t}[0], \boldsymbol{t}[s_1], \boldsymbol{t}[s_2], \cdots, \boldsymbol{t}[s_n], \boldsymbol{t}[0])$$

其中，路线的总开销是

$$\boldsymbol{C}(\boldsymbol{T})=\boldsymbol{C}[0, s_1]+\boldsymbol{C}[s_1, s_2]+\boldsymbol{C}[s_2, s_3]+\cdots+\boldsymbol{C}[s_{n-1}, s_n]+\boldsymbol{C}[s_n, 0]$$

搜索一条总开销尽可能小的路线 $\boldsymbol{T}^*$。

这种形式的 **TSP** 有许多重要的理论和实际应用。如果有算法可以求解就好了。

//一个有效的算法可以提高知名度并带来财富。

枚举算法可以解决，但其阶数为 $n!$：

以某种次序生成所有的路线 $\boldsymbol{T}$。

查找 $\boldsymbol{T}$ 的开销。

记录当前最优路线。

遍历完所有路线后，当前最优路线就是全局最优路线 $\boldsymbol{T}^*$。

//但是如何“按某种次序”生成所有的排列和路线?

和背包问题一样，旅行商问题是旅行商问题的所有“实例”的集合，其中每个实例都由参数 n 和迁移开销矩阵 $\boldsymbol{C}$ 的特定值确定。旅行商问题的**解**是每个实例中最优路线的求解算法。

本章将介绍一种策略，用以列出有限集 $\mathbb{S}$ 上的所有序列。并以某种方式确保每个序列出现一次，且仅出现一次。对于整数序列，用字典序生成。特别地，用简单算法生成如下序列：$\{1..n\}$ 上的**所有 k 元序列**、所有非空**递增序列**、所有**递增的 k 元序列**、所有**排列**和

312 所有 **k 元排列**。

本章用这些算法解释**平均情况复杂度**，并说明平均情况复杂度比最差情况复杂度低阶。

8.1　以字典序生成序列

本节使用第 2 章介绍的树图方法按字典序系统生成整数序列。这里不画出树图(有些太大了)。先来看一个例子。

//希望给出以字典序生成序列的通用策略。

例 8.1.1　一些奇怪的序列

设 $\boldsymbol{A}$ 表示 $\{1..5\}$ 上的所有 5 元序列 $S=(x_1, x_2, x_3, x_4, x_5)$，使得

(1) x_1 和 x_3 是奇数　　　　//也就是说，1 或 3 或 5

(2) x_2 和 x_4 是偶数　　　　//也就是说，2 或 4

(3) $x_1 \leqslant x_4$　　　　//所以 $x_1 \neq 5$

(4) x_5 和 x_1，x_2，x_3，x_4 不相等　　　　//(3，2，3，4，1)是 $\boldsymbol{A}$ 的元素

列出 $\boldsymbol{A}$ 的所有元素。　　　　//有多少个?(有公式吗?)

建表之前，先来确定如何开始建表，如何继续建表，如何停止。

◀

按字典序，第一个序列 $\boldsymbol{F}$ 是什么?

以 1 开始的所有序列都在以 3 开始的序列之前，(以 3 开始的序列都在以 5 开始的序列之前。)所以在 $\boldsymbol{F}$ 中，$x_1=1$。在以 $x_1=1$ 开始的序列中，$x_2=2$ 的序列总在 $x_2=4$ 的序列之前。所以在 $\boldsymbol{F}$ 中 $x_1=1$，$x_2=2$。

在 $x_1=1$ 和 $x_2=2$ 开始的所有序列中，$x_3=1$ 的序列总在 $x_3=3$ 和 $x_3=5$ 的序列之前。所以在 $\boldsymbol{F}$ 中，$x_3=1$。

然后 x_4 的最小可能值是 2(跟在 1，2，1，…之后)；所以在 $\boldsymbol{F}$ 中，$x_4=2$。

然后 x_5 的最小可能值是 3(跟在 1，2，1，2，…之后)；所以在 $\boldsymbol{F}$ 中，$x_5=3$。

因此，按字典序，第一个序列是 $\boldsymbol{F}=(1, 2, 1, 2, 3)$。

按字典序，$\boldsymbol{F}$ 的下一个序列是什么?

//如果是查找 5 元的字母序列，就可以按照字典中的单词序列进行，***ababc*** 之后查找 ***ababd***。

313 //改变最右边的字母，使其尽可能不增大。

按字典序，$\boldsymbol{F}=(1, 2, 1, 2, 3)$ 的下一个序列是 $(1, 2, 1, 2, \mathbf{4})$。

(1，2，1，2，4)的下一个序列是(1，2，1，2，**5**)。

但现在不能增加最右边的数字。

//如果是查找5元的字母序列，就可以按照字典中的单词序列进行，***abczz*** 之后查找 ***abdaa***。

//改变最右边的字母，使其增大的尽可能小，然后将下一个值赋给最小的可能值

//(如同 ***F*** 的操作一样)。

要获取字典序中(1，2，1，2，5)的下一个序列，不能增加 x_5，所以向左移动一位，将 x_4 从2增加为4。然后 $x_5=3$ 是最小的可能值。因此，按字典序，(1，2，1，2，5)的下一个序列是(1，2，1，**4**，**3**)。

如何终止?

//如果是查找5元的字母序列，就可以按照字典中的单词序列进行，

//*zzzzz* 之后就可以停止查找。因为没有元素可以继续增大。

按字典序，最后的序列中没有元素可以增大；所有元素的值都是最大的。从右到左，会发现没有元素能继续增大。这种方法可以取到字典序中最后的序列。 //应该停止。

//这就是说，现在 x_1 取到了可能的最大值，在 x_1 取到可能的最大值的所有序列中，

//x_2 取到了可能的最大值……每个元素都取到了可能的最大值。

序列列表

	x_1	x_2	x_3	x_4	x_5	
1.	**1**	**2**	**1**	**2**	**3**	// 每个位置上依次取最小值
2.	1	2	1	2	**4**	// 尽可能小地增大最右边的位置
3.	1	2	1	2	**5**	// 尽可能小的增大最右边的位置
4.	1	2	1	**4**	**3**	// 查找能增大的最右边的位置……
5.	1	2	1	4	**5**	
6.	1	2	**3**	**2**	**4**	
7.	1	2	3	2	**5**	
8.	1	2	3	**4**	**5**	
9.	1	2	**5**	**2**	**3**	
10.	1	2	5	2	**4**	
11.	1	2	5	**4**	**3**	
12.	1	**4**	**1**	**2**	**3**	
13.	1	4	1	2	**5**	
14.	1	4	1	**4**	**2**	
15.	1	4	1	4	**3**	314
16.	1	4	1	4	**5**	
17.	1	4	**3**	**2**	**5**	
18.	1	4	3	**4**	**2**	
19.	1	4	3	4	**5**	
20.	1	4	**5**	**2**	**3**	
21.	1	4	5	**4**	**2**	
22.	1	4	5	4	**3**	
23.	**3**	**2**	**1**	**4**	**5**	// 记住，x_4必须大于等于x_1
24.	3	2	**3**	**4**	**1**	
25.	3	2	3	4	**5**	
26.	3	2	**5**	**4**	**1**	
27.	3	**4**	**1**	**4**	**2**	
28.	3	4	1	4	**5**	
29.	3	4	**3**	**4**	**1**	
30.	3	4	3	4	**2**	
31.	3	4	3	4	**5**	
32.	3	4	**5**	**4**	**1**	
33.	3	4	5	4	**2**	

此时，没有元素能继续增大，所以停止。按字典序，生成了 **A** 的最后一个序列。

//现在知道 **A** 有33个序列。

例子中使用的方法描述如下。

步骤 1：从左到右，每个元素都取可能的最小值，按字典序生成$\mathbb{S}$中的第一个序列。

步骤 2：根据刚刚生成的序列 $\boldsymbol{S}=(x_1, x_2, x_3, \cdots, x_k)$，按字典序生成下一个序列 $\boldsymbol{T}$：

查找 x_j 能增大的最大索引 j，将 x_j 的值尽可能最小地增大到 $x_j'=x_j+q$，然后将 x_j'之后的元素都重设为最小的可能值。

当序列 $\boldsymbol{S}$ 没有元素可以增大时，过程停止。

如果$\mathbb{S}$中的所有序列长度都为 k，可以证明：这种方法可以按字典序生成$\mathbb{S}$中的所有序列。

本节要点

字典序是全序关系，所以序列$\mathbb{S}$的有限集合的元素可以排序，并从第一个到最后一个依次列出。通用方法描述如下：

步骤 1：按字典序生成$\mathbb{S}$中的第一个序列。

步骤 2：根据刚刚生成的序列 $\boldsymbol{S}=(x_1, x_2, x_3, \cdots, x_k)$，按字典序生成下一个序列 $\boldsymbol{T}$。按字典序，取到$\mathbb{S}$中的最后一个序列 S 时，过程停止。
315

8.2　生成{1..n}的所有 k 元序列

先来看下面的例子，其中 $k=4$，$n=3$。

例 8.2.1　{1，2，3}上的所有 4 元序列

//完整的列表有 $3^4=81$ 个序列。

```
x1 x2 x3 x4
1  1  1  1   // 按字典序，第一个序列每个位置上的值都是最小的
1  1  1  2   // 尽可能小地增大最右边的位置
1  1  1  3   // 尽可能小地增大最右边的位置
1  1  2  1   // 查找能增大的最右边的位置，并重置……
1  1  2  2
1  1  2  3
1  1  3  1
1  1  3  2
1  1  3  3   // 这是第9个
1  2  1  1
1  2  1  2
1  2  1  3
1  2  2  1
1  2  2  2
1  2  2  3
1  2  3  1
1  2  3  2
1  2  3  3   // 这是第18个
1  3  1  1
...
1  3  3  3   // 这是第27个
2  1  1  1
...
2  3  3  3   // 这是第54个
3  1  1  1
...
3  3  3  1
3  3  3  2
3  3  3  3   // 这是第81个，字典序中的最后一个
```

8.2.1 平均情况复杂度

设 $c(\boldsymbol{T})$表示 $\boldsymbol{T}$ 中元素的个数，创建 $\boldsymbol{T}$ 时会赋予新的值。$c(\boldsymbol{T})$的取值范围从 1 到 k。

//$c(\boldsymbol{T})$是 $\boldsymbol{T}$ 的“开销” 316

什么是构造序列的平均开销？ （例 8.2.1）

$c(\boldsymbol{T})=1$　如果前一个序列中，$x_4<3$；

$c(\boldsymbol{T})=2$　如果前一个序列中，$x_4=3$，但 $x_3<3$；

$c(\boldsymbol{T})=3$　如果前一个序列中，$x_4=3$，$x_3=3$，但 $x_2<3$；

$c(\boldsymbol{T})=4$　如果前一个序列中，$x_4=3$，$x_3=3$，$x_2=3$，但 $x_1<3$，或者 $\boldsymbol{T}$ 是字典序第一个序列。

设 $f(a)$表示序列 $\boldsymbol{T}$ 的数目，其中 $c(\boldsymbol{T})=a$，$a=1, 2, 3, 4$。

//1 到 k

然后

$f(1)=\{1, 2, 3\}$上的 4 元序列数，其中 $x_4\leqslant 2$

$=(x_1$ 的选择数$)\times(x_2$ 的选择数$)\times(x_3$ 的选择数$)\times(x_4$ 的选择数$)$

$=(3)\times(3)\times(3)\times(2)=54$；

$f(2)=\{1, 2, 3\}$上的 4 元序列数，其中 $x_3\leqslant 2$ 和 $x_4=3$

$=(x_1$ 的选择数$)\times(x_2$ 的选择数$)\times(x_3$ 的选择数$)\times(x_4$ 的选择数$)$

$=(3)\times(3)\times(2)\times(1)=18$；

$f(3)=\{1, 2, 3\}$上的 4 元序列数，其中 $x_2\leqslant 2$ 和 $x_3=x_4=3$

$=(x_1$ 的选择数$)\times(x_2$ 的选择数$)\times(x_3$ 的选择数$)\times(x_4$ 的选择数$)$

$=(3)\times(2)\times(1)\times(1)=6$；

$f(4)=1$（字典序中的第一个）

$+\{1, 2, 3\}$上的 4 元序列数，其中 $x_1\leqslant 2$，$x_2=x_3=x_4=3$

$=1+(x_1$ 的选择数$)\times(x_2$ 的选择数$)\times(x_3$ 的选择数$)\times(x_4$ 的选择数$)$

$=1+(2)\times(1)\times(1)\times(1)=1+2=3$

//所有的序列都已算出：$f(1)+f(2)+f(3)+f(4)=54+18+6+3=81$。

构造序列的平均开销＝所有开销之和/序列数。

有 54 个序列赋值 1 次，为总开销贡献了 54；有 18 个序列赋值 2 次，为总开销贡献了 $18\times 2=36$；有 6 个序列赋值 3 次，为总开销贡献了 $6\times 3=18$；有 3 个序列赋值 4 次，为总开销贡献了 $3\times 4=12$。 317

构造序列的平均开销

＝所有开销之和/序列数

$=(54+36+18+12)/(81)=120/81=1.481\,481\cdots<2$

//你相信对每个 k 和 $n\neq 1$，平均开销都小于 2 吗？习题中会引导证明：

//　序列的平均开销$=\dfrac{n+n^2+\cdots+n^k}{n^k}=\left(\dfrac{n}{n-1}\right)\left(\dfrac{n^k-1}{n^k}\right)$。

下面的伪代码将搜索索引 j（需要增加的位置）和策略的“重置”部分结合在一起。但实现时，搜索索引 j 时没有检测最后一个序列；取而代之的是，这些序列是(根据 For 循环的控制变量索引)计数出来的。

算法 8.2.1 按字典序生成{1..n}上的所有 k 元序列

```
Begin
  For j ← 1 To k Do S[j] ← 1 End;     // 字典序第一个序列=(1, 1, ⋯, 1)
                                      // 打印或处理序列S
  For index ← 1 To (n^k − 1) Do       // 获取字典序最后一个序列
    j ← k;
    While (S[j] = n) Do
      S[j] ← 1; j ← j − 1;
    End;                              // While循环
    S[j] ← S[j] + 1;
                                      // 打印或处理序列S
  End;                                // for循环
End.                                  // 算法8.2.1
```

稍微修改上述算法，就可以按照字典序生成{0，1}上所有的 4 元序列。将这些序列解释成特征向量，可得下述{1..4}的所有子集列表：

x_1	x_2	x_3	x_4	Subset
0	**0**	**0**	**0**	∅
0	0	0	**1**	{ 4}
0	0	**1**	**0**	{ 3 }
0	0	1	**1**	{ 3,4}
0	**1**	**0**	**0**	{ 2 }
0	1	0	**1**	{ 2, 4}
0	1	**1**	**0**	{ 2,3 }
0	1	1	**1**	{ 2,3,4}
1	**0**	**0**	**0**	{1 }
1	0	0	**1**	{1, 4}
1	0	**1**	**0**	{1, 3 }
1	0	1	**1**	{1, 3,4}
1	**1**	**0**	**0**	{1,2 }
1	1	0	**1**	{1,2, 4}
1	1	**1**	**0**	{1,2,3 }
1	1	1	**1**	{1,2,3,4}

318

//这些是整数 0～15 的二进制表示吗？

将这些子集用于背包问题可能更简单更快，如果从列表的子集 S 到下一个子集 T，只需要对 S 做一点改动。也可以列出从 S 得到的 16 个子集，列表 T 如下：

不是将新元素添加到 S，

就是将旧元素移除出 S？

x_1	x_2	x_3	x_4	Subset
0	**0**	**0**	**0**	∅
0	0	0	**1**	{ **4**}
0	0	**1**	1	{ **3**,4}
0	0	1	**0**	{ 3 }
0	**1**	1	0	{ **2**,3 }
0	1	1	**1**	{ 2,3,**4**}
0	1	**0**	1	{ 2, 4}
0	1	0	**0**	{ 2 }
1	1	0	0	{**1**,2 }

```
1   1   0   1   {1,2,  4}
1   1   1   1   {1,2,3,4}
1   1   1   0   {1,2,3  }
---------------
1   0   1   0   {1,  3  }
1   0   1   1   {1,  3,4}
1   0   0   1   {1,    4}
1   0   0   0   {1      }
```

这种用最小的改变按位给出的所有 n 元序列称为“格雷码”。它是以 Frank Gray 的名字命名的，20 世纪 50 年代，它应用于生成这种列表的一个设备专利。

//X 你可以开发一个算法(或计算机程序)，像格雷码一样，也就是说用最小的改变。按位列出任意 n 元序列吗？ 319

本节要点

算法 8.2.1 很容易按字典序生成 $\{1..n\}$ 上的所有 k 元序列，而且平均开销小于 2 次赋值。稍微修改该算法，就可以按字典序生成 $\{0, 1\}$ 上的所有 k 元序列，将这些序列解释成特征向量，可以得到 $\{1..k\}$ 的所有子集列表。

子集的“最小改变”是指：

不是将新元素添加到 S，

就是将旧元素移除出 S。

格雷码是某个类$\mathbb{S}$中所有对象的任意列表，其中列表中连续的元素都只有最小改变。有许多算法可以按格雷码列出 $\{1..n\}$ 上的所有 k 元序列和 $\{1..n\}$ 上的所有 k 元子集。

8.3 生成 $\{1..n\}$ 的升序序列子集

如果 $n=7$，那么 $\{1..7\}$ 的子集 $\{5, 2, 3, 6\}$ 可以写成多种形式，只需要更改括弧内元素的次序即可：

$\{5, 2, 3, 6\}=\{5, 6, 2, 3\}=\{2, 3, 5, 6\}=\{6, 2, 3, 5\}=\cdots$ //24 种方式

最自然的列表是 $\{2, 3, 5, 6\}$，其中括弧内列表的元素按**升序出现**。 //最常用的次序

如果按这种次序列表，那么整数的每一个非空子集对应唯一的整数升序序列。

我们需要一个算法按字典序列出 $\{1..n\}$ 上的所有(非空)升序序列。但它们的长度不同。因此，必须修正通用方法，处理前缀扩展之前的情况。

步骤 1：按字典序生成$\mathbb{S}$的第一个序列：获取 x_1，x_2，x_3 最小的可能值，直到$\mathbb{S}$中有一个序列。

步骤 2：生成序列 $\boldsymbol{S}=(x_1, x_2, x_3, \cdots, x_k)$后，生成下一个序列 $\boldsymbol{T}$。

(a) 通过查找 x_{k+1}，x_{k+2}，…的最小可能值来完成 $\boldsymbol{S}$ 的扩展，直到$\mathbb{S}$中有一个序列或者 $\boldsymbol{S}$ 不能扩展； 320

(b) 查找最大的索引 j(x_j 能增大)，然后通过最小的可能值将 x_j 增大到 $x_j'=x_j+q$，然后(如果有必要)查找 x_{j+1}，x_{j+2}，…的最小可能值直到$\mathbb{S}$中有一个序列，完成$(x_1, x_2, x_3, \cdots, x_j')$的扩展。

得到的序列 $\boldsymbol{S}$ 不能扩展，也没有元素能增大时，过程终止。

可以证明，该方法能按字典序生成$\mathbb{S}$的所有序列。

//过程很烦琐

来看看 $n=4$ 时的例子。非空子集的大小从 1～4 分布，所以序列长度 k 从 1～4。在字典序中，前缀先于扩展；所以序列(2)在(2，3，4)之前。我们需要{1..4}上所有的序列 $\boldsymbol{S}=(x_1, x_2, \cdots, x_k)$，其中 $1 \leqslant x_1 < x_2 < \cdots < x_k \leqslant 4$。

例 8.3.1 **{1..4}上的所有非空升序序列**

//列表有 $2^4-1=15$ 个序列

	x_1	x_2	x_3	x_4	k	
1.	**1**				1	//字典序第一个
2.	1	**2**			2	//扩展前一个（尽可能小）
3.	1	2	**3**		3	//扩展前一个（尽可能小）
4.	1	2	3	**4**	4	//扩展前一个（尽可能小）
5.	1	2	**4**		3	//找到能增大的最右边位置
6.	1	**3**			2	//找到能增大的最右边位置
7.	1	3	**4**		3	
8.	1	**4**			2	
9.	**2**				1	
10.	2	**3**			2	
11.	2	3	**4**		3	
12.	2	**4**			2	
13.	**3**				1	
14.	3	**4**			2	
15.	**4**				1	//字典序最后一个

◀

这里的字典序最后一个序列容易探测；是唯一一个以 n 开头的序列。下面的伪代码给
321 出了上述算法。

算法 8.3.1　将{1..n}的所有非空子集以字典序生成升序序列(S[1]..S[k])

```
Begin
  S[1] ← 1; k ← 1;              // 字典序第一个=(1)
                                // 打印或处理序列(S[1])

  While (S[1] < n) Do           // 取字典序中的下一个
    If (S[k] < n) Then
      S[k + 1] ← S[k] + 1;
      k ← k + 1;                // 长度增大
    Else  //S[k]=n
      S[k − 1] ← S[k − 1] + 1;
      k ← k − 1;                // 长度减小
    End;                        // If语句
                                // 打印或处理序列(S[1]..S[k])
  End;                          // While循环
End.                            // 算法8.3.1
```

该算法正确实现通用策略：按字典序生成升序序列，只要当前序列 $\boldsymbol{S}$ 不是字典序的最后一个，就会在 $\boldsymbol{S}$ 之后生成字典序中的下一个升序序列。

使用该算法，每个新序列的元素赋值开销为 1。

//这是“最小改变”的次序吗？这是格雷码吗？

生成{1..n}的所有 k 元子集

先来看一个例子。

例 8.3.2 如果 $n=7$，$k=4$，那么有

$$\begin{bmatrix}7\\4\end{bmatrix}=\frac{7!}{4!3!}=\frac{7\times6\times5}{3\times2\times1}=35\text{ 个子集}$$　　// 升序序列

下面根据字典序生成下一个序列的 j 值，按字典序列出{1..7}上的升序序列。

//j 是最大的索引，其中 $S[j]$是可以增大的，a 是构造序列时赋予元素的新值。

	x_1	**x_2**	**x_3**	**x_4**	**j**	**a**		
1.	**1**	**2**	**3**	**4**	4	4	//字典序第一个序列	
2.	1	2	3	**5**	4	1		
3.	1	2	3	**6**	4	1		
4.	1	2	3	**7**	3	1		
5.	1	2	**4**	**5**	4	2		
6.	1	2	4	**6**	4	1		322
7.	1	2	4	**7**	3	1		
8.	1	2	**5**	**6**	4	2		
9.	1	2	5	**7**	3	1		
10.	1	2	**6**	7	2	1		
11.	1	**3**	**4**	**5**	4	3		
12.	1	3	4	**6**	4	1		
13.	1	3	4	**7**	3	1		
14.	1	3	**5**	**6**	4	2		
15.	1	3	5	**7**	3	1		
16.	1	3	**6**	7	2	1		
17.	1	**4**	**5**	**6**	4	3		
18.	1	4	5	**7**	3	1		
19.	1	4	**6**	7	2	1		
20.	1	**5**	6	7	1	1		
21.	**2**	**3**	**4**	**5**	4	4		
22.	2	3	4	**6**	4	1		
23.	2	3	4	**7**	3	1		
24.	2	3	**5**	**6**	4	2		
25.	2	3	5	**7**	3	1		
26.	2	3	**6**	7	2	1		
27.	2	**4**	**5**	**6**	4	3		
28.	2	4	5	**7**	3	1		
29.	2	4	**6**	7	2	1		
30.	2	**5**	6	7	1	1		
31.	**3**	**4**	**5**	**6**	4	4		
32.	3	4	5	**7**	3	1		
33.	3	4	**6**	7	2	1		
34.	3	**5**	6	7	1	1		
35.	**4**	5	6	7	--	1		

//现在没有元素可以增大，因为已经按字典序生成了最后一个序列。 ◀

我们想要一个算法，它可以生成{1..n}上的所有序列 $S=(x_1,\ x_2,\ \cdots,\ x_k)$，使得 $1\leqslant x_1<x_2<\cdots<x_k\leqslant n$。

//如何设计？这些序列有什么性质？特别地，每个元素 x_i 有什么上界、下界限制？

引理 8.3.1 如果 $S=(x_1,\ x_2,\ \cdots,\ x_k)$是{1..$n$}上的升序序列，那么 $i\leqslant x_i\leqslant n-k+i$，其中 $i=1,\ 2,\ \cdots,\ k$。

证明 当 p 和 q 都是整数且 $p\leqslant q$ 时，$\{p..q\}=\{p+0,\ p+1,\ p+2,\ \cdots,\ p+(q-p)\}$，所以 $|\{p..q\}|=(q-p)+1$。

当 $1\leqslant p\leqslant q\leqslant k$ 时，$\{x_p,\ x_{p+1},\ \cdots,\ x_q\}$是$\{x_p..x_q\}$内 $q-p+1$ 个不同的整数组成的集合， 323
所以

$$q-p+1\leqslant x_q-x_p+1$$

$$q-p\leqslant x_q-x_p$$

如果 $p=1$ 和 $q=i$，那么 $i-1\leqslant x_i-x_1\leqslant x_i-1$ //因为 $1\leqslant x_1$

所以 $i\leqslant x_i$

如果 $p=i$ 和 $q=k$，那么　　$k-i\leqslant x_k-x_i$

所以　　$k-i+x_i\leqslant x_k\leqslant n$

因此　　$x_i\leqslant n-k+i$　■

总结如下：

$$(x_1,\ x_2,\ \cdots,\ x_{k-1},\ x_k)\text{由}(n-k+1,\ n-k+2,\ \cdots,\ n-1,\ n)\text{支配}$$

$$(1,\ 2,\ \cdots,\ k-1,\ k)\text{由}(x_1,\ x_2,\ \cdots,\ x_{k-1},\ x_k)\text{支配}$$

//当 $n=7$，$k=4$ 时，$(x_1,\ x_2,\ x_3,\ x_4)\,\boldsymbol{\mathcal{D}}\,(4,\ 5,\ 6,\ 7)$　　//见第 6 章

//　　$(1,\ 2,\ 3,\ 4)\,\boldsymbol{\mathcal{D}}\,(x_1,\ x_2,\ x_3,\ x_4)$

注意，如果 $p=i$ 和 $q=i+t$，那么根据引理 8.3.1，　　//取 $t\geqslant 0$

$$t=q-p\leqslant x_{i+t}-x_i$$

或

$$x\leqslant x_{i+t}-t$$

现在，如果 $x_i=n-k+1$，那么　　//等于 x_i 的上极限

$$n-k+i\leqslant x_{i+t}-t$$　　//对 $t=0,\ 1,\ 2,\ \cdots,\ k-i$

$$n-k+i+t\leqslant x_{i+t},$$

所以 $x_{i+t}=n-k+(i+t)$。　　//等于 x_{i+t} 的上极限

这蕴含　　如果 $x_i<n-k+i$　　//小于 x_i 的上极限

那么对于 $p=1,\ 2,\ \cdots,\ i-1$，$x_p<n-k+p$　　//小于 x_p 的上极限

从这些结论得出的一些事实，可以用于我们的算法构造中：

1. $x_1=n-k+1$ 的序列只有一个，就是字典序中最后一个。

//只需要单独查找 **S**[1]就能探测最后一个序列。

//(同样，第一个序列等于最后一个序列当且仅当 $n=k$)。

2. 如果 x_j 可以增大，那么 x_{j-1} 也可以增大。

//如果 x_j 增大到上极限 $n-k+j$，那么 x_{j-1} 也可以增大，但 $j<q$ 时的 x_q 都不能增大。

324 //算法需要的下一个 j 的值是当前 j 的值减去 1。

下述伪代码可按字典序生成每一个序列。对每个序列 **S**(除了最后一个)，它给出了 $S[j]$ 能增大的最大索引 j。

算法 8.3.2　按字典序将{1..n}的所有 k 元子集生成升序序列

```
Begin
  For j ← 1 To k Do S[j] ← j End;          // 字典序第一个序列=(1, 2,⋯, k)
                                            // 打印或处理序列S
  j ← k;
  While (S[1] < n − k + 1) Do               // 获取字典序中下一个序列T
    S[j] ← S[j]+1;
    If (S[j] = n − k + j) Then
      j ← j − 1;                            // 改变S的一位得到T
    Else                                    // 重置S[j]后的所有元素
      While (j < k) Do                      // 最小的可能性
        j ← j + 1;
        S[j] ← S[j − 1]+1;
      End;          // While循环            // 现在，j = k
    End;            // If语句
                                            // 打印或处理序列S
  End;              // 外层While循环
End.                // 算法8.3.2
```

该算法正确实现通用策略：按字典序生成升序序列，只要当前序列 **S** 不是字典序的最后一个，就会在 **S** 之后生成字典序中的下一个升序序列。

//字典序是最小改变列表吗？是格雷码吗？

//是否存在最小改变列表？“最小改变”是什么样的？

算法 8.3.2 的平均情况复杂度

设 $c(\boldsymbol{T})$表示 $\boldsymbol{T}$ 中元素的数目，创建 $\boldsymbol{T}$ 时会赋予新的值。$c(\boldsymbol{T})$的取值范围是从 $1\sim k$。

//$c(\boldsymbol{T})$是 $\boldsymbol{T}$ 的“开销”

什么是**构造序列的平均开销**？

如果 $k=n$，那么只存在一个序列，其开销为 k 次赋值，所以平均开销为 k 次赋值。从现在开始，假定 $1\leqslant k<n$。　//那么 $n-k-1\geqslant 0$。

首先看一个 j 的值。对每个 j，有

$$\mathrm{S}[j]<n-k+j$$　//因为 $\boldsymbol{S}[j]$是递增的

所以

$$\mathrm{S}[j]\leqslant(n-k+j)-1$$

如果 $j<q\leqslant k$，　$\mathrm{S}[q]=n-k+q$　//$\boldsymbol{S}[q]$的上极限　325

这样的序列数　//给定 j 的值

$=j$ 的递增次数 $-\{1..(n-k+j-1)\}$ 上的序列数

$$=\binom{n-k+j-1}{j}$$

//例 8.3.2 中，$n=7$，$k=4$，$n-k-1=2$。

//$j=4$ 的次数等于 $\binom{2+4}{4}=\binom{6}{4}=15$。

//$j=3$ 的次数等于 $\binom{2+3}{3}=\binom{5}{3}=10$。

//$j=2$ 的次数等于 $\binom{2+2}{2}=\binom{4}{2}=6$。

//$j=1$ 的次数等于 $\binom{2+1}{1}=\binom{3}{1}=3$。

这些数字出现在 Pascal 三角中。

```
              1
            1   1
          1   2   1
        1   3   3   1
      1   4   6   4   1
    1   5  10  10   5   1
  1   6  15  20  15   6   1
1   7  21  35  35  21   7   1
```

每个序列(除了最后一个)都有一个关联的 j 值，并且

$$\mathbf{1+3+6+10+15=35}$$　//35 也在 Pascal 三角中

我们可以一般化这个等式。

引理 8.3.2　对于所有的非负整数 q 和 t，

$$\sum_{j=0}^{t}\binom{q+j}{j}=\binom{q}{0}+\binom{q+1}{1}+\binom{q+2}{2}+\cdots+\binom{q+t}{t}=\binom{q+t+1}{t}$$

证明　//对 t 进行数学归纳。

步骤 1：如果 $t=0$，那么 LHS$=\binom{q}{0}=1$，RHS$=\binom{q+1}{0}=1$。　　//即使 $q=0$

步骤 2：假设存在非负整数 r，使得

326
$$\sum_{j=0}^{r}\binom{q+j}{j}=\binom{q+r+1}{r}$$

步骤 3：如果 $t=r+1$，那么

$$\begin{aligned}\text{LHS}&=\sum_{j=0}^{r+1}\binom{q+j}{j}=\sum_{j=0}^{r}\binom{q+j}{j}+\binom{q+r+1}{r+1}\\&=\binom{q+r+1}{r}+\binom{q+r+1}{r+1} &&\text{// 根据归纳假设}\\&=\binom{(q+r+1)+1}{r+1} &&\text{// 根据例 2.3.3 的坏香蕉定理}\\&=\binom{q+(r+1)+1}{r+1}=\text{RHS}\end{aligned}$$

■

//构造序列时的平均开销是什么?

//构造序列时的平均开销＝所有开销之和/序列数。

再来看一下某个固定 j 值的序列。

$$S[j]<n-k+j \qquad \text{// 因为 } S[j] \text{ 可能会增大}$$

所以

$$S[j]\leqslant(n-k+j)-1$$

如果 $j<q\leqslant k$，　$S[q]=n-k+q$　　//$S[q]$ 的上极限

第一种情况

如果 $S[j]=(n-k+j)-1$，那么只需要 1 次赋值就能构造最后一个序列 $\boldsymbol{T}$。

第二种情况

如果 $S[j]\leqslant(n-k+j)-2$，替换掉 $S[j]$，$S[j+1]$，…，$S[k]$就能构造 $\boldsymbol{T}$。

第一种情况，$c(\boldsymbol{T})=1$；第二种情况，$c(\boldsymbol{T})=k-(j-1)=(k+1)-j$。

第一种情况的序列数　　//$S[j]=(n-k+j)-1$ 时

＝$(j-1)$ 的递增次数－$\{1..(n-k+j-2)\}$ 上的序列数

327
$$=\binom{n-k+j-2}{j-1}$$

第二种情况的序列数　　//$S[j]\leqslant(n-k+j)-2$ 时

＝j 的递增次数－$\{1..(n-k+j-2)\}$ 上的序列数

$$=\binom{n-k+j-2}{j}$$

第一种情况序列 $\boldsymbol{S}$ 的总数(设 $Q=n-k-1$)是

$$\begin{aligned}\sum_{j=1}^{k}\binom{Q+(j-1)}{j-1}&=\binom{Q+0}{0}+\binom{Q+1}{1}+\cdots+\binom{Q+(k-1)}{k-1}\\&=\binom{Q+(k-1)+1}{k-1} &&\text{// 根据引理 8.3.2}\\&=\binom{n-1}{k-1} &&\text{// 因为 } Q=n-k-1\end{aligned}$$

$a=1$，2，…，k 时，令 $f(a)$表示 $c(\boldsymbol{T})=a$ 的序列 $\boldsymbol{T}$ 的数目。

那么

$f(1)$＝第一种情况的序列数＋第二种情况的序列数(其中 $a=1=(k+1)-j$)

$=\binom{n-1}{k-1}+\binom{R+j}{j}$，其中 $R=n-k-2$，$j=k$

$=\binom{n-1}{k-1}+\binom{R+k}{k}$ //如果 $n=7$，$k=4$，那么 $R=1$，$f(1)=20+5$。

$1<a<k$ 时，$f(a)$＝第二种情况的序列数(其中 $j=(k+1)-a$)

$=\binom{R+j}{j}$ //$R=n-k-2$

同时，$f(k)=1$(第一个序列)＋第二种情况的序列数(其中 $j=(k+1)-a=1$)

$=1+\binom{R+j}{j}$ //$R=n-k-2$

$=\binom{R+0}{0}+\binom{R+1}{1}$ 328

最后，所有开销总和

$=\sum_{a=1}^{k} a\times f(a)$

$=1\times f(1)+2\times\binom{R+k-1}{k-1}+3\times\binom{R+k-2}{k-2}+\cdots+(k-1)\times\binom{R+2}{2}+k\times f(k)$

//看起来有点复杂。使用引理 8.3.2 和习题中的提示，可以证明明显的事实：

$$(k+1)\times\binom{R+0}{0}+k\times\binom{R+1}{1}+\cdots+3\times\binom{R+k-2}{k-2}+2\times\binom{R+k-1}{k-1}+1\times\binom{R+k}{k}=\binom{n}{k}$$

然后得到所有开销的总和$=\binom{n}{k}+\binom{n-1}{k-1}-1$。

因为 $\binom{n-1}{k-1}=\frac{(n-1)!}{(k-1)!([n-1]-[k-1])!}=\frac{(n-1)!}{(k-1)!(n-k)!}\times\frac{n}{n}\times\frac{k}{k}$

$=\frac{n!}{k!(n-k)!}\times\frac{k}{n}=\frac{k}{n}\times\binom{n}{k}$

所有开销的总和$=\binom{n}{k}+\frac{k}{n}\times\binom{n}{k}-1<\left\{1+\frac{k}{n}\right\}\binom{n}{k}$。

因此，平均开销$<1+\frac{k}{n}$，也就是说$\leqslant 2$。

//不管 n 和 k 多大，只要 $k<n$

//例 8.3.2 中，$k=4$，$n=7$，平均开销为 54/35，$1+k/n=11/7=55/35$。

本节要点

使用算法 8.3.1 可以方便地将{1..n}的所有非空子集按字典序生成升序序列，其中，只要改变序列的一个元素就可获得下一个子集，但子集大小会加 1 或减 1。

使用算法 8.3.2 可以方便地将$\{1..n\}$的所有 k 元子集按字典序生成升序序列，其平
329 均开销小于 2 次赋值。

格雷码是所有子集的列表，这些列表中连续的元素之间只有最小的改变。有很多算法可以用格雷码列出$\{1..n\}$的所有子集，$\{1..n\}$的所有 k 元子集。算法 8.3.1 和算法 8.3.2 不能生成格雷码。

对于所有的非负整数 q 和 t，

$$\sum_{j=0}^{t}\binom{q+j}{j}=\binom{q}{0}+\binom{q+1}{1}+\binom{q+2}{2}+\cdots+\binom{q+t}{t}$$
$$=\binom{q+t+1}{t}$$

8.4　按字典序生成全排列

我们希望用简单的算法按字典序生成$\{1..n\}$的所有 $n!$ 个排列。第一个是$(1,2,3,\cdots,n-1,n)$，最后一个是$(n,n-1,n-2,\cdots,2,1)$。

如果 $n=4$，那么$\{1..n\}$有 $4!=24$ 个(全)排列，列表如下。同时也列出了生成下一个排列的 j 值以及 $a=$构造排列时赋给元素的新值。

例 8.4.1　{1..4}的所有排列

		x_1	x_2	x_3	x_4	j	a	
	1.	**1**	**2**	**3**	**4**	3	4	//字典序第一个序列
	2.	1	2	**4**	**3**	2	2	
	3.	1	**3**	**2**	**4**	3	3	
	4.	1	3	**4**	**2**	2	2	
	5.	1	**4**	**2**	**3**	3	3	
	6.	1	4	**3**	**2**	1	2	
	7.	**2**	**1**	**3**	**4**	3	4	
	8.	2	1	**4**	**3**	2	2	
	9.	2	**3**	**1**	**4**	3	3	
	10.	2	3	**4**	**1**	2	2	
	11.	2	**4**	**1**	**3**	3	3	
	12.	2	4	**3**	**1**	1	2	
	13.	**3**	**1**	**2**	**4**	3	4	
	14.	3	1	**4**	**2**	2	2	
330	15.	3	**2**	**1**	**4**	3	3	
	16.	3	2	**4**	**1**	2	2	
	17.	3	**4**	**1**	**2**	3	3	
	18.	3	4	**2**	**1**	1	2	
	19.	**4**	**1**	**2**	**3**	3	4	
	20.	4	1	**3**	**2**	2	2	
	21.	4	**2**	**1**	**3**	3	3	
	22.	4	2	**3**	**1**	2	2	
	23.	4	**3**	**1**	**2**	3	3	
	24.	4	3	**2**	**1**	--	2	

//现在没有元素可以继续增大，所以已经按字典序生成最后一个元素。

//字典序是最小改变列表吗?

//两个排列之间的最小改变是什么样的?

//存在最小改变列表吗?

//如何按字典序确定下一个排列 T?

按字典序，S=(2，6，9，1，5，8，7，4，3)的下一个排列是什么？　//这里 $n=9$。必须找到 $S[j]$可能继续增大的最大索引 j。◀

$S[n]=3$ 不能增大，因为{1..9}中所有比 3 大的整数都出现在 $S[n]$的左侧。

//这会出现在每个排列中，所以 j 通常小于 n

$S[n-1]=4$ 不能增大，因为所有较大的值都出现在 $S[n-1]$的左侧。

$S[n-2]=7$ 不能增大，因为所有较大的值都出现在 $S[n-2]$的左侧。

$S[n-3]=8$ 不能增大，因为所有较大的值都出现在 $S[n-3]$的左侧。

但是

$S[n-4]=5$ **可以增大**，因为{1..9}中有某个比 5 大的整数仍然没有出现在 $S[n-3]$的左侧。

//7 和 8 出现在**右侧**

因此，$j=n-4$。

//如果继续用通用策略按字典序查找下一个序列 T，那么

//S=(2，6，9，1，**5**，8，7，4，3)　所以 T=(2，6，9，1,?,,,)

//

//$S[j]=5$ 不能增大到 6，因为 6 已经出现在左侧，

//但 $S[j]$可以增大到 7，　所以 T=(2，6，9，1，**7**,?,,,)

//

//(2，6，9，1，**7**，之后的最小值不是 1 和 2，而是 3，　所以 T=(2，6，9，1，**7**，**3**,?,,)

//

//(2，6，9，1，7，**3**，之后的最小值不是 1，2 和 3，而是 4，

所以 T=(2，6，9，1，**7**，**3**，**4**,?,)

//

//(2，6，9，1，7，3，**4**，之后的最小值不是 1，2，3 和 4，而是 5，

所以 T=(2，6，9，1，**7**，**3**，**4**，**5**,?)　331

//

//(2，6，9，1，7，3，4，**5**，之后的最小(且唯一)的值是 8，

所以 T=(2，6，9，1，**7**，**3**，**4**，**5**，**8**)

如果 $S[n-1]<S[n]$，那么 $j=n-1$。　//有一半机会发生

如果 $S[n-1]>S[n]$，但 $S[n-2]<S[n-1]$，那么 $j=n-2$。　//有 1/3 机会发生

如果 $S[n-2]>S[n-1]>S[n]$，但 $S[n-3]<S[n-2]$，那么 $j=n-3$。

需要找到最大的索引 j，其中

$$S[j+1]>S[j+2]>\cdots>S[n-2]>S[n-1]>S[n] \text{ 但 } S[j]<S[j+1]$$

可以用初始为 $k=n-1$ 的循环完成这项任务：

While ($S[k]>S[k+1]$) **Do** $k\leftarrow k-1$ **End**

循环终止时，$S[k]<S[k+1]$，所以：

$S[k]$至少比后面的一个元素 $S[k+1]$小，

但没有更大的索引 j，使得 $S[j]$小于后面的元素。

因此，可以将 j 设置成最终的 k 值。实际上，甚至可以在循环中用 j 代替 k。

但仍有**问题**，如果 $\boldsymbol{S}$ 是字典序最后一个排列，那么 k(或 j)变成 0 时，While 循环会给出最后一个 $\boldsymbol{S}$。一个弥补方法是，算法开始时将 $\boldsymbol{S}[0]$设置成 0，并永远不改变它。然后当 k(或 j)变成 0 时，$\boldsymbol{S}[k]$必然比 $\boldsymbol{S}[k+1]$小。而且，k(或 j)的最终值为 0，**当且仅当** $\boldsymbol{S}$ 是字典序最后一个排列。

现在已经知道如何确定 $\boldsymbol{S}[j]$仍能增大为任意 $\boldsymbol{S}$ 的索引 j(最后一个除外)。如何查找大于 $\boldsymbol{S}[j]$当前值的最小值，使得 $\boldsymbol{S}[j]$的值增大到该最小值呢？它将是 $\boldsymbol{S}$ 中 $\boldsymbol{S}[j]$之后的最小值，且大于 $\boldsymbol{S}[j]$的当前值，其中

$$\boldsymbol{S}[j+1]>\boldsymbol{S}[j+2]>\cdots>\boldsymbol{S}[n-2]>\boldsymbol{S}[n-1]>\boldsymbol{S}[n] \text{ 但 } \boldsymbol{S}[j]<\boldsymbol{S}[j+1]$$

从 $\boldsymbol{S}[n]$开始向下查找，直到找到第一个大于 $\boldsymbol{S}[j]$的元素。所以从 $m=n$ 开始，可以使用循环

$$\textbf{While}(S[j])>\boldsymbol{S}[m]) \textbf{ Do } m\leftarrow m-1 \textbf{ End}$$

该循环能确保终止，因为如果 m 到达 $j+1$，就有 $\boldsymbol{S}[j]<\boldsymbol{S}[m]$。此时将 $\boldsymbol{S}[j]$改成 $\boldsymbol{S}[m]$。

//如何将 $\boldsymbol{S}[j+1]$，$\boldsymbol{S}[j+2]\cdots$的元素重设成最小的可能值？

$\boldsymbol{S}$ 中位置 j 之后的元素是降序的。

332 $$\boldsymbol{S}[j+1]>\boldsymbol{S}[j+2]>\cdots>\boldsymbol{S}[m-1]>\boldsymbol{S}[m]>\boldsymbol{S}[m+1]>\cdots>\boldsymbol{S}[n-1]>\boldsymbol{S}[n]$$

其中最小的是 $\boldsymbol{S}[n]$，所以将其放在位置 $j+1$ 上。下一个最小的是 $\boldsymbol{S}[n-1]$，所以将其放在位置 $j+2$ 上。我们可能只需要逆置这些元素。但不能再使用 $\boldsymbol{S}[k]$的值，必须使用 $\boldsymbol{S}[j]$原来的值。

已经知道 $\boldsymbol{S}[m]>\boldsymbol{S}[j]>\boldsymbol{S}[m+1]$。

如果**交换** $\boldsymbol{S}[m]$和 $\boldsymbol{S}[j]$的值，有

$$\boldsymbol{S}[j+1]>\boldsymbol{S}[j+2]>\cdots>\boldsymbol{S}[m-1]>\boldsymbol{S}[j]>\boldsymbol{S}[m+1]>\cdots>\boldsymbol{S}[n-1]>S[n]$$

现在可以将 $\boldsymbol{S}[j+1]$，$\boldsymbol{S}[j+2]$，…，$\boldsymbol{S}[n]$中的元素用逆置的方法设置成最小的可能值。

下面伪代码给出的算法会生成每个排列 $\boldsymbol{S}$ 和该序列的 j 值；生成最后一个排列(j 的值为 0)时，算法终止。

算法 8.4.1 按字典序将{1..n}的所有(全)排列生成序列(S[1]..S[n])

```
Begin
  For i ← 0 To n Do S[i] ← i End;        // 第一个=(1, 2, …, n)
                                         // 打印或处理序列S
  j ← n − 1;
  While (j > 0) Do                       // 按字典序获取下一个序列
                                         // S[j]可以增大
    X ← S[j]; m ← n;
    While (X > S[m]) Do
      m ← m − 1;
    End;  // end of inside while-loop    // 现在Sm>Sj>Sm+1
    S[j] ← S[m]; S[m] ← X;               // 互换Sm和Sj
    p ← j + 1; q ← n;                    // 重设S[j]之后的所有元素
    While (p < q) Do                     // 逆置
      X ← S[p]; S[p] ← S[q]; S[q] ← X;
      p ← p + 1; q ← q − 1;
    End;  //第二个内层While循环
                                         // 打印或处理序列S
    j ← n − 1;                           // 查找S中的下一个j
    While (S[j] > S[j + 1]) Do j ← j − 1 End;
  End;     // 外层While循环
End.       // 算法8.4.1
```

遍历一下按字典序构造下一个排列的循环体的四次迭代，假设 $n=10$，此时

$\boldsymbol{S}=(9, 1, 4, 10, 8, 7, 6, 5, 2, 3)$ //j 的值为 9 333

1. 下一次迭代时，$j=9$，所以 X 是 $\boldsymbol{S}[9]=2$。

(a) 查找 m，并交换 $\boldsymbol{S}[m]$和 $\boldsymbol{S}[j]$：

m	S[m]	X > S[m]	the permutation S
10	3	F	9,1,4,10,8,7,6,5,**3**,**2**

(b) 逆置 $\boldsymbol{S}[j+1]..\boldsymbol{S}[n]$：

p	q	p < q	the permutation S
10	10	F	9,1,4,10,8,7,6,5,**3**,**2**

//$\boldsymbol{S}$=(9, 1, 4, 10, 8, 7, 6, 5, 2, 3)之后的下一个排列是(9, 1, 4, 10, 8, 7, 6, 5, **3**, **2**)。

(c) 查找当前排列的 j 值：

j	S[j]	S[j] > S[j+1]	the permutation S
9	3	T	9,1,4,10,8,7,6,5,3,2
8	5	T	
7	6	T	
6	7	T	
5	8	T	
4	10	T	
3	4	T	

2. 下一次迭代时，$j=3$，所以 X 是 $\boldsymbol{S}[3]=4$。

(a) 查找 m，并交换 $\boldsymbol{S}[m]$和 $\boldsymbol{S}[j]$：

m	S[m]	X > S[m]	the permutation S
10	2	T	9,1,4,10,8,7,6,5,3,2
9	3	T	
8	5	F	9,1,**5**,10,8,7,6,**4**,3,2

(b)逆置 $\boldsymbol{S}[j+1]..\boldsymbol{S}[n]$：

p	q	p < q	the permutation S
			9,1,5,10,8,7,6,4,3, 2
4	10	T	9,1,5, **2**,8,7,6,4,3,**10**
5	9	T	9,1,5, 2,**3**,7,6,4,**8**,10
6	8	T	9,1,5, 2,3,**4**,6,**7**,8,10
7	7	F	

//$\boldsymbol{S}$=(9, 1, 4, 10, 8, 7, 6, 5, 3, 2)之后的下一个排列是(9, 1, **5**, **2**, **3**, **4**, **6**, **7**, **8**, **10**)。

(c) 查找当前排列的 j 值：

j	S[j]	S[j] > S[j+1]	the permutation S
9	8	F	9,1,5,2,3,4,6,7,8,10

3. 下一次迭代时，$j=9$，所以 X 是 $\boldsymbol{S}[9]=8$。

(a) 查找 m，并交换 $\boldsymbol{S}[m]$和 $\boldsymbol{S}[j]$：

m	S[m]	X > S[m]	the permutation S
10	10	F	9,1,5,2,3,4,6,7,**10**,**8**

334

(b) 逆置 $S[j+1]..S[n]$：

p	q	p < q	the permutation S
10	10	F	9,1,5,2,3,4,6,7,**10**,**8**

//$\boldsymbol{S}$=(9, 1, 5, 2, 3, 4, 6, 7, 8, 10)之后的下一个排列是(9, 1, 5, 2, 3, 4, 6, 7, **10**, **8**)。

(c) 查找当前排列的 j 值：

j	S[j]	S[j] > S[j+1]	the permutation S
9	10	T	9,1,5,2,3,4,6,7,10,8
8	7	F	

4. 在下一次迭代时，$j=8$，所以 X 是 $\boldsymbol{S}[8]=7$。

(a) 查找 m，并交换 $\boldsymbol{S}[m]$和 $\boldsymbol{S}[j]$：

m	S[m]	X > S[m]	the permutation S
10	8	F	9,1,5,2,3,4,6,**8**,10,**7**

(b) 逆置 $\boldsymbol{S}[j+1]..\boldsymbol{S}[n]$：

p	q	p < q	the permutation S
			9,1,5,2,3,4,6,8,10,7
9	10	T	
10	9	F	

//$\boldsymbol{S}$=(9，1，5，2，3，4，6，7，10，8)之后的下一个排列是(9，1，5，2，3，4，6，**8，7，10**)。

(c) 查找当前排列的 j 值：

j	S[j]	S[j] > S[j+1]	排列S
9	10	F	9,1,5,2,3,4,6,8,7,10

//下一次迭代时，$j=9$，所以 X 是 $\boldsymbol{S}[9]=7$。

该算法正确实现了通用策略：按字典序生成第一个排列，只要当前序列不是字典序最后一个，就按字典序生成 $\boldsymbol{S}$ 之后的下一个排列。

算法 8.4.1 的平均情况复杂度

设 $c(\boldsymbol{T})$表示 $\boldsymbol{T}$ 中元素的数目，创建 $\boldsymbol{T}$ 时会赋予新的值。$c(\boldsymbol{T})$的取值范围从 $2\sim n$。

//$c(\boldsymbol{T})$是 $\boldsymbol{T}$ 的“开销”

//有一个元素从来不改变(如果 $n>1$)

构造序列的平均开销是什么？

//构造序列的平均开销=所有开销之和/序列数。

//需要开销之和的计算公式。

对于 $A=1，2，\cdots，n$，令 $f(A)$表示序列 $\boldsymbol{T}$ 的数目使得 $c(\boldsymbol{T})=A$；也就是说，在下一个排列 $\boldsymbol{T}$ 的构成中，最后的 A 个元素都被赋了新的值。那么$(j-1)+A=n$。

对每个可能的(正)j 值，存在多少个排列 $\boldsymbol{S}$，其中

335 $\boldsymbol{S}[j+1]>\boldsymbol{S}[j+2]>\cdots>\boldsymbol{S}[n-2]>\boldsymbol{S}[n-1]>\boldsymbol{S}[n]$ 但 $\boldsymbol{S}[j]<\boldsymbol{S}[j+1]$?

这样的排列 $\boldsymbol{S}$ 可以用 5 个步骤来构造：

1. 从$\{1..n\}$中选取 A 个值放置在序列末端。
2. 选择最大的值放在位置 $j+1$ 上。
3. 选择剩余值中的一个放在位置 j 上。
4. 将剩余的 $A-2$ 个值以降序排列在 $j+2$ 到 n 的位置上。
5. 将未选取的 $n-A$ 个值以任意序排列在 1 到 $j-1$ 的位置上。

那么，这样构造的序列数

$$=\binom{n}{A}\times(1)\times(A-1)\times(1)\times(n-A)!$$　　// 步骤是独立的

$$=\frac{n!}{A!(n-A)}\times(A-1)\times(n-A)!$$

$$=n!\times\left(\frac{A-1}{A!}\right)$$

除了最后一个排列($j=0$)，其他每个排列都可以用这 5 个步骤来构造，所以总开销是 $n!-1$。

因为 $\dfrac{A-1}{A!}=\dfrac{A}{A!}-\dfrac{1}{A!}=\dfrac{1}{(A-1)!}-\dfrac{1}{A!}$， // 裂项级数

$$\begin{aligned}&\sum_{A=1}^{n}\left(\frac{1}{(A-1)!}-\frac{1}{A!}\right)\\&=\left(\frac{1}{0!}-\frac{1}{1!}\right)+\left(\frac{1}{1!}-\frac{1}{2!}\right)+\left(\frac{1}{2!}-\frac{1}{3!}\right)+\cdots+\left(\frac{1}{(n-2)!}-\frac{1}{(n-1)!}\right)\\&\quad+\left(\frac{1}{(n-1)!}-\frac{1}{n!}\right)\\&=\frac{1}{0!}+\left(-\frac{1}{1!}+\frac{1}{1!}\right)+\left(-\frac{1}{2!}+\frac{1}{2!}\right)+\cdots+\left(-\frac{1}{(n-1)!}+\frac{1}{(n-1)!}\right)-\frac{1}{n!}\\&=1-\frac{1}{n!}\end{aligned}$$

因此，

$$\begin{aligned}\sum_{A=1}^{n}n!\times\left(\frac{A-1}{A!}\right)&=n!\times\sum_{A=1}^{n}\left(\frac{A-1}{A!}\right)=n!\times\sum_{A=1}^{n}\left(\frac{1}{(A-1)!}-\frac{1}{A!}\right)\\&=n!\times\left(1-\frac{1}{n!}\right)\quad=n!-1\end{aligned}$$

//X 证明如果 x_0，x_1，x_2，…，x_n 是任意序列，那么 $\sum_{j=1}^{n}(x_{j-1}-x_j)=x_0-x_n$。

现在可以计算频度 $f(A)$。

对于 $1\leqslant A<n, f(A)=n!\times\left(\dfrac{A-1}{A!}\right)$，有

$$\begin{aligned}f(n)=&\ 1(\text{字典序第一个序列})\\&+n!\times\left(\frac{n-1}{n!}\right)=1+(n-1)=n\end{aligned}$$

那么

$f(1)=0$ //通常至少要改变两个元素

$f(2)=n!\times1/2$ //交换最后两个元素时只用一半时间

$f(3)=n!\times1/3$ //交换最后三个元素时只用 1/3 时间 336

最后，平均开销是

$$\begin{aligned}&=\frac{1}{n!}\sum_{A=1}^{n}A\times f(A)\\&=\frac{1}{n!}\sum_{A=2}^{n}A\times f(A) &&//f(1)=0\\&=\frac{1}{n!}\left\{\sum_{A=2}^{n-1}A\times n!\times\left(\frac{A-1}{A!}\right)+n\times(n)\right\} &&//f(n)=n\\&=\sum_{A=2}^{n-1}A\times\left(\frac{A-1}{A!}\right)+\frac{n^2}{n!}\\&=\sum_{A=2}^{n-1}\frac{1}{(A-2)!}+\frac{n}{(n-1)!}\end{aligned}$$

$$= \frac{1}{0!} + \frac{1}{1!} + \frac{1}{2!} + \cdots + \frac{1}{(n-3)!} + \frac{n-1}{(n-1)!} + \frac{1}{(n-1)!}$$

$$= \frac{1}{0!} + \frac{1}{1!} + \frac{1}{2!} + \cdots + \frac{1}{(n-3)!} + \frac{1}{(n-2)!} + \frac{1}{(n-1)!}$$

//当 n 是 4 时，平均开销是 64/24=8/3，即

//$1/0! + 1/1! + 1/2! + 1/3! = 1 + 1 + 1/2 + 1/6 = (6+6+3+1)/6$

$$= 16/6 = 8/3 = 2.\overline{6}$$

下面的定理证明平均开销通常小于 3。

定理 8.4.1 对于所有的 $n \in P$，$\frac{1}{0!} + \frac{1}{1!} + \frac{1}{2!} + \cdots + \frac{1}{n!} \leqslant 3 - \frac{1}{n}$，而且只有 $n \leqslant 3$ 时等式成立。

证明 //用数学归纳法。

步骤 1：

如果 $n = 1$，那么 LHS $= 1 + 1 = 2$ 和 RHS $= 3 - 1 = 2$

如果 $n = 2$，那么 LHS $= 2 + 1/2 = 5/2$ 和 RHS $= 3 - 1/2 = 5/2$

如果 $n = 3$，那么 LHS $= 5/2 + 1/6 = 16/6$ 和 RHS $= 3 - 1/3 = 8/3$

如果 $n = 4$，那么 LHS $= 8/3 + 1/24 = 65/24$ 和 RHS $= 3 - 1/4 = 66/24$

步骤 2：假设存在整数 $k \geqslant 4$，使得

$$\frac{1}{0!} + \frac{1}{1!} + \frac{1}{2!} + \cdots + \frac{1}{k!} < 3 - \frac{1}{k}$$

步骤 3：如果 $n = k+1$，那么

$$(k+1)! = (k+1) \times (k) \times (k-1)! \geqslant (k+1) \times (k) \times (3)! > (k+1) \times (k)$$

// 因为 $k \geqslant 4$

337 所以有

$$\frac{1}{(k+1)!} < \frac{1}{k(k+1)}$$

因此，

$$\begin{aligned}
\text{LHS} &= \frac{1}{0!} + \frac{1}{1!} + \frac{1}{2!} + \cdots + \frac{1}{k!} + \frac{1}{(k+1)!} \\
&< 3 - \frac{1}{k} + \frac{1}{(k+1)!} && \text{// 根据步骤 2} \\
&< 3 - \frac{1}{k} + \frac{1}{k(k+1)} && \text{// 如前所述} \\
&= 3 - \left[\frac{1}{k} - \frac{1}{k(k+1)}\right] = 3 - \frac{(k+1)-1}{k(k+1)} \\
&= 3 - \frac{1}{k+1}
\end{aligned}$$

■

//如果使用微积分中给出的 e^x 的级数展开 $e^x = \sum_{j=0}^{\infty} \frac{x^j}{j!} (x \in \mathbf{R})$，可以得到更好的结果。

//平均开销小于 $\sum_{j=0}^{\infty} \frac{1}{j!} = e^1 = 2.718\,281\cdots$

8.4.1 按字典序生成{1..n}的所有 k 元排列

假设 $k=5$，$n=9$。

$\boldsymbol{S}=(8,1,5,9,7)$之后，下一个 5 元排列是什么？

必须要查找 $\boldsymbol{S}[j]$仍能增大的最大的索引 j。

$\boldsymbol{S}[k]=7$ 不能增大，因为{1..9}中大于 7 的所有整数都已出现在 $\boldsymbol{S}[k]$的左侧

$\boldsymbol{S}[k-1]=9$ 不能增大

但是，$\boldsymbol{S}[k-2]=5$ 可以增大，因为{1..9}中某个比 5 大的整数不会出现在 $\boldsymbol{S}[k-2]$的左侧

//6 不在 S 中

因此，$j=3=k-2$。

//如果仍用通用方法来查找下一个序列 **T**，

//

// **S**=(8，1，**5**，9，7)， 所以 **T**=(8，1，?，?，?)

//

// **S**[j]=5 可以增大到 6，因为 6 不在 **S** 中， 所以 **T**=(8，1，**6**，?，?) 338

// 8，1，**6** 后面能跟的最小值(不是 1)是 2， 所以 **T**=(8，1，**6**，**2**，?)

//

// 8，1，6，**2** 后面能跟的最小值是 3， 所以 **T**=(8，1，**6**，**2**，**3**)

对{1..n}上的每个 k 元排列 $\boldsymbol{S}$，将以降序向 $\boldsymbol{S}$ 添加那些不在 $\boldsymbol{S}$ 里的整数，从而得到的唯一全排列定义为 $\boldsymbol{S}^+$。例如，当 $k=5$ 和 $n=9$ 时，

如果 $\boldsymbol{S}=(8,1,5,9,7)$，那么 $\boldsymbol{S}^+=(8,1,5,9,7,\mathbf{6},\mathbf{4},\mathbf{3},\mathbf{2})$

生成所有的全排列时，可以利用 $\boldsymbol{S}$ 最右端的值来确定 j，即 $\boldsymbol{S}[j]$仍能增大的最大索引，以及 $\boldsymbol{S}[j]$的最小增长量。现在再来做一下。我们要维护一个全排列 $\boldsymbol{S}$，其中 $\boldsymbol{S}[k+1]>\boldsymbol{S}[k+2]>\cdots>\boldsymbol{S}[n-1]>\boldsymbol{S}[n-1]>\boldsymbol{S}[n]$。当找到 $\boldsymbol{S}[j]<\boldsymbol{S}[j+1]$的最大的 j 时，$j\leqslant k$。当找到 $\boldsymbol{S}[j]$右边的最小元素 $\boldsymbol{S}[m]>\boldsymbol{S}[j]$时，交换 $\boldsymbol{S}[j]$和 $\boldsymbol{S}[m]$。

再来看一下上述例子，从

$$\boldsymbol{S}=(8,1,5,9,7,\mathbf{6},\mathbf{4},\mathbf{3},\mathbf{2})$$

之后开始，如何构造{1..9}上的下一个全排列。我们知道 $j=3$ 和 $\boldsymbol{S}[j]=5$。然后找到 $m=6$ 和 $\boldsymbol{S}[m]=6$，交换 $\boldsymbol{S}[j]$和 $\boldsymbol{S}[m]$，得到

$$\boldsymbol{S}_1=(8,1,\mathbf{6},\underline{9,7,\mathbf{5},4},3,2)$$

重设 $\boldsymbol{S}[4]$和 $\boldsymbol{S}[5]$的最小的可能值为 $\boldsymbol{S}_1$ 最右边的 3 和 2。将它们逆序复制到辅助数组 $\boldsymbol{R}$ 中，$\boldsymbol{R}=(2,3,\cdots)$。后面会将它们放入 $\boldsymbol{S}[4]$和 $\boldsymbol{S}[5]$。现在将“9，7，5，4”整体向 $\boldsymbol{S}$ 的右边移动两位。最后，将 $\boldsymbol{R}$ 里的两个值复制回 $\boldsymbol{S}_1$，就得到

$$\boldsymbol{T}=(8,1,\mathbf{6},\mathbf{2},\mathbf{3},\underline{9,7,5,4})$$

然后 $\boldsymbol{T}$ 的前 5 个元素就构成了 $\boldsymbol{S}=(8,1,5,9,7)$之后{1..9}上的下一个 5 元排列，$\boldsymbol{T}$ 是{1..9}上的全排列，其最后 $n-k$ 个元素以降序排列。

使用刚介绍的 n 元序列并假定前置条件 $0<k<n$，修改算法 8.4.1 可以按字典序生成{1..n}上的所有 k 元排列。 339

算法 8.4.2 按字典序将{1..n}的所有 k 元排列生成(S[1]..S[k])，即 n 元排列 S 的起始序列

```
Begin
  For i ← 0 To k Do S[i] ← i End;           // 字典序第一个序列=(1, 2, ⋯, k)
  For j ← 1 To (n − k) Do S[k + j] ← (n + 1) − j End;
                                // 第一个S+=(1, 2, ⋯, k, n, n−1,⋯, k+1)
                                // 打印或处理k元排列(S[1]..S[k])
  j ← k;
  While (j > 0) Do                            // 按字典序获取下一个序列
                                              // S[j]可以增大
  X ← S[j]; m ← n;
  While (X > S[m]) Do
    m ← m − 1
  End;  // 内层while循环结束                  // 现在 S_m > S_j > S_m+1
  S[j] ← S[m]; S[m] ← X;                      // 交换 S_m 和 S_j
  If (j < k) Then                             // 重置S[j]之后的所有元素
    t ← k − j;
    For i ← 1 To t Do R[i] ← S[n + 1 − i] End;
    q ← n;
    While ( q − t > j ) Do          // 将n − k个元素移到S的末端
      S[q] ← S[q − t]; q ← q − 1
    End;  // 内层While循环结束
    For i ← 1 To t Do S[j + i] ← R[i] End;
  End;    // if-then语句
                               // 打印或处理k元排列(S[1]..S[k])
  j ← k;                       // 查找S[j]仍能增大的最大索引j
  While (S[j] > S[j + 1]) Do j ← j − 1 End;
  End;     // 外层While循环
End.       // 算法8.4.2
```

遍历一下按字典序构造{1..n}的 k 元排列时，算法 8.4.2 主 While 循环体内的下一个四次迭代，其中 $k=5$，$n=9$，此时

$$\boldsymbol{S}=(8,1,5,9,7,6,4,3,2) \qquad //j \text{ 的值为 } 3$$

1. 下一个迭代中，$j=3$，所以 X 是 $\boldsymbol{S}[3]=5$。

(a) 查找 m，并交换 $\boldsymbol{S}[m]$和 $\boldsymbol{S}[j]$：

m	S[m]	X > S[m]	the permutation S
9	2	T	8,1,5,9,7,6,4,3,2
8	3	T	
7	4	T	
6	6	F	8,1,**6**,9,7,**5**,4,3,2

340 因为 $j<k$，所以 $\boldsymbol{S}$ 有多种可能。

(b1) 计算 $t=k-j=5-3=2$。

逆置 $\boldsymbol{S}$ 的最后 t 个元素，并复制到 $\boldsymbol{R}$ 中：

i	n + 1 − i	S[n + 1 − i]	array R
1	9	2	(**2**,...)
2	8	3	(**2**,**3**,...)

(b2) 将 $\boldsymbol{S}$ 中的 $n-k$ 个元素整体向右移动 t 位：

q	q − t	q − t > j	the permutation S
9	7	T	8,1,**6**,9,7,**5**,4,3,**4**
8	6	T	8,1,**6**,9,7,**5**,4,**5**,**4**
7	5	T	8,1,**6**,9,7,**5**,**7**,**5**,**4**
6	4	T	8,1,**6**,9,7,**9**,**7**,**5**,**4**
5	3	F	

(b3) 将 R 中的 t 个元素复制到 $\boldsymbol{S}[j+1]..\boldsymbol{S}[k]$：

i	j + i	R[i]	the permutation S
1	4	2	8,1,**6**,**2**,7,**9**,**7**,**5**,**4**
2	5	3	8,1,**6**,**2**,**3**,**9**,**7**,**5**,**4**

(c) 查找当前 k 元排列的 j 值：

j	S[j]	S[j] > S[j + 1]	the permutation S
5	3	F	8,1,**6**,**2**,**3**,**9**,**7**,**5**,**4**

//$\boldsymbol{S}$=(8, 1, 5, 9, 7, 6, 4, 3, 2)之后，下一个 $\boldsymbol{S}$ 是(8, 1, **6**, **2**, **3**, **9**, **7**, **5**, **4**)。

//(8, 1, 5, 9, 7)之后，下一个 5 元排列是(8, 1, **6**, **2**, **3**)。

2. 下一个迭代中，$j=5$，所以 X 是 $\boldsymbol{S}[5]=3$。

(a) 查找 m，并交换 $S[m]$和 $S[j]$：

m	S[m]	X > S[m]	the permutation S
9	4	F	8,1,6,2,**4**,9,7,5,**3**

(b) 因为 $j<k$ 为 False，所以 S 没有其他变化。

(c) 查找当前排列的 j 值：

j	S[j]	S[j] > S[j + 1]	the permutation S
5	5	F	8,1,6,2,**5**,9,7,**4**,3

//$\boldsymbol{S}$=(8, 1, 6, 2, 3, 9, 7, 5, 3)之后，下一个 $\boldsymbol{S}$ 是(8, 1, 6, 2, **4**, 9, 7, 5, **3**)。

//(8, 1, 6, 2, 3)之后，下一个 5 元排列是(8, 1, 6, 2, **4**)。

3. 下一个迭代中，$j=5$，所以 X 是 $\boldsymbol{S}[5]=4$。

(a) 查找 m，并交换 $\boldsymbol{S}[m]$和 $\boldsymbol{S}[j]$：

m	S[m]	X > S[m]	the permutation S
9	3	T	8,1,6,2,4,**9**,**7**,**5**,**3**
8	5	F	8,1,6,2,**5**,9,7,**4**,3

(b) 因为 $j<k$ 为 False，所以 $\boldsymbol{S}$ 没有其他变化。

(c) 查找当前排列的 j 值：

j	S[j]	S[j] > S[j + 1]	the permutation S
5	5	F	8,1,6,2,**5**,9,7,**4**,3

341

//$\boldsymbol{S}$=(8, 1, 6, 2, 4, 9, 7, 5, 3)之后，下一个 $\boldsymbol{S}$ 是(8, 1, 6, 2, **5**, 9, 7, **4**, 3)。

//(8, 1, 6, 2, 4)，下一个 5 元排列是(8, 1, 6, 2, **5**)。

4. 下一个迭代中，$j=5$，所以 X 是 $\boldsymbol{S}[5]=5$。

(a) 查找 m，并交换 $\boldsymbol{S}[m]$和 $\boldsymbol{S}[j]$：

m	S[m]	X > S[m]	the permutation S
9	3	T	8,1,6,2,5,9,7,4,3
8	4	T	
7	7	F	8,1,6,2,**7**,9,**5**,4,3

(b) 因为 $j<k$ 为 False，所以 $\boldsymbol{S}$ 没有其他变化。

(c) 查找当前排列的 j 值：

j	S[j]	S[j] > S[j + 1]	the permutation S
5	7	F	8,1,6,2,**7**,9,**5**,4,3

//$\boldsymbol{S}$=(8, 1, 6, 2, 5, 9, 7, 4, 3)之后，下一个 $\boldsymbol{S}$ 是(8, 1, 6, 2, **7**, 9, **5**, 4, 3)。

//(8，1，6，2，5)，下一个 5 元排列是(8，1，6，2，**7**)。

遍历之后，通常 $j=k$。 //通常？

$\{1..n\}$上的 k 元排列数(最后的元素不是最大可能值)是

(x_1 的可能值个数)(x_2 的可能值个数)…(x_{k-1} 的可能值个数)(x_k 的可能值个数)

$= (n)(n-1)\cdots(n-[k-2])(n-[k-1])$

$= (n)(n-1)\cdots(n-k+2)\times(n-k+1)$

$\{1..n\}$上最后一个元素不是最大可能值的 k 元排列个数是

(x_1 的可能值个数)(x_2 的可能值个数)…(x_{k-1} 的可能值个数)(x_k 的可能值个数)

$= (n)(n-1)\cdots(n-[k-2])(\{n-[k-1]\}-1)$

$= (n)(n-1)\cdots(n-k+2)\times(n-k)$

因此，$\{1..n\}$上 x_k 仍能增大的 k 元排列的占比是

$$\frac{n-k}{n-k+1}$$

$k=5$ 和 $n=9$ 时，占比为 4/5；所以 80%的迭代中 $j=k$。

//而且序列中只有两个元素交换。

342 //回忆一下，当 $k=n$ 时，$j=k$ 的情况不会发生。

本节要点

$\{1..n\}$的所有(全)排列可用算法 8.4.1 按字典序生成。$\{1..n\}$的所有 k 元排列可用算法 8.4.2 按字典序生成，其中 $0<k<n$。

同时介绍了生成全排列的“平均开销”小于 3 次交换。最差情况要求交换所有的 n 个元素。下一章详细介绍平均情况复杂度。

习题

1. 给定字母{a，b，c，d，e}的 5 元集合，要求(i)和(ii)中必须按照(辅音字母，元音字母，辅音字母，元音字母，辅音字母)的次序生成。
   (i) 按字典序，找到(b，a，d，e，c)之后的 3 个 5 元排列。
   (ii) 按字典序，找到(b，a，c，e，d)之后的 3 个排列。
2. 考虑$\{1..7\}$上的 5 元序列。
   (a) 有多少个？
   (b) 按字典序，第一个序列是什么？
   (c) 按字典序，最后一个序列是什么？
   (d) (2，3，4，6，7)之后的下一个序列是什么？
3. 考虑$\{1..7\}$上长度大于等于 1 的递增序列。
   (a) 有多少个？
   (b) 按字典序，第一个序列是什么？
   (c) 按字典序，最后一个序列是什么？
   (d) (2，3，4，6，7)之后的下一个序列是什么？
4. 考虑$\{1..7\}$上的 5 元升序序列。

(a) 有多少个?

(b) 按字典序，第一个序列是什么?

(c) 按字典序，最后一个序列是什么?

(d) (2，3，4，6，7)之后的下一个序列是什么?

5. 考虑{1..7}上的5元排列。

(a) 有多少个?

(b) 按字典序，第一个排列是什么?

(c) 按字典序，最后一个排列是什么?

(d) (2，3，4，6，7)之后的下一个排列是什么?

(e) (2，3，4，7，6)之后的下一个排列是什么?

6. 按字典序，

(a) 找到{1..9}上(8，1，3，9，7，6，4)之后的下12个7元排列。

(b) 找到{1..12}上(8，11，10，1，12，5，3，9，7，6，4，2)之后的下7个全排列。 343

7. **背包问题**和**贪心**算法。

背包问题的一个实例描述如下：有 n 个对象的集合 $\boldsymbol{U}=\{O_1, O_2, O_3, \cdots, O_n\}$，其中每个对象 O_j 都有一个正权值 W_j 和一个正值 V_j。同时也假定存在正值 B 等于想放入背包的对象的所有权值之和。

(a) 通常的贪心算法按对象的值从大到小依次将对象放入背包，直至无法放入为止。(这可以解决所有权值都相等的问题。)构造一个实例，该算法不能给出最优解。

(b) 第二种贪心算法按对象的值密度(即 V_j/W_j)依次将对象放入背包，直至无法放入。

//拿钻石比拿电视机好。

(这可以解决所有值相等的问题。)构造一个实例，该算法不能给出最优解。

8. 裂项级数。

(a) 证明如果 $x_0, x_1, x_2, \cdots, x_n$ 是任意序列，而且 $0<a\leqslant b\leqslant n$，那么 $\sum_{j=a}^{b}(x_{j-1}-x_j)=x_{a-1}-x_b$。

(b) 将 $\sum_{j=a}^{b}(x_j-x_{j-1})$ 表示成两个向量的差。

(c) 将 $\sum_{j=a}^{b}(x_{j+1}-x_j)$ 表示成两个向量的差。

(d) 将 $\sum_{j=a}^{b}n^j(n-1)$ 表示成两个项的差。

(e) 将 $\sum_{j=a}^{b}n^{k-j}(n-1)$ 表示成两个项的差。

9. **算法** 8.2.1 按字典序生成{1..n}上的所有 k 元序列的平均开销。

对每个 k 元序列 $\boldsymbol{T}$，令 $c(\boldsymbol{T})$ 是生成 $\boldsymbol{T}$ 需要的赋值次数。那么 $1\leqslant c(\boldsymbol{T})\leqslant k$，而且对 $a=1, 2, \cdots, k$，令 $f(a)=$ "$c(\boldsymbol{T})=a$ 的序列 $\boldsymbol{T}$ 的个数"。

然后

$$f(1)=n^{k-1}(n-1)$$
$$f(2)=n^{k-2}(n-1)$$
$$\cdots$$
$$f(k-1)=n^{k-(k-1)}(n-1)=n(n-1)$$
$$f(k)=1(\text{按字典序第一个序列})+(n-1)=n$$

证明 $f(1)+f(2)+\cdots+f(k)=n^k$ //{1..n}上的 k 元序列数

// $\sum_{a=1}^{k}f(a)=\sum_{a=1}^{k-1}n^{k-a}(n-1)+n=\sum_{a=1}^{k-1}(n^{k-a+1}-n^{k-a})+n$

//裂项级数。 344

所有序列的总开销，

$$\begin{aligned}TC &= \sum_{a=1}^{k} a\times f(a) = \sum_{a=1}^{k-1} a\times n^{k-a}(n-1) \qquad\qquad\qquad\qquad\qquad + k\times n\\ &= (n-1)\times 1\times n^{k-1} + (n-1)\times 2\times n^{k-2} + (n-1)\times 3\times n^{k-3} +\\ &\quad \cdots + (n-1)\times (k-2)\times n^{2} + (n-1)\times (k-1)\times n^{1} \qquad\qquad + kn\\ &= (n-1)\times (k-1)\times n^{1} + (n-1)\times (k-2)\times n^{2} + (n-1)\times (k-3)\times\\ &\quad n^{3} + \cdots + (n-1)\times (2)\times n^{k-2} + (n-1)\times (1)\times n^{k-1} \qquad\qquad + kn\end{aligned}$$

//级数可以用 Paskal 三角来计算：

//项“$(n-1)\times n^1$”可以加$(k-1)$次得到$(n-1)\times(k-1)\times n^1$；写在第一列。

//项“$(n-1)\times n^2$”可以加$(k-2)$次得到$(n-1)\times(k-2)\times n^2$；写在第二列。依此类推。

//

//$TC = (n-1)\times n^1 + (n-1)\times n^2 + (n-1)\times n^3 + \cdots + (n-1)\times n^{k-2} + (n-1)\times n^{k-1}$

//　$+ (n-1)\times n^1 + (n-1)\times n^2 + (n-1)\times n^3 + \cdots + (n-1)\times n^{k-2}$

//　$+ \cdots$

//　$+ (n-1)\times n^1 + (n-1)\times n^2 + (n-1)\times n^3$

//　$+ (n-1)\times n^1 + (n-1)\times n^2$

//　$+ (n-1)\times n^1$

//　$+ kn$

//把行加起来，就可以得到裂项级数。

//

//$TC = n^k - n$

//　$+ n^{k-1} - n$

//　$+ \cdots$

//　$+ n^4 - n$

//　$+ n^3 - n$

//　$+ n^2 - n$

//　$+ kn$

//　$= n^k + n^{k-1} + n^{k-2} + \cdots + n^4 + n^3 + n^2 - (k-1)n + kn$

//　$= n + n^2 + n^3 + \cdots + n^{k-2} + n^{k-1} + n^k$

(a) 证明 $n>1$ 时，序列的平均开销是

$$\frac{n+n^2+\cdots+n^k}{n^k} = \left(\frac{n}{n-1}\right)\left(\frac{n^k-1}{n^k}\right)$$

(b) 什么时候平均开销小于 2?

10. 解释为什么下述方法能按字典序生成$\mathbb{S}$中的所有序列。

阶段 1。按字典序生成$\mathbb{S}$的第一个序列：为 x_1，x_2，x_3 选取最小的可能值，以此类推，直到$\mathbb{S}$中有一个序列。

345

阶段 2。按字典序生成序列 $\boldsymbol{S}=(x_1, x_2, x_3, \cdots, x_k)$的下一个序列 $\boldsymbol{T}$:

(a) 通过查找 x_{k+1}，$x_{k+2}\cdots$的最小的可能值来扩展 $\boldsymbol{S}$，直到有一个$\mathbb{S}$的序列，或者 $\boldsymbol{S}$ 不能扩展；

(b) 通过查找 x_j 仍能增大的最大的索引 j，将 x_j 用最小的可能值增大到 $x_j'=x_j+q$，然后(如果有必要)查找 x_{j+1}，$x_{j+2}\cdots$的最小的可能值，直到有一个$\mathbb{S}$的序列。当序列 $\boldsymbol{S}$ 不能扩展或者没有元素可以继续增大时，过程停止。

11. **哈密顿图和 TSP**。

假定 G 是无向图，其顶点集为 $V=\{x_1, x_2, \cdots, x_n\}$。

定义 TSP 的迁移-开销矩阵如下：

$$C[i,j]=\begin{cases}1 & \text{如果 } x_i \text{ 和 } x_j \text{ 相邻}\\ 2 & \text{其他}\end{cases}$$

(a) 证明如果图 G 上存在一条总开销小于等于 n 的旅行商路线，那么 G 有一个哈密顿回路。

(b) 往 G 上添加一个新顶点 x_0，并与 G 中其他顶点都相连，定义一个新的迁移-开销矩阵 C^*，使得如果存在一条总开销小于等于 n 的旅行商路线，那么 G 有一个哈密顿回路。

(c) 有向图上是否有对应的定理？

12. 算法 8.3.2 生成{1..n}的所有 k 元子集。

(a) 什么是两个 k 元子集之间的最小改变？

//至少要添加一个新的元素，消除相同的数。

(b) 字典序是最小改变列表吗？(是格雷码吗?)

(c) $k=2$，$n=4$ 时有这样的列表吗？

13. 假定 R 和 k 都是某个非负整数。证明

$$(k+1)\times\binom{R+0}{0}+k\times\binom{R+1}{1}+(k-1)\times\binom{R+2}{2}+\cdots+2\times\binom{R+k-1}{k-1}$$
$$+1\times\binom{R+k}{k}=\binom{R+k+2}{k}$$ 346

提示：考虑使用下述三角模式证明

$$\text{LHS}=\binom{R+0}{0}+\binom{R+0}{0}+\binom{R+0}{0}+\cdots+\binom{R+0}{0}+\binom{R+0}{0}+\binom{R+0}{0}$$
//$k+1$ 次

$$+\binom{R+1}{1}+\binom{R+1}{1}+\binom{R+1}{1}+\cdots+\binom{R+1}{1}+\binom{R+1}{1}$$
//k 次

$$+\binom{R+2}{2}+\binom{R+2}{2}+\binom{R+2}{2}+\cdots+\binom{R+2}{2}$$ //$k-1$ 次

$$+\cdots$$

$$+\binom{R+k-1}{k-1}+\binom{R+k-1}{k-1}$$ //2 次

$$+\binom{R+k}{k}$$ //1 次

接着使用引理 8.3.2 添加模式中的 $k+1$ 列。

然后再使用引理 8.3.2 添加 $k+1$ 个列的和。

14. 算法 8.4.1 生成{1..n}的所有全排列。

(a) 什么是两个全排列之间的最小改变？

//至少有两个元素必须改变，值要互换。

//可能两个连续的值互换。

(b) 字典序是最小改变列表吗？(是格雷码吗?)

(c) $n=3$ 时有这样的列表吗？

15. Ringing the changes 诞生于 17 世纪，是英国特有的能发出自己铃声的敲钟方式。它能产生 n 个铃声集合构成的序列，以表示音阶跨度。钟声对应{1..n}上所有排列从一个排列交换相邻值转换到下一个排列的最小改变列表。

//敲四次钟要 1 分钟；敲六次钟要 30 分钟；敲七次钟要大于 3 小时；敲八次钟要 1 天多 4 小时；

//敲十二次钟大约要 38 年。

{1..2}的所有排列的最小改变列表是

12 → **21**

↓ // 此时，如果2上移就回到12

347 {1..3}的所有排列的最小改变列表是

```
123  →  132  →  312      // 3沿序列下移
                ↓        // 此时让2沿序列下移
213  ←  231  ←  321      // 然后让3沿序列上移
↓                        // 此时，如果2上移，就回到123
```

{1..4}的所有排列的最小改变列表是

```
1234 → 1243 → 1423 → 4123 // 4沿序列下移
                       ↓  // 此时执行n=3时的变化
1324 ← 1342 ← 1432 ← 4132 // 此时让4沿序列上移
↓                         // 此时执行n=3时的变化
3124 → 3142 → 3412 → 4312 // 然后让4沿序列下移
                       ↓  // 此时执行n=3时的变化
3214 ← 3241 ← 3421 ← 4321 // 此时让4沿序列上移
↓                         // 此时执行n=3时的变化
2314 → 2341 → 2431 → 4231 // 然后让4沿序列下移
                       ↓  // 此时执行n=3时的变化
2134 ← 2143 ← 2413 ← 4213 // 此时让4沿序列上移
↓                         // 此时执行n=3时的变化
                          // 如果2上移，就回到1234
```

证明上述列表及其逆列表不是四种铃声唯一的最小改变列表。

对任意 n，{1..n}的所有排列是否存在最小改变列表？

存在归纳证明吗？

可以编写程序给出{1..n}的所有排列的最小改变列表吗？

你会使用递归吗？

16. **旅行商问题。**

假定迁移-开销矩阵 $\boldsymbol{C}$ 如下矩阵所示：

	0	1	2	3	4	5
0	*	12	13	9	8	7
1	12	*	5	16	31	8
2	13	30	*	7	32	33
3	9	20	24	*	21	18
4	8	6	20	22	*	15
5	7	18	9	17	19	*

按字典序，{1..5}上第一个排列给出的路线是 $\boldsymbol{S}$=(1，2，3，4，5)，它的总开销是 67 单元。看起来这并不是最佳路线。

348 (a) 最近邻路线的构造如下：从 $t[0]$出发到最近邻，然后到该城镇的最近邻(未访问)，……直到构造完成完整的路线。找出这条最近邻路线，并证明其总开销是 82 单元。

//这条路线刚开始时很好，但后面的迁移开销很大。

(b) 贪心路线的构造如下：每次都选择开销最小的迁移，直到构造完成完整的路线。

//从 $t[1]$到 $t[2]$的最好的迁移开销是 5 单元($\boldsymbol{C}$ 中的最小值)。

//利用最小的可能开销构造路线；也就是说，

//$t[1]$之后到 $t[2]$(或到 $t[2]$之前先到 $t[1]$)。

//下一个最小的迁移是从 $t[4]$到 $t[1]$，开销是 6 单元。

//利用第二小的可能开销构造路线；也就是说，

//$t[4]$之后到 $t[1]$(或到 $t[1]$之前先到 $t[4]$)。

(c) 寻找一条贪心路线，其开销为 53 单元。 //是 T^* 吗？

(d) 确定最佳可能路线 T^*。

17. 实现算法 8.3.3，并遍历一个小例子。

算法 8.3.3 用格雷码将{1..n}的所有非空子集生成升序序列(S[1]..S[k])

```
Begin
  S[1] ← 1;
  k ← 1;                                  // 第一个序列 = (1)
  // 打印或处理序列 S[1]
  While (S[1] < n) Do                     // 最后一个序列 = (n)
    If (S[k] = n) Then
      k ← k − 1
    Else
      S[k + 1] ← n;
      k ← k + 1
    End;          // If语句
    // 打印或处理序列 S[1] .. S[k]

    If (S[k − 1] = S[k] − 1) Then
      S[k − 1] ← S[k];
      k ← k − 1
    Else
      S[k + 1] ← S[k];
      S[k] ← S[k] − 1;
      k ← k + 1
    End;          // If语句
    // 打印或处理序列 S[1] .. S[k]
  End;            // While循环
End.              // 算法8.3.3
```

18. 实现算法 8.3.4，并遍历一个小例子。 349

算法 8.3.4 用格雷码将{1..n}的所有非空子集生成升序 k 元序列(S[1]..S[k])

```
Begin
  S[1] ← 1;          // 第一个k元序列 =(1, n − k + 2, n − k + 3,..., n)
  For i ← 2 To k Do
    S[i] ← n − k + i
  End;
  // 打印或处理序列 S

  j ← 2;
  While (S[1] < n − k + 1) Do                  // 获取下一个k元序列T
    If (j > k) Then                            // 只有k为奇数时执行
      S[k] ← S[k] + 1;
      If (S[k] = n) Then j ← j − 2 End;
                                               // S变化1位得到T
    Else  // j≤k
      If (S[j − 1] = S[j] − 1) Then
        S[j − 1] ← S[j]; S[j] ← n − k + j;
        If (S[j − 1] = S[j] − 1) Then
          j ← j − 2
        End;
                                               // S变化1位得到T
      Else    //S[j−1]<S[j]−1
        S[j] ← S[j] − 1;
        If (j < k) Then
          S[j + 1] ← S[j] + 1;
          j ← j + 2
        End;
                                               // S变化1位得到T
      End;     // If语句
    End;       // 外层If语句
    // 打印或处理序列 S
  End;         // While循环
End.           // 算法8.3.4
```

350

离散概率和平均情况复杂度

假设抛硬币时接连抛出两次面朝上。这可能是头两次，但也可能抛了 17 次。实际上，抛硬币的次数是不受限的。如果班上有人抛硬币，直到连续抛出两次面朝上，数一下他抛了多少次硬币，最优情况可能是 2 次，最差情况可能是很大的数。

//有人会永远抛不出连续两次面朝上吗？

//可以对**平均**需要抛多少次硬币做出一个“合理的”预测吗？你相信平均只需 6 次吗？

概率就是解决这个问题的一种**想法**——对过程的**平均**行为做出合理的解释。许多算法（如查找和排序），步数依赖于独立的输入实例本身（而不仅仅是输入的大小）。对这些算法而言，确定其平均情况复杂度更合理。特别地，本节将介绍对长度为 n 的列表排序时，QuickSort 平均需要 $O(n\lg(n))$ 次键值比较，最差情况需要 $n(n-1)/2$ 次键值比较，复杂度为 $\Theta(n^2)$。

9.1 概率模型

将硬币抛向空中，等它落下来后，观察其是面朝上还是面朝下。在工程学或经典物理学中，如果有足够的信息，如硬币在手指上的放置方式、大拇指的力度、用力的位置和方式等，就可以准确预测硬币的空中路线：飞行和翻转方式、着陆点以及着陆方式等。每个
351 人都认为，如果再抛一次，硬币的飞行和翻转路线、着陆方式都和前一次一样。如果构造一个机器来抛硬币，每次以同样的方式抛出，恰好每次输出都一样。这就是确定模型，其过去（多大力度用于硬币的某个位置）确定了未来是面朝上还是面朝下。只要拥有足够的数据，就可以预测输出。

另外，抛硬币时，并不知道输出是什么。面朝上和面朝下不可能两者同时出现或同时不出现。有时面朝上，有时面朝下，但完全没有明显的规律。所以任意抛出硬币时，有可能面朝上，也有可能面朝下；抛很多次后，面朝上和面朝下的次数基本是一样的。**概率模型**就是描述实际生活中这种不确定性情况。

//对预测独立的输出几乎无效

本节将介绍概率模型的术语，并介绍几个概率实例。

9.1.1 采样空间

实验是产生输出的过程；实验的采样空间是输出的集合。每次重复实验，就恰好产生采样空间中的一个输出。

例 9.1.1 实验和采样空间

1. “在 1～10 之间抽取一个数”的采样空间是集合{1，2，3，…，10}。 //也可能是 **P**

2. “抛硬币”的采样空间是集合{H，T}，其中 H 表示输出“硬币落地时面朝上”，T 表示输出“硬币落地时面朝下”。

3. “MATH 140 的成绩记录”的采样空间是{A，B，C，D，E}，每个字母代表一个输出，表示最终的课程成绩。

4. “抛硬币，直到连续两次面朝上”的采样空间是{H，T}上以 HH 结尾的所有序列的集合，其他情况都没有两次连续的面朝上。

◀

9.1.2 概率函数

概率模型的主要元素是定义在采样空间 $\boldsymbol{S}$ 上的函数 P。如果 O_j 是某个输出，用 $P(O_j)$ 表示

实验重复很多次之后，输出等于 O_j 的次数所占的比例(或分数) 352

那么，有 $0 \leqslant P(O_j) \leqslant 1$

“$0=P(O_j)$” 表示 O_j **从未**出现

“$P(O_j)=1$” 表示 O_j **一直**出现

还有

$$\sum_{O_j \in S} P(O_j) = 1$$

所有这些比例的和表示实验得到的所有输出，所以等于 1。

但在数学课中(包括这门课)，学习模型时不会过多考虑模型和现实世界的联系(这一点和工程学或物理学不一样)，是以抽象的形式(不会涉及具体的人)来讨论概率。

概率函数是定义在某个非空离散集合 $\boldsymbol{S}$ 上的实值函数 P，该函数满足以下两条概率公理：

I. 对采样空间 $\boldsymbol{S}$ 中的所有输出 O_j，都有 $0 \leqslant P(O_j)$

II. $\sum_{O_j \in S} P(O_j) = 1$

可能的输出集合称为**事件**，“事件的概率”计算如下：对 $A \subseteq \boldsymbol{S}$

$$\text{prob}(A) = \sum_{O_j \in A} P(O_j) \qquad // \text{ 所以 } \text{prob}(\boldsymbol{S}) = 1$$

例 9.1.2 采样空间和概率函数

1. 实验“在 1 到 10 之间抽取一个数”，采样空间是集合{1，2，3，…，10}。

对于每个 $j \in \boldsymbol{S}$，令 $P(j)=1/10$。 //公理 I 和公理 II 成立

//但是否选 1 或 10 的次数少于选 3 或 4 或 5 或 7 的次数？

//所有 10 个数都等概率选择吗？

2. 实验“抛硬币”，采样空间是集合{H，T}。

令 $P(\text{H})=\frac{1}{2}$，$P(\text{T})=\frac{1}{2}$。 //公理 I 和公理 II 成立

//这个模型最好地刻画了抛硬币的情形。

3. 实验“MATH 140 的成绩记录”，采样空间是{A，B，C，D，E}。

你认为选修这门课时，成绩为 A 或 B 或 E 的机会是一样的吗？如果假定今年的输出比例和去年一样，

$$P(\text{A}) = 40\% \quad P(\text{B}) = 20\% \quad P(\text{C}) = 15\% \quad P(\text{D}) = 10\% \quad P(\text{E}) = 15\%?$$

能否构造一个“合理的”模型？

//公理 I 和公理 II 成立吗？ 353

4. 实验“抛硬币，直到连续两次面朝上”，采样空间是{H，T}上的所有(**无限**)序列

的集合。就很难找到同时满足公理 I 和公理 II 的“合理”或“实际”的函数。

//本章最后介绍这种情况。

//是否认为获取输出序列 TTHH 比获取
//THTHTHTHTHTHTHTHTHTHTHTHTHTHTHTHTHTHTHTHH
//(T 和 H 交互出现 20 次，然后出现另一个 H)
//更容易或更有可能？ ◀

9.1.3 特例：等概率输出

到目前为止，最简单的情况是 $\boldsymbol{S}$ 由有限个等概率输出构成，也就是说，

$$\boldsymbol{S} = \{O_1, O_2, \cdots, O_n\}$$

对所有的 $O_j \in \boldsymbol{S}$，$P(O_j) = 1/n$　　　　// 公理 I 和公理 II 成立

$\boldsymbol{S}$ 中的所有输出都是**等概率**时，对任意事件 $A \subseteq \boldsymbol{S}$，

$$\text{prob}(A) = \sum_{O_j \in A} P(O_j) = |A| \times (1/n), \quad 其中\ n = |\boldsymbol{S}|$$

这里，事件 A 的概率是

$$\text{prob}(A) = |A| / |\boldsymbol{S}|$$

即集合 A 的输出数除以总的输出数。

使用这种概率函数(和等概率输出假设)时，通常使用“**随机**”这个词。

概率论一开始就使用这种概率的基本描述(17 世纪 Pascal 和 Fermat 用于研究赌博游戏，后来 Gauss 和 Laplace 也使用了相关描述)。但这是个粗略模型；它不包含不同输出的信息，将不同的输出统一处理，也不提供下一次输出的预测信息。令人惊奇的是，它非常有用，很适用于建模许多“真实世界”的过程。

例 9.1.3　两本“不好的书”

假定房间的书架上有 12 本书，其中有 2 本书被妈妈叫作“dirty book(不好的书)”——DB。假定妈妈突然进入房间，你担心两本 DB 放在一起很容易被发现。**两本书放在一起的概率是多少？**

354

//要回答这个问题，需要用到概率模型：实验、采样空间 $\boldsymbol{S}$ 和概率函数。
//概率函数要反映问题的潜在意思：两本 DB 可以放在其他 10 本书间的任意位置。
//
//我们感兴趣的情况是“两本 DB 放在一起”；这就是事件 A。
//但 A 必须表示成实验输出的子集。
//
//下面介绍三种求解方案。

方案 1

实验：12 本书以**随机**次序放在书架上

采样空间：12 本书的所有可能的次序

事件 A：2 本 DB 放在一起

$|\boldsymbol{S}| = 12!$，即 12 个对象的(全)排列数。　　　　//=479 001 600

要算出 2 本 DB 放在一起的排列数，假定先将 2 本 DB 捆绑放在一起，然后排列书架

上的 11 个对象。所以　　//根据乘法规则

$$|A| = (\text{两本 DB 捆绑放在一起的排列数}) \times (\text{11 个对象的排列数}) = 2! \times 11! \quad // = 2 \times 39\,916\,800$$

因此，

$$\text{prob}(A) = \frac{|A|}{|\boldsymbol{S}|} = \frac{2 \times 11!}{12 \times 11!} = \frac{1}{6}$$

方案 1 中，其他 10 本书的重排是无关的。从而可以给出另一个新的实验，可以忽略这 10 本书的次序。

方案 2

实验：**随机**选取书架上两个位置(放 DB)

采样空间：12 个位置中抽取两个位置的所有可能的选择

事件 A：2 个位置在一起

$|\boldsymbol{S}| = \begin{bmatrix}12\\2\end{bmatrix} = 66$，即 12 元集合中 2 元子集的个数。

如果选取的两个位置在一起，即位置 1 和 2，2 和 3，3 和 4，…，11 和 12。所以

$$|A| = 11 \quad //\text{不使用公式就可计算其概率。}$$

因此，

$$\text{prob}(A) = \frac{11}{66} = \frac{1}{6} \quad //\text{仍是这个值！}$$

最后，构造一个方案，反映最后放在书架上的是 2 本 DB 之一的情况。 355

方案 3

实验：最后一本是 DB，并**随机**放在已经有 11 本书的书架上

采样空间：12 本书的所有可能的位置

事件 A：书架上已有 DB 的前后两个位置

$|\boldsymbol{S}| = 12$ 因为最后一本书可以放在第 1 本书的左侧、第 2 本书的左侧、…、第 11 本书的左侧或第 11 本书的右侧。

$$|A| = 2 \quad //\text{另一本 DB 前后有 2 个位置}$$

因此，

$$\text{prob}(A) = \frac{2}{12} = \frac{1}{6} \quad //\text{还是这个值！}$$

如果输出是等概率的，概率问题就变成计数问题。有时计算排列数，有时计算组合数，有时只需要计算可能性。只要计算实验产生的数据，就可以使用公式或方法计算想要的结果。 ◀

本节要点

概率模型由三部分组成：**实验**，是产生输出的过程；**采样空间**，是输出的集合 $\boldsymbol{S}$，每次重复实验，就恰好产生采样空间中的一个输出；**概率函数**，是定义在某个非空离散集合 $\boldsymbol{S}$ 上的实值函数 P，该函数满足以下两条概率公理：

I. 对采样空间 $\boldsymbol{S}$ 中的所有输出 O_j，都有 $0 \leqslant P(O_j)$

II. $\sum_{O_j \in S} P(O_j) = 1$

可能的输出集合称为**事件**，事件 A 的概率为

$$\operatorname{prob}(A)=\sum_{O_j \in A} P(O_j)$$

$\boldsymbol{S}$ 包含**有限个等概率**输出时，任意事件 $A \subseteq \boldsymbol{S}$，有

$$\operatorname{prob}(A)=|A| / |\boldsymbol{S}|$$

356 即集合 A 的输出数除以总的输出数。使用这个概率函数时(等概率输出假设)，称之为**随机**的。

概率值只能在某个模型的上下文中计算，也就是说，某个假定的实验、假定的采样空间 $\boldsymbol{S}$ 和假定的 $\boldsymbol{S}$ 上的概率函数。

9.2　条件概率

假定有一个 X 先生，他根据两个主要标准对遇到的人进行分类：大学生或城镇居民、严谨的或其他。下面的权值表给出了他所熟悉人群在四种分类中的人数。

	大学生	城镇居民
严谨的	10	20
其他	140	20

假定你在一个聚会上遇到了 X 先生的一位朋友。**他是大学生的概率是多少？他非常严谨的概率是多少？他是严谨的大学生的概率是多少？**

要回答这些问题，需要构造符合情形的概率模型：

实验：你遇到 X 先生曾遇到过并分类的一个人

采样空间：X 先生曾遇到过并分类的所有人

概率函数：假定遇到的人是从采样空间中随机选取的，也就是说，每种可能都是等概率的。

事件 A：他是大学生

事件 B：他是严谨的

事件 C：他是严谨的大学生

对每个事件而言，都必须知道采样空间对应子集的大小。在权值表上再添加“总和”栏——行和、列和以及总和。

	大学生	城镇居民	
严谨的	10	30	40
其他	140	20	160
	150	50	200

357 现在有

$$\operatorname{prob}(\text{他是大学生})=\frac{150}{200}=\frac{3}{4}=0.75=75\%$$

$$\text{prob}(\text{他是严谨的})=\frac{40}{200}=\frac{1}{5}=0.20=20\%$$

$$\text{prob}(\text{他是严谨的大学生})=\frac{10}{200}=\frac{1}{20}=0.05=5\%$$

9.2.1 组合事件

通常，事件是描述采样空间的子集的语句。这里，事件 C 可以表述为“$A \wedge B$”——他是大学生和他是严谨的。一般来说，对任意事件对 A 和 B，

$$\text{prob}(A \wedge B)=\sum_{x \in A \cap B} P(x)$$

$$\text{prob}(A \vee B)=\sum_{x \in A \cup B} P(x)$$

$x \in A \cap B$ 时，$P(x)$的值既被加入到 prob(A)，又被加入到 prob(B)，所以

$$\text{prob}(A \vee B) = \text{prob}(A) + \text{prob}(B) - \text{prob}(A \wedge B) \tag{9.2.1}$$

回到 X 先生的朋友的例子，

$$\begin{aligned}&\text{prob}(\text{他是大学生或他是城镇居民})\\&= \text{prob}(A \vee B)\\&= \text{prob}(A) + \text{prob}(B) - \text{prob}(A \wedge B)\\&= \frac{150}{200} + \frac{40}{200} - \frac{10}{200} = \frac{180}{200}\\&= 0.90 = 90\%\end{aligned}$$

//计算了除 20 位分为其他的城镇居民的所有人。

一般而言，对任意事件对 A 和 B，

$$\text{prob}(A \wedge B) \leqslant \text{prob}(A) \leqslant \text{prob}(A \vee B) \leqslant \text{prob}(A) + \text{prob}(B)$$

9.2.2 条件概率

如果遇到 X 先生的朋友，交谈时发现他是大学生，这给判断他是否严谨提供了某些信息吗？考虑他是大学生时，能计算出他非常严谨的概率吗？这种情况称为 **A 条件下 B 的条件概率**，写作 358

$$\text{prob}(B|A)$$

//竖线表示条件，读作“给定”——而**不是**整除。

//想知道事件 A 已经发生的条件下，事件 B 发生的概率。

//所以 prob(A)必须大于 0。

再看看前面的权值表，如果他是大学生，那么他是 X 先生认识的 150 个大学生中的一位，所以概率模型改为：

实验：你随机抽样遇到了 X 先生遇到的并已分类的一位大学生

采样空间*：X 先生遇到的并已分类的 150 位大学生

事件 B^*：他是严谨的 //他是严谨的大学生吗？

$$\text{prob}(B^*) = \frac{|B^*|}{|S^*|} = \frac{10}{150} = \frac{1}{15} = 0.0\overline{6} = 6\frac{2}{3}\%$$

但是 B^* 是原来的采样空间事件，S^* 是原来的采样空间的事件 A，所以根据原来的模型

$$\text{prob}(B^*) = \frac{10/200}{150/200} = \frac{\text{prob}(A\text{ 和 }B)}{\text{prob}(A)} = 0.0\overline{6} = 6\frac{2}{3}\%$$

//前面已经问道："发现他是大学生时，这给判断他是否严谨提供了某些信息吗？"
//现在知道他严谨的可能性较小：
//　　prob(他是严谨的)=20%
//　　prob(他是严谨的|他是大学生)=$6\frac{2}{3}\%$

一般而言，**A 条件下 B 的条件概率**只能在 prob(A)>0 时定义，定义如下：

$$\text{prob}(B|A) = \frac{\text{prob}(A \wedge B)}{\text{prob}(A)} \tag{9.2.2}$$

条件概率有很多实际和理论应用，后面将用条件概率确定算法的平均情况复杂度。

对于所有的 $x \in A$，将 $P(x|A)$定义成 prob($\{x\}|A$)。然后

$$P(x|A) = \frac{\text{prob}(A \wedge \{x\})}{\text{prob}(A)} = \frac{P(x)}{\text{prob}(A)}$$

359 $P(x|A)$是 A 上的概率函数。　　//X$P(x|A) \geqslant 0$ 和 $\sum_{x\in A} P(x|A) = 1$

有时候，直接确定 prob($B|A$)比计算 prob($B \wedge A$)更容易。但是只要 $P(A)>0$，就有

$$\text{prob}(B \wedge A) = \text{prob}(B|A) \times \text{prob}(A) \tag{9.2.3}$$

9.2.3　独立事件

概率论中，事件 V 和 W 是**独立**的，是指 prob($V \wedge W$)=prob(V)×prob(W)。
//非正式说法，事件 V 和 W 是独立的，
//如果其中一个事件的发生不会改变另一个事件发生的概率；也就是说，
//　　prob($W|V$)=prob(W)和 prob($V|W$)=prob(V)
//然后有 prob($V \wedge W$)=prob(V)×prob(W)。　　//依据(9.2.3)

在 X 先生的朋友的例子中，

$$\text{prob}(\text{他是大学生} \wedge \text{他是严谨的}) = \frac{10}{200} = 0.05 = 5\%$$

$$\text{prob}(\text{他是大学生}) \times \text{prob}(\text{他是严谨的}) = \frac{150}{200} \times \frac{40}{200}$$

$$= \frac{3}{20} = 0.15 = 15\%$$

因此，事件"他是大学生"和"他是严谨的"**不是**独立的。

另一方面，如果抛出的分别是 1 角硬币和 5 角硬币，那么事件"前者面朝上"和"后者面朝下"是独立的。第一个硬币的结果不会影响第二个硬币的结果。

9.2.4　互斥事件

两事件 V 和 W 是互斥的，如果一个事件的发生会排斥另一个事件的发生；也就是说，两个事件不能同时发生。概率论中：

360 事件 V 和 W 是**互斥**的，是指 prob($V \wedge W$)=0。

事件 A 和 B 是互斥的当且仅当

$$\text{prob}(A \vee B) = \text{prob}(A) + \text{prob}(B) \qquad (9.2.4)$$

//有时用该等式来定义互斥事件。

在X先生朋友的例子中，事件“他是大学生”和“他是严谨的”不是互斥的，但是“他是严谨的”和“他是其他的”是互斥的。

如果集合中没有两个事件可以同时发生，事件集就是互斥的。实验的采样空间就是互斥输出的集合。

定理 9.2.1 如果$\{A_1, A_2, A_3, \cdots, A_k\}$是采样空间的某个子集$B$的一个划分，那么$\text{prob}(B) = \sum_{j=1}^{k} \text{prob}(A_j)$。

证明 因为B的每个输出都恰是$\{A_1, A_2, A_3, \cdots, A_k\}$中的一个事件，我们有

$$\begin{aligned}\text{prob}(B) &= \sum_{O_i \in B} P(O_i) \\ &= \sum_{O_i \in A_i} P(O_i) + \sum_{O_i \in A_2} P(O_i) + \cdots + \sum_{O_i \in A_k} P(O_i) \\ &= \text{prob}(A_1) + \text{prob}(A_2) + \cdots + \text{prob}(A_k)\end{aligned}$$

■

定理的一个结论是对任意事件A，因为A和$\sim A$划分了采样空间$\boldsymbol{S}$，

$$1 = \text{prob}(S) = \text{prob}(A) + \text{prob}(\sim A)$$

所以

$$\text{prob}(\sim A) = 1 - \text{prob}(A) \qquad (9.2.5)$$

本节最后再介绍一个反直觉的应用(这也是贝叶斯定理中反转条件概率的特例)。

例 9.2.1 疾病诊断测试

假定D是某个疾病，1%的人中有1/2的概率会发生该疾病，而且该疾病可以很好地诊断测试。但是，由于人们身体化学的差异和疾病发生过程中的变化，测试不完全准确。测试的**敏感性**是疾病发生时给出正结果的概率。测试中，

$\text{prob}(+ \mid D) = 98\%$　　//98%的可能性，测试是敏感的 361

测试的**特异性**是指疾病未发生时给出负结果的概率。特异性趋近1，表示正结果特定于疾病D的出现。例子中测试的特异性是

$$\text{prob}(- \mid \sim D) = 95\%$$

//有时候，有些没有疾病D的人会测试出正结果；这种结果称为**误报**。例子中误报的概
//率是
//　$\text{prob}(+ \mid \sim D) = 1 - \text{prob}(- \mid \sim D) = 5\%$

现在假定做疾病D的测试，得到正结果，那么确实是正结果且得疾病D的概率是多少？**prob(D|+)的值是多少？**

方案1

想象一下实验是这样的：从人群$\boldsymbol{S}$中随机选了一个人，对这个人进行疾病诊断测试，得到一个正结果或负结果(测试不会没有结果)。

“D”表示有疾病的人群子集；

“$\sim D$”表示没有疾病的人群子集；

"+"表示测试结果为正的人群子集；

"−"表示测试结果为负的人群子集。

//根据定义，有 $\text{prob}(D|+)=\text{prob}(+\wedge D)/\text{prob}(+)$。　//见 9.2.2

//所以要计算 $\text{prob}(+\wedge D)$ 和 $\text{prob}(+)$：

$$\text{prob}(+\wedge D) = \text{prob}(+|D)\times\text{prob}(D) \quad \text{// 根据 9.2.3}$$
$$= 0.98\times 0.005 = 0.0049$$
$$\text{prob}(+\wedge\sim D) = \text{prob}(+|\sim D)\times\text{prob}(\sim D) \quad \text{// 根据 9.2.3}$$
$$= [1-\text{prob}(-|\sim D)]\times[1-\text{prob}(D)] \quad \text{// 根据 9.2.5}$$
$$= [1-0.95]\times[1-0.005]$$
$$= 0.05\times 0.995 = 0.049\,75$$

因为事件"$+\wedge D$""$+\wedge\sim D$"划分事件"+"，根据定理 9.2.1，

$$\text{prob}(+) = \text{prob}(+\wedge D)+\text{prob}(+\wedge\sim D)$$
362
$$= 0.0049 + 0.049\,75 = 0.054\,65$$

因此，
$$\text{prob}(D|+) = \text{prob}(+\wedge D)/\text{prob}(+)$$
$$= 0.0049/0.054\,65 = 0.089\,661\,482\cdots < 9\%$$

//这有意义吗？测试出正结果时，实际得疾病的概率小于 10%。

方案 2

再来构造权值表。为简便起见，假定人群 **S** 有 100 000 人。

	D	**～D**	
+			
−			
			100 000

因为 D 只在 1%的人中以 1/2 的概率发生，即 $\text{prob}(D)=0.005$。总共 100 000 人，所以可能有 500 人得疾病 D。

//99 500 没有得该病。

	D	**～D**	
+			
−			
	500	99 500	100 000

在得疾病 D 的 500 人当中，98%测试为正，2%测试为负。

//500 的 98%=0.98×500=490，500 的 2%=10。

	D	**～D**	
+	490		
−	10		
	500	99 500	100 000

在没得疾病 D 的 99 500 人中，95%测试为正，5%测试为负。

//99 500 的 95%＝0.95×99 500＝94 525，99 500 的 5%＝4975。

	D	**～D**	
+	490	4975	
−	10	94 525	
	500	99 500	100 000

363

每行求和，得到

	D	**～D**	
+	490	4975	5465
−	10	94 525	94 535
	500	99 500	100 000

测试为正结果的 5465 人中，大多数(4975)人误报，只有 490 人真的得了疾病 D。因此，

$$\begin{aligned}\text{prob}(D\,|\,+) &= \frac{490}{5465} \\ &= 0.0049/0.05465 = 0.089\,661\,482\cdots\end{aligned}$$ // 还是这个值！

//因为该疾病(大多数疾病)的发病率很低，

//所以大范围发病的概率比小范围不发病的概率低很多，

//因此例子中大多数正的测试结果是误报。 ◀

本节要点

事件是描述采样空间的子集的语句。一般来说，对任意事件对 A 和 B，

$$\text{prob}(A \wedge B) = \sum_{x \in A \cap B} P(x)$$

$$\text{prob}(A \vee B) = \sum_{x \in A \cup B} P(x)$$

对任意事件对 A 和 B，

$$\text{prob}(A \vee B) = \text{prob}(A) + \text{prob}(B) - \text{prob}(A \wedge B)$$

$$\text{prob}(A \wedge B) \leqslant \text{prob}(A) \leqslant \text{prob}(A \vee B) \leqslant \text{prob}(A) + \text{prob}(B)$$

***A* 条件下 *B* 的条件概率**只能在 $\text{prob}(A)>0$ 时定义，定义如下：

$$\text{prob}(B\,|\,A) = \frac{\text{prob}(A \wedge B)}{\text{prob}(A)}$$

事件 A 和 B 是**独立**的，是指 $\text{prob}(A \wedge B)=\text{prob}(A)\times\text{prob}(B)$；

事件 A 和 B 是**互斥**的，是指 $\text{prob}(A \wedge B)=0$。

所以，A 和 B 是互斥的，当且仅当 364

$$\text{prob}(A \vee B) = \text{prob}(A) + \text{prob}(B)$$

事件集$\{A_1, A_2, A_3, \cdots, A_k\}$是互斥的，如果集合中没有两个事件可以同时发生。如果$\{A_1, A_2, A_3, \cdots, A_k\}$是采样空间的某个子集 B 的一个划分，那么 $\text{prob}(B) = \sum_{j=1}^{k}\text{prob}(A_j)$。

9.3 随机变量和期望值

对算法执行的操作数计数时，我们希望计算其平均输出，为此需要输出为数。第一步是定义一个**随机变量**作为实验采样空间到实数的函数。 //某个 $\boldsymbol{X}$：$\boldsymbol{S} \to \mathbf{R}$

例 9.3.1 掷两个骰子

考虑掷两个骰子(红色和绿色)的实验，实验有 36 种输出结果。

令 $\boldsymbol{X}$ 表示朝上两面的数字之和。然后，$\boldsymbol{X}$ 在集合{2，3，…，12}中取值。

//这些值都等概率吗？每个都有 1/11 的出现机会吗？

我们将其采样空间表示成 6×6 的表格，$\boldsymbol{X}$ 里的值作为表格元素。

绿色骰子上的值

红色骰子上的值	1	2	3	4	5	6
1	2	3	4	5	6	7
2	3	4	5	6	7	8
3	4	5	6	7	8	9
4	5	6	7	8	9	10
5	6	7	8	9	10	11
6	7	8	9	10	11	12

实验的采样空间是所有的有序对(r, g)，其中 r 和 g 都属于[1..6]。通常，36 种输出是等概率的。事件“$\boldsymbol{X}=4$”对应 3 种输出：$r=1$ 和 $g=3$，$r=2$ 和 $g=2$，$r=3$ 和 $g=1$。因此，

365

$$\text{prob}(X=4)=3/36=1/12$$

这里列出 $\boldsymbol{X}$ 的可能值以及 $\boldsymbol{X}=v$ 的概率。

v	prob($\boldsymbol{X}=v$)
2	1/36
3	2/36
4	3/36
5	4/36
6	5/36
7	6/36
8	5/36
9	4/36
10	3/36
11	2/36
12	1/36
	36/36

//均匀地掷两个骰子时，如何估算 $\boldsymbol{X}$ 的平均值？ ◀

9.3.1 期望频率

想像一下，抛掷这些骰子 3600 次。因为 prob($\boldsymbol{X}=4$)=1/12，期望事件 $\boldsymbol{X}=4$ 出现的次数比例是 1/12。3600 次的 1/12 是 300 次。

一般而言，实验重复 N 次时，事件 A 的**期望频率**定义如下：

$$\boldsymbol{Ef}(A) = N \times \mathrm{prob}(A)$$

该实验的平均输出等于所有输出的和除以 3600。假定有 300 次输出为 4，在所有输出的总和中占了 $4\times300=1200$。当 $N=3600$ 时，扩展 $\boldsymbol{Ef}$ 和 $v\times\boldsymbol{Ef}$ 的列，得到

v	$\mathrm{prob}(\boldsymbol{X}=v)$	$\boldsymbol{Ef}(\boldsymbol{X}=v)$	$v\times\boldsymbol{Ef}$
2	1/36	100	200
3	2/36	200	600
4	3/36	300	1200
5	4/36	400	2000
6	5/36	500	3000
7	6/36	600	4200
8	5/36	500	4000
9	4/36	400	3600
10	3/36	300	3000
11	2/36	200	2200
12	1/36	100	1200
	36/36	3600	25 200
	=1	=N	

366

然后在理想情况下，这一实验重复 3600 次，$\boldsymbol{X}$ 的平均值为

$$\overline{X} = \frac{25\ 200}{3600} = 7$$

想象抛掷这些骰子 N 次，平均输出为

$$\frac{\sum_{v=2}^{12} v \times N \times \mathrm{prob}(X = v)}{N} = \sum_{v=2}^{12} v \times \mathrm{prob}(X = v)$$

它独立于 N。这个理论平均值被称为“$\boldsymbol{X}$ 的期望值”，下面形式化定义它。

9.3.2 期望值

假设 X 是某个概率模型(包含实验和概率函数)的采样空间 $\boldsymbol{S}$ 上定义的随机变量。对每个输出 O_j，可知其概率为 $P(O_j)$。X 的**期望值**定义如下：

$$\boldsymbol{E}(X) = \sum_{O_j \in S} X(O_j) \times P(O_j)$$

// $E(X)$等于 X 的所有可能输出值与输出概率的乘积之和。

//X 如果对每个 j 都有 $X(O_j)=C$，那么 $E(X)=C$。

//X 如果对每个 j 都有 $X(O_j)\leqslant Y(O_j)$，那么 $E(X)\leqslant E(Y)$。

// 从哪里继续介绍所有的概率理论呢？

对算法 A：O_j 表示某个可能的、独立的输入实例，$X(O_j)$表示输入 O_j 时 A 的执行步数，$E(X)$表示算法 A 的平均情况复杂度。

定理 9.3.1 如果 X 和 Y 是采样空间 $\boldsymbol{S}$ 上的任意两个随机变量，那么 $E(X+Y)=E(X)+E(Y)$。

证明
$$\begin{aligned}E(X+Y) &= \sum_{O_j \in S}(X+Y)(O_j)\times P(O_j)\\ &= \sum_{O_j\in S}[X(O_j)+Y(O_j)]\times P(O_j)\\ &= \sum_{O_j\in S}X(O_j)\times P(O_j)+\sum_{O_j\in S}Y(O_j)\times P(O_j)\\ &= E(X)+E(Y)\end{aligned}$$

367 ■

当函数 X 将 $\boldsymbol{S}$ 映射到 $\mathbf{R}$ 时，称 X 取到集合 $V=\{X(O_j): O_j\in \boldsymbol{S}\}$ 的值。而且，函数 X：$\boldsymbol{S}\to\mathbf{R}$ 将采样空间 $\boldsymbol{S}$ 划分成集合 A_v，其中每个 $v\in V$，

$$A_v=\{O_j\in S: X(O_j)=v\}$$

事件“$X=v$”准确对应集合 A_v；因此，可以定义一个关联函数，也用 P 表示，但其定义域是集合 V：

$$P(X=v)=\operatorname{prob}(A_v) \qquad // =\sum_{O_j\in A_v}P(O_j)$$

不需要借助实验，就可以以抽象的方式学习这些函数(如下一小节所示)。根据这个新函数，X 的期望值表达如下：

$$\begin{aligned}\boldsymbol{E}(X) &= \sum_{O_j\in S}X(O_j)\times P(O_j)\\ &= \sum_{v\in V}\sum_{O_j\in A_v}X(O_j)\times P(O_j)\\ &= \sum_{v\in V}\sum_{O_j\in A_v}v\times P(O_j)\\ &= \sum_{v\in V}\left\{v\times\sum_{O_j\in A_v}P(O_j)\right\}\end{aligned}$$

368 所以

$$\boldsymbol{E}(X)=\sum_{v\in V}v\times P(X=v)$$

9.3.3 概率分布

假设 X 是随机变量，取值于离散集合 $V\subset\mathbf{R}$。X 的**概率分布**是函数 P：$V\to\mathbf{R}$，使得

I. 对所有的 $v\in V$，$P(X=v)\geqslant 0$；

II. $\sum_{v\in V}P(X=v)=1$。

而且，X 的**期望值**定义如下：

$$\boldsymbol{E}(X)=\sum_{v\in V}v\times P(X=v)$$

本节要点

我们希望计算算法执行得出期望的操作数。为此需要输出为数。**随机变量**是实验采样空间到实数的映射函数。

实验重复 N 次时，事件 A 的**期望频率**是 $\boldsymbol{Ef}(A)=N\times\operatorname{prob}(A)$。**随机变量** X 的期望值定义如下

$$E(X)=\sum_{O_j\in S}X(O_j)\times P(O_j)$$

对算法 A：O_j 表示某个可能的、独立的输入实例，$X(O_j)$表示输入 O_j 时 A 的执行步数，$E(X)$表示算法 A 的**平均情况复杂度**。

如果 X 和 Y 是采样空间 $\boldsymbol{S}$ 上的任意两个随机变量，那么 $E(X+Y)=E(X)+E(Y)$。

函数 X：$\boldsymbol{S}\to\mathbf{R}$ 将采样空间 $\boldsymbol{S}$ 划分成集合 A_v，其中每个 $v\in V$，$A_v=\{O_j\in\boldsymbol{S}: X(O_j)=v\}$。事件"$X=v$"准确对应集合 A_v；因此 $P(X=v)=\text{prob}(A_v)$。

假设 X 是随机变量，取值于离散集合 $V\subset\mathbf{R}$。X 的**概率分布**是函数 P：$V\to\mathbf{R}$，使得

I. 对所有的 $v\in V$，$P(X=v)\geqslant 0$；

II. $\sum_{v\in V}P(X=v)=1$。

X 的期望值是 $\boldsymbol{E}(X)=\sum_{v\in V}v\times P(X=v)$。

期望值只能在某个概率模型的上下文中计算，也就是说，随机变量 X 及 X 的可能值 V 的集合，特别是 V 上的某个假定的概率分布。

9.4 标准分布及其期望值

本节介绍实验和随机变量的几个标准分布。

9.4.1 均匀分布

//如同抛掷均匀的 n 面骰子

$V=\{v_1,v_2,v_3,\cdots,v_n\}$ //任意非空有限集

对所有的 $v\in V, P(X=v)=1/n$ //X 的所有值都是等概率的 369

所以

$$E(X)=v_1(1/n)+v_2(1/n)+\cdots+v_n(1/n)$$
$$=\frac{v_1+v_2+\cdots+v_n}{n}$$ // 普通平均值

例 9.4.1 掷均匀的六面骰子

如果 X 表示骰子停下后朝上面的数字，那么

$V=\{1, 2, 3, 4, 5, 6\}$ //这里 $V=\boldsymbol{S}$ 吗？

对所有的 $v\in V$，$P(X=v)=1/6$， //X 的所有值是等概率的

所以 $E(X)=\frac{1+2+3+4+5+6}{6}=\frac{21}{6}=3\frac{1}{2}$。◀

//平均抛掷数是不可能的值。通常，期望值不会取整值——

//将分数写成带有效数字的有理数和十进制数，可能会更好地表达信息。

//

//注意，如果掷一个红色骰子和一个绿色骰子，根据定理 9.3.1，

//$E(X_{红}+X_{绿})=E(X_{红})+E(X_{绿})=3\frac{1}{2}+3\frac{1}{2}=7$。 //如前所述

二项实验包括：　　//五部分？

1. $\boldsymbol{n}$ 次独立试验；　　//就像掷 n 次硬币

2. 每次试验结果只有两种输出之一——成功或失败；

3. 任意试验的成功概率是一个固定的值 $\boldsymbol{p}$；

//所以，任意试验的失败概率也是一个固定值，$q=1-p$。

4. 试验是独立的；　　//满足性质 2，3，4 的试验叫作“伯努利试验”

5. 我们感兴趣的是成功的次数 X。　　//不是成功的次序或者哪些试验会成功

例 9.4.2 神枪手

假设比赛中神枪手可以开 5 次枪。其成绩是击中靶心的次数。如果射击练习中，他有 80%的时间可以击中靶心，那么**比赛中他的期望得分是多少**？ ◀

//这是二项实验吗？

一次试验就是单独的一次射击，$\boldsymbol{n}=5$ 次实验都是独立的。

成功是指击中靶心，否则就是失败。

如果假设每次射击都和射击练习一样，那就可以说任意试验的成功概率都是固定值

370 $\boldsymbol{p}=80\%$。

（如果我也在射击，并且第一次就脱靶，在后面的射击中就会很紧张——我的射击就不是独立的。但假定神枪手已经习惯了试验的压力，每次射击(试验)都是独立的。）

我们感兴趣的是他的得分 $X=5$ 次试验中成功的次数，而不是哪些试验是成功的。

//二项实验是这一过程相当真实的模型。

$X=2$ 时的概率是多少？

尽管对哪些试验是成功的不感兴趣，但可以将事件 $X=2$ 分解，查看 2 次击中和 3 次脱靶的所有情况。令 H_j 表示“第 j 次射击时击中”，M_j 表示“第 j 次射击时脱靶”。则

$$\begin{aligned}P(X=2)=P[\ &(H_1\ \&\ H_2\ \&\ M_3\ \&\ M_4\ \&\ M_5)\\ \text{或}&(H_1\ \&\ M_2\ \&\ H_3\ \&\ M_4\ \&\ M_5)\\ \text{或}&(H_1\ \&\ M_2\ \&\ M_3\ \&\ H_4\ \&\ M_5)\\ \text{或}&(H_1\ \&\ M_2\ \&\ M_3\ \&\ M_4\ \&\ H_5)\\ \text{或}&(M_1\ \&\ H_2\ \&\ H_3\ \&\ M_4\ \&\ M_5)\\ \text{或}&(M_1\ \&\ H_2\ \&\ M_3\ \&\ H_4\ \&\ M_5)\\ \text{或}&(M_1\ \&\ H_2\ \&\ M_3\ \&\ M_4\ \&\ H_5)\\ \text{或}&(M_1\ \&\ M_2\ \&\ H_3\ \&\ H_4\ \&\ M_5)\\ \text{或}&(M_1\ \&\ M_2\ \&\ H_3\ \&\ M_4\ \&\ H_5)\\ \text{或}&(M_1\ \&\ M_2\ \&\ M_3\ \&\ H_4\ \&\ H_5)]\end{aligned}$$

因为这是一个互斥事件列表，所以　　//见 9.2.4 节

$$\begin{aligned}P(X=2)=\ &P(H_1\ \&\ H_2\ \&\ M_3\ \&\ M_4\ \&\ M_5)\\ &+P(H_1\ \&\ M_2\ \&\ H_3\ \&\ M_4\ \&\ M_5)\\ &+P(H_1\ \&\ M_2\ \&\ M_3\ \&\ H_4\ \&\ M_5)\\ &+P(H_1\ \&\ M_2\ \&\ M_3\ \&\ M_4\ \&\ H_5)\end{aligned}$$

$$
\begin{aligned}
&+P(M_1 \ \&\ H_2 \ \&\ H_3 \ \&\ M_4 \ \&\ M_5)\\
&+P(M_1 \ \&\ H_2 \ \&\ M_3 \ \&\ H_4 \ \&\ M_5)\\
&+P(M_1 \ \&\ H_2 \ \&\ M_3 \ \&\ M_4 \ \&\ H_5)\\
&+P(M_1 \ \&\ M_2 \ \&\ H_3 \ \&\ H_4 \ \&\ M_5)\\
&+P(M_1 \ \&\ M_2 \ \&\ H_3 \ \&\ M_4 \ \&\ H_5)\\
&+P(M_1 \ \&\ M_2 \ \&\ M_3 \ \&\ H_4 \ \&\ H_5)
\end{aligned}
$$ 371

因为试验是独立的，所以

$$
\begin{aligned}
P(X=2)= \ & P(H_1)P(H_2)P(M_3)P(M_4)P(M_5)\\
&+P(H_1)P(M_2)P(H_3)P(M_4)P(M_5)\\
&+P(H_1)P(M_2)P(M_3)P(H_4)P(M_5)\\
&+P(H_1)P(M_2)P(M_3)P(M_4)P(H_5)\\
&+P(M_1)P(H_2)P(H_3)P(M_4)P(M_5)\\
&+P(M_1)P(H_2)P(M_3)P(H_4)P(M_5)\\
&+P(M_1)P(H_2)P(M_3)P(M_4)P(H_5)\\
&+P(M_1)P(M_2)P(H_3)P(H_4)P(M_5)\\
&+P(M_1)P(M_2)P(H_3)P(M_4)P(M_5)\\
&+P(M_1)P(M_2)P(M_3)P(H_4)P(H_5)
\end{aligned}
$$

因为对任意 j，$P(H_j)=0.8$ 和 $P(M_j)=0.2$，所以

$$
\begin{aligned}
P(X=2)= \ & (0.8)(0.8)(0.2)(0.2)(0.2)\\
&+(0.8)(0.2)(0.8)(0.2)(0.2)\\
&+(0.8)(0.2)(0.2)(0.8)(0.2)\\
&+(0.8)(0.2)(0.2)(0.2)(0.8)\\
&+(0.2)(0.8)(0.8)(0.2)(0.2)\\
&+(0.2)(0.8)(0.2)(0.8)(0.2)\\
&+(0.2)(0.8)(0.2)(0.2)(0.8)\\
&+(0.2)(0.2)(0.8)(0.8)(0.2)\\
&+(0.2)(0.2)(0.8)(0.2)(0.8)\\
&+(0.2)(0.2)(0.2)(0.8)(0.8)
\end{aligned}
$$

因为每项恰有 2 次击中和 3 次脱靶，所以每项都是$(0.8)^2(0.2)^3$。这些项数之和等于 5 次试验中选取 2 场胜利的选择数。因此

$$
\text{prob}(X=2)=\binom{5}{2}(0.8)^2(0.2)^3=10(0.64)\times(0.008)=0.0512
$$

击中靶心的次数分布从 0 到 5，对于该分布上的每个值，有

$$
\begin{aligned}
\text{prob}(X=v)&=(5\text{ 次试验中 }v\text{ 次成功的选取方法数})\\
&\quad\times\text{成功概率的成功次数方}\\
&\quad\times\text{失败概率的失败次数方}\\
&=\binom{5}{v}p^v q^{n-v}
\end{aligned}
$$

372

所以对神枪手而言，如果 $p=0.8$，$q=0.2$，那么

v	$\text{prob}(\boldsymbol{X}=v)$	$=$	$\binom{5}{v}p^v q^{n-v}$	$v\times\text{prob}(\boldsymbol{X}=v)$
0	0.000 32	=	1(1)(0.000 32)	0
1	0.006 40	=	5(0.8)(0.0016)	0.0064
2	0.051 20	=	10(0.64)(0.008)	0.1024
3	0.204 80	=	10(0.512)(0.04)	0.6144
4	0.409 60	=	5(0.4096)(0.2)	0.6384
5	0.327 68	=	1(0.327 68)(1)	1.6384
	1.000 00	=		4.0000 = $E(X)$

//X 的期望值正确。如果将一次试验作为实验，“成功”就是一次可能的输出，概率为 $p=80\%$。
//如果该试验重复 $N=5$ 次，那么成功的期望频率是 5 的 $N_p=80\%$，即 4。

现在回到一般的 $\boldsymbol{n}$ 次比赛、成功概率为 $\boldsymbol{p}$ 的二项实验。

//二项实验有两个参数，n 和 p。

实验的输出是试验结果序列：

$$\sigma=(R_1,R_2,R_3,\cdots,R_n)$$

因为试验结果是独立的，所以必然有

$$P(\sigma)=(P(R_1))(P(R_2))(P(R_3))\cdots(P(R_n))$$

如果这些结果中有 k 个是成功的，每个的概率都是 p；其他 $n-k$ 个结果都是失败的，每个的概率都是 q。那么，

$$P(\sigma)=p^k q^{n-k} \tag{9.4.1}$$

//二项实验的输出(如 σ)都是等概率的，当且仅当 $p=q=1/2$ 和 $P(\sigma)=(1/2)^n$。

对 0 到 n 的每个 k，恰好 k 次成功的输出序列数等于集合$\{1..n\}$的 k 元子集数。

9.4.2　二项分布

假定二项实验中有 $n\in\boldsymbol{P}$ 次试验，成功概率为 p，其中 X 是成功的次数，

$$V=\{0,1,\cdots,n\}$$

对所有的 $v\in V$，

$$P(X=v)=\binom{n}{v}p^v q^{n-v} \qquad //q=1-p$$

$$E(X)=np$$

373 //是否存在证明，说明 $E(X)$就是一个概率分布，而且 $E(X)=np$?

因为 p 是概率，所以 $0\leqslant p\leqslant 1$，那么 $0\leqslant q\leqslant 1$，而且对所有的 $v\in V$，$p^v q^{n-v}\geqslant 0$，所以 $P(X=v)\geqslant 0$。而且

$$\begin{aligned}\sum_{v=0}^{n}P(X=v)&=\sum_{v=0}^{n}\binom{n}{v}p^v q^{n-v}\\&=(p+q)^n \qquad //\text{根据二项式定理(3.8.1)}\\&=(1)^n\\&=1\end{aligned}$$

$$E(X)=\sum_{v\in V}v\times P(X=v)=\sum_{v=0}^{n}v\times\binom{n}{v}p^{v}q^{n-v}=\sum_{v=1}^{n}v\times\binom{n}{v}p^{v}q^{n-v}$$

但是 $v\times\binom{n}{v}=v\times\frac{n!}{v!(n-v)!}=\frac{v\times n(n-1)!}{v(v-1)!([n-1]-[v-1])!}=n\times\binom{n-1}{v-1}$

//$v>0$

因此

$$\begin{aligned}E(X)&=\sum_{v=1}^{n}n\times\binom{n-1}{v-1}p\times p^{v-1}q^{[n-1]-[v-1]}\\&=np\sum_{w=0}^{n}\binom{n-1}{w}p^{w}q^{[n-1]-w} && \text{// 令 } w=v-1\\&=np(p+q)^{n-1} && \text{// 再根据二项式定理}\\&=np\end{aligned}$$

9.4.3 几何分布

//如同抛硬币直到第一次面朝上

几何实验是重复执行伯努利试验，直到第一次成功(成功的概率为 p)；X 是必需的试验次数。假定 $0<p<1$：　　//$p=0$ 时会发生什么？$p=1$ 时会发生什么？

$$V=\{1,2,\cdots\} \qquad //V=\mathbf{P}$$

对所有的 $v\in V$

$$P(X=v)=q^{v-1}p \qquad //q=1-p$$

$$E(X)=1/p$$

几何实验的输出序列恰有一次成功，而且只在最后一次。X 的每个值都恰好对应一个这样的序列。因此，根据公式(9.4.1)，有

$$\text{对所有的 } v\in V,\quad P(X=v)=q^{v-1}p$$ 374

因为 $0<p<1$，$0<q<1$，对所有的 $v\in V$，$P(X=v)=q^{v-1}p\geqslant 0$。

而且，$0<q<1$ 时，应用定理 7.5.2 可得

$$\sum_{v=1}^{\infty}P(X=v)=q^{0}p+q^{1}p+q^{2}p+q^{3}p+q^{4}p+\cdots$$

$$=\left\{\frac{p}{1-q}\right\}=1$$

这就是“几何分布”，因为概率组成了一个无限的几何序列。　　//不涉及几何学。

//可以证明 $E(X)=1/p$ 吗？

//如果掷骰子时直到取得 5，平均需要掷$\frac{1}{1/6}=6$ 次。

//如果抛硬币直到面朝上，平均需要抛$\frac{1}{1/2}=2$ 次。

$$E(X)=\sum_{v\in V}v\times P(X=v)=\sum_{v=1}^{\infty}v\times q^{v-1}p$$

$$=1q^{0}p+2q^{1}p+3q^{2}p+4q^{3}p+5q^{4}p+\cdots$$

//但是这个无限级数真的存在有限值吗？

//$nq^{n-1}\times p$ 会收敛到 0 吗？(q^{n} 趋向 0，但 n 会越来越大。)乘积趋向 0 吗？

考虑部分和 T_n，其中 $n\in\mathbf{P}$，

$$T_n = 1q^0 p + 2q^1 p + 3q^2 p + \cdots + nq^{n-1} p$$ //$T_n \to 1/p$ 吗？

那么

$$qT_n = 1q^1 p + 2q^2 p + \cdots + (n-1)q^{n-1} p + nq^n p$$

所以

$$T_n - qT_n = 1q^0 p + 1q^1 p + 1q^2 p + \cdots + 1q^{n-1} p - nq^n p$$

$$(1-q)T_n = q^0 p + q^1 p + q^2 p + \cdots + q^{n-1} p - nq^n p$$

$$= p\frac{(1-q^n)}{(1-q)} - nq^n p$$

// 根据定理 3.6.9

因为 $p=1-q$，所以有

$$pT_n = (1-q^n) - nq^n p$$

$$T_n = 1/p - q^n p - nq^n = 1/p - q^n\{1/p - n\} = 1/p + q^n\{n - 1/p\}$$

375 $$T_n - 1/p = q^n\{n-1/p\} = (n-1/p)q^n$$

因此 $$|T_n - 1/p| = |\{n-1/p\}q^n| = \{n-1/p\}q^n < nq^n$$

T_n 收敛到 $1/p$ 可由下面定理得到。

定理 9.4.1 如果 k 是任意正整数，q 是任意实数，其中 $0<q<1$，那么 $n^k q^n \to 0$。

证明 //警告：证明依赖于代数技巧。

//可以使用微积分的洛必达法则。

//必须证明，对每个 $\varepsilon>0$，都存在 $M\in \mathbf{P}$，使得如果 $n\geqslant M$，那么 $|n^k q^n - 0| = n^k q^n < \varepsilon$。

假定 $\varepsilon>0$。令 $b=1/q$， //那么 $b>1$，$\lg(b)>0$。

令 $B=1+\max\{4, \lceil (k+1)/\lg(b) \rceil\}$ 和 //那么 $B\geqslant 5$，$B-1\geqslant (k+1)/\lg(b)$。

$M=\max\{\lceil 1/\varepsilon \rceil, 2^B\}$。 //那么 $M\geqslant 1/\varepsilon$，$M\geqslant 2^B$。

如果 $n\geqslant M$，那么令 $t=\lfloor \lg(n) \rfloor$。 //所以 $t\leqslant \lg(n) < t+1$。

我们有：

1. $2^B \leqslant n = 2^{\lg(n)}$ 所以 $B\leqslant \lg(n)$。
2. 因为 B 是整数，所以 $B\leqslant t$。
3. $t\geqslant 5$ 且 $t-1\geqslant (k+1)/\lg(b)$。
4. $\lg(n)\times(k+1)/\lg(b) < (t+1)(t-1) = t^2-1 < t^2 < 2^t$。 //根据定理 3.6.1
5. $\lg(n)\times(k+1)/\lg(b) < 2^{\lg(n)} = n$。 //$t\leqslant \lg(n)$
6. $\lg(n)\times(k+1) < n\times \lg(b)$。 //$\lg(b)>0$
7. $\lg(n^{k+1}) < \lg(b^n)$。 //$\lg(x^y) = y\times \lg(x)$
8. $n^{k+1} < b^n$。 //lg 是递增的
9. $n\times n^k < (1/q)^n$。
10. $(1/\varepsilon)\times n^k < (1/q)^n$。 //$n\geqslant M\geqslant 1/\varepsilon$
11. $n^k < (1/q)^n \times \varepsilon$。

因此，$n^k q^n < \varepsilon$。 ■

本节要点

本节讨论了三种标准分布：

1. 均匀分布 //如同抛掷一个均匀的 n 面骰子

$V=\{v_1, v_2, v_3, \cdots, v_n\}$，而且对所有的 $v\in V$，$P(X=v)=1/n$。

$$E(X) = \frac{v_1 + v_2 + \cdots + v_n}{n}$$ //普通平均值

2. 二项分布 //如同一个硬币抛 n 次

二项实验包括：

1. $\boldsymbol{n}$ 次独立的伯努利试验；
2. 每次试验结果只有成功或失败；
3. 任意试验的成功概率是一个固定的值 $\boldsymbol{p}$；

//$q=1-p$。 376

4. 试验是独立的；

//满足性质2，3，4的实验叫作“伯努利实验”

5. 我们感兴趣的是成功的次数 X。

$$V = \{0,1,\cdots,n\}, \text{而且对所有的 } v \in V, P(X = v) = \binom{n}{v} p^v q^{n-v}$$

$$E(X) = np$$

3. 几何分布 //如同抛硬币直到第一次面朝上

几何实验是重复执行伯努利试验，直到第一次成功(成功的概率为 p)；X 是必需的试验次数。假定 $0<p<1$：

$$V = \{1,2,\cdots\}, \quad \text{对所有的 } v \in V, P(X = v) = q^{v-1}p, \quad E(X) = 1/p$$

如果 k 是任意正整数，$0<q<1$，那么 $n^k q^n \to 0$。

9.5 条件期望值

回到本章开始时的例子。

例 9.5.1 抛硬币直到连续抛出两次面朝上

假定抛硬币直到连续抛出两次面朝上，实际恰好抛了 X 次。本章开始就问道，是否可以“合理”预测平均要抛多少次硬币？现在可以回答“是的”，因为可以计算抛硬币的期望值 $E(X)$。
//但是如何计算 $\text{prob}(X=n)$？ ◀

我们称{H, T}上的序列是“好”的，如果它以HH结束，而且HH第一次出现，也是唯一的一次。每次重复试验“抛硬币直到连续抛出两次H”，会生成一个“好”序列作为输出。
//每个“好”序列都是有限的，但有无限多个“好”序列。
//实验的采样空间是所有好序列的无限集。

对所有大于等于2的整数 n，定义

$G(n)$ 为所有“好”n 元序列集合， $g(n)$ 为 $|G(n)|$ 377

“好”序列 σ 必须以HH结尾；如果长度大于2，它必然以THH结束，而且不能以HH开始。那么

$G(2) = \{\mathbf{HH}\}$ 所以 $g(2) = 1$

$G(3) = \{\mathbf{T}\text{HH}\}$ 所以 $g(3) = 1$

$G(4) = \{\mathbf{H}\text{THH}, \mathbf{T}\text{THH}\}$ 所以 $g(4) = 2$

$$G(5)=\{\mathbf{T}\mathrm{HTHH},\mathbf{T}\mathrm{TTHH},\mathbf{HT}\mathrm{THH}\}\qquad \text{所以 } g(5)=3$$

$$G(6)=\{\mathbf{T}\mathrm{THTHH},\mathbf{T}\mathrm{TTTHH},\mathbf{T}\mathrm{HTTHH},\mathbf{HT}\mathrm{HTHH},\mathbf{HT}\mathrm{TTHH}\}\qquad \text{所以 } g(6)=5$$

//序列 $g=(1,1,2,3,5,\cdots)$开始时看起来像 Fibonacci 序列。

//两者一样吗?

"好"序列不是以 T 开头，就是以 H 开头。但 $n>2$，如果它以 H 开头，就必然以 HT 开头。

//不能以 HH 开头。

因此，长度为 $n+1$ 的"好"序列不是

T＋长度为 n 的"好"序列

就是　　HT＋长度为 $n-1$ 的"好"序列

实际上，对所有的 $n>2$，$g(n+1)=g(n)+g(n-1)$。　//可以证明这一点吗?

$g(n)$看起来像 Fibonacci 序列。实际上，$n\geqslant 2$ 时，它就是 Fibonacci 序列　//提升两位

$$g(n)=F_{n-2}$$　// 见 7.3 节

//但是如何计算 $\mathrm{prob}(X=n)$?

假定硬币是均匀的(每次抛硬币时，H 和 T 都是等概率的)，每次抛硬币都是独立的，抛 n 次硬币生成的{T，H}上的序列的概率等于$\left(\frac{1}{2}\right)^n$。　//根据(9.4.1)

$$\begin{aligned}\mathrm{prob}(X=n)&=\text{实验产生长度为 } n \text{ 的"好"序列的概率}\qquad //X=n\text{ 对应输出的子集}\\&=\text{实验产生 } G(n) \text{ 中序列的概率}\\&=\sum_{\sigma\in G(n)}\mathrm{prob}(\text{抛 } n \text{ 次硬币生成序列 } \sigma)\\&=\sum_{\sigma\in G(n)}\left(\frac{1}{2}\right)^n=|G(n)|\times\left(\frac{1}{2}\right)^n\qquad //\text{ 大于等于 0}\\&=\frac{g(n)}{2^n}=\frac{F_{n-2}}{2^n}\qquad (9.5.1)\\&=\left[\frac{1}{\sqrt{5}}\left(\frac{1+\sqrt{5}}{2}\right)^{n-1}-\frac{1}{\sqrt{5}}\left(\frac{1-\sqrt{5}}{2}\right)^{n-1}\right]\left(\frac{1}{2^n}\right)\qquad //\text{ 方程 7.3.2}\\&=\frac{1}{\sqrt{5}}\left[\left(\frac{1+\sqrt{5}}{2}\right)^{n-1}\left(\frac{1}{2}\right)^{n-1}-\left(\frac{1-\sqrt{5}}{2}\right)^{n-1}\left(\frac{1}{2}\right)^{n-1}\right]\left(\frac{1}{2}\right)\\&=\frac{1}{2\sqrt{5}}\left[\left(\frac{1+\sqrt{5}}{4}\right)^{n-1}-\left(\frac{1-\sqrt{5}}{4}\right)^{n-1}\right]\qquad (9.5.2)\end{aligned}$$

378

//X $\mathrm{prob}(X=1)=0$? $\mathrm{prob}(X=2)=1/4$? $\mathrm{prob}(X=3)=1/8$?

//X $\mathrm{prob}(X=4)=2/16$? $\mathrm{prob}(X=5)=3/32$?

//这是概率函数吗? 是定义在 **P** 上吗?

对每个 n，$\mathrm{prob}(X=n)=g(n)/2^n\geqslant 0$，且有　//概率公理 I 成立。

//公理 II 也成立吗?

$$\begin{aligned}\sum_{n=1}^{\infty}\mathrm{prob}(X=n)&=\sum_{n=1}^{\infty}\frac{1}{2\sqrt{5}}\left[\left(\frac{1+\sqrt{5}}{4}\right)^{n-1}-\left(\frac{1-\sqrt{5}}{4}\right)^{n-1}\right]\\&=\frac{1}{2\sqrt{5}}\left[\sum_{n=1}^{\infty}\left(\frac{1+\sqrt{5}}{4}\right)^{n-1}-\sum_{n=1}^{\infty}\left(\frac{1-\sqrt{5}}{4}\right)^{n-1}\right]\end{aligned}$$

//回忆一下，$|r|<1$ 时，$1+r+r^2+r^3+r^4+\cdots=\dfrac{1}{1-r}$。（定理 7.5.2）

同样可以证明以下定理。

定理 9.5.1 如果 $|r|<1$，那么 $1r^0+2r^1+3r^2+4r^3+5r^4+\cdots=\left(\dfrac{1}{1-r}\right)^2$。

证明 考虑部分和 T_n（其中 $n\in\mathbf{P}$）

$$T_n = 1r^0 + 2r^1 + 3r^2 + \cdots + nr^{n-1}$$

那么

$$rT_n = 1r^1 + 2r^2 + \cdots + (n-1)r^{n-1} + nr^n$$

所以

$$\begin{aligned} T_n - rT_n &= 1r^0 + 1r^1 + 1r^2 + \cdots + 1r^{n-1} - nr^n \\ (1-r)T_n &= r^0 + r^1 + r^2 + \cdots + r^{n-1} - nr^n \\ &= \frac{(1-r^n)}{(1-r)} - nr^n \end{aligned}$$ // 根据定理 3.6.9

因为 r^n 收敛到 0，//根据定理 7.5.1

nr^n 收敛到 0，所以 //根据定理 9.4.1

$$(1-r)T_n \text{ 收敛到} \frac{1}{(1-r)}\text{。因此，} T_n \text{ 收敛到} \left(\frac{1}{1-r}\right)^2$$ ■ 379

因为 $2<\sqrt{5}<3$，所以

$$-1 < \frac{1-3}{4} < \frac{1-\sqrt{5}}{4} < 0 < \frac{1+\sqrt{5}}{4} < \frac{1+3}{4} = +1$$

如果 $r=\dfrac{1\pm\sqrt{5}}{4}$，那么 $\dfrac{1}{1-r}=\dfrac{4}{4-4r}=\dfrac{4}{4-(1\pm\sqrt{5})}=\dfrac{4}{3\mp\sqrt{5}}$

$$\left(\frac{1}{1-r}\right)^2 = \left(\frac{4}{3\mp\sqrt{5}}\right)^2 = \frac{16}{9\mp6\sqrt{5}+5} = \frac{16}{14\mp6\sqrt{5}} = \frac{8}{7\mp3\sqrt{5}}$$

因此

$$\begin{aligned} \sum_{n=1}^{\infty}\text{prob}(X=n) &= \frac{1}{2\sqrt{5}}\left[\sum_{n=1}^{\infty}\left(\frac{1+\sqrt{5}}{4}\right)^{n-1} - \sum_{n=1}^{\infty}\left(\frac{1-\sqrt{5}}{4}\right)^{n-1}\right] \\ &= \frac{1}{2\sqrt{5}}\left[\frac{4}{3-\sqrt{5}} - \frac{4}{3+\sqrt{5}}\right] = \frac{4}{2\sqrt{5}}\left[\frac{(3+\sqrt{5})-(3-\sqrt{5})}{(3-\sqrt{5})(3+\sqrt{5})}\right] \\ &= \frac{4}{2\sqrt{5}}\left[\frac{2\sqrt{5}}{(9-5)}\right] = 1 \end{aligned}$$

同时，

$$\begin{aligned} E(X) &= \sum_{n=1}^{\infty} n\times\text{prob}(X=n) \\ &= \sum_{n=1}^{\infty}\frac{n}{2\sqrt{5}}\left[\left(\frac{1+\sqrt{5}}{4}\right)^{n-1} - \left(\frac{1-\sqrt{5}}{4}\right)^{n-1}\right] \\ &= \frac{1}{2\sqrt{5}}\left[\sum_{n-1}^{\infty} n\left(\frac{1+\sqrt{5}}{4}\right)^{n-1} - \sum_{n-1}^{\infty} n\left(\frac{1-\sqrt{5}}{4}\right)^{n-1}\right] \\ &= \frac{1}{2\sqrt{5}}\left[\left(\frac{4}{3-\sqrt{5}}\right)^2 - \left(\frac{4}{3+\sqrt{5}}\right)^2\right] \end{aligned}$$

$$= \frac{8}{2\sqrt{5}}\left[\left(\frac{1}{7-3\sqrt{5}}\right)-\left(\frac{1}{7+3\sqrt{5}}\right)\right]$$

$$= \frac{4}{\sqrt{5}}\left[\frac{(7+3\sqrt{5})-(7-3\sqrt{5})}{7^2-(3\sqrt{5})^2}\right]$$

$$= \frac{4}{\sqrt{5}}\left[\frac{6\sqrt{5}}{49-9\times 5}\right]= \frac{4}{\sqrt{5}}\left[\frac{6\sqrt{5}}{4}\right]= 6$$

380 //再次使用递归方程可以推导出期望值。

回忆一下，如果 $n>2$，那么

$$g(n+1) = g(n) + g(n-1)$$

所以

$$\frac{g(n+1)}{2^{n+1}}=\frac{g(n)}{2\times 2^n}+\frac{g(n-1)}{4\times 2^{n-1}}$$

因此，$n\geqslant 2$ 和　//因为 $\text{prob}(X=1)=0$

$$\text{prob}(X = n+1) = \frac{1}{2}\text{prob}(X = n) + \frac{1}{4}\text{prob}(X = n-1) \tag{9.5.3}$$

所以 $E(X) = \sum_{n=1}^{\infty} n\times \text{prob}(X = n)$

$$=1\times \text{prob}(X = 1) + 2\times \text{prob}(X = 2) + \sum_{n=3}^{\infty} n\times \text{prob}(X = n)$$

$$=1\times 0 + 2\times \frac{1}{4} + \sum_{n=3}^{\infty} n\left\{\frac{1}{2}\text{prob}(X = n-1) + \frac{1}{4}\text{prob}(X = n-2)\right\}$$

$$=\frac{1}{2} + \sum_{n=3}^{\infty} n\,\frac{1}{2}\text{prob}(X = n-1) + \sum_{n=3}^{\infty} n\,\frac{1}{4}\text{prob}(X = n-2)$$

$$=\frac{1}{2} + \frac{1}{2}\sum_{j=2}^{\infty}(j+1)\text{prob}(X = j) + \frac{1}{4}\sum_{k=1}^{\infty}(k+2)\text{prob}(X = k)$$

$$=\frac{1}{2} + \frac{1}{2}\left\{\sum_{j=2}^{\infty} j\times \text{prob}(X = j) + \sum_{j=2}^{\infty}\text{prob}(X = j)\right\}$$

$$+\frac{1}{4}\left\{\sum_{k=1}^{\infty} k\times \text{prob}(X = k) + 2\sum_{k=1}^{\infty}\text{prob}(X = k)\right\}$$

$$=\frac{1}{2} + \frac{1}{2}\{E(X) + 1\} + \frac{1}{4}\{E(X) + 2\}$$

等式两边都乘以 4，得到

$$4E(X) = 2 + 2\{E(X) + 1\} + E(X) + 2 = 3E(X) + 6$$

等式两边都减去 $3E(X)$，得到

381

$$E(X) = 6$$

9.5.1 条件期望

刚刚已经知道

$$E(X) = \frac{1}{2} + \frac{1}{2}\{E(X) + 1\} + \frac{1}{4}\{E(X) + 2\} \tag{9.5.4}$$

该等式需要在“条件期望值”的上下文中解释。

//使用条件期望更容易推导。

如果 A 是 $\text{prob}(A)>0$ 的事件，X 是取值于集合 V 的随机变量，那么 $\text{prob}(X=v|A)$ 是概率函数，可以如下定义 **A 条件下 X 的期望值**：

$$E(X|A)=\sum_{v\in V}v\times\text{prob}(X=v|A)$$

条件 A 成立时，公式可计算 X 的期望值(X 的理论平均值)。

现在尝试解释例 9.5.1 中最终如何获得 E。

$$\begin{aligned}E(\text{抛硬币次数})=&E(\text{抛硬币次数}|\sigma\text{ 以 HH 开始})\times\text{prob}(\sigma\text{ 以 HH 开始})\\&+E(\text{抛硬币次数}|\sigma\text{ 以 HT 开始})\times\text{prob}(\sigma\text{ 以 HT 开始})\\&+E(\text{抛硬币次数}|\sigma\text{ 以 T 开始})\times\text{prob}(\sigma\text{ 以 T 开始})\\=&(2)\times\frac{1}{4}\\&+(2+E(\text{抛硬币次数}))\times\frac{1}{4}\\&+(1+E(\text{抛硬币次数}))\times\frac{1}{2}\end{aligned}$$

实验的每个输出都是{H，T}上的“好”序列 σ。所以实验的采样空间 $\boldsymbol{S}$ 是{H，T}上的所有“好”序列。随机变量 $X(\sigma)$ 是 σ 的长度(抛硬币的次数)。采样空间 $\boldsymbol{S}$ 可以分成三部分：

1. 以 HH 开始的“好”序列；
2. 以 HT 开始的“好”序列；
3. 以 T 开始的“好”序列。

如果 σ 是以 HH 开始的“好”序列，其长度必为 2，所以这种序列的“期望”长度等于 2。

//E(抛硬币次数 | 以 HH 开始的 σ)=2

如果 σ 是以 HT 开始的“好”序列，σ 必然是 HT 后跟着一个“好”序列 τ，σ 的“期望”长度必然是 2 加上 τ 的“期望”长度。

//E(抛硬币次数 | 以 HT 开始的 σ)=2+E(抛硬币次数 | $\tau\in S$)=2+E(抛硬币次数) 382

如果 σ 是以 T 开始的“好”序列，σ 必然是 T 后跟着一个“好”序列 τ，其“期望”长度必然是 1 加上 τ 的“期望”长度。

//E(抛硬币次数 | 以 T 开始的 σ)=1+E(抛硬币次数 | $\tau\in S$)=1+E(抛硬币次数)

得到的等式(9.5.4)是下面定理的一个实例。

定理 9.5.2　如果$\{A_1, A_2, A_3, \cdots, A_k\}$是随机变量 X 的采样空间的划分，其中 $\text{prob}(A_j)>0$，那么

$$E(X)=\sum_{j=1}^{k}E(X|A_j)\times\text{prob}(A_j)$$

证明　模仿最后那个例子，重点利用输出为 σ 的实验，证明就比较容易。用“$\sigma\in A_j$”表示事件“A_j”，用 $X(\sigma)$ 表示 σ 上 X 的值。假定 X 在集合 V 上取值。那么

$$\sum_{j=1}^{k}E[X|A_j]\times\text{prob}(A_j)\qquad\text{// 可以重写成}$$

$$=\sum_{j=1}^{k}E[X(\sigma)|\sigma\in A_j]\times\text{prob}(\sigma\in A_j)$$

$$=\sum_{j=1}^{k}\left\{\sum_{v\in V}v\times \text{prob}(X(\sigma)=v|\sigma\in A_j)\right\}\times \text{prob}(\sigma\in A_j)$$

$$=\sum_{j=1}^{k}\left\{\sum_{v\in V}v\times \frac{\text{prob}(X(\sigma)=v \text{ 和 } \sigma\in A_j)}{\text{prob}(\sigma\in A_j)}\right\}\times \text{prob}(\sigma\in A_j) \qquad \text{(根据 9.2.3)}$$

$$=\sum_{j=1}^{k}\left\{\sum_{v\in V}v\times \text{prob}(X(\sigma)=v \text{ 和 } \sigma\in A_j)\right\}$$

$$=\sum_{v\in V}v\times \text{prob}(X(\sigma)=v \text{ 和 } \sigma\in A_1)+\sum_{v\in V}v\times \text{prob}(X(\sigma)=v \text{ 和 } \sigma\in A_2)$$

$$+\cdots+\sum_{v\in V}v\times \text{prob}(X(\sigma)=v \text{ 和 } \sigma\in A_k)$$

$$=\sum_{v\in V}v\times \text{prob}[(X(\sigma)=v \text{ 和 } \sigma\in A_1) \text{ 或 } (X(\sigma)=v \text{ 和 } \sigma\in A_2) \text{ 或 } \cdots$$

$$\text{或 } (X(\sigma)=v \text{ 和 } \sigma\in A_k)]$$

$$=\sum_{v\in V}v\times \text{prob}[X(\sigma)=v \text{ 和 } (\sigma\in A_1 \text{ 或 } \sigma\in A_2 \text{ 或 } \cdots \text{ 或 } \sigma\in A_k)]$$

383 $$=\sum_{v\in V}v\times \text{prob}[X(\sigma)=v]=E(X)$$

本节要点

如果抛硬币时直到连续两次出现面朝上，那么抛硬币的期望值是 6。证明中使用了条件期望，并证明了定理 9.5.2：如果$\{A_1, A_2, A_3, \cdots, A_k\}$是随机变量 X 的采样空间的划分，其中 $\text{prob}(A_j)>0$，那么 $E(X)=\sum_{j=1}^{k}E(X|A_j)\times\text{prob}(A_j)$。下一节将使用该等式研究算法的平均性能。

9.6 平均情况复杂度

算法的执行步数有时依赖于输入实例，如使用试除法的素数测试算法、查找算法、排序中的 **BetterBubbleSort** 或 **QuickSort** 等。在这些情形下，如何确定平均情况复杂度？

至少有四种方法：

1. 在所有可能的输入下运行算法，取平均值。
   //但可能有很多种情况。
2. 随机输入实例运行算法。
   //但是如何确定随机输入实例？
3. 在输入实例的随机采样上运行算法，并取平均值。
   //但是如何确定输入实例的随机采样？
4. 使用期望值理论。

本节使用第 4 种方法。

9.6.1 将期望应用于线性查找

假定在数组 $A[1]..A[n]$中查找目标值 T。查找的最简单的概率模型是：当 T 在 A 中

时，T 在所有位置上是等概率的，但 T 通常不在 A 中。也就是说，

$$\text{prob}(T\text{ 在列表中}) = p \qquad \text{其中 } 0 \leqslant p \leqslant 1$$

$$\text{prob}(T=A|j||T\text{ 在列表中})=1/n \quad \text{其中 } j=1,\ 2,\ \cdots,\ n$$

查找的开销通常是指探测的次数，所以

$$E(\text{探测次数}) = E(\text{探测次数}|T\text{ 在列表中})\times p$$
$$+E(\text{探测次数}|T\text{ 不在列表中})\times q \quad \text{其中 } q=(1-p)$$

对**线性查找**而言，确定 $T=A[j]$时，当 T 在列表中时，开销正好就是探测次数 j，T 不在列表中时，实际需要探测正好 n 次，所以 384

$$E(\text{探测次数}|T\text{ 在列表中}) = \sum_{j=1}^{n} j\times\frac{1}{n}$$
$$=\frac{1}{n}\left(\sum_{j=1}^{n} j\right)=\frac{1}{n}\left(\frac{n(n+1)}{2}\right)=\frac{n+1}{2}$$

因此，$E(\text{探测次数})=\left(\frac{n+1}{2}\right)p+nq$。

9.6.2 将期望应用于 QuickSort

假定输入是 $A[1]..A[n]$的随机排列次序，而且所有元素都是不同的。

//A 是这些元素的随机排列。

第 4 章介绍的 QuickSort 是一个递归算法。

算法 4.5.1 QuickSort(p, q)

```
Begin
  If (p < q) Then
    M ← A[q]; j ← p;                    // 用轴点值M划分A
    For k ← p to (q - 1) Do
      If (A[k] < M) Then
        x ← A[j]; A[j] ← A[k]; A[k] ← x;
        j ← j + 1;
      End;                              // If语句
    End;                                // For循环
    A[q] ← A[j]; A[j] ← M;              // 划分完成
    QuickSort(p,j - 1);                 // 第一个递归子调用
    QuickSort(j + 1,q);                 // 第二个内部子调用
  End;                                  // 对应开始的If语句
End.                                    // 递归算法
```

令 $\boldsymbol{X}(A)$表示 QuickSort 应用于输入长度为 n 的列表A 时键值的比较次数。也就是说，$\boldsymbol{X}(A)$是主函数调用(其中 $p=1$，$q=n$)内所有递归子调用中 For 循环内布尔表达式“$\boldsymbol{A[k]<M}$”的估值次数。

子列表 $A[p]..A[q]$的 QuickSort 过程如下：

1. 将 M 设置成$A[q]$； //我们假定为中点
2. 划分 $A[p]..A[q]$中的元素使得第一次划分完成后，得到索引 j，其中

$$A[p],A[p+1],\cdots,A[j-1]<M=A[j]$$
$$M\leqslant A[j+1],A[j+2]\cdots,A[q]$$ 385

3. 然后通过排序 $A[p]..A[j-1]$和 $A[j+1]..A[q]$完成排序 $A[p]..A[q]$。

划分 $A[p]..A[q]$中的比较次数等于 For 循环中 k 值的个数，即 $\boldsymbol{q}-\boldsymbol{p}$。子列表 $A[p]..A[j-1]$的长度是 $\boldsymbol{j}-\boldsymbol{p}$，子列表 $A[j+1]..A[q]$的长度是 $\boldsymbol{q}-\boldsymbol{j}$。除非 $\boldsymbol{p}$ 严格小于 $\boldsymbol{q}$，否则不进行 k 值比较。　　　　$//\boldsymbol{q}-\boldsymbol{p}\geqslant 1$

因此，

$$
\begin{aligned}
\boldsymbol{X}[A] &= \text{划分的开销} \\
&\quad + \text{第一个子列表 } A[1]..A[j-1]\text{(长度为 } j-1\text{) 的排序开销} \\
&\quad + \text{第二个子列表 } A[j+1]..A[n]\text{(长度为 } n-j\text{) 的排序开销} \\
&= (n-1) + X(A[1]..A[j-1]) + X(A[j+1]..A[n])
\end{aligned}
$$

排序的开销依赖于每个划分的输出。开销最大的情况是

$$
\begin{aligned}
& j = 1 \text{ 和 } \boldsymbol{X}(A) = (n-1) \qquad\qquad\qquad\qquad + \boldsymbol{X}(A[j+1]..A[n]) \\
& j = n \text{ 和 } \boldsymbol{X}(A) = (n-1) + X(A[1]..A[j-1])
\end{aligned}
$$

//回忆一下，当 A 已经排好序时，QuickSort 会出现最差情况。

//就有 $\boldsymbol{X}(A)=(n-1)+(n-2)+\cdots+2+1=n(n-1)/2$，

//和 MinSort 与 BubbleSort 一样。

然而，我们要计算 $\boldsymbol{X}$ 的期望值，其中我们感兴趣的采样空间是所有可能的长度为 n 的输入序列 A。这就需要将 $\boldsymbol{S}$ 划分成多种情况，每种情况对应划分生成的 j 值。设 j 从 1 到 n，都有

$$
S_j = \{A \in S\text{：生成索引 } j \text{ 的 QuickSort 划分}\}
$$

那么

$$
\begin{aligned}
\text{prob}(A \in S_j) &= \text{prod}(M \text{ 是 } A \text{ 的第 } j \text{ 小元素}) \\
&= \text{prod}(M \text{ 是对 } A \text{ 排序的第 } j \text{ 个元素}) \\
&= 1/n
\end{aligned}
$$

因为 M 和 A 完成排序时，终止位置 $A[j]$是等概率的。因为 $\text{prob}(S_j)>0$，所以应用定理 9.5.1，可得

$$
\begin{aligned}
E(X) &= \sum_{j=1}^{k} E(X|S_j) \times \text{prob}(S_j) \\
&= \sum_{j=1}^{n} E(X|M \text{ 终止在 } A[j] \text{ 上}) \times \text{prob}(M \text{ 终止在 } A[j] \text{ 上}) \\
&= \sum_{j=1}^{n} E(X|M \text{ 终止在 } A[j] \text{ 上}]) \times \left(\frac{1}{n}\right)
\end{aligned}
$$

386

设 $\boldsymbol{E}[n]$表示所有输入 A 上的 $\boldsymbol{X}(A)$上的期望值，其中

$$
\boldsymbol{X}(A) = (n-1) + \boldsymbol{X}(A[1]..[j-1]) + \boldsymbol{X}(A[j+1]..A[n])
$$

但是如果 $j=1$，那么 $\boldsymbol{X}(A)=(n-1)+\quad 0 \quad+\boldsymbol{X}(A[j+1]..A[n])$

如果 $j=n$，那么 $\boldsymbol{X}(A)=(n-1)+\boldsymbol{X}(A[1]..A[n-1])+0$。

令 $\boldsymbol{E}[0]=0$，可得

$$
\boldsymbol{E}(\boldsymbol{X}|M \text{ 终止在 } A[j] \text{ 上}) = (n-1) + \boldsymbol{E}[j-1] + \boldsymbol{E}[n-j]
$$

因此

$$
\boldsymbol{E}[n] = \sum_{j=1}^{n} \{(n-1) + \boldsymbol{E}[j-1] + \boldsymbol{E}[n-j]\} \frac{1}{n}
$$

$$=\frac{1}{n}\left\{\sum_{j=1}^{n}(n-1)+\sum_{j=1}^{n}\boldsymbol{E}[j-1]+\sum_{j=1}^{n}\boldsymbol{E}[n-j]\right\}$$

$$=(n-1)+\frac{1}{n}\{\boldsymbol{E}[0]+\boldsymbol{E}[1]+\boldsymbol{E}[2]+\cdots+\boldsymbol{E}[n-1]\}$$

$$+\frac{1}{n}\{\boldsymbol{E}[n-1]+\boldsymbol{E}[n-2]+\cdots+\boldsymbol{E}[2]+\boldsymbol{E}[1]+\boldsymbol{E}[0]\}$$

$$=(n-1)+\frac{2}{n}\{\boldsymbol{E}[0]+\boldsymbol{E}[1]+\boldsymbol{E}[2]+\cdots+\boldsymbol{E}[n-1]\}$$

然后，

$\boldsymbol{E}[0]=0$ //默认值

$\boldsymbol{E}[1]=0$

$\boldsymbol{E}[2]=(2-1)+(2/2)\{\boldsymbol{E}[0]+\boldsymbol{E}[1]\}$

$=(1)\quad+(1)\{0+0\}$

$=1$ //$<2\lg(2)=2$

$\boldsymbol{E}[3]=(3-1)+(2/3)\{\boldsymbol{E}[0]+\boldsymbol{E}[1]+\boldsymbol{E}[2]\}$

$=(2)\quad+(2/3)\{0+1\}$

$=8/3$ //$<3\lg(3)=4.754$

$\boldsymbol{E}[4]=(4-1)+(2/4)\{\boldsymbol{E}[0]+\boldsymbol{E}[1]+\boldsymbol{E}[2]+\boldsymbol{E}[3]\}$

$=(3)\quad+(1/2)\{\quad 1\quad+8/3\}$

$=29/6$ //$<4\lg(4)=8$

$\boldsymbol{E}[5]=(5-1)+(2/5)\{\boldsymbol{E}[0]+\boldsymbol{E}[1]+\boldsymbol{E}[2]+\boldsymbol{E}[3]+\boldsymbol{E}[4]\}$

$=(4)\quad+(2/5)\{\quad 11/3+29/6\}$

$=37/5$ //$<5\lg(5)=11.609$ 387

我们有 $\boldsymbol{E}[n]=(n-1)+(2/n)\{\boldsymbol{E}[0]+\boldsymbol{E}[1]+\boldsymbol{E}[2]+\cdots+\boldsymbol{E}[n-1]\}$。乘以 n，可得

$$n\boldsymbol{E}[n]=n(n-1)+(2)\{\boldsymbol{E}[0]+\boldsymbol{E}[1]+\boldsymbol{E}[2]+\cdots+\boldsymbol{E}[n-2]+\boldsymbol{E}[n-1]\}$$

用 $n-1$ 替代 n，等式仍成立 //$n>1$ 时

$$(n-1)\boldsymbol{E}[(n-1)]=(n-1)(n-2)+(2)\{\boldsymbol{E}[0]+\boldsymbol{E}[1]+\boldsymbol{E}[2]+\cdots+\boldsymbol{E}[n-2]\}$$

相减得到一阶递推方程(但有变量系数)

$$n\boldsymbol{E}[n]-(n-1)\boldsymbol{E}[n-1]=n(n-1)-(n-1)(n-2)+(2)\{\boldsymbol{E}[n-1]\}$$

$$n\boldsymbol{E}[n]=(n-1)[n-(n-2)]\quad+(2)\boldsymbol{E}[n-1]+(n-1)\boldsymbol{E}[n-1]$$

$$=(n-1)[2]\quad+[(2+(n-1)])\boldsymbol{E}[n-1]$$

$$=2(n-1)\quad+(n+1)\boldsymbol{E}[n-1]$$

当 $n>1$ 时

$$\boldsymbol{E}[n]=\frac{2(n-1)}{n}+\frac{n+1}{n}\boldsymbol{E}[n-1] \tag{9.6.1}$$

$\boldsymbol{E}[2]=2(2-1)/2+[(2+1)/2]\boldsymbol{E}[1]$

$=(1)\quad+(3/2)\{0\}$

$=1$ //$<2\lg(2)=2$

$\boldsymbol{E}[3]=2(3-1)/3+[(3+1)/3]\boldsymbol{E}[2]$

$=(4/3)\quad+(4/3)\{1\}$

$=8/3$ //$<3\lg(3)=4.754$

$\boldsymbol{E}[4]=2(4-1)/4+[(4+1)/4]\boldsymbol{E}[3]$

$$\begin{aligned}
&=(3/2) \quad +(5/4)\{8/3\} \\
&=29/6 && //<5\lg(5)=11.609 \\
\boldsymbol{E}[5]&=2(5-1)/5+[(5+1)/5]\boldsymbol{E}[4] \\
&=(8/5) \quad +(6/5)\{29/6\} \\
&=37/5 && //<5\lg(5)=11.609
\end{aligned}$$

//看起来 $\boldsymbol{E}[n]<n\lg(n)$。

接下来将通过证明下述定理来证明 QuickSort 的平均情况复杂度是 $O(n\lg(n))$。

定理 9.6.1　对所有的 $n\in\{2..\}$，$\boldsymbol{E}[n<2\times n\lg(n)$。

证明　//用数学归纳法。

步骤 1：如果 $n=2$，那么 $\boldsymbol{E}[2]=1$，$2\times n\lg(n)=2\times2\times\lg(2)=2\times2\times1=4$。

388 步骤 2：假定存在 $k\in\{2..\}$，其中 $\boldsymbol{E}[k]<2\times k\lg(k)$。

步骤 3：如果 $n=k+1$，那么

$$\begin{aligned}
\boldsymbol{E}[k+1]&=\frac{2([k+1]-1)}{k+1}+\frac{[k+1]+1}{k+1}\boldsymbol{E}[k] && //根据(9.6.1) \\
&=\frac{2k}{k+1}+\frac{k+2}{k+1}\boldsymbol{E}[k] \\
&<\frac{2k}{k+1}+\frac{k+2}{k+1}\times2\times k\lg(k) && //根据步骤 2 \\
&=\frac{2k}{k+1}+\frac{(k+2)k}{k+1}\times2\times\lg(k) \\
&<\frac{2k}{k+1}+(k+1)2\times\lg(k) && //(k+1)^2=k^2+2k+1 \\
&<\frac{2(k+1)}{k}+(k+1)2\times\lg(k) && //\frac{k}{k+1}<1<\frac{k+1}{k} \\
&=2(k+1)\left\{\frac{1}{k}+\lg(k)\right\}
\end{aligned}$$

//如果证明了 $\frac{1}{k}+\lg(k)<\lg(k+1)$，定理就得证了。

如果 $n\geqslant2$ 且 $x>0$，那么应用二项式定理　　　　(定理 3.8.1)

$$(1+x)^n=\sum_{r=0}^{n}\begin{bmatrix}n\\r\end{bmatrix}x^r(1)^{n-r}=1+nx+\sum_{r=2}^{n}\begin{bmatrix}n\\r\end{bmatrix}x^r>1+nx$$

//X 直接对 n 进行数学归纳证明 $(1+x)^n>1+nx$。

那么，

$$\left(\frac{k+1}{k}\right)^k=\left(1+\frac{1}{k}\right)^k>\left(1+k\,\frac{1}{k}\right)=2$$

因此，　$\lg(2)<\lg\left[\left(\frac{k+1}{k}\right)^k\right]$　　//lg 是递增函数

也就是说，　$1<k\times\lg\left(\frac{k+1}{k}\right)=k\times\{\lg(k+1)-\lg(k)\}$　　//见第 2 章

所以　$\frac{1}{k}<\lg(k+1)-\lg(k)$

$$\frac{1}{k}+\lg(k)<\lg(k+1)$$ ■ 389

本节要点

如果在数组 $A[1]..A[n]$ 中查找目标值 T。一个自然的概率模型是：

$\text{prob}(T$ 在列表中$)=p$　　其中 $0\leqslant p\leqslant 1$

$\text{prob}(T=A[j]\mid T$ 在列表中$)=1/n$　　其中 $j=1, 2, \cdots, n$

对**线性查找**而言，E(探测次数)$=\left(\frac{n+1}{2}\right)p+nq$。

如果 QuickSort 的输入是 $A[1]..A[n]$ 的随机排列次序，而且所有元素都是不同的。用 $\boldsymbol{X}(A)$ 表示键值的比较次数；我们证明了对所有的 $n\in\{2..\}$，$\boldsymbol{E}$(键值比较次数)$<2\times n\lg(n)$。因此，QuickSort 的**平均情况复杂度**为 $O(n\lg(n))$。

平均情况复杂度的值只能在某个概率模型的上下文中计算，也就是说，给定随机变量 X，X 的值的集合，以及 X 的概率分布下的某种复杂度度量。

习题

1. 假定某个实验从 $\{9, 10, \cdots, 88\}$ 中随机选择了一个数字 Q。

   令 A 表示事件 $3\mid Q$。　　//3 整除 Q

   令 B 表示事件 $7\mid Q$。　　//7 整除 Q

   (a) 计算 $\text{prob}(A)$，$\text{prob}(B)$，$\text{prob}(A\wedge B)$，$\text{prob}(A\vee B)$，$\text{prob}(A\mid B)$ 和 $\text{prob}(B\mid A)$。

   (b) A 和 B 是互斥的吗？解释原因。

   (c) A 和 B 是独立的吗？解释原因。

2. 实验随机生成互斥的 1 到 31 的数。令 A 表示“n 为素数”的事件，令 B 表示“n 为奇数”的事件。

   (a) 计算 $\text{prob}(A)$，$\text{prob}(B)$，$\text{prob}(A\wedge B)$，$\text{prob}(A\vee B)$，$\text{prob}(A\mid B)$ 和 $\text{prob}(B\mid A)$。

   (b) A 和 B 是互斥的吗？解释原因。

   (c) A 和 B 是独立的吗？解释原因。

   (d) 计算 $E(n)$。

3. 在一个 n 个学生的班级中随机委派 k 个学生对课程提建议。假定 Flora 和 Mike 在这个班级中，而且 $1<k<n$。

   (a) Mike 被委派的概率是 $1/k$ 吗？是 $1/n$ 吗？或其他的数？

   (b) Flora 被委派的概率是多少？

   (c) 事件“Mike 被委派”和事件“Flora 被委派”是独立的吗？ 390

4. 假设 X 先生以一种特殊的方式抛硬币，使得 prob(X 先生获取 H)$=p\neq\frac{1}{2}$，但是 prob(你获取 H)$=\frac{1}{2}$。如果你们抛硬币是独立的，你们的硬币“匹配”的概率是多少(也就是说，你们都获取 H 或都获取 T)？

5. 假定事件 A 的概率 $\text{prob}(A)>0$。对所有的 $x\in A$，$P(x\mid A)$ 定义如下：

$$P(x\mid A)=\frac{\text{prob}(A\wedge\{x\})}{\text{prob}(A)}=\frac{P(x)}{\text{prob}(A)}$$

证明 $P(x|A)$是 A 上的概率函数；也就是说，$P(x|A)\geqslant 0$ 且 $\sum_{x\in A} P(x|A)=1$。

6. 假设在过去几年里，4000 名学生都选修了某门课，而且这门课有期中测验。假设 85%通过了期中测验，通过期中测验的学生中，有 95%也通过了课程考试，未通过期中测验的学生中，有 92%也未通过课程考试。

(a) 构造权值表。

(b) 如果随机选择其中一个学生，那么求(计算到小数点后 5 位)：

(i) prob(未通过期中测验|通过课程考试)；

(ii) prob(通过课程考试|未通过期中测验)。

7. 一个带权重的骰子，使得

(i) 3 和 4 一样，出现 7 次；

(ii) 4 出现的概率是 1，2，5，6 的两倍；

(iii) 1，2，5，6 是等概率的。

令 X 表示任意一次掷骰子的输出，令 q 表示 prob($X=4$)。

(a) 求 X 的概率分布和 q 的值。

(b) 求 X 的期望值 $E(X)$。

8. 银行卡密码是 4 位数的序列。

(a) 有多少种密码？

(b) 有多少种密码没有重复的数字？

(c) 有多少种密码包含数字 5，5 可以重复 j 次(所有可能的 j 值)？

(d) 如果密码是随机生成的，那么 5 的期望值是多少？

9. (a) 假设 X 是采样空间 S 上的随机变量，但对每个输出，$X(O_j)=C$。证明 $E(X)=C$。

(b) 假设 X 和 Y 是采样空间 S 上的两个随机变量。证明：如果对 S 上的每个输出，$X(O_j)\leqslant Y(O_j)$，那么 $E(X)\leqslant E(Y)$。

391 10. 众所周知，85%买便携式电脑增值服务的人不会抱怨质保问题。假定 43 个客户从经销商那里购买了这种增值服务。计算至少有 3 个客户会抱怨质保问题的概率。提示：会是"1－少于 3 个客户会抱怨的概率"吗？

11. 某个网络组件会通过数据通道接收其他组件编码的消息，但数据通道噪声很大，导致接收到的消息中 20%有错误。假设错误是独立的，计算：

(a) prob(恰好 3/13 的消息包含错误)。

(b) prob(少于 3/13 的消息包含错误)。

(c) prob(多于 3/13 的消息包含错误)。

(d) 传输 13 次，无差错信息的期望值是多少？

(e) 假设组件能探测错误，当检测到收到的消息包含错误时，会请求重发消息。计算 prob(消息被正确接收前恰好重发了 6 次)。任意消息重发次数的期望值是多少？

12. 如果去年北美计算机科学专业的学生中有 38%是女性，那么

(a) 女性得最高分的概率是多少？

(b) 排名前 10 的学生中恰有 6 位是女性的概率是多少？

(c) 女性排名前 10 的期望是多大？

13. 假定通过驾照考试的概率是 65%。

(a) 某个下午，15 个人参加考试。

(i) 期望通过考试的人数是多少？

(ii) 恰有 11 个人通过考试的概率是多少？

(b) 有个青少年打算拿到驾照，不管他经过多少次驾照考试，直到通过考试。

(i) 第三次考试通过的概率是多少？

(ii) 他通过考试的期望值是多少？

14. 假定某个桌游游戏中，如果玩家 A 均匀地掷两个骰子得到 4(其中一个出现或两个都出现)，她就获胜。

(a) 下一次掷骰子获胜的概率是多少？

(b) 她获胜的期望值是多少？

15. 例 9.5.1 的抛硬币实验中，抛 X 次后第一次出现 HH。

(a) 使用公式(9.5.2)证明 $\text{prob}(X=2)=1/4$。

(b) 证明 $\text{prob}(X=3)=1/8$。

(c) 证明 $\text{prob}(X=4)=2/16$。

(d) 证明 $\text{prob}(X=5)=3/32$。

16. 同时抛一枚 1 角硬币和一枚五角硬币，直到两枚都面朝上，每次试验都包含两次抛硬币，其中

$$\text{prob}[(1\text{ 角硬币面朝上})\wedge(\text{五角硬币面朝上})]=\left(\frac{1}{2}\right)\left(\frac{1}{2}\right)$$

因为两次抛硬币是独立的。因此，平均而言需要试验 392

$$\frac{1}{1/4}=4\text{ 次；也就是说，要抛 8 次硬币}$$

这个试验和抛**一个**硬币直到连续两次面朝上**不同**，解释原因。

17. 假定实验随机生成整数 $n\in[2,3,\cdots,65]$。令 X 是和该实验关联的随机变量，当生成的整数是 n 时，那么

$$X(n)=\lfloor\sqrt{n}\rfloor\quad\text{如果 } n \text{ 是素数}$$

否则

$$X(n)=p-1\quad\text{其中 } p \text{ 是 } n \text{ 的最小素因子}$$

(a) 求 X 的可能值。

(b) 求 X 的概率分布。

(c) 求 X 的期望值。

(d) 如何与算法 1.2.3 的素数测试关联起来？

18. 想象在 52 张扑克牌游戏中。玩游戏需要支付 2.5 美元。游戏步骤是：洗牌，然后翻开第一张牌。根据翻开的牌，可以赢得不同的奖励。

如果第一张牌是方块牌，赢 4.5 美元；

如果第一张牌是人头牌，赢 4.5 美元，但是方块 J、方块 Q、方块 K 赢 7 美元；

如果第一张牌是 A，赢 5 美元，但方块 A 赢 10 美元；

如果第一张牌是其他牌，不赢不输。

(a) 设 f 为报酬，也就是说赢的钱减去 2.5 美元。然后对应每个输出 f 都有对应的值，但只有 5 种不同的值。求这些值的概率分布。

(b) 计算 f 的期望值。

(c) 为什么每次游戏的平均报酬是负的？有意义吗？

19. 第 4 章习题中已经介绍了 **InsertionSort**。插入排序有多种不同的实现，但通常的步骤是：假定 $A[1]$，$\cdots$，$A[k-1]$是非降序排列，现在必须在先前已排序元素的合适位置**插入** $Q=A[k]$。

(i) 如果 $Q<A[1]$，那么 $A[1]$到 $A[k-1]$上的所有元素都要向右移动一个位置，然后将 Q 的值放置在 $A[1]$上。

(ii) 否则，$A[1]\leqslant Q$，Q 的值要插入到最右边的元素 $A[j]$($A[j]\leqslant Q$)之后，前提条件是 $A[j+1]$到 $A[k-1]$上的所有值都已经向右移动 1 位(因为它们都比 Q 大)。 393

(a) 假定输入数组 A 是某个 n 元集合 $B=\{b_1, b_2, \cdots, b_n\}$ 的随机排列。证明完成前 $k-1$ 个元素的排序之后，$A[1]\leqslant A[2]\leqslant\cdots\leqslant A[k-1]$，而且

$$\text{prob}(A[k]\text{ 必须插入到位置 } j \text{ 上}) = 1/k$$

//不同的输入数组个数 $=n!$ 要构造(稍后计算)位置 j 上插入 $A[k]$ 的输入序列：

//1. 在 B 中选择 k 个元素放入 $A[1]..A[k]$。

//2. 将第 j 小的元素放到 $A[k]$ 上。

//3. 在 $A[1]$，…，$A[k-1]$ 中以任意序排列选中的其他 $k-1$ 个元素。

//4. 在 $A[k+1]$，…，$A[n]$ 中以任意序排列未选中的 $n-k$ 个元素。

(b) **算法：InsertionSort**

//重排数组 $A[1]$，…，$A[n]$ 的元素，使得 $A[1]\leqslant A[2]\leqslant\cdots\leqslant A[n]$。

```
Begin
  For k ← 2 To n Do          // 将A[k]插入到已排序的子数组
                             // A[1], …, A[k-1]
    Q ← A[k]; j ← k − 1;
    If (Q < A[1]) Then
      While (j > 0) Do
        A[j + 1] ← A[j];
        j ← j − 1;
      End;                   // While循环，现在 j = 0
      A[1] ← Q
    Else                     // A[1]≤Q
      While (A[j] > Q) Do
        A[j + 1] ← A[j];
        j ← j − 1;
      End;                   // While循环，现在A[j]≤Q
      A[j + 1] ← Q
    End;                     // If-then-else语句
  End;                       // For循环
End.                         // 算法InsertionSort
```

394 证明 InsertionSort 中键值比较的期望次数为 $\left(\frac{(n-1)(n+4)}{4}\right)$，等于 $O(n^2)$。

(c) **算法：InsertionSort 2**

//重排数组 $A[1]$，…，$A[n]$ 的元素，使得 $A[1]\leqslant A[2]\leqslant\cdots\leqslant A[n]$。

```
Begin
  For k ← 2 To n Do          // 将A[k]插入到已排序的子数组
                             // A[1]…A[k-1]
    Q ← A[k]; j ← k − 1; A[0] ← Q;
    While (A[j]> Q) Do
      A[j + 1] ← A[j];
      j ← j − 1;
    End;  // While循环，现在 A[j]≤Q, j=0
    A[j + 1] ← Q
  End;  // For循环
End.    // 算法InsertionSort 2
```

395~396 求 InsertionSort 2 中键值比较的期望次数。这个算法比 BubbleSort 的运行快 2 倍吗？

图 灵 机

在 1900 年巴黎召开的国际数学家大会上，著名的德国教授 David Hilbert 列出了他认为新世纪需要挑战的 23 个问题。与本章相关的是第 10 个问题。

是否存在一个机械过程可以判断：

给定的带变量和整系数的多项式方程是否有整数解？

//例如，x，y，z 存在整数值，使得

//

// $$6x^3yz^2+3xy^2-4z^3-12=0 \text{ 吗？}$$

//

(试一下 $x=1$，$y=2$，$z=3$)

//这种方程称为丢番图方程(亚历山大时期的丢番图)。

20 世纪 20 年代，Hilbert 提出了一个更一般的问题：

是否存在一个机械过程可以判断：

给定的数学命题是 True，还是 False?

这称为“可判定问题”，德语表示为 Entscheidungsproblem。

Hilbert 说的使用机械过程，是指使用公理的逻辑推导规则、定义、代数和算术的已知定理等求解问题的**通用方法**。更重要的是，通用方法必须是简单操作组成的序列。这些简单操作必须是无二义性的，可以由不会思考的机器执行。

这就刻画了可编程算法的必要特性。所以回顾一下 1.1 节提出的问题。

10.1 什么是算法

许多数学家和逻辑学家开始求解 Hilbert 的问题，其中就有 Alan Turing 和 Alonzo Church。本章其余部分主要介绍 Turing 的想法。这些想法是 Turing 在 1936 年发表的论文 “On Computable Numbers，with an Application to the Entscheidungsproblem” 中首次提出的。

在回答 Hilbert 的问题之前，构造“机械过程”的想法必须先表述清楚，并用精确的数学语言形式化描述。

//如何证明答案是“不存在这样的过程”?

//如果 Hilbert 的第二个问题的答案为肯定的，那么数学家就可以被不会思考的机器替代。

Turing 首先“发明”了一个不会思考的机器，它可以执行简单的、无二义性的步骤序列——现在称为“图灵机”。(图灵机在发明电子计算机很早之前就有了。)

图灵认为，机器可以模仿人类用纸和笔进行算术运算，并抽象出了本质元素。首先，纸必须是长纸带，纸带被分成了一些小方格，用于存放计算用的单独的数字；其次，任意方格内的数字可以被其他数字擦除或覆盖(或者将数字写在空白方格内)，然后将它移到相邻的方格内继续计算。

图灵机的“硬件”包括：

1. 纸带被划分成方格，其中每个方格可以存放机器“字母表”中有限个符号中的任意一个。

//纸带是输入和输出的中介，像存储器。

2. 读写头(RWH)放在纸带上的某个方格内，可以读取方格内的符号，用另一个符号覆盖方格内的符号，然后向左或向右移动一个方格。

3. 有限的状态集合(像汽车上的齿轮)中有一个初始状态，用 **s** 表示。

机器的行为由下面有限的五元组集合决定：

(***p***，***x***:***y***，**dir**，***q***)	其中
p 和 ***q***	是机器的状态
x 和 ***y***	是机器字母表中的符号
dir	是 RWH 的移动方向，**L** 表示向左，**R** 表示向右

但是，不会有两个五元组以同样的 ***p*** 和 ***x*** 开始。

398 五元组控制机器动作的方式如下：假定机器状态是 ***p***，RWH 放在包含符号 ***x*** 的方格内。如果五元组集合包含类似于(***p***，***x***:***y***，**dir**，***q***)的成员，那么

1. 机器将纸带上的 ***x*** 改成 ***y***；

2. RWH 在纸带上沿着方向 **dir** 移动一个方格；

3. 机器状态变成 ***q***。

但是，如果没有以"(***p***，***x***，…"开始的五元组，那么机器停机。　　//或"崩溃"

假定机器字母表包含一个特殊字符，称为空格，用符号□表示。//这样我们就能看清了

机器刚开始计算时，纸带必须包含有限多个非空格符号，RWH 位于最左边的非空格符号上。　　//如果有非空格符号

机器开始时有一个特殊的开始状态 ***s***。　　//遍历时会更有意义。

例 10.1.1　十进制后继图灵机

输　入：十进制表示的非负整数 N　　//10 为基数

输　出：十进制表示的 $N+1$

五元组：

```
(s, 0: 0, R, s)  // 处于状态s，移动到RHE（最右端）
(s, 1: 1, R, s)  // 非空格符号字符串
(s, 2: 2, R, s)
(s, 3: 3, R, s)
(s, 4: 4, R, s)
(s, 5: 5, R, s)
(s, 6: 6, R, s)
(s, 7: 7, R, s)
(s, 8: 8, R, s)
(s, 9: 9, R, s)
(s, □: □, L, t)  // 超过RHE时，向左移动一步，状态变成t

(t, 0: 1, L, h)  // 在状态t，当前数字加1，并且停机
(t, 1: 2, L, h)
(t, 2: 3, L, h)
(t, 3: 4, L, h)
```

(t, 4: 5, L, h)
(t, 5: 6, L, h)
(t, 6: 7, L, h)
(t, 7: 8, L, h)
(t, 8: 9, L, h)
(t, 9: 0, L, t) // 但如果当前数字是9，就会只保留一位
(t, □: 1, L, h) // 输入都是9时

//状态 h 是停机状态，因为没有五元组以 h 开头。

//如果输入纸带都是空格，会发生什么？ 399

N=360 499 时，遍历过程如下：

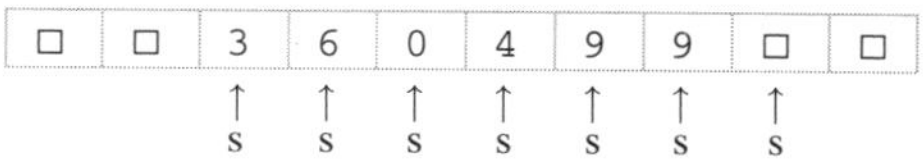

// RWH右移

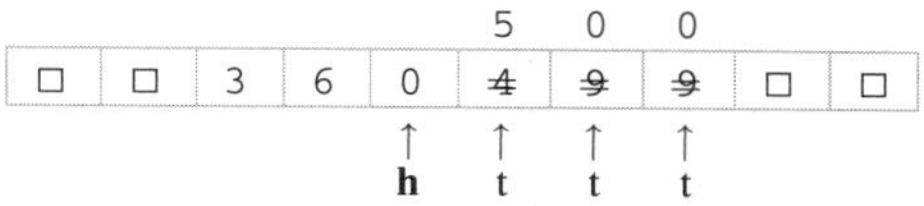

//左移

◀

回文是形如 racecar 或 level 的单词，顺写倒写是一样的。有时候会扩展到短语或句子，但会忽略空格、大写、标点符号等，如：

Was it a car or a cat I saw?
Marge lets Norah see Sharon's telegram.
A man，a plan，a canal：Panama.
Never odd or even.
Drab as a fool，aloof as a bard.
No lemons，no melon.

或 Madam，I'm adam。

如果给定字符串 w，确定 w 是否是回文简单吗？它很简单，以至于图灵机都可以做吗？下面的例子将字母表限制成两个字母，简单实现回文检测。

例 10.1.2 **$\{a, b\}$回文图灵机**

输　入：$\boldsymbol{a}$ 和 $\boldsymbol{b}$ 组成的字符串 w

输　出：用停机状态来表示：

如果 w 是回文，图灵机停机，状态为 yes，但

如果 w 不是回文，图灵机停机，状态为 no。

策　略：如果 w 只有一个字母，那么 w 是回文。

如果 $w=\boldsymbol{a}X\boldsymbol{b}$ 或 $\boldsymbol{b}X\boldsymbol{a}$，那么 w 不是回文。

$w=\boldsymbol{a}X\boldsymbol{a}$ 或 $\boldsymbol{b}X\boldsymbol{b}$，$w$ 是回文

$\Leftrightarrow X$ 是回文(或 X 没有字母)

五元组：

(s, ***a***: □, R, 1) //状态为s，扫描LHE（最左端）
//如果w以***a***开始，它会以***a***结束吗？

(1, ***a***: ***a***, R, 1) //状态为1，移动到RHE
(1, ***b***: ***b***, R, 1)
(1, □: □, L, 2) //变成状态2 400

(2, ***a***: □, L, 3)　// 状态为2，检查RHE = ***a***
(2, ***b***: ***b***, R, no)
(2, □: □, L, yes)　// ***w*** = ***a***吗？　（或者X = ***a***吗？）

(3, ***a***: ***a***, L, 3)　// 状态为3，回到LHE
(3, ***b***: ***b***, L, 3)
(3, □: □, R, s)　// 重新开始

(s, ***b***: □, R, 4)　// 如果***w***以***ab***开始，会以***ba***结束吗？

(4, ***a***: ***a***, R, 4)　// 状态为4，移到RHE
(4, ***b***: ***b***, R, 4)
(4, □: □, L, 5)

(5, ***a***: ***a***, R, no)　// 状态为5，检测RHE = b
(5, ***b***: □, L, 3)
(5, □: □, L, yes)　// w = ***b***吗？　（或X = ***b***吗？）

(s, □: □, R, yes)　// 没有字母的单词是回文吗？

w=$abbba$ 时，遍历如下：

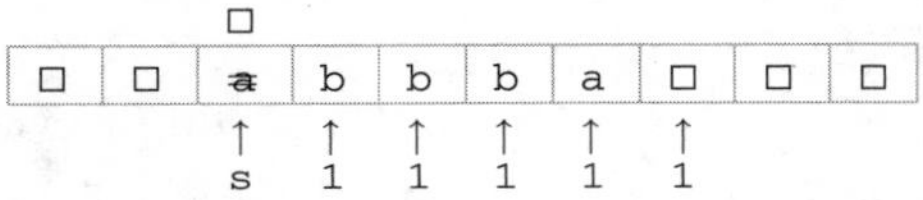

// 向右移动

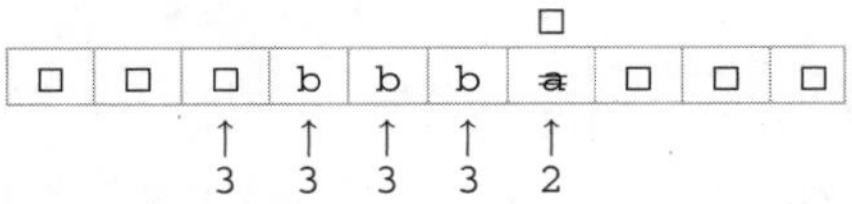

// 向左移动

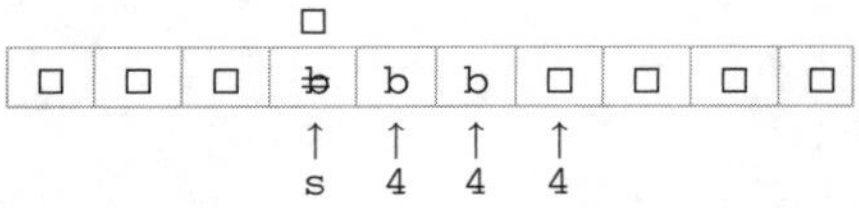

// 向右移动

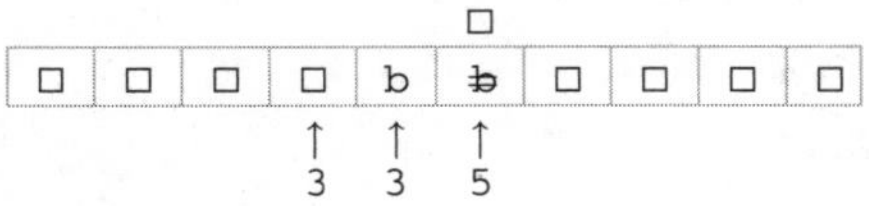

401 // 向左移动

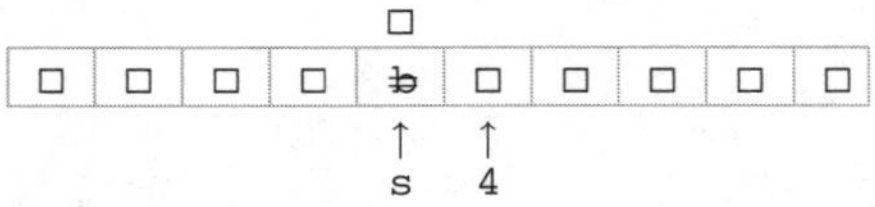

// 向右移动

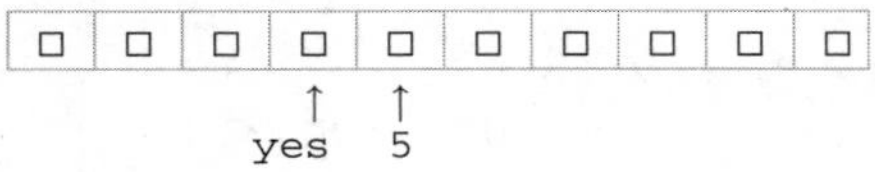

// 向左移动

//计算机操作是怎么样的？

例 10.1.3 二进制加法器

输　入：***0*** 和 ***1*** 构成的字符串　　//被加数

＋

0 和 ***1*** 构成的另一个字符串　　//加数

输　出：***0*** 和 ***1*** 构成的字符串，表示和

策　略：必须将对应的位相加(有时为 1)：单元位，2 的位，4 的位

从 RHE 开始；查找下一个相加的位 ***x***，但使用加数位后要将其擦除。

为了显示与左边的距离，用 ***a*** 代替 ***0***，用 ***b*** 代替 ***1***。

然后跳过被加数中的 ***a*** 和 ***b*** 找到对应位 ***y***，并相加。

五元组：

(s, ***0***: ***0***, R, s)　// 状态为s，移动到RHE

(s, ***1***: ***1***, R, s)

(s, ***a***: ***a***, R, s)　// 后面被加数中会出现***a***和***b***

(s, ***b***: ***b***, R, s)

(s, +: +, R, s)

(s, □: □, L, 1)

(1, ***0***: □, L, 2)　// 状态为1，找到***x***＝0

// 后面处理***x***的其他情况

(2, ***0***: ***0***, L, 2)　// 状态为2，向左跳过0和1，移动到+

(2, ***1***: ***1***, L, 2)

(2, +: +, L, 3)

402

(3, ***a***: ***a***, L, 3)　// 状态为3，向左跳过***a***和***b***，移动到***y***

(3, ***b***: ***b***, L, 3)

(3, ***0***: ***a***, R, s)　// ***y***＝0，***x***＋***y***＝0，但记录为***a***，然后右移获取下一个***x***

(3, □: ***a***, R, s)

// 没有对应位***y***（因为被加数比加数短）时，***y***取0，并记录***a***，

// 然后右移获取下一个***x***

(3, ***1***: ***b***, R, s)　// ***y***＝1，***x***＋***y***＝1，但记录为***b***，然后右移获取下一个***x***

(1, ***1***: □, L, 4)　// 状态为1，找到***x***＝1

(4, ***0***: ***0***, L, 4)　// 状态为4，向左跳过0和1，移动到+

(4, ***1***: ***1***, L, 4)

(4, +: +, L, 5)

(5, ***a***: ***a***, L, 5)　// 状态为5，向左跳过***a***和***b***，移动到***y***

(5, ***b***: ***b***, L, 5)

(5, ***0***: ***b***, R, s)　// ***y***＝0，***x***＋***y***＝1，但记录为***b***，

// 然后右移获取下一个***x***

(5, □: ***b***, R, s)　// 没有对应位***y***（因为被加数比加数短）时，***y***取0，
　　　　　　　　// 并记录***b***，然后右移获取下一个***x***
(5, ***1***: ***a***, L, 6)　// ***y***＝1，***x***＋***y***＝10，但记录为***a***，
　　　　　　　　// 然后移动到状态6获取一个

(6, ***0***: ***1***, R, s)
(6, □: ***1***, R, s)
(6, ***1***: ***0***, L, 6)

(1, +: □, L, 7)　// 状态为1，发现没有***x***

(7, ***a***: ***0***, L, 7)　// 状态为7，用0替换***a***
(7, ***b***: ***1***, L, 7)　// 用1替换***b***
(7, ***0***: ***0***, L, 7)　// 移动到LHE
(7, ***1***: ***1***, L, 7)
(7, □: □, R, **h**)　// 停机

遍历如下：　//29＋10＝?

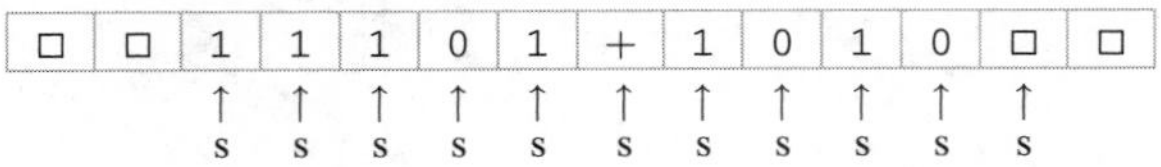

403

// 右移

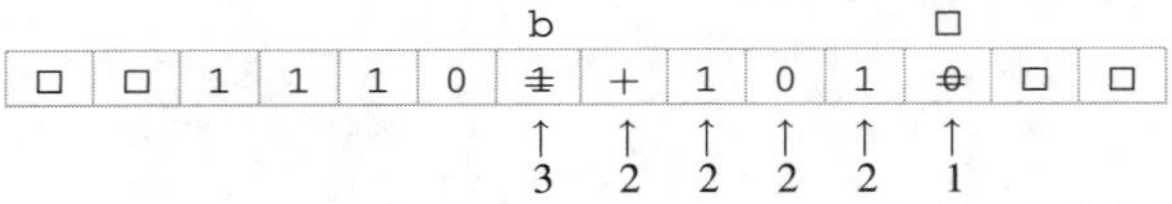

// 左移

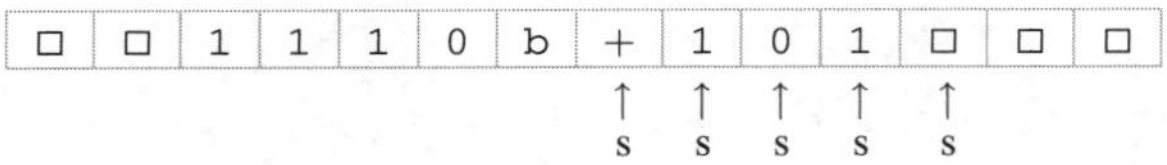

// 右移

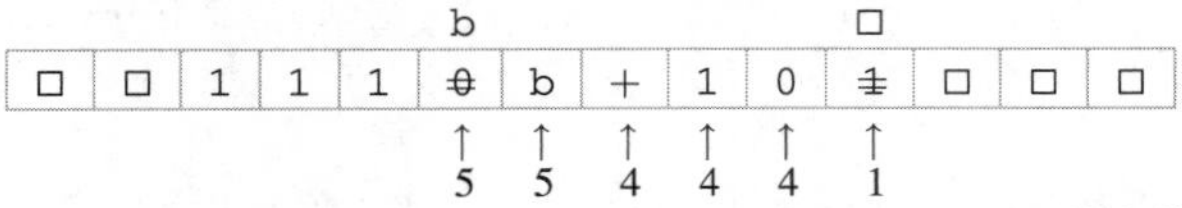

// 左移

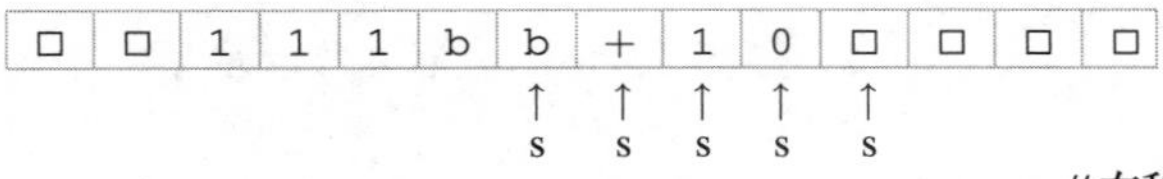

// 右移

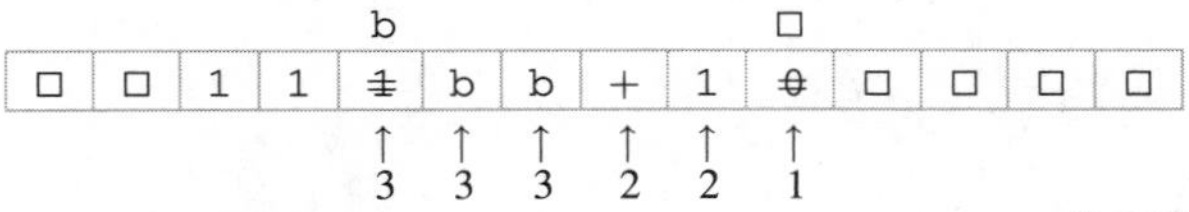

// 左移

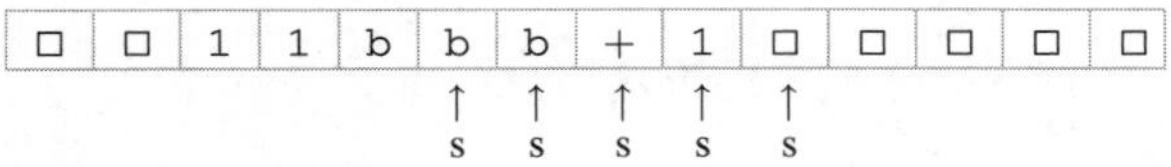

// 右移

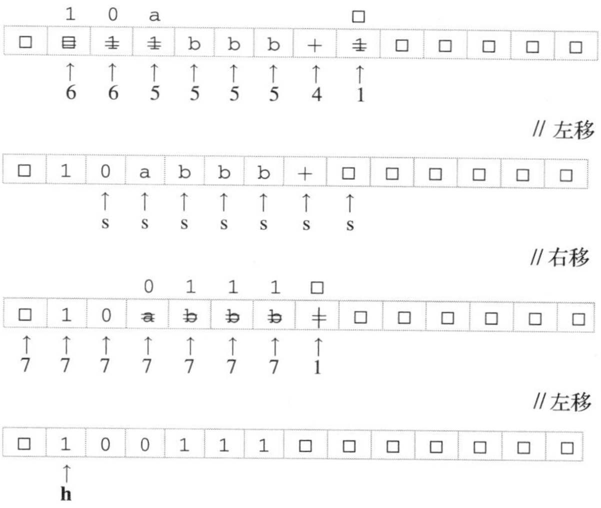

404

// 输出是 32 + 4 + 2 + 1 = 39

//其他计算机操作是怎样的?

//图灵机可以执行机器语言的哪些指令?

//图灵机可以执行机器语言的每一条指令吗?

10.1.1 Church-Turing 理论

本书已经多次提到算法——计算或处理数据的方法。

第 1 章以直觉、非形式化的方式将算法定义成逐步执行的过程，其中“步”是相对容易的子任务，但没有给出“步”的形式化定义。这阻碍了复杂度思想的提出。复杂度是指输入大小为 n 的函数，算法完成任务必需的步数。(甚至没有考虑证明某些任务是没有算法的。)

考虑图灵机之后，这个问题得到解决。在图灵机中，步就是五元组的执行，输入大小就是图灵机开始时纸带上非空格符的数量。图灵机提供了对象模型，说明什么可以计算以及计算的效率。这就是 Church-Turing 理论：任何算法(非形式化)过程都可以实现成图灵机。

Church-Turing 理论： 算法等价于图灵机。

//这不能称作定理，因为算法没有用形式化的数学术语精确定义；它只是一个非形式化的想法。

该理论被广泛接受，(部分)因为“机械过程”的其他几个解释都被证明等价于图灵机。 405

10.1.2 通用图灵机：计算模型

前面已经展示了几个图灵机(***M***)操作的实例。过程相当简单：

给定 ***M*** 的五元组列表，

M 的纸带上的当前内容，

M 的当前状态 ***p***，

扫描的当前符号 ***x***

遍历五元组列表，查找以 ***p***，***x***，…开始的五元组

如果找到五元组(***p***，***x***：***y***，**dir**，***q***)，那么

将纸带上的 ***x*** 改成 ***y***，

沿纸带朝 **dir** 方向移动一个方格，并查找新的当前符号 ***z***，

转换到新的当前状态 ***q***；

如果没有以 ***p***，***x***，…开始的五元组

那么过程停止。

//这个过程可以描述成算法吗?

//这个过程可以用计算机程序完成吗?

//这个过程可以用图灵机(有足够的状态和符号)完成吗?

上述三个问题的答案都是“可以”。Turing 描述了如何构造一个**通用图灵机**。***U*** 的输入是图灵机 ***M*** 的(五元组)描述＜***M***＞与 ***M*** 的输入纸带＜***w***＞的描述。然后，***U*** 在自己的纸带上模拟 ***M*** 的动作。

//直到 ***M*** 停机，或永远执行(如果 ***M*** 永远不停机)

通用图灵机是现代的、存储程序计算机的一个模型；它们将程序作为输入，并模拟每个程序在它们自己的数据上的动作。

10.1.3　停机问题

用某些程序语言(如 Java)编写程序时，调试工作可以保证程序不会进入永不退出的循环，即无限循环。仔细分析程序，可以移除这样的无限循环，或者仔细编程，不引入这样的无限循环。停机问题是使用程序去探测无限循环。

有些程序以文本文件作为输入，如字处理器。它需要对字符、单词、语句和逗号的数量或者某个文本块中的任何元素进行计数。你的程序也可以将程序作为文本文件输入，并对字符、单词、语句和逗号的数量或者任何元素进行计数。编译器和解释器就是将程序作
406 为输入的程序。

设想一个调试程序 ***D***，它的输入是两个文本文件：第一个是程序 ***P***，第二个是作为 ***P*** 的输入的数据文件 ***X***。调试程序 ***D*** 分析程序 ***P*** 和数据 ***X***，以判断

P 在 ***X*** 上执行时是否会进入无限循环。　　//崩溃，或正常终止。

假定 ***D*** 的输出是布尔变量 ***H***，　　//表示停机与否

因此，

H 为 **False**，是指 ***P*** 在 ***X*** 上执行时会进入无限循环，永不停机。

H 为 **True**，是指 ***P*** 在 ***X*** 上执行时，最终会停机。

//除了计算 ***H*** 外，***D*** 可能会有一些适用的诊断信息。

判断 ***P*** 在 ***X*** 上是否会停机是**停机问题**的一个实例。程序 ***D*** 会求解任意程序和任意数据集的停机问题。

Alan Turing 证明没有图灵机可以求解图灵机的停机问题。接下来将证明用语言 J 写的程序不能求解用语言 J 写的程序的停机问题。我们设想的调试程序**不存在**；不管编程团队如何聪明，不管花多少财力和智力资源，都构造不出这样的调试程序。停机问题不能求解。

定理 10.3.1　(上述)调试程序 ***D*** 不存在。

证明　//间接讨论。

假设存在调试程序 ***D***，可以在任意文本文件对(第一个包含程序，第二个包含作为程

序 **P** 的输入的文本文件 **X**）上正确工作。也就是说，对每一个输入对 **P** 和 **X**：

1. **D** 分析 **P** 在输入 **X** 上的操作。
2. **D** 给布尔变量 **H** 赋了一个值，其中

　　H 设为 **True**，如果 **P** 在 **X** 上执行且最终停机。

　　H 设为 **False**，如果 **P** 在 **X** 上执行且永不停机。

3. 给 **H** 赋值后，**D** 本身立即停机。

如果有程序 **D**，就可以对 **D** 进行小改动，构造一个新的程序 **E**：给定程序 **D** 中的 **H** 值后，马上插入一条语句：

```
While (H) Do
  H ← H
end;                          // 或者与J语言等价的形式
```

//然后，如果 **H** 为 True，**E** 进入无限循环；如果 **H** 为 False，像 **D** 一样，但停机。

如果程序 **D** 存在，那么程序 **E** 也存在。 407

但是现在，假设 **X** 等于 **P**，使用 **D** 确定 **P** 用自己的描述作为输入运行时的情况：

//P 可能崩溃

　　如果程序 **P** 在自己上执行会停机，**D** 设置 **H**＝**True**，

　　　那么 **E** 进入无限循环。

　　如果程序 **P** 在自己上执行不停机，**D** 设置 **H**＝**False**，

　　　那么 **E** 立即停机。

但是如果作为 **E** 的输入，令 **X**＝**E**，**P**＝**E**，会发生什么情况？

　　如果程序 **E** 在自己上执行会停机，**D** 设置 **H**＝**True**，

　　　那么 **E** 进入无限循环。

　　如果程序 **E** 在自己上执行不停机，**D** 设置 **H**＝**False**，

　　　那么 **E** 立即停机。

得出矛盾：

　　如果程序 **E** 在自己上执行会停机，程序 **E** 在自己上执行不停机。

　　如果程序 **E** 在自己上执行不停机，程序 **E** 在自己上执行会停机。

因此，程序 **E** 不存在。

因此，程序 **D** 不存在。 ■

Alan Turing 的论文给出了证明图灵机不能求解图灵机的停机问题的基本框架。它解决了 Hilbert 的可判定问题。

是否存在(机械过程)**图灵机**可以判断：对于给定的数学命题，称

“输入带为 *w* 的图灵机最终会停机”是 True 或 False？

答案是“不存在”。

实际上，Church-Turing 理论是说计算机程序能完成的任何任务，图灵机都可以完成。因此，图灵机不能完成的任何任务，计算机都不能完成。图灵机不仅提供了确定算法复杂度的方法，也确定了哪些可以计算，哪些数是可计算的。

最后介绍一下，如果删除限制条件“图灵机没有两个五元组以相同的 **p** 和 **x** 开始”，就产生了不可判定性图灵机。不可判定性图灵机多项式时间能够求解的问题构成 NP 类；可判定图灵机多项式时间能够求解的问题构成 P 类。问题“P＝NP 吗？被认为”是理论 408

计算机科学中最重要的问题。克雷数学研究所悬赏 100 万美元求解这个问题。

本节要点

我们说算法是逐步执行的过程，但从来没有定义“步”。复杂度是输入大小为 n 的函数，其算法必需执行的步数。

图灵机提供了一个对象模型，说明什么可以计算以及计算的效率。在图灵机中，步就是五元组的执行，输入大小就是图灵机开始时纸带上非空格符的数量。

Church-Turing 理论断言任何算法过程都可以实现成为图灵机。任何计算机能完成的过程都可以由图灵机完成，反之亦然。

Alan Turing 给出了证明图灵机不能求解图灵机的停机问题的基本框架，因此证明了**数学家不会被不会思考的机器所取代。**

习题

1. 设 $\boldsymbol{T}$ 是图灵机，其五元组为：

(s, 0: 0, R, s)	(2, 0: 1, L, 1)	(4, 0: 0, L, 3)
(s, 1: 1, R, s)	(2, 1: 0, L, 4)	(4, 1: 1, L, 4)
(s, □: □, L, 1)	(2, □: 1, L, h)	(4, □: 0, L, 3)

(1, 0: 0, L, 1)	(3, 0: 1, L, 1)
(1, 1: 1, L, 2)	(3, 1: 0, L, 4)
(1, □: □, L, h)	(3, □: 1, L, h)

(a) 将机器 T 的操作应用于下述输入带。假定 RWH 的初始状态为 s，读取最左边的非空格字符。

(i) …□□□101□□□…

(ii) …□□□110□□□…

(iii) …□□□101101□□□…

(b) 该机器能计算什么函数？也就是说，如果输入带包含整数 n 的二进制表示，T 停机时纸带上有些
409 什么？（提示：看一下十进制中的输入和输出字符串。）

2. 设 $\boldsymbol{T}$ 是图灵机，其五元组为：

(s, 0: 0, R, s)	(1, 0: □, L, 1)	(2, 0: □, L, 2)	(3, 0: □, L, 3)
(s, 1: 1, R, s)	(1, 1: □, L, 2)	(2, 1: □, L, 3)	(3, 1: □, L, 1)
(s, 2: 2, R, s)	(1, 2: □, L, 3)	(2, 2: □, L, 1)	(3, 2: □, L, 2)
(s, 3: 0, R, s)	(1, □: 0, L, h)	(2, □: 1, L, h)	(3, □: 2, L, h)
(s, 4: 1, R, s)			
(s, 5: 2, R, s)			
(s, 6: 0, R, s)			
(s, 7: 1, R, s)			
(s, 8: 2, R, s)			
(s, 9: 0, R, s)			
(s, □: □, L, 1)			

(a) 将机器 T 的操作应用于下述输入带。假定 RWH 的初始状态为 s，读取最左边的非空格字符。

…□□□4207□□□…

(b) 输入带上的整数 n 是用十进制表示时，机器会在纸带上留下什么？

//尝试几个小例子，如 42，20 和 07。

3. 设 $\boldsymbol{T}$ 是图灵机，其五元组为：

(0, 0: 0, R, 0)　　(2, 0: 0, R, 4)　　(4, 0: 1, R, 3)

(0, 1: 0, R, 1)　　(2, 1: 1, R, 0)　　(4, 1: 1, R, 4)

(1, 0: 0, R, 2)　　(3, 0: 1, R, 1)

(1, 1: 0, R, 3)　　(3, 1: 1, R, 2)

(a) 将机器 T 的操作应用于下述输入带。假定 RWH 的初始状态为 **s**，读取最左边的非空格字符。

(i) …□□□110011□□□…

(ii) …□□□111110□□□…

(iii) …□□□1001010□□□…

(iv) …□□□0011001□□□…

(b) 该机器能计算什么函数？也就是说，如果输入带包含整数 n 的二进制表示，T 停机时纸带上有些什么？　　//提示：看一下二进制中的输入和输出字符串。

(c) 最终的状态是 0，1 等。将这些值解释成输入为整数 n 的函数。

4. 构造图灵机 M 的五元组，它在(输入带包含)a 和 b 组成的字符串上操作，停机时是“yes”状态当且仅当 a 后面跟着相同数量的 b。输入其他字符串时，机器可以在任何状态崩溃。 410

5. 构造图灵机 M 的五元组，它在(输入带包含)a，b，c 组成的字符串上操作，停机时是“yes”状态当且仅当 a 后面跟着相同数量的 b，b 后面跟着相同数量的 c。输入其他字符串时，机器可以在任何状态崩溃。提示：如果输入带上没有非空格符，停机时处于“yes”状态。否则，从左向右检测输入字符串是否 a 后面跟着 b，b 后面跟着 c。然后删除最右边的 1 个 c，向左移动到第一个 b，用 c 代替第一个 b，回到最右边，移除另一个 c。然后回到左边，移除 a，向右移动一个方格，重新从状态 **s** 开始。

6. 网上搜一下 Hilbert 的第 10 个问题。它是什么时候解决的？谁解决的？答案是什么？

7. 网上搜一下 Hilbert 的问题。23 个问题都已经在 20 世纪解决了吗？克雷数学研究所的百万悬赏列表上有哪些问题？ 411～412

索　　引

索引中的页码为英文原书页码，与书中页边标注的页码一致。

D

E

F

G

H

I

K

L

M

N

O

P

Q

R

S

T

U

V

W

Z